JN289819

中国の環境政策

現状分析・定量評価・環境円借款

森　晶寿・植田和弘・山本裕美　編著

京都大学学術出版会

はしがき

　中国の環境問題はもはや中国の国内問題とは言い切れなくなっている。中国で持続可能な発展を実現することが、日本や東アジアはもちろんのこと、地球規模での持続可能な発展を実現するための必要条件になったと言っても過言ではない。

　中国の著しい経済成長とそれに伴うエネルギーと資源消費の増加、環境破壊の深刻化は、中国国内だけでなく国際的にも懸念材料となっている。中国のエネルギー・資源輸入の増加は、国際的なエネルギー・資源価格の高騰の一因ともなり、日本などのエネルギー・資源輸入国の懸念を高めている。

　さらに温室効果ガスの排出でも、中国が米国を抜いて世界第1位の排出国になったといわれており、国際的に地球温暖化対策を進める上でも、中国の国際的な削減枠組みへの参加が必要不可欠と認識されるようになっている。

　本書巻末資料にあるように、中国政府は1972年の国連人間環境会議への参加を契機に環境保護のための法規制や政策手段を導入してきた。特に1996年から始まる第9次5ヵ年計画以降、環境政策を本格的に強化するようになり、日本をはじめとする国際社会からも多額の支援を受けて工場汚染対策や都市環境インフラの整備を積極的に推進してきた。そして胡錦涛政権では、科学的発展観（持続可能な発展）を国全体の基本方針とすることを決定した。

　しかし、こうした上からの政策転換も、具体的に執行する制度や条件が整備されていなければ、実効性を持たない。特に貧困緩和・地域間格差の縮小のために中央政府が高い経済成長率目標を掲げざるを得ない現状では、なおさらである。そこで、環境政策をエネルギーや交通、農業などの部門政策や地域開発の中に統合化し、現場で政策を執行する地方政府が開

i

はしがき

発よりも環境保全を優先し，企業が汚染者負担原則に基づいて環境保全の責任を果たす誘因を持たせるようにするための制度的枠組みや公共政策，ガバナンスを構築することが重要となる。

しかも中国は，厳しい自然条件，過去の安全保障を重視した産業立地，計画経済から市場経済への移行経済，共産党一党独裁という特徴を持つ。特に移行経済であることは，計画経済時代に構築した制度的枠組みや公共政策，さらには産業構造を市場経済に合致したものに組み替えることを必要とする。この点に，中国の環境政策と環境政策論の独自の課題と難しさが存在する。

他方で，中国は環境問題を解決するために，国際社会から多額の資金的，技術的援助を受けてきた。その中でも資金面では，世界銀行と日本が多額の支援を行っており，中国が環境政策を実施する上で有形無形のインパクトを及ぼしてきたと考えられる。

本書は，これまでの中国の環境政策の変遷，定量的効果と課題，そして国際社会の環境協力，特に日本の環境円借款の効果と課題を検討することで，これまでの環境政策で実現したことを確認するとともに，今後必要とされる制度，公共政策，ガバナンスの在り方を明らかにすることを目的としている。この目的を達成するために，日本と中国の研究者が議論を重ね，共同で執筆を行った。読者が，本書を手がかりとして，中国の環境政策の実効性の向上と環境問題の克服，さらには持続可能な発展の実現に向けての研究や活動に積極的に取り組むようになれば，望外の幸いである。

2008 年 6 月

編者を代表して　森　晶寿

目　次

はしがき　　　　　　　　　　　　　　　　　　　　　［森　晶　寿］　i

序章
中国の環境政策 ── 現状分析・定量評価・環境円借款 ──
　　　　　　　　　　　　　　　　　　　　　　　　［森　晶　寿］　1

　1　問題の所在　1
　2　中国の環境政策の特徴と現状分析　8
　3　中国の環境政策の効果の定量分析　11
　4　外国資金の役割　14
　5　環境ガバナンス研究への展開　16

第Ⅰ部
中国の環境政策の現状分析と課題

　第1章　大気汚染政策の到達点と課題　　　　　［植田　和弘］　21
　　1　はじめに　21
　　2　中国の大気汚染─現状と被害─　22
　　3　大気汚染政策の枠組み　28
　　4　排汚費徴収制度　30
　　5　中国のエネルギー政策と大気汚染政策の統合と整合性　33
　　　5-1　エネルギー政策と大気汚染政策　(34)
　　　5-2　電力セクターの大気汚染対策　(34)
　　6　中国環境政策の課題─地方政府を中心に─　37
　　7　おわりに　39

　第2章　水環境政策の到達点と課題　　　　　　［北野　尚宏］　41
　　1　はじめに　41

2 中国の水汚染の現状　42
        2-1 中国の水環境　（42）
        2-2 水汚染の現況　（43）
        2-3 5ヵ年計画ごとの水汚染対策の成果　（47）
    3 中国の都市化と下水道整備　50
        3-1 中国の都市化の現状　（50）
        3-2 都市インフラ整備投資の動向　（53）
        3-3 下水道整備の動向　（55）
        3-4 下水道整備制度　（57）
        3-5 下水道整備の課題　（61）
    4 河川流域における水環境管理政策　63
        4-1 水汚染対策のための政策　（63）
        4-2 水資源保護のための政策　（64）
        4-3 水汚染対策と水資源保護の統合的管理　（66）

第3章　中国における循環経済政策の到達点と課題
　　　　　　　　　　　　　　　［孫　　　穎・森　晶　寿］　71
    1 はじめに　71
    2 区域および市レベルの循環経済の展開と特徴　74
        2-1 中国の循環経済の背景　（74）
        2-2 中央政府による取り組み　（76）
        2-3 省・市・区域レベルでの取り組み　（76）
        2-4 省・市・区域レベルの循環経済の特徴　（77）
    3 先進モデル地域の事例分析　81
        3-1 貴陽市における循環経済の実践と課題　（81）
        3-2 天津市泰達生態工業園区における循環経済の実践と課題　（86）
        3-3 事例分析からの知見　（89）
    4 結論　90

第4章　森林環境政策の到達点と課題
　　　　　　　　　　　　　　　［劉　春　發・山本　裕美］　93

1 本章の背景と課題　93
2 中国林業産業の現状及び特徴　94
3 林業政策転換の歴史的背景　96
4 中国林業政策転換の3つの段階　98
　4-1　1978年（改革開放）以前の林業政策　(98)
　4-2　改革開放から1990年代中葉までの林業政策　(100)
　4-3　1990年代中葉から現在までの林業政策　(103)
5 林業政策の転換による効果とインパクト　106
　5-1　造林面積の急激な拡大　(106)
　5-2　抜本的な林業発展の促進　(107)
　5-3　林業政策の転換の経済効果　(108)
　5-4　中国の環境改善への寄与　(109)
6 林業政策の課題　109
　6-1　不完全な林業所有権　(110)
　6-2　市場の未発達　(110)
　6-3　財政金融政策の不十分性　(110)
　6-4　林業プロジェクトに存在する問題　(111)
　6-5　木材供給確保の問題　(112)
　6-6　他部門との連携　(112)
7 結論　113
〈付論〉砂漠化防止戦略　113
　1　砂漠化の現状　(113)
　2　砂漠化防止の戦略目標　(115)
　3　砂漠化防止の措置と成果及び課題　(115)
　4　結論　(118)

第5章　中国における環境保護投資とその財源
　　　　　　　　　　　　　　　　　［金　紅実］　121
1 はじめに　121
2 環境統計上の諸経費と環境保護投資概念との関係及びその算定方式　122
　2-1　環境保護投資の概念と定義　(122)

  2-2 環境統計上の諸経費と環境保護投資概念 （123）
  2-3 環境保護投資の算定方式と特徴 （125）
  2-4 国家5ヵ年計画と環境保護投資 （127）
 3 環境保護投資体制の発展と投資財源の多元化 129
 4 工業汚染源対策の支出傾向分析 135
  4-1 既存汚染源対策の支出傾向 （135）
  4-2 既存汚染源対策費用の使途 （137）
  4-3 新規汚染源対策の投資傾向 （138）
 5 おわりに 140

第6章 排汚収費制度の到達点と課題
            ［植田　和弘・何　　彦旻］ 143
 1 はじめに 143
 2 中国の排汚収費制度成立の背景 145
 3 排汚収費制度の史的変遷 147
  3-1 排汚費徴収基準の変遷：1979年から2003年まで （147）
  3-2 排汚費収入の使途：1979年から2003年まで （154）
  3-3 排汚収費制度の特徴と問題点：1982年から2003年まで （159）
 4 排汚収費制度の機能と評価 162
  4-1 排汚収費制度の導入過程に関する分析 （162）
  4-2 経済体制と排汚収費制度 （164）
  4-3 各主体からみた排汚収費制度 （170）
 5 新しい排汚収費制度 175
  5-1 新制度の概要 （175）
  5-2 新制度の特徴と課題 （178）
 6 おわりに 180

第7章 現代中国の環境保護政策   ［張　　坤民］ 183
 1 はじめに 183
 2 中国の環境政策の形成 184
 3 中国の環境政策の特徴 186
  3-1 命令・統制の手段の活用 （187）

3-2　環境保護資金の調達　　(187)
　　3-3　環境保護の責任の明確化　　(188)
　　3-4　「防止と除去の結合」と「総合利用」の奨励　　(190)
　　3-5　比較的早期の対外開放と国際協力への取り組み　　(190)
　4　中国の環境政策の変遷　191
　　4-1　基本国策から持続可能な発展戦略への転換　　(192)
　　4-2　汚染抑制対策重視から汚染抑制対策と生態系保護の双方重視への転換　　(192)
　　4-3　末端除去対策から発生源抑制対策への転換　　(193)
　　4-4　固定発生源汚染除去対策から流域と区域の環境ガバナンスへの転換　　(194)
　　4-5　行政命令主導から法律と経済的手段主導への転換　　(194)
　5　中国の環境政策に対する国際社会の評価　195
　　5-1　世界銀行　　(195)
　　5-2　国連開発計画（UNDP）の評価　　(197)
　　5-3　日本　　(198)
　　5-4　米国　　(199)
　6　中国の環境政策の将来　200
　　6-1　厳しい情勢に対する断固とした決定　　(201)
　　6-2　目標の設定と原則の明確化　　(202)
　　6-3　水を最重要課題とする7項目の任務　　(202)
　　6-4　違法行為に対する重い処罰　　(203)
　　6-5　市場メカニズムの導入による汚染除去対策の推進　　(204)
　　6-6　経済政策の確立と補完　　(205)
　　6-7　循環経済の発展の推進　　(205)
　　6-8　環境科学技術の進歩の推進　　(206)

第Ⅱ部
中国の環境統計と環境政策の定量的評価

第8章　大気汚染政策による硫黄酸化物の排出削減効果
　　　　　　　　　　　　　　　　　　［山本　浩平］　211

1　中国における硫黄酸化物汚染の実態　211
　　2　大気汚染物質の中国周辺域への環境影響　212
　　3　環境政策による SO$_2$ 排出量削減効果の推計　218
　　　　3-1　推計の方法　(218)
　　　　3-2　推計結果　(220)
　　　　3-3　地域別の排出量変化に関する分析　(223)
　　　　3-4　消費部門別排出量の分析　(227)
　　　　3-5　考察　(228)

第 9 章　環境政策の汚染物質排出量削減効果　［永禮　英明］　231
　　1　推計方法　231
　　　　1-1　工業系負荷　(232)
　　　　1-2　生活系負荷　(232)
　　　　1-3　農業系負荷　(233)
　　　　1-4　畜産系負荷　(233)
　　　　1-5　7 大流域における負荷量の推定　(233)
　　2　中国における年別 COD 排出量推計結果　233
　　　　2-1　総合　(233)
　　　　2-2　工業系　(238)
　　　　2-3　環境政策実施効果の検証　(240)
　　　　2-4　日本との比較　(242)
　　3　まとめ　244

第 10 章　中国の環境統計 ── 現状と改革 ──
　　　　　　　　　　　　　　　　　［彭　立穎・張　坤民］　247
　　1　はじめに　247
　　　　1-1　国際環境統計の起源　(247)
　　　　1-2　国際環境統計の発展　(248)
　　2　環境統計の作成と進捗状況　248
　　3　中国の環境統計の現状　250
　　　　3-1　中国の環境統計の方法　(250)
　　　　3-2　中国の環境統計指標体系の枠組み　(255)

3-3　中国の環境統計管理機構と管理方法　(255)
　4　中国の環境統計活動の主要な課題　256
　　　4-1　中国の環境統計枠組みと指標体系に存在する問題　(257)
　　　4-2　中国の環境統計データの質問題の分析　(257)
　　　4-3　SO_2とCODデータの質　(258)
　　　4-4　環境統計の効率性の低さ　(261)
　　　4-5　不十分な部門間調整　(262)
　5　米国の環境統計との比較　262
　　　5-1　環境統計機構の比較　(262)
　　　5-2　環境統計データの収集・分析・公表の比較　(264)
　　　5-3　環境データの品質管理の比較　(267)
　6　中国の環境統計の改革が直面する主な困難　269
　　　6-1　環境統計枠組みと指標体系の確立　(269)
　　　6-2　環境統計データの質管理体系の確立　(270)
　　　6-3　環境統計方法の改革　(270)
　　　6-4　環境統計における能力強化の必要性　(271)
　7　中国の環境統計改革に関する枠組みの提案　271
　　　7-1　環境統計改革の目標　(271)
　　　7-2　環境統計改革の任務　(271)

第Ⅲ部　日本の対中環境円借款の評価

第11章　対中環境円借款の特徴と環境汚染削減効果
［森　　晶　寿］　275

　1　はじめに　275
　2　対中環境円借款の特徴　276
　　　2-1　本章の環境円借款の定義　(276)
　　　2-2　環境円借款の分野別・地域別の特徴　(277)
　3　分析対象　280
　4　環境汚染物質の削減効果　285
　　　4-1　都市別のSO_2排出量削減　(285)

4-2　都市別の COD 排出量削減　　（287）
　　　4-3　調査対象 16 事業全体の環境汚染物質削減　　（290）
　　　4-4　都市大気中の SO$_2$ 濃度の変化　　（290）
　5　都市環境インフラサービスの潜在的裨益人口　292
　6　実現した効果の持続性　296
　　　6-1　整備された都市環境インフラの利用　　（296）
　　　6-2　都市環境インフラの財務的持続性　　（297）
　　　6-3　工場汚染対策の持続性　　（301）
　7　結論　302

第 12 章　環境円借款の中国の環境政策・制度発展へのインパクト
〔森　　晶　寿〕　305

　1　はじめに　305
　2　分析枠組み　306
　3　中国政府の環境問題へのコミットへのインパクト　309
　　　3-1　日中両国の中国の環境保全へのコミットの強化　　（309）
　　　3-2　中央政府の環境保全へのコミットの向上　　（310）
　　　3-3　地方政府の環境投資のコミットの向上　　（312）
　4　地方政府の環境能力発展へのインパクト　314
　　　4-1　政府内部局及び企業との間の結束度の強化　　（314）
　　　4-2　資金の動員及び利用能力の強化　　（318）
　　　4-3　技術能力の強化　　（321）
　5　結論　326

第 Ⅳ 部
中国の環境政策と環境ガバナンス

第 13 章　中国における政府主導型環境ガバナンスの特徴と問題点
── 「開発主義体制」の葛藤 ──　〔陳　　　雲〕　331

　1　はじめに　331
　2　政府主導型環境ガバナンスの特徴と問題点　334
　　　2-1　環境立法方面の特徴と問題点　　（335）

        2-2 環境行政の特徴と問題点　　(338)
    3 地方政府の開発衝動の論理：立憲的地方自治制度の勧め　　345
        3-1 人民代表大会制度（議会）の弱体化：財政予算決定権，徴税権問題　　(347)
        3-2 政府予算に対するソフトな抑制と政府機構の自己膨張　　(348)
        3-3 GDP万能主義的政府業績観と政府の投資衝動　　(351)
        3-4 権力主導型分税制の問題　　(352)
    4 権威主義体制と環境問題のジレンマ：結論に代えて　　360

終章
結論と展望　　［森　晶寿］　363

    1 本書での検討から得られた知見　　363
        1-1 中国の環境政策の特徴　　(363)
        1-2 大気汚染政策・水質汚濁対策の定量評価　　(366)
        1-3 対中環境円借款の果たした役割　　(367)
    2 今後の課題　　368

巻末資料　　371
あとがき　　387
索引　　391

序　章
中国の環境政策
── 現状分析・定量評価・環境円借款 ──

森　　晶寿

1 問題の所在

　中国の環境政策は，経済発展の早期段階から政策や制度が導入され，しかも少なくとも理念的には，先進国と比較しても先進的な内容を持っていた。しかし，このことが，必ずしも環境汚染を根本的に解決し，環境悪化を未然に防止することにはならなかった。

　この理由として，まず中国がおかれた自然的・歴史的条件の存在が挙げられる。すなわち，歴史的な負の遺産，汚染を浄化しにくい自然風土，開墾し尽くされた耕地，重工業偏重の産業構造と主要エネルギーの石炭依存が，環境悪化を進めやすくしている（小島，1993）。次に，圧縮型工業化，市場経済化と国有企業改革，民意をくみ上げにくい制度などの政治経済的要因が挙げられる（小島，2000）。このうち，圧縮型工業化は東アジアで共通して見られるものの，他の2つの要因は，中国的独自性を持つものといえ，環境政策に実効性をもたせる上で独自の困難を生み出している。この要因を敷衍すると，中国で環境悪化を克服するためには，圧縮型工業化を減速させるか，民意を反映させる制度の構築が不可欠ということになる。

　これに対し，李（1999）は，環境保護システムの弱さこそが環境政策の進展を阻害する要因であり，それが強化されれば，経済成長優先や資金や技術の不足という状況の中でも，環境悪化を克服できると主張する。彼は，

環境保護システムの弱さを，地方政府と企業の環境意識の低さ，その環境管理能力の低さ，排汚費（汚染課徴金）の料金水準の低さ，環境産業の未熟さ，国営企業改革の遅れと郷鎮企業の未監督の5つに分類して分析を行った。そしてその分析結果に基づいて，環境保護システムを改善するための方策として，地方環境保護局の国家環境保護総局の地方分局化による行政監督能力の強化，総量規制の導入と排汚費徴収制度の改革，市場経済体制に向けた改革の推進，脱硫・脱硝装置の設置義務化，市民参加を規定に盛り込んだ環境影響評価制度などトップダウン式の行政手法の見直しなどを提案した。

Economy (2005: 91) によれば，中国の環境戦略は，多くの点でその経済発展戦略に似た特徴を持っていると指摘する。具体的には，(1) 中国の指導者は，行政上および法律上の指導を行うが，はるかに大きな権限を省や地方行政官に委譲する，(2) 全国的な重要性を有する大規模なイニシアティブを実施するために，キャンペーンを利用する，(3) 変化の原動力として市場を利用する，(4) 欠くことのできない金融資本と知的資本の供給を，個々の市民のイニシアティブと国際社会にますます頼るようになっている。

中国の環境政策の進展，特に第9次5ヵ年計画（以下，9・5計画）期間以降の環境政策は，李の主張する環境保護システムの弱さを克服しようとする面を持っていた。

中国の国家環境保護総局が公表している『中国環境年鑑』および『中国環境統計年報』の統計データによれば[1]，これら一連の環境政策の進展と実施は，市場経済化や国有企業改革に伴う汚染排出工場の閉鎖と相まって，環境汚染，特に粉塵，二酸化硫黄 (SO_2)，化学的酸素要求量 (COD)[2] の3物質の排出原単位を1993-95年頃をピークに減少させてきた（表序-1）。

---

[1] 詳細は第10章で論じるが，中国で公表されている統計数値の正確さは，常に議論となる。以下の議論は，中国の環境統計の数値が正確であることを前提に進める。
[2] COD (Chemical Oxygen Demand, 化学的酸素要求量) とは，水中の有機物を酸化剤により化学的に分解する際に消費される酸化剤の量を酸素量に換算したもので，水域の有機物による汚染状況を示す指標である。

表序-1●工業部門生産額当たり汚染排出原単位(生産額1万元当りkg)

	年	東部	中部	西部	全国
COD排出原単位	1990	37.0	47.5	47.6	40.9
	1995	11.4	21.3	23.5	15.0
	1998	5.2	8.1	13.6	6.7
SO_2排出原単位	1990	54.7	76.3	100.9	65.7
	1995	15.2	22.6	45.9	20.1
	1998	9.9	15.5	32.9	13.4
TSP排出原単位[註)]	1990	40.2	85.6	71.8	55.5
	1995	11.2	29.4	38.6	18.4
	1998	5.5	14.4	30.0	9.9

註：TSP (Total Suspended Particulate matter, 全浮遊粒子状物質) とは，大気中に浮遊する粒子状物質のうち，粒径約45μm以下のものを指す。
出所：王他 (2004)，113-114頁。

表序-2●工業部門汚染排出量 (万t)

	年	東部	中部	西部	合計
COD排出量	1990	555.0	289.0	136.0	979.0
	1995	694.0	466.0	220.0	1380.0
	1998	413.0	241.0	146.0	801.0
	2002	199.4	149.4	174.3	523.0
	2004	184.7	143.3	181.7	509.7
SO_2排出量	1990	820.0	463.0	288.0	1571.0
	1995	921.0	496.0	430.0	1846.0
	1998	781.0	460.0	353.0	1594.0
	2002	647.1	376.1	488.8	1512.0
	2004	751.6	494.3	645.4	1891.4
TSP排出量	1990	604.0	520.0	205.0	1328.0
	1995	682.0	645.0	361.0	1688.0
	1998	431.0	426.0	322.0	1179.0
	2002	270.7	279.7	215.7	766.0
	2004	280.0	350.1	274.6	904.8

註：本表の数値は，小島 (2000) および第8章で提示されたものとは異なる。
出所：王他 (2004)，113-114頁，および『中国環境統計年報2002』，『中国環境統計年報2004』。

　この結果，工業部門での3物質の排出量は，2002年までは減少してきた(表序-2)。そして環境汚染の著しかった工業都市でも，大気汚染や水質汚

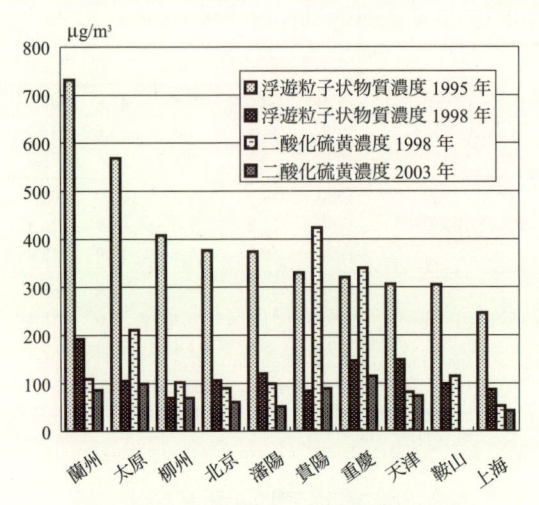

図序-1 ●中国の主要都市の大気汚染濃度の変化
註：日本の二酸化硫黄濃度の環境基準は，1時間値の1日平均値が114μg以下，浮遊粒子状物資濃度の環境基準は，1時間値の1日平均値が100μg以下。なおWHOが2000年に制定した環境基準は，二酸化硫黄は年間平均値で50μg，24時間平均値で125μg以下，浮遊粒子状物資濃度は，年間平均値で60-90μg，24時間平均値で150-230μg以下。
出所：世界銀行，『世界経済・社会統計』各年版。

濁の濃度は一定の改善が見られるようになってきている（図序-1）。この結果，2000年には，1995年に「中国環境保護第9次5ヵ年計画および2010年までの長期目標」（以下，環境9・5計画）で提示された汚染物質の総量規制目標をおおむね達成した。

環境10・5計画で提示された総量規制目標は，2005年には，アンモニア性窒素や重金属類，工業固形廃棄物では達成された。しかしSO_2とCODでは達成されていない（表序-3）。特に2005年のSO_2排出量は，総量規制目標を27％も上回り，1995年の排出量と比較しても高い水準となった。また目標には設定されていないものの，ヒドロキシベンゼンの排出量は，2005年には松花江流域に立地する化学工場の爆発事故の影響から4,000トンを超え，2000年以前の水準へと逆戻りした。

なぜ環境9・5計画目標は達成され，環境10・5計画目標は達成できな

序　章
中国の環境政策

表序-3●第9次および第10次5ヵ年計画期間総量規制進展状況

	単位	1995年実績値	2000年目標値	2000年実績値	2005年目標値	2004年実績値	2005年実績値
二酸化硫黄	万t	2,370	2,460	1,995	1,800	2,255	2,549
工業部門	万t	1,846	2,200	1,613	1,450	1,891	2,168
二規制区	万t	—	—	1,316	1,053	1,133	381
煤塵	万t	1,744	1,750	1,165	1,049	1,100	1,183
工業粉塵	万t	1,731	1,700	1,092	900	905	911
COD	万t	2,233	2,200	1,445	1,300	1,339	1,414
アンモニア性窒素	万t	—	—	125註)	165	133	150
石油類	万t	8	8	3	3	2	2
水銀	t	27	26	10	9	3	3
カドミウム	t	285	270	139	125	56	62
六価クロム	t	669	618	119	107	151	106
ヒ素	t	1,446	1,376	578	520	306	453
鉛	t	1,700	1,668	655	590	366	378
青酸	t	3,495	3,273	923	831	1,563	574
工業固形廃棄物	万t	6,172	5,995	3,186	2,900	1,762	1,655

註：2001年の実績値。
出所：国家環境保護総局規劃与財務司編 (2002) および国家環境保護総局 (2006)。

かったのか。1つの説明は，設定された目標水準の相違である。環境9・5計画での総量規制目標がこれまで増加基調にあった排出量を増加させない水準に設定されたのに対し，環境10・5計画では10％削減が目標とされた。このため，環境9・5計画での目標水準の方が比較的達成するのが容易であった。

　また，採用された環境戦略そのものが，環境保護という課題に対処するには不十分であった (Economy, 2005: 92)。まず，環境保護措置を主導，監督，執行する強力な中央政府機関が存在しなかったために，省や地方行政官への権限委譲は，経済成長を優先する地方政府に環境保護措置の実施を後回しにすることを可能にした。次に，地方政府には中央政府の環境保護キャンペーンを実施する誘因がほとんどなかった。また，市場ベースの環境保護アプローチは，それが機能する前提条件としての必要な行政，市場，法執行のメカニズムが欠けていることが多かった。

　さらに，アジア経済危機の悪影響を脱して，再び高度経済成長を始めた。

第9次5ヵ年計画には経済成長率が平均で8.3%であったのに対し、第10次5ヵ年計画、特に2003年以降は9%以上の高い経済成長率を実現した。この過程で、エネルギーや資源効率性の低い投資も著しく増大した。また、SO_2 排出原単位の比較的高い製鉄や非鉄金属、化学などの産業からの排出量も、2004年以降増大するようになった (図序-2)。同時に家庭部門からの排出量も増加している。

こうした様々な産業での投資や生産の増加は、電力需要を急速に増加させた。他方で、政府は、1990年代後半以降の需要減少を受けて小規模発電所を閉鎖するなど、設備投資を低下させてきた。このため、各地で電力不足を起こすようになり、経済成長の重大な制約要因と認識されるようになった。そこで政府は、電力不足を克服するために発電能力を急速に拡張させてきた。この中で小規模なものや非効率なものも新設され、閉鎖されたはずのものも操業を再開し、硫黄分の高い石炭も大量に使用されるようになった。

この結果、それまで低下してきた電力部門の SO_2 の排出原単位も、2003年以降は上昇に転じた。また SO_2 の排出集約度も、第8章で示されるように、2000年以降はほとんど低下が見られなくなり、西部地域ではむしろ上昇している。

COD 排出量に関しては、工業部門からの排出量は、1995年以降一貫して減少し続けてきたはずであった (表序-2)。しかし2005年の急激な増加は、麦わらによる製紙からの排出量が増大したことによるものとされている。同時に、生活部門からの排出量は一貫して増加してきており、都市型の生活様式が COD の排出量を増加させるようになってきている。

SO_2 や COD で目標が達成されなかったのは、一方で環境9・5計画以降進められてきた資源浪費型の経済成長方式が根本的には転換されず、産業構造の調整と汚染対策事業の進捗が鈍化し、他方で環境負荷増大型の生活様式が普及してきたことによる。このことは、経済成長率が高いときには環境負荷が高まりやすく、経済成長率が低くなっても環境負荷が低下しにくい構造が構築されつつあることを意味する。

序　章
中国の環境政策

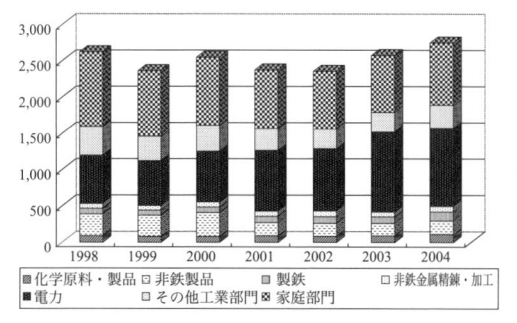

図序-2●部門別 SO_2 排出量（万 t）

　こうした状況を受けて，中国政府は，第11次5ヵ年計画では，従来の経済成長方式を資源節約型で環境にやさしいものへと転換することを打ち出した。そして主要汚染物質の10％削減を目標とするとともに，GDP1単位当りのエネルギー消費の20％削減を目標として掲げた。さらに森林被覆率も，2004年の18.2％から20％への上昇を目標として設定した。

　このような近年の急速な環境汚染への逆戻りを踏まえると，李志東 (1999) が提案した環境保護システムの強化だけでは，急速な経済成長を続ける限り，中国の環境悪化は十分には克服できないことが示唆される。しかも近年の貧富や地域格差の拡大の中で，経済成長は国家統合の手段としてますます重要性を帯びてきている。より本質的な課題は，中国が抱える歴史的・自然的条件を初期条件としながらも，経済や産業が成長しても環境負荷を増大させないような構造へと転換すること，およびそれを可能にする公共政策の設計と環境ガバナンスの再構築にあるのではなかろうか。

　本書は，市場経済化と国有企業改革，民意をくみ上げにくい制度という独自な政治経済的要因を抱える中で，経済成長ないし圧縮型工業化がもたらす環境悪化に中国がこれまで政策的にどのように対応してきたのか，それが経済成長の中でも環境負荷を増大させない構造への転換にどの程度寄与してきたのかを，現状分析と定量評価を通じて明らかにしようとするものである。また，中国が環境政策を形成し，展開する際に国際社会，すなわち国際的な環境会議，外国援助，外国直接投資が果たしてきた役割も大

きいとされる (Economy, 2004: 91; 177) ことから，日本の環境円借款をはじめとする国際環境援助がどのような役割を果たしてきたのかも，同時に明らかにすることを試みる。

2 中国の環境政策の特徴と現状分析

　第I部「環境政策の現状分析」では，Economy (2004) の指摘を踏まえつつ，経済成長プロセスでの環境保全のための政策・制度の構築という観点から，環境政策の進展ないし到達点と課題について，個別の政策ごとに明らかにしようとするものである。第1章と第2章は，大気汚染と水汚染への政策対応の到達点と課題を議論する。第1章では，大気汚染政策が濃度規制・総量規制・排汚費徴収制度[1]のポリシー・ミックスで構成されていることを再確認した上で，現実にはこれらの政策が大きな効果を上げていない要因を，エネルギー・電力政策との統合過程と地方政府のガバナンスに着目して検討を行った。

　第2章では，水質汚濁防止のための都市環境インフラとしての下水道と河川流域の水環境管理を素材として，その政策体系の到達点と課題を検討する。下水道に関しては，急速な都市化の進展とともに下水道整備に対する需要が増大することが予想されるものの，それに対応するためには料金設定などの経営面での課題と，汚泥処理や中水利用などの技術面の課題の克服が必要となることが論じられる。また河川流域の水環境管理を効果的に実施するためには，水資源保護を管轄する水利部と水汚染対策を管轄する国家環境保護総局がそれぞれ独立に政策を実施している現在の状況を改め，地方レベルで両者の協調・連携モデルを確立することが必要であることが主張される。

　第1章および第2章で議論された工業汚染対策は，末端処理から生産工程変更（クリーナープロダクション）への重点のシフトが見られるにせよ，個

---
[1] 中国語では，排汚収費制度という。本書第1章及び第6章を参照のこと。

別の排出源を対象とした対策が中心であった。クリーナープロダクションは推進されてきたものの，必ずしも広くは普及せず，大幅な環境負荷の削減や省資源化をもたらしたわけではなかった。そこで現在の経済成長を維持するには資源やエネルギーを世界各国からの輸入に依存せざるを得なくなった。しかも，廃棄物処理プロセスでの環境汚染が大きな政策課題となってきた。そこで粗放型の経済成長に代わる，環境保全を考慮した経済成長戦略として循環経済政策を打ち出し，資源生産性の向上や副産物の有効利用，リサイクルを進展させるための政策を展開してきた。第3章では，循環経済政策のうち，開発区などの区域レベルや，市・省レベルを対象とした生態工業園区と生態工業都市を取り上げ，政策面での進展と実際の進捗状況を整理し，事例分析に基づいて進捗に寄与した要因と今後の課題を提示した。

第4章では，林業政策の転換と課題について議論を展開する。中国では，増大する木材需要に対応するために，歴史的に森林を伐採してきており，林業政策もそれを後押ししてきた，しかし，1998年の長江・松花江流域の大洪水以降，森林の水源涵養機能や土壌流失防止機能の重要性が再認識され，林業政策は生産重視から環境重視へと転換された。具体的には，天然林保護や退耕還林などの国家プロジェクトが進められるようになり，また伐採規制やゾーニングなどの森林保護政策が強化された。第4章では，こうした林業政策の転換を概観した上で，林業政策を持続的な森林経営と環境保全機能の強化の観点から評価を行った。

第5章と第6章では，環境政策の展開を資金面で支えた制度の分析を行う。中国では，環境支出額を「環境保護投資」として把握して統計を整備し，公表している。これは，主体としては，中央政府と地方政府の環境保護局および工業部門の国有企業を含み，対象としては，国有企業の汚染対策投資と政府の都市環境インフラ投資を含む概念として定義される。このため，企業の汚染防止投資の財源としても用いられる排汚費収入は環境保護投資に含まれるが，第2章で検討した下水道の維持管理・運転費や，第4章で検討した森林環境政策を推進するための政府支出は含まれない。

中国の環境保護投資額は，実質額でも1996年以降は増加し，対GDP比では1999年には1%を越え，2003年には1.4%に達した。しかし，環境保護投資の財政分析は必ずしも十分に行われてきたわけではなかった。神野(1995)は，都市環境インフラ整備では特定財源に依存し，工業汚染対策では補助金主義を導入していないことから，中国の環境財政の特徴は共同負担原則を重視していないことにあると指摘した。そして市場経済化とともに所得分配の不公平が拡大するため，共同負担原則を取り入れざるを得なくなることを予測した。

　その後，1998-2000年には，国債を発行して調達した資金を，都市環境インフラや「三河三湖」の汚染対策，北京市の環境総合対策などに充当するなど，共同負担原則的な方法が用いられた(葛・呉・呉, 2003)。ところが都市下水道整備の財源をめぐる議論では，いかに汚染者負担原則を導入するか，すなわち汚水処理料金制度を導入して費用を回収するかが焦点となってきた。そして汚染者負担原則の強化を求める議論は，汚染発生源が明確でかつ市場経済化の進展がより急速な工業汚染対策では，汚染削減を行う責任を負っていることを認識させる上でもさらに強まっている。この点を踏まえて第5章では，中国の環境保護投資のうちの工業汚染対策投資を取り上げ，市場経済化・国有企業改革の下で，工業汚染対策投資がどのように変化したのかを，投資項目別の推移を検討することで明らかにしている。

　排汚費徴収制度は，1978年という中国の環境政策の展開の中でも比較的早期に導入された市場ベースの政策手段であるとともに，企業の環境保護投資への補助金としての機能をもっていた。このため，企業の環境保護投資を支援する資金としての有効性の検討も行われてきた(高・葛・楊・李, 2003)。環境負荷削減の効果についても多くの研究がなされ，排汚費は低い料率ながらも環境汚染削減効果を持ってきたことが明らかにされてきた(Wang and Wheeler, 1996; Jiang and McKibbin, 2002)。他方で，竹歳(2006)による企業のミクロデータを用いた分析では，排汚費徴収制度を厳格に執行している省ほど，国有企業だけでなく郷鎮企業でも汚水処理設備への投資が進

んでいること，しかし三同時制度（全ての新規投資・拡大投資・更新投資を行う際に，環境汚染を防止するための施設が主体工事と同時に設計，施工され，主体事業の開始と同時に稼働させなければならないことを規定した制度）などの他の環境政策手段と比較すると，企業の大気汚染および排水対策を進める効果を持たなかったことを明らかにしている。この分析結果の相違を解く鍵の1つは，関与する主体の排汚費徴収制度に対する立場にあるものと考えられる。例えば，地方政府の環境保護局は，地方政府から配分される予算を補完する財源として排汚費収入を当てにしているが，このことが豊かな企業に法定料率以上の排汚費を課し，損失発生企業には徴収努力をほとんどしないという行動パターンを取らせている（Ma and Ortolano, 2000: 162）。

そこで第6章では，排汚費徴収制度が中国の環境政策の中で果たしてきた役割を，関与する主体の観点から議論を行った。その上で，なぜ2003年の改革が不可避となったのかを明らかにした。

第7章は，中国の環境政策の形成と実施に携わってきた立場から，中国の環境政策の進展を総括したものである。まず中国の環境政策の特徴は，命令の活用，環境保護資金の調達，環境保護の責任の所在の明確化，「予防と整備の結合」と「総合利用」の奨励，早期の対外開放と国際協力の5つにあったと指摘する。そして環境政策の対象範囲が生態保護や流域・区域環境の整備へ，また政策手段が発生源対策や経済的手法を重視するものに変化してきたことを指摘する。最後に，2005年11月に公表された「国務院の科学的発展観の実行と環境保全の強化に関する決定」の内容を紹介しながら，今後の中国の環境政策の進展に必要な課題を論じている。

3 中国の環境政策の効果の定量分析

環境政策を実施した結果，環境負荷や環境汚染はどの程度削減されたのであろうか。定量的な効果を把握するためには，環境汚染に関わる統計が整備されていることが不可欠である。

中国で環境統計が公表されるようになったのは，1985年のことであっ

た。この背景には，環境モニタリングや調査，統計収集のための行政機構の整備がある。まず1983年に「全国環境監測管理条例」が公布され，全国に監視観測行政系統を設立することを規定した。同時に，工業汚染調査や土壌・河川流域調査，酸性雨調査などの大規模調査を実施してきた。そして1989年に正式に「全国環境監測報告制度」を制定し，全国にモニタリング結果の電算機による報告を義務づけた。この結果，1990年以降毎年『中国環境年鑑』が発行されるようになり，『中国環境統計年報』も公表されるようになった。

しかし，環境統計に公表された数値は限定された範囲での統計である点に十分に留意する必要がある(小島，1997；2000)。第1に部門の範囲では，鉱工業の大規模及び中規模の企業はほぼ含まれているものの，国営の小企業や農村郷鎮企業，農業，建設業などの第三次産業や生活部門はほとんど含まれていない。また流通や消費部門の把握は遅れている。第2に地理的範囲では，「城市」(市制都市の市街区・近郊区)，小城鎮(小都市・町)，農村の中城市のみが対象で，しかも668城市の内の47の重点城市しか含まれていない。このため工場が郊外に移転されると，移転後も同じ量の汚染物質を排出していたとしても，環境統計では把握されなくなるために，統計上では削減されたことになる。第3に汚染物質の範囲では，COD，重金属，SO_2，NO_Xなどは含まれているものの，気候変動に関係する物質や微量な有害物質は把握されていない。このことは，『中国環境年鑑』に掲載された環境統計上で環境負荷や環境汚染が改善されたとしても，それが必ずしも実際の環境負荷の削減や環境汚染の改善を意味するとは限らないことを意味する。

もっとも，2001年には，市場経済化や国有企業改革の進展を反映して，統計に含まれる企業の定義が変更された。このことにより，より広い範囲の企業からの環境負荷が把握されるようになったかもしれない。しかし，厳密には，2000年以前の環境統計の数値と2001年以降のものとの比較は意味を持たないかもしれない。

さらに国家環境保護総局の公表統計は，他の政府機関の統計との間で大

きな相違が見られることもある。例えば，河川水質に関しては，国家環境保護総局の他，建設部や水利部なども監視を行っている。ところが2003年の淮河流域のCOD排出量については，水利部淮河水利委員会が123万トンとしているのに対し，国家環境保護総局は70万トンと「過小な」数値を公表している疑いがもたれている（大塚，2005a）。

このような政府の環境統計に不正確さが見られる中で，環境政策の効果を定量的に推計するのは，必ずしも容易ではない。しかし，環境負荷や環境汚染の変化の要因を定量的に把握できなければ，政策の有効性の議論に正確さを欠くことになる。

そこで第II部では，大気汚染の代表指標であるSO_2と水質汚濁の代表指標であるCODを取り上げ，環境政策によってこの2つの汚染物質が，1990年を基準点として2003年までにどのように変化したのかを，定量的な推計を行って求めた。第8章では，SO_2の排出量に関して，集塵機と脱硫設備設置とエネルギー源代替による削減量を，国家環境保護総局とは異なるものの，中国の研究者の中では比較的多く用いられている方法を用いて推計を行った。他方COD排出量に関しては，工業および都市生活からのCOD排出量は既存の『中国環境年鑑』および『中国環境統計年報』を用いたものの，新たに農業および畜産からのCOD排出量を推計することで，中国全土のCOD排出量を求め，環境政策の実施による負荷量の変化を推計した。第9章の推計によると，『中国環境統計年報』には工業および都市生活からのCOD排出量しか記載されていないが，それは全体の48％でしかない。このことは，『中国環境統計年報』でCOD排出量が減少傾向にあると公表されたとしても，農業および畜産からの排出量次第では，実態と乖離することになる。

こうした環境統計上の混乱を少なくし，環境状況の正確な把握を行うためには，環境統計の把握の仕方そのものを国際的な標準に合わせていくことが重要になる。そこで第10章では，中国ではなぜこれまでこのような環境統計の把握方法をとってきたのかを検討し，今後の改革の方向性を提示した。

4 外国資金の役割

　Economy（2004：177）は，中国指導層は外国援助を含めた国際社会を，環境改善のための長期的戦略に欠かせない要素として受け入れてきたと指摘する。巻末資料1に見られるように，国際社会の動向，特に国連環境会議の開催は中国の環境政策の形成に大きな影響を与え，また外国援助は制定した環境政策を執行するのを資金的，技術的に支える役割を果たしうる存在であった。

　中国は多くの先進国や国際機関から多額の政府開発援助（ODA）を受け入れてきた。図序-3に見られるように，年によって変動はあるものの，1996年以降平均して24億米ドルのODAを受け取ってきた。これは全ての途上国が受け取ったODA額の約5.3%を占める。日本はこのうち50%以上のODAを供与してきた。そして受取額の約半分を環境ODA，すなわち環境保全を主たる目的とした支援，ないし環境保全の要素を含むプロジェクトやプログラムへの支援が占めていた。日本は，中国が受け取った環境ODAのうち，約82%を供与してきた（図序-4）。

　日本以外のODA供与国・国際機関では，ドイツ，カナダおよび国際開発協会（IDA）が比較的大きな額を供与してきた。このうち，ドイツとカナダは，比較的多額の環境ODAを供与してきたが，その占める割合はそれぞれ10%，1%程度と，日本と比較すると金額の上では小さい。他方，国際開発協会は，国際復興開発銀行（IBRD）の融資とあわせると，1996-2000年の間に約110億米ドルと，同期間の中国のODA受取額の約90%に相当する額を供与しており，その分中国に及ぼしてきた影響も大きいものと考えられる。また地球環境基金は，1994-2002年の間に約3.6億米ドルの資金を供与しており，その77%はエネルギー効率改善や再生可能エネルギー開発などの気候変動対策のために用いられた（Zhang, 2003）。

　Economy（2004）は，政策や技術を効果的に実行に移すための基盤がほとんど準備されていなかったために，国際環境援助はその効果を十分には発現してきていないと指摘する。すなわち，一面では，国家環境保護局は

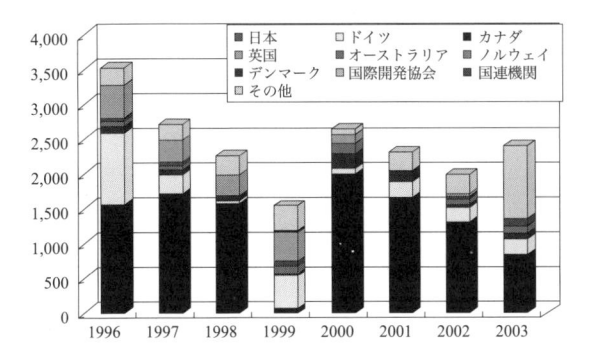

図序-3●対中ODAの供与国別推移（100万米ドル）
出所：DAC (2005)。

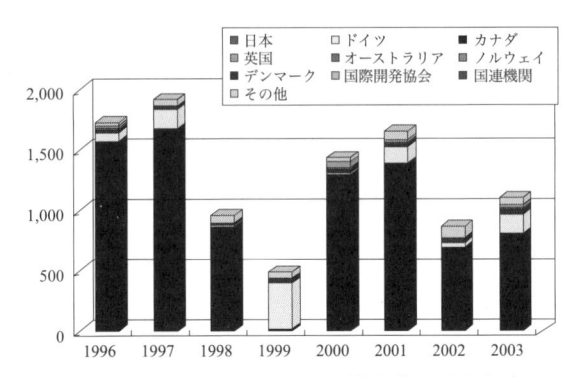

図序-4●対中環境ODAの供与国別推移（100万米ドル）
出所：図序-3に同じ。

国際社会を，環境にあまり熱心でない部局の代表者に圧力をかけ，環境保全に向けた制度改革を迫り，環境保護プロジェクトの実施資金を調達するための手段としてうまく利用してきた。その反面，中国の行政機関同士の権限争いや縦割り行政，企業に汚染排出を削減させる誘因を持たせるための制度と執行の弱さなどにより，国際社会による環境援助の効果は減殺されてきた。

しかし，国際環境援助は，単に環境保全のための資金支援や技術移転のみを行ってきたわけではない。中央政府や地方政府の環境担当部門以外の行政機関，汚染排出者たる企業や農民，さらには市民や非政府組織にも環

境保全のための責任があるとの認識を持たせ，環境保全を推進するための誘因を与えるための制度や政策の構築を促すなどの受取国の環境能力の強化も，目的としていたはずである。

　Morton (2005) によれば，日本の環境援助は，国連開発計画や世界銀行のものと比較すると，技術中心であったため，地方政府が環境技術に関する知見を蓄積するといった面での環境能力の強化には寄与したものの，それ以外の面での寄与は少なかったと評価している。他方，国連開発計画や世界銀行は，地方政府や企業に環境汚染防止の責任を持つことを自覚させ，料金徴収制度の強化に寄与するなど，より大きな環境能力の向上効果を持ったとする。しかし，農民や住民などより多くの利害関係者の参加を必要とする環境保全事業では，必ずしも環境能力を強化できなかったと評価する。

　この評価は，日本の国際協力銀行，国連開発計画，世界銀行の少数の「典型的」な環境プロジェクトの事例分析を行うことで，導き出している。しかし，この評価が日本の対中環境協力，特に対中環境円借款全体についてどの程度当てはまるのであろうか。また当てはまるとすると，そのことが環境援助の効果発現をどの程度減殺してきたのであろうか。さらに，大きく減殺されてきたとすれば，今後の環境協力はどのように展開すべきであろうか。第11章では，まず日本の環境円借款の特徴を，1996-2000年に供与された全ての工業汚染対策および都市環境インフラ整備プロジェクトの内容を検討することで明らかにし，プロジェクトがこれまでどの程度環境負荷の削減に寄与してきたかを，定量的に明らかにすることを試みた。その上で第12章では，上記の論点のうち，中国の環境能力の強化への寄与について，工業汚染対策および都市環境インフラ整備プロジェクトを対象として，考察を加えた。

5│環境ガバナンス研究への展開

　本書で明らかにされたのは，中国では経済成長が国家統合の求心力と認

識され，政策の中心におかれているために，先進的な内容を持つ環境政策も，経済成長を阻害しない範囲でしか実施されてこなかったことである。このことが，抜本的な環境悪化の克服はおろか，環境10・5計画で設定された総量規制目標の達成も困難にしたのであった。

　こうした状況を打開していくために，国家環境保護総局を中心とする中央政府レベルでの環境政策・行政の強化だけでなく，多様な主体の参加による環境改善への取り組み，すなわち環境ガバナンスの強化に向けた取り組みも行われるようになってきた。例えば，地方政府による企業の環境対策情報の公開制度を展開して市民の監督機能を高め（大塚，2005b），マスコミによる環境汚染や事故報道，NGOによる環境汚染被害者救済支援活動などを一定の範囲内で容認する（大塚・相川，2004；相川・大塚，2004）ことにより，国家環境保護総局は，環境政策の執行の実効性を強化しようとしてきた。

　しかし，経済成長を政策の中心とした権威主義的体制の下で，こうした改革がどの程度効果を持ちうるのか。第13章では，中国の現在の環境ガバナンスを政府主導型と捉え，政府主導型の環境ガバナンスと立憲的地方自治制度の欠如が地方政府の開発指向と環境保全誘因に及ぼしてきた影響を検討する。

　終章では，本書で得られた知見と今後の展望を述べる。

参考文献

［日本語文献］

相川泰・大塚健司 (2004)「NGOによる被害者支援活動 ── CLAPVの活動を中心に」中国環境問題研究会（編）『中国環境ハンドブック』蒼蒼社，160-179頁。

大塚健司 (2005a)「再評価を迫られる中国淮河流域の水汚染対策」，『アジ研ワールド・トレンド』112号，36-39頁。

── (2005b)「中国の環境政策実施過程における情報公開と公衆参加 ── 工業汚染源規制をめぐる公衆監督の役割」寺尾忠能・大塚健司（編）『アジアにおける環境政策と社会変動：産業化・民主化・グローバル化』アジア経済研究所，135-168頁。

大塚健司・相川泰 (2004)「環境被害・紛争の実態」中国環境問題研究会（編），『中国環境ハンドブック』蒼蒼社，151-159頁。

小島麗逸 (1993)「大陸中国 ── 環境学栄えて環境滅ぶ」小島麗逸・藤崎成昭（編）『環境と開発─東アジアの経験─』アジア経済研究所，61-112頁。

―― (1997)「中国の環境状況」西平重喜ほか（編）『発展途上国の環境意識 ―― 中国，タイの事例』アジア経済研究所，85-121頁。

小島麗逸（編）（2000）『現代中国の構造変動 6　環境 ―― 成長の制約となるか』東京大学出版会。

神野直彦（1995）「中国の環境財政」井村秀文・勝原　健（編）『中国の環境問題』，東洋経済新報社，75-96頁。

竹歳一紀（2005）『中国の環境政策 ―― 制度と実効性』晃洋書房。

李　志東（1999）『中国の環境保護システム』東洋経済新報社。

［中国語文献］

王　金南他（2004）「中国『十五』期間経済発展与環境保護的展望」，王金南他（編）『中国環境政策　第 1 巻』北京：中国環境科学出版社，106-124 頁。

葛　察忠・呉舜沢・呉亜平（2003）「中国環境保護融資戦略初探」，王金南・葛察忠・楊金田（編），『環境投融資戦略』北京：中国環境科学出版社，60-81 頁。

高　樹婷・葛察忠・楊金田・李小寧（2003）「中国的環境保護基金：現状と展望」，王金南・葛察忠・楊金田（編），『環境投融資戦略』北京：中国環境科学出版社，97-116 頁。

国家環境保護総局規劃与財務司編（2002）『国家環境保護"十五"計画読本』北京：中国環境科学出版社。

国家環境保護総局（2006）『中国環境統計年報 2005』北京：中国環境科学出版社。

［英語文献］

Economy, Elizabeth C.(2004) *The River Runs Black: The Environmental Challenge to China's Future*. Ithaca: Cornell University Press.（片岡夏美訳『中国環境リポート』，築地書館，2005）

Jiang, Tingsong and Warmick J. McKibbin (2002) "Assessment of China's pollution levy system: an equilibrium pollution approach," *Environment and Development Economics* 7: 75-105.

Ma, Xiaoying and Leonard Ortolano (2000) *Environmental Regulation in China*. Lanham: Rowman and Littlefield Publishers.

Morton, Katherine (2005) *International Aid and China's Environment: Taming the Yellow Dragon*. London: Routledge.

Wang, Hua and David Wheeler (1996) "Pricing industrial pollution in China: An econometric analysis of the levy system," *World Bank Policy Research Working paper No. 1644*, available at http://www.worldbank.org/nipr/work_paper/1644.

Zhang, Zhihong (2003) "The forces behind China's climate change policy," in Harris, Paul G. (ed.), *Global Warming and East Asia: The Domestic and International Politics of Climate Change*. London: Routledge. 66-85.

第 I 部
中国の環境政策の現状分析と課題

蘭州製油所の過去（左；1979年）と現在（右；2002年）
撮影者：北野尚宏

第1章
大気汚染政策の到達点と課題

植田　和弘

1 はじめに

　中国の大気汚染に対してはさまざまな対策が講じられているが，まだ解決への展望が見えていると言える段階にはない。現状ではむしろ，大気汚染による被害が拡大しているにもかかわらず，対策は遅々として進んでいないと言わざるを得ない。一般に，経済活動の活発化はエネルギー消費を増加させ大気汚染を招きやすいが，中国の場合はとりわけそうなりやすい。中国が化石燃料の中でも最も汚染物質排出係数が大きい石炭を主たるエネルギー源にしてきたからである。しかも中国炭の硫黄含有率は高い。言い換えれば，汚染物質を排出しやすいエネルギー源を利用する分，より厳密な環境対策を施さなければ，深刻な大気汚染が発生してしまうのである。ところが，中国におけるこれまでの環境対策は常に後手に回ってきた。というよりも，後手に回らざるを得なかったと言うべきかもしれない。中国において大気汚染政策が不十分になるのは何故か，その社会経済的要因を探っていかなければならない。

　本章では，中国における大気汚染問題の現状を確認した上で，大気汚染政策の到達点と課題を明らかにしたい。本来さまざまな大気汚染物質を取り上げなければならないし，今後はモータリゼーションの進行に伴う自動車排ガス汚染問題や温室効果ガスの大量排出問題が重大化していくと考え

られるが，本章では現状で最も深刻と考えられる発電所をはじめとする固定発生源からの二酸化硫黄（SO_2）汚染問題を中心に論ずることにしたい。

2 中国の大気汚染―現状と被害―

中国における大気汚染がいつ頃からどのような原因で深刻化してきたかについては，本格的な中国環境史研究を待たなければならない[1]。いわゆる改革開放政策が始まり高度経済成長の軌道に入る以前においても，少なくとも局地的には深刻な大気汚染が発生していた。ただ当時の中国における大気汚染は，工業化一般が原因というよりも，それに中国固有の原因が加わることによってきわめて深刻になっていた。当時の中国における工業化の発展段階からすると，同程度の経済発展段階にある国と比較して環境への負荷は相対的に大きくなっていたと思われる。なぜなら，当時の中国においては軍事的・政治的要因に基づく生産施設配置の遺産がまだ色濃く残っており，重化学工業に偏重した生産設備の拡張や内陸部への分散的な生産設備の配置が行われていたからである。そのため，同じ経済発展段階にある他国と比較して，環境負荷やエネルギー消費が大きい産業構造になっていたし，環境汚染の分散的拡大も招いていた（植田，1995）。

いずれにしろ，中国においては，環境政策はそれなりに実施されてきたのであるが，その効果を帳消しにするのみならず，それをはるかに上回る環境負荷の増大がもたらされたのである。中国においていわゆる改革開放政策が採用されて以降，中国経済は急速な成長過程に入るが，その過程が石炭を中心とするエネルギーの大量消費を伴ったことが，大気汚染との関連では重要である。それに対して，中国環境政策は常に国際的動向を意識しつつ，特に1978年以降急速に法制度と行政機構を整備してきた。現時点ではすでに先進国における環境関連の法体系に匹敵する枠組みを形式上は持っていると評価することができる。またその法体系の執行を司る環境

---

[1] 東アジアの長期経済統計の一環として環境統計をまとめたものに，渡辺利夫（2002）がある。そこでは，中国についても1950年以降のデータが扱われている。

行政の人員も着実に増加してきている。ただ，中国の環境法が内容的にみて体系的に一貫した整備がなされているか否かについてはより立ち入った検討が必要であるし(片岡，1996)，さらに，環境行政機構の執行体制が十分なものか否かについても分析されなければならない。

第10次5ヵ年計画は，「環境汚染を軽減し，生態系悪化を食い止め，大規模・中規模都市と重点地区の環境を改善し，中国の実情に合う環境保全の法律，政策，マネジメント体制を確立」することが目標であった。より具体的には，2000年よりSO_2の排出量を10%削減することを目標にしていた。また，排出量の総量規制を実施しているSO_2抑制区域及び酸性雨抑制区域ではSO_2の排出量を20%削減することを目標にしていた。国家環境保護総局(SEPA)はこのマクロ目標を基に，省毎に目標を配分していたのである。

第10次5ヵ年計画における環境政策の特徴を箇条書き的に列挙すれば，以下のとおりであった。

①環境と開発の統合的政策決定を実施し，調和的発展を実現すること，②環境法体系を整備すること，③政府制御と市場メカニズムを活用して環境投資を増加すること，④経済刺激策を導入し，環境保護推進の良好な条件づくりをすること，⑤環境管理能力の向上を図ること，⑥環境科学技術研究を強化し，技術力によって環境保全を推進すること，⑦環境産業を規範化して振興すること，⑧環境広報教育を強化し，国民の環境意識の向上を図ること，⑨地球環境問題解決に関与し，広く環境国際協力を進めること，⑩環境保護責任制を実施し，実施効果を確かなものとすること。

第10次5ヵ年計画は，第9次5ヵ年計画の経験を踏まえて，政策をそれなりに推進していた。ただ，経済成長率は当初計画の年平均7.3%よりも高く実績は年平均9.0%になったので，大気汚染物質の排出量は当初想定したよりも増加した。また，第10次5ヵ年計画は，都市の大気汚染政策に重点を置いて，都市の土地利用を規制しており，汚染源を都市の中心部から郊外に移転させた。例えば，国務院の許可により北京の西に製鉄所

を移転している[2]。

　しかし，最近10年間ほどについては，大気汚染政策がそれなりに実施されたにもかかわらず，PM（Particulate Matters，粒子状物質）やSO_2を指標にしてみると，都市の大気質は改善しているとは言えない。またSO_2の総排出量については，1995年の2,370万tから2002年の1,927万tへと14.1％減少したとの報告（堀井，2005：23）もあるが，本書第8章における推計ではむしろ増加している。あらゆる政策の基礎は正確な現状把握にあることを考えると，汚染物質の排出量や大気汚染の現状に関する環境統計の信頼度を高めることは緊急の課題である。また，後述する大気汚染防止法で指定された酸性雨抑制区域とSO_2抑制区域—この2つの抑制区域では，酸性雨とSO_2汚染の抑制を強化すると規定されている—では状況に改善がみられたと言われているが，それでも2003年においてSO_2抑制区域内の64の都市の中で，濃度目標を達成しているのは40.6％の都市にすぎない。また，116の酸性雨抑制区域内の都市の中でも，目標達成した都市は47.1％である（姜克雋ほか，2005：31）。

　大気汚染政策の分析に入る前に，中国の大気汚染問題がどれほど深刻なのかという問題を確認しておかなければならない。環境問題の深刻さを測る1つの，そして最も確かな指標は，環境汚染に伴う被害の大きさがどれほどかということである。中国における環境被害の大きさについてはすでにいくつかの見積もりが出されているが，信頼に足ると言えるほどのものは現状では存在しない。環境汚染に伴う健康被害も生じていると言われているが，実態調査は十分には行われていないし，少なくとも全貌は公表されていない。そのため，大気汚染に伴って生じている被害の全体像を正確に把握することは困難であると言わざるを得ない。

　環境汚染に伴う健康被害や物的損害を公的に調査しその結果を公表することはそれ自体汚染を引き起こした責任は誰にあるのか，被害の救済や損害の賠償は誰が行うのか，といった問いを突きつけることになる。そのた

---

[2] 都市の中心部にある価格が上がった土地を売却し，郊外で安い土地を購入することになった。

第1章
大気汚染政策の到達点と課題

表1-1●環境汚染および破壊の事故による死傷者数

	死傷者(人)	うち中毒・輻射傷害	うち死者
1993	1,436	1,417	12
1994	4,671	4,668	3
1995	42,765		5
1996	33		1
1997	188		1
1998	152		6
1999	261		2
2000	578		10
2001	187		2
2002	97		2
2003	416		3

注:「うち中毒・輻射傷害」の項目は1993年と1994年のみ存在。1993年の「うち中毒・輻射傷害」の数値は,「死傷者」から「うち死者」を差し引いた数値より小さかったが,1994年には一致している。

出所:中国環境問題研究会編(2004),48頁,図表8-1。『中国環境年鑑』1994-2002年版(各前年のデータ),『中国環境統計年報』2002年分,2003年分から作成。

め環境汚染に伴う損害に関する責任を負わされる可能性のある主体の側からは,被害実態や原因を解明する調査がすすんで行われることはない。また,損害賠償や被害救済について何らかのことが行われているのか,また制度的な仕組みがあるのかも不明である。

　以上のような制約はあるものの,中国における環境汚染に伴う被害や経済的損失に関する統計や推計がある程度公表されている。中国環境統計年鑑等に記載されている「環境汚染および破壊の事故による死傷者数」を,表1-1に示す。また,環境破壊に伴う経済的損失についてこれまで行われた主な推計は,表1-2に示すとおりである。これらの推定によれば,環境汚染に伴う経済的損失はGDP比で数％の規模にまで達している。また,各推計値はばらついているが,共通してかなり大規模に健康被害が生じて

25

第Ⅰ部
中国の環境政策の現状分析と課題

表1-2 ● 環境悪化による被害の経済評価（名目額，対GNP比）

番号	①	②	③	④		⑤	⑥	⑦
研究者名称	過・張 (1990)	中国社会科学院 (1998)	孫炳彦 (1997)	East-West Center (Smil, V., 1996)		世界銀行 (1997)	徐嵩齢 (1998)	夏光 (1998)
研究実行年	1984-88年	1995年	1990年代	1996年まで		1997年まで	1997年まで	1997年まで
研究対象年	1983年	1993年	1992年	1990年		1995年	1993年	1992年
名目被害額（億元）	879.2	3,445.6	1,096.5	1,319.4	(±370.0)	4,394.3	3,359.0	986.1
環境汚染	381.6	1,085.1	1,096.5	357.5	(±690.0)	4,394.3	964.0	986.1
大気汚染	124.0	459.5	605.2	151.0	(±41.0)	4,072.0	391.0	578.9
健康損害	37.6	78.0	260.3	51.5	(±13.5)	3,525.3	138.0	201.6
死亡	(?)	[37.9]	(?)	[35.8]		1,164.5	43.0	(?)
酸性雨汚染	46.1	288.5	179.0	42.5	(±14.5)	413.8	160.0	140.0
水質汚染	251.8	326.2	477.6	119.0	(±27.0)	322.3	302.0	356.0
健康損害	83.2	165.0	236.0	60.0	(±19.0)	163.0	169.0	192.8
死亡	(?)	(?)	(?)	16.0	(±1.0)	—	86.0	(?)
固形廃棄物汚染等	5.7	299.4	13.7	87.5	(±1.0)	—	271.0	51.2
生態破壊	497.6	2,360.5	—	961.9	(±301.0)	—	2,395.0	—
森林破壊	113.6	584.3	—	557.0	(±158.0)	—	549.0	—
草原破壊	2.2	123.5	—	45.5	(±8.5)	—	242.0	—
農地破壊	363.3	516.3	—	98.3	(±35.9)	—	467.0	—
水資源破壊	18.5	123.4	—	68.5	(±18.5)	—	124.0	—
湿原破壊，土壌浸食	—	—	—	192.6	(±79.7)	—	—	—
人為的災害	—	1,013.0	—	—		—	1,013.0	—
構成比(%)：合計	100.0	100.0	100.0	100.00		100.0	100.0	100.0
環境汚染	43.4	31.5	100.0	27.1		92.7	28.7	100.0
大気汚染	14.1	13.3	55.2	11.4		80.2	11.6	58.7
酸性雨汚染	4.3	2.3	23.7	3.9		9.4	4.1	20.4
水質汚染	5.2	8.4	16.3	3.2		7.3	4.8	14.2
健康損害	28.6	9.5	43.6	9.0		3.7	9.0	36.1
健康損害	9.5	4.8	21.5	4.5		—	5.0	19.6
固形廃棄物汚染等	0.6	8.7	1.2	6.6		—	8.1	5.2

第1章 大気汚染政策の到達点と課題

被害額	56.6	68.5	—	72.9	—	71.3	—
名目 GNP	5,809	34,561	26,652	18,594	57,277	34,561	26,652
被害の GNP 比率 (%)	15.14	9.97	4.11	7.10 (±1.99)	7.67	9.72	3.70
環境汚染	6.57	3.14	4.11	1.92 (±0.39)	7.67	2.79	3.70
大気汚染	2.13	1.33	2.27	0.81 (±0.22)	7.11	1.13	2.17
健康損害	0.65	0.23	0.98	0.28 (±0.07)	6.15	0.40	0.76
酸性雨汚染	0.79	0.83	0.67	0.23 (±0.08)	0.72	0.46	0.53
水質汚染	4.33	0.94	1.79	0.64 (±0.15)	0.56	0.87	1.34
健康損害	1.43	0.48	0.89	0.32 (±0.10)	0.28	0.49	0.72
固形廃棄物汚染等	0.10	0.87	0.05	0.47 (±0.00)	—	0.78	0.19
生態破壊	8.57	6.83	—	5.17 (±1.62)	—	6.93	—

注：1) 被害の絶対値は下記資料（出所）から取ったが、記入ミスと思われるものを修正した。
　　2) 名目 GNP は『中国統計年鑑』各年版から取ったので、GNP 比率は原典と異なる場合がある。
　　3) 対象年次、各項目の範囲および関連仮定等の違いが見られるので、単純比較は要注意。
　　4) "—" は推定されていない項目、"(?)" は推定されているかどうか不明な項目、"[ ]" は著者が徐嵩齢 (1998) に基づき補足推定した数値である。

各データの出典：①過孝民・張慧勤（編）『紀元 2000 年における中国環境予測と対策研究』(1990)、ただしここでは⑥の徐嵩齢 (1998) から引用。
　②中国社会科学院・環境と発展研究センターの研究、⑥の徐嵩齢 (1998) に所収。
　③孫炳彦 (1997)「世紀交代期の中国汚染損失に関する予測、予測と思考」国家環境保護局・環境と経済政策研究センター報告（未定稿、1997）。ただしここでは⑥の徐嵩齢 (1998) から引用。
　④ Smil, Vaclav. "Environmental Problems in China: Estimates of Economic Costs," *East-West Center Special Report* No. 5, April 1996. ただしここでは⑥の徐嵩齢 (1998) から引用。
　⑤世界銀行『碧水藍天：21 世紀中国環境の展望（Clear Water Blue Skies: China's Environment in the New Century）』(1997)。ただし、原典のドル表示を 8.2 元／ドルのレートで元に換算。
　⑥徐嵩齢 (1998)『中国環境破壊の経済損失の計測：実例と理論研究』
　⑦夏光 (1998)『中国環境汚染の経済損失の計測と研究：An Economic Estimation for Environmental Pollution Losses in China』

出所：李志東 (1999)、48 頁、一部改変。

いることが類推され，不可逆的な損失が生じていないか危惧されるところである。大気汚染に伴う被害の項目では健康損害や死亡を取り上げている推計もあり，一種の公害病が生じている可能性がきわめて高い。

3 大気汚染政策の枠組み

大気汚染政策の枠組みについて，主として SO_2 汚染抑制政策に焦点を当てて述べる[3]。2003年末時点で有効な SO_2 汚染抑制政策の法的枠組みは，表1-3に示すとおりである。

大気汚染政策の基本的枠組みは，大気汚染防治法によって定められている。大気汚染防治法は，大気汚染の防止・改善のために1987年に制定され，その後1995年および2000年に改正された。大気汚染の排出規制は，排出源に対して汚染物質の濃度による規制が行われる。

汚染源は，国が定める国家大気汚染物排出基準あるいは省・自治区・直轄市政府が定める地方排出基準を超える汚染物質を排出してはならない。省レベル政府は，上乗せ（国より厳しいもの）あるいは横出し（国が未制定のもの）の地方排出基準を制定できる（第7条）。排出基準違反の大気汚染行為は，期限付きで改善することが要求されるほか，過料の行政処罰を科される（第48条）。排出基準の数値は大気環境質基準の達成を目標とするものである。国家大気環境質基準と国家排出基準を定めるのは，国務院の環境行政部門である。省レベル政府は地方大気環境質基準を制定できるが，排出基準の場合とは違い，横出しの権限だけが認められている（第6条）。

一定地域で大気汚染物質の排出総量をコントロールするために，総量規制制度がある（第15条）。国務院と省レベル政府が指定した総量規制地域では，企業あるいは事業組織に対して，主要な大気汚染物質の排出総量がそれぞれ割り当てられ，達成することが求められる。ただし総量規制制度には，その実効を担保する排出規制のような強制力を持つ手法は用意され

---

[3] 片岡 (1997) および中国環境問題研究会編 (2004) に基づいている。

表1-3●二酸化硫黄（SO$_2$）汚染抑制政策の法的枠組み

法規類別	法規名称	施行日	採択機関
法律	中華人民共和国大気汚染対策法	2000.9.1	全国全人大常務委員会
	中華人民共和国環境影響評価法	2003.9.1	全国全人大常務委員会
国務院行政法規	汚染物質排出費徴収使用管理条例（国務院令369号）	2003.7.1	国務院
部門規則	汚染物質排出費料徴収基準管理規則（国家計委令31号）	2003.7.1	国家計委[1)]，財政部，国家環境保護総局，国家経済貿易委員会
	汚染物質排出費の徴収・使用管理規則（財政部，国家環境保護総局令17号）	2003.3.20	財政部，国家環境保護総局
規範的文書	汚染物質排出費の減免及び納入緩和の関連問題に関する通知（財総[2003]38号）	2003.7.1	財政部，国家発展改革委員会，国家環境保護総局
	環保部門の収支の2本立て管理実施後の経費割当に関する実施規則（財建[2003]64号）	2003.7.1	財政部，国家環境保護総局
	「両抑制区域」[2)]の酸性雨と二酸化硫黄汚染対策「十五」計画[3)]に関する国務院の返答（国函[2002]84号）	2002.9.19	国務院
	大気汚染対策重点都市画定方案（環発[2002]164号）	2002.12.2	国家環境保護総局
	大気汚染対策重点都市の期限付基準到達事業に関する通知（環弁[2003]1号）	2003.1.6	国家環境保護総局弁公庁
	国家環境保護「十五」計画に関する国務院の返答（国函[2001]169号）	2001.12.26	国務院
	「国家環境保護『十五』計画」印刷・配布に関する通知（環発[2001]210号）	2001.12.30	国家環境保護総局，国家発展計画委員会，国家経済貿易委員会，財政部
	二酸化硫黄汚染物質排出費徴収試行関連問題に関する国務院の返答（国函[1996]24号）	1996.4.2	国務院

訳注：1) 当時。以下訳文では機関名を当時のものを用いる。
　　　2) 酸性雨抑制区域と二酸化硫黄（SO$_2$）抑制区域のこと。以下訳文では「両抑制区域」とする。
　　　3) 2001-2005年の5年間の計画。以下，訳文では十五又は十五計画と略称する。
出所：馬（2005）。

ていない。

　なお排出可能な汚染物質の総量は，環境容量に基づいて設定された許容排出総量ではなく，排出削減量を決めて相対的に汚染改善を進めるための量的目標値である。2004年段階では，環境容量に基づく許容排出総量のコントロールへ移行するための作業が進められている。

　総量規制の対象として指定できる地域は，大気環境質基準が達成できていない地域，酸性雨抑制区域とSO_2抑制区域の3つである。酸性雨抑制区域とは，すでに酸性雨が発生しているか発生する可能性のある区域である。SO_2抑制区域は，SO_2汚染の厳重な状態にある区域である。両者は，国務院の承認を得て指定される（第18条）。

　両区域は1995年改正法で導入され，1998年2月に地域指定が行われた。両区域では，すでに述べたように，第10次5ヵ年計画期間に，2005年目標で，SO_2総排出量を2000年比で20％削減することになっていた。

　日本のSO_2削減の経験に照らして考えると，以上概括した大気汚染政策の枠組みが明確な目標設定の下で適切に執行されるならば，かなり大幅なSO_2排出削減が可能であると思われる。ところが現実には大きな効果を上げているというところまでには達していないし，むしろ汚染の状態は悪化しているとの報告もある。政策が効果をあげていない原因に関する検討は後で行いたい。

4 排汚費徴収制度

　中国の大気汚染政策は，既に述べた汚染物質排出源に対する濃度による排出規制，いわゆる指令・統制型規制に加えて，以下に述べる排汚費徴収制度という経済的手段が導入されており，一種のポリシーミックスになっている。排汚費徴収制度は現在まで，何度か改訂されつつ存続している。その詳細については，本書第6章を参照されたいが，2003年の排汚費徴収使用管理条例は，従来の制度と比較すれば，排汚費の賦課方法および徴収基準に関していくつかの重要な変化がみられた。第1に，騒音を除いて，

表 1-4 ●排汚費：新旧徴収基準の比較

種類	旧徴収基準	新徴収基準
汚水	0.05 元/t	0.7 元/汚染当量
廃ガス 廃塵	0.2 元/kg 3〜6 元/t	0.6 元/汚染当量 1〜20 元/t
固体廃棄物 危険物	0.1〜0.3 元 (t/月) 貯蔵・処置施設がない場合 1.2〜5 元/t　水域に流す場合 2〜36 元/t	5〜30 元/t 1,000 元/t

出所：『中国排汚収費制度改革と設計』に基づいて作成。本書第 6 章参照。

　その他の汚染物質に対して、基準超過徴収から排出総量収費へと切り替えられた。その上、基準を超えて排出する場合は、更に罰金を取ることとなっている。第 2 に、濃度基準で排汚費を徴収することを排出総量収費と結合させることによって、総排出量を抑制することを目指した。第 3 に、単一汚染源徴収のもとでの一種類の汚染物質しか排汚費を徴収しなかった制度から、汚染物質の種類ごとに汚染当量を計算し、合計して排汚費を算出する方法へと変えた。第 4 に、排汚費の単価が汚染削減の限界費用より高い水準へ引き上げられることが決定された。その変化は表 1-4 のようにまとめられる。しかし、企業に対して急な負担増にならないように、徴収基準を次第に引き上げることにし激変緩和措置を施した。また地域間には貧富の差があるので、排汚費改定にあたっては、幾つかの省の調査結果を基に、経済発展に応じて差をつけ、物価の高低によっても差をつける方法が提案された（例えば西部の貧困地域では課徴金に 0.8、一般では 1.0、東部の沿岸地域では 1.2 を乗じる）。しかし最終的には、このような複雑な基準にすると改定案の導入にあたって更なる議論が必要であるため、財政部や国家発展改革委員会が単純な方法を望んだ結果、排汚費は全国一律となった。そのため排汚費は地域ごとで異なった効果を持つ可能性があるとされた。

　徴収した排汚費の使途についても改革がなされた。その内容に関する詳細は本書第 6 章に譲るが、明らかなことは、2003 年改革によって排汚費の性格が変化した、あるいは少なくとも変化させようと試みられたということである。すなわち、財源調達手段としても活用されることには変わり

はないけれども，それに加えて従来の排汚費が基準遵守を促すための制裁金的性格を持つ課徴金だったのに対して，2003 年以降の排汚費は効率的な汚染削減のための経済的インセンティブとしての課徴金をめざすものへと，その法的・経済的性格を移行させつつあるように思われる。ただ，中国環境科学院の試算に基づけば，排汚費による経済的負担は汚染処理コストの約半分に止まることとなり，排汚費による汚染削減効果がどの程度になるかについては不透明である。それでも，排汚費の徴収基準の引き上げと総量賦課方式への転換は経済的インセンティブが働くようになる可能性をつくりだしつつあることは確かであろう。しかしこれもすべて汚染物質排出に関するモニタリングと環境行政能力の裏付けなしでは進み得ないことに留意しておかなければならない。この点では，排汚費の財源調達手段からみた変化も重要である。徴収した排汚費の使途が明確化されることで，環境投資を加速させる機能を持つと考えられる。ただ，徴収した排汚費を環境行政経費に使うことができなくなり，結果として環境行政能力向上を妨げる要因になる可能性も否定できない。

　排汚費徴収制度改革の各主体への影響についても注視する必要がある。汚染削減のための設備投資等により排出基準を遵守している企業やサービス業，畜産業にとっては特に負担感の強い制度改革となった。今後これらの制度改革が排出基準を遵守している企業にどこまで受け入れられるのかが注目される。また，この点では発電所への排煙脱硫装置の導入に力点が置かれた大気汚染政策の経済的影響も危惧される。堀井（2005）の試算によれば，排煙脱硫装置の設置を一律に義務づけた場合には，初期投資額として 1,188 億元もの投資コストが必要であり，これは 2000 年の GDP 総額の 1.3％，同固定資産投資総額の 3.6％に相当するという。また運転費用についても 681 億元／年と巨額にのぼるとしている。こうしたコストの巨額さから対策の実行可能性を危ぶむ指摘も少なくない。

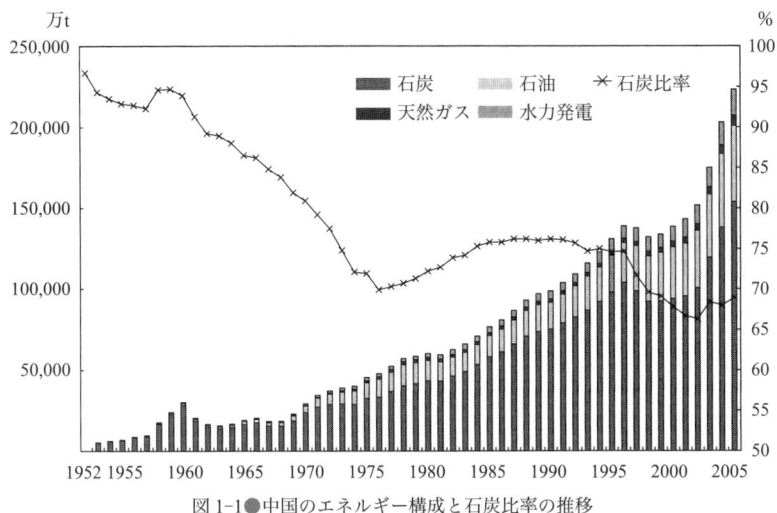

図 1-1 ●中国のエネルギー構成と石炭比率の推移
(出所)中国環境問題研究会編 (2007), 65 頁, 図 1.『中国統計年鑑』各年版より作成。

5 中国のエネルギー政策と大気汚染政策の統合と整合性

　経済発展にはエネルギーと交通が不可欠である。同時にエネルギーと交通は最大の大気汚染排出源であるので，エネルギー政策と交通政策に環境配慮が組み入れられ，これらと大気汚染政策を統合的に扱う公共政策の発展過程を検討することが，持続可能な発展政策への手がかりを与える。こでまず指摘しておかなければならないのは，「はじめに」で述べたように，中国のエネルギー構成が硫黄含有率の多い石炭を中心にしたものだということである。加えて重要なことは，経済成長の下でエネルギー供給が逼迫した場合にそれを安定化させる機能を持っているエネルギー源が中国においては唯一石炭だという点である (図 1-1) (明日香・堀井・小島・吉田, 2007)。以下大気汚染政策の効果を分析するにあたって，エネルギー政策と大気汚染政策の統合過程と整合性に着目して検討していく。

5-1　エネルギー政策と大気汚染政策

中国では1973年に「工業,三廃排出試行基準」(GBJ4-1973)が公布され,火力発電の大気汚染物質に対してはじめて国家基準による排出規制が実施された。その意味では,中国では1970年代にすでにエネルギー生産が環境に及ぼす影響が自覚されていたといえる。

また第8次5ヵ年計画から,エネルギー政策の中に環境に関する表現が入った。例えば排汚費徴収制度やSO_2の抑制区域は,電力消費を抑制することになるので,現在は大気汚染政策がエネルギー政策より優先されているという指摘もある。しかし形式的に政策の優位性がうたわれていることや政策を優先する方針が打ち出されていることをもって,直ちに大気汚染政策が優先されているということはできない。形式や方針を現実に具体化する条件や仕組みが整えられなければ,方針は絵に画いた餅に終わりかねないからである。

5-2　電力セクターの大気汚染対策

エネルギー開発は利益を生むものであるが,環境保全は利益を生まない投資といわれる。開発行政を推進している地方政府においては,エネルギーや交通の開発・整備には熱心であっても,環境保全を推進するインセンティブは働きにくい。また,中国における人口一人当たりのエネルギー消費水準はたとえばヨーロッパと比較すると,まだ5分の1程度であり,今後ともエネルギー消費量は増加していくものと見なければならない。特に電力セクターについては電源の大半を石炭に頼ってきたこともあって,これまでも最大の汚染源であったが,今後の電力需要の伸びを考えるならば,大気汚染防止の観点からは電力セクターの汚染対策をいかに進めるかが決定的に重要である。

中国において現在の大気汚染政策の柱となっているのは,1998年に提唱され,2002年頃より本格的に実施されるようになった「両抑制区域」政策である。これは酸性雨被害とSO_2排出の深刻な区域として,全国で27省175都市(県級市,地区を含む)を指定し,集中的に政策資源を投じ,実効

性のある汚染管理を行おうとするものである。中国全体の環境改善目標は，2005 年に SO_2 排出量を 2000 年レベルと比較して 10％削減するというものであるが，「両抑制区域」内においては同 20％削減することを目標としていた。この「両抑制区域」は全国の国土面積の 11％，人口で 39％を占めるにすぎないが，GDP では 67％，SO_2 排出量は全体の 60％近くを占め，費用対効果がよいと考えられている。

　具体的な政策の内容は，各地域において若干違いがあるものの，大枠は以下の 5 つにまとめられる。①対象地区内の小規模な石炭焚きボイラー，飲食店などにおける石炭の使用を禁止，クリーンエネルギー（天然ガス，LPG 等）への転換を進める。②対象地区内に「ゼロ石炭地区」を設置する。③高硫黄炭の使用を禁止。具体的には，対象地区内においては，石炭の品質（硫黄分）規制を導入する。④今後新設される発電プラントには，排煙脱硫装置の設置を義務づける。⑤市街区内に新規に建設される排出源には，自動連続オンラインモニタリング設備 (Continuous Emission Monitors: CEMs) の装備を義務づける。

　以上の政策のほとんどが直接規制であり，しかも小型の排出源については一律に石炭を禁止し，中規模以上のものについては使用する石炭の品質を規定するというもので，SO_2 排出量の急速な削減を確実なものにするために，各排出者に削減を義務づけた政策である。言い換えれば，排出者である企業が費用最小の対策を自ら選択する余地がないものであり，費用効率的な削減よりも速効的な削減を行政権力的に担保する方式が採用されたとみることができる。また「両抑制区域」の規制対象区域に限らないことであるが，今後の大気汚染対策の重点のひとつとして発電所への排煙脱硫装置の導入に力点が置かれている。2002 年 1 月 30 日時点の規定では，以下の条件ごとに発電所の汚染対策が決められている。

　まず次の①〜③については，排煙脱硫装置の設置が義務づけられるとしている。すなわち①高硫黄炭を燃料とする発電所，②新設および増設の発電所，③既設の発電所の中で，SO_2 排出基準，あるいは排出総量規制を未達成で，残された設計寿命が 10 年以上のものである。また，④既設の発

第 I 部
中国の環境政策の現状分析と課題

表 1-5 ● 排煙脱硫装置をすべての石炭火力発電所に設置した場合の初期投資額:試算

	基数(基)	設備容量(万 kW)	導入技術	初期投資額(万元)	運転費用(万元/年)
200MW 以上の発電ユニット	452	12,592.5		8,424,383	2,619,024
200MW 未満の発電ユニット	2,467	7,254.0		3,452,904	4,194,640
合計	2,919	19,846.5		11,877,287	6,813,664

註:基数、設備容量については、2000 年の数値(『中国電力年鑑 2001 年版』)。初期投資額、運転費用については、湿式石灰石―石膏法の場合は単位当たり投資額 669 元/kW および 1 基当たり費用 5,794.3 万元/基、乾式 LSD 法の場合は同 476 元/kW および同 1,700.3 万元/基を用いて算出した(データはいずれも 1995 年価格、王・楊・Grumet・Schreifeds・馬等編[2002:78])。
なお、200MW 以上の発電ユニットの設備容量は 1998 年時点における排煙脱硫装置の設置状況(1,680MW)を踏まえ、この普及分は減じてある。
出所:堀井(2005)、31 頁、表 1。

電所の中で SO_2 排出基準、あるいは排出総量規制を達成しておらず、残された設計寿命が 10 年未満のものについては、低硫黄炭への燃料転換あるいは同等の汚染削減効果を持つ措置、すなわち簡易脱硫装置などの設置を講じなければならないとしている。したがって、⑤都市の発電所で排出基準が遵守できている発電所は、こうした環境対策の要求には従う必要はないと規定があるものの、実際には少なからぬ発電所が上の①～④に該当して、排煙脱硫装置の設置を迫られるものと思われる。

またさらに、①硫黄含有量 2% 以上の燃料、あるいは 200MW 以上のユニットについては、湿式石灰石―石膏法を優先的に導入し、脱硫率 90% 以上、発電設備稼働時の 95% 以上を運転することを保証しなければならない、②硫黄含有量 2% 以下の中小発電所 (200MW 未満) あるいは残された設計寿命が 10 年以下の老朽ユニットについては、半乾式あるいは乾式で費用の安い成熟技術を導入し、脱硫率 75% 以上、発電設備稼働時の 95% 以上を運転することを保証しなければならないとしている。

すでに述べたように、排煙脱硫装置の設置を一律に義務づけた場合には、初期投資額として 1,188 億元もの投資コストが必要であるという試算もある (表 1-5)。今後中国の発電所建設は一層加速すると考えられており、ある予測では石炭焚きおよび石油焚き火力発電の設備容量の合計は 2010

年に3億235万kWと2000年のおよそ1.4倍，2020年には4億7,961万kWと同2.3倍にまで成長するとされている。このように発電設備自体への投資が急増するという状況の中で，果たしてそれに合わせて排煙脱硫装置への投資も行っていけるかどうか，かなり疑わしい。排煙脱硫装置以外の対策も含めて，確実に汚染削減を実施するための財源措置や基盤整備を行う必要があり，あわせて費用効率性に応じて適用できるようにする政策も考えられてよいだろう。

6　中国環境政策の課題－地方政府を中心に－

　環境汚染問題には常に現場がある。一般に，環境政策が実効をあげるか否かは，環境政策の基盤となる法的枠組みがどの程度確立しているかに左右されるが，同時に法を執行する能力，とりわけ現場での対策を指揮する地方政府の能力に依存するところが大きい。中国における環境汚染のコントロールは，法体系上，地方政府に権限と責任がある。しかし，中国環境政策遂行上の最大の問題の1つは，その地方政府には環境対策に取り組むインセンティブが乏しいことである。OECD (2007) は，中国における環境政策実施に対する最大の障害は地方政府にあり，地方指導者の政治実績目標，地方財政収入を増大させるための圧力，地方住民に対する乏しい責任感，等によって開発が環境に優先されていると指摘している。

　中国における地方政府は，環境保護よりも地域開発を第一義に優先しているといわれている。地域間経済格差を是正することは，中国においては持続可能な発展政策の一部を構成しているが，その具体的内容が環境問題との関連でも問題になろう。地域格差を無くすためには，①西部大開発，東北振興などの地域開発，②農業税を無くすこと (3分の1は既に廃止)，③東部臨海地域の企業を内陸に誘致するため優遇政策をとること，などが考えられる。しかし，西部大開発や東北振興などの地域開発は，持続可能な発展に名を借りた大規模開発という面があり，そのことが大規模な自然破壊や環境汚染を招かないという保障はどこにもない。

すでに述べたように、大気汚染政策は法律で定められた基準や制度に基づいて進められている。原則としては排汚費徴収制度でみたように、汚染者負担の原則 (Polluter-pays-principle: PPP)[4] が適用される。PPP 執行上の問題点はいくつもあるが、地方レベルにおいて PPP の理念を根幹から掘り崩しかねないのは、地方政府と企業との関係である。企業は就業機会の増加、税収の面で地域に貢献しているという口実の下、地方政府が違法なケースを見逃すケースも多いという。そもそも中国は国営企業中心の経済体制であったこともあり、経済体制改革が進行する中で企業と地方政府の関係は複雑で、一種の癒着が生じている。こうした事態の克服は基本的には地方政治に自治を求める住民の動きが強まり、地方行政の公共性や共同性の実現が志向されなければならない[5]。

地方政府の環境行政能力に問題がある場合も少なくないが、制度上制約されている場合もある。たとえば、中央政府は債券発行ができるが、地方政府にはそのような権限がない。もちろんもし債券を発行できたとしても、その資金は高速道路の建設に配分され、環境セクターに資金が配分されないことも十分に考えられることである。対外開放の一環として、BOT や TOT などの方法で外資の導入を進めているが、契約、リスクをどうするのかといった問題に対応できる人材がいない。地方政府にとって、人的・制度的制約をいかに克服していくかは大きな課題である。

中央政府は地方政府に対して単に指導・監督の役割しかなく、中央政府として環境政策上個別に重点を置いて取り組んでいる地域以外は、地方政府に対して直接に影響力を行使するには手段的にも能力的にも乏しい。この問題は、1 つには、中国における中央と地方の政府間関係、すなわち各級政府間の事務、税源、財源等の配分に関わる問題であり、行財政システム全般の改革と深い関連をもつ。同時に、各現場で生じている環境問題を解決しようとする政策的動機付けがどのようなチャネルを通じて地方政府

---

[4] 中国における汚染者負担原則の特徴については、金・植田 (2007) 参照。
[5] 地方政府や国家環境保護総局をはじめとする中央行政機関における企業との関係や環境ガバナンスの現状と問題点については、本書第 13 章およびエコノミー (2005) が参考になる。

に働くのかという問題でもある。地方の首長の人事考課にグリーン GDP などの環境に関する要素を加えていくことになっているのもその1つの方策かもしれない。しかし小島 (2000) が指摘するように，ほぼすべての環境政策が政府の"上からの指令"による方法であり，下から民衆の意見を汲み上げて政策化する力が弱い。そのため，政策の浸透に時間がかかるだけでなく，政策の実効性が弱い。このことが中国環境政策の最大の欠陥である。大気汚染政策においてもまさにこのことが問題となっている。今後ますます，環境問題をめぐる利害関係者が地方政府の政策決定にどのような影響を及ぼしているか，そして影響を与える経路はどのようなものか明らかにしていかなければならない。中国における今後の地方環境政策の進展度合いとその方向性は，中国環境政策における情報公開や公衆参加が制度的・実質的にどのように展開するか，またより根本的には地方政治の民主化度合に，大きな影響を受け規定されるであろう。

7 おわりに

中国の大気汚染は実態としてきわめて深刻である。しかしより深刻なことは，大気汚染問題の解決を難しくしている中国固有の自然条件，経済社会条件，制度上の条件 (小島, 2000) を克服する途が明確にはなっていないことである。中国における深刻な大気汚染は，石炭依存型エネルギー供給構造を媒介に，中国の高度経済成長と直結していた。エネルギー供給構造を転換すること，大気汚染防止の技術的対策を講じること，経済成長の速度を緩やかにすること，そのいずれもが，そしてその組み合わせも政策的なオプションではあるが，問題はそうした政策を推進させる駆動力がどこから生まれてくるかということであろう。地球温暖化防止とも必然的に結びつくこの問題は，中国の政治，経済，社会のダイナミックな変化をどう把握するかという問題でもある。今後とも注視していかなければならない。

第Ⅰ部
中国の環境政策の現状分析と課題

参考文献

明日香壽川・堀井伸浩・小島道一・吉田　綾 (2007)「中国と日本：エネルギー・資源・環境をめぐる対立と協調」中国環境問題研究会編 (2007), 62-102 頁.

植田和弘 (1995)「中国の工業化と環境問題」中国研究所編『中国の環境問題』新評論, 12-23 頁.

エリザベス・エコノミー著, 片岡夏実訳 (2005)『中国環境リポート』(原題　*The River Runs Black: The Environmental Challenge to China's Future*) 築地書館.

金　紅実・植田和弘 (2007)「中国の環境政策と汚染者負担原則」『上海センター研究年報　東アジア経済研究 2006』.

小島麗逸 (2000)「環境政策史」小島麗逸編『現代中国の構造変動 6　環境：成長への制約となるか』東京大学出版会, 7-66 頁.

馬　中ほか (2005)「中国の持続可能な発展政策に関する評価」

王　金南ほか (2005)「中国における電力工業汚染対策に対する評価」

姜　克雋ほか (2005)「中国のエネルギーと環境政策の発展」

片岡直樹 (1997)『中国環境汚染防治法の研究』成文堂.

張　坤民 (2005) 京都大学 SD 研究会報告.

中国環境問題研究会編 (2004)『中国環境ハンドブック　2005-2006 年版』蒼蒼社.

―― (2007)『中国環境ハンドブック　2007-2008 年版』蒼蒼社.

李　志東 (1999)『中国の環境保護システム』東洋経済新報社.

堀井伸浩 (2005)「中国における大気汚染対策の評価：費用効率性と政策実施コストの観点から」寺尾忠能・大塚健司編『アジアにおける環境政策と社会変動』アジア経済研究所, 23-67 頁.

渡辺利夫監修, 原嶋洋平・島崎洋一編 (2002)『東アジア長期経済統計　別表 3　環境』勁草書房.

OECD (2007) *Environmental Performance Review : Chine.* Paris: OECD.

第2章
水環境政策の到達点と課題

北野　尚宏

1 はじめに

　中国は，1978年に改革・開放政策を導入して以来，特に1990年代以降，急速な経済成長を遂げた。しかしながら，高度成長に伴う矛盾も顕在化しており，資源・エネルギー浪費型の経済構造，深刻な環境汚染，格差の拡大など，もはや先送りできない多くの課題に直面している。水環境の汚染も深刻で，中国政府はこれまで様々な対策を講じ，汚染物質の抑制には一定程度効果を上げてはいるものの[1]，2005年11月に吉林省松花江で起きた大規模な水汚染事故等[2]が象徴するように，経済優先の社会的風潮の中で，抜本的に水環境を改善するところまでには至っていない。中国政府は，水汚染に対する社会的関心の高まりをも背景に，2005年12月に国務院により発布された「科学的発展観を実行に移し環境保護を強化することに関する国務院の決定」の中では，水環境の改善を最重点として位置づけている[3]。
　本章では，中国の水環境汚染の現状を概観するとともに，水環境汚染に

---
[1] 第9章によれば，中国全土において，工業系・生活系あわせ，1995年には2,600万t/年のCODが発生し，そのうち400万t/年が除去され，残り2,200万t/年が環境中に放出されていた。03年にはCOD発生量は95年と同じく2,600万t/年であったが，環境中への放出量は1,400万t/年と95年よりも減少している。第10次5ヵ年計画では下水道整備も推進されたが，都市生活系での除去量は少なく2003年で200万t/年で発生量の18％にすぎない。むしろ工業系での対策が進み，除去量が1995年の380万t/年から2003年には1,000万t/年と大幅に増加している。
[2] 詳細については大塚（2006）を参照されたい。

対し中国政府が講じてきた政策について，主に都市化と下水道整備および流域水汚染と管理体制の観点から述べ，あわせて今後の課題について論じる。

2 中国の水汚染の現状[4]

2-1 中国の水環境

中国の水資源賦存量は2004年で2兆4130億m^3，1人当たりで世界平均の約4分の1程度の水準にある[5]。その空間的分布は偏在しており，南部の流域が全国の水資源賦存量の81%を占めるのに対して，北部の流域はわずか19%となっている[6]（図2-1）。地下水への依存度が全国平均で約20%[7]，特に地表水が不足している北部で高い（図2-2）。さらには，季節によって降雨量の差が大きく，河川流量も出水期と渇水期とで大きく変化する[8]。これらの河川や湖沼に工業系や生活系の排水が2004年で約480億t[9]流入することにより，北部の海河，淮河，遼河などでは水汚染が依然として極めて深刻であり，南部の長江支流などでも水量は豊富ながら水汚染のために水資源が十分に利用できない状況が生じている[10]。

---

[3] 具体的には，最優先で解決すべき7つの環境問題のうち，まず飲用水の安全および重点流域の水汚染防止が挙げられるとともに，2番目に挙げられた課題である都市環境保全の強化に関し，下水処理場の建設を国家重点環境保護事業として位置づけ，2010年までに全国の市制都市の下水処理率を70%以上とすることが数値目標として掲げられている。同決定の詳細については第7章第6節を参照されたい。

[4] 中国の水汚染を含む水問題の詳細については，例えば，長瀬（2003）を参照されたい。

[5] Water Resources Institute のデータベースによれば，1人当たり水資源賦存量は世界平均で約8,549m^3/年・人，中国は「中国統計年鑑2005」によれば2000-2004年平均で約2,100m^3/年・人。日本は3,332m^3/年・人（「平成17年版日本の水資源」）。

[6] 2004年中国水資源公報。水利部が定めた水資源一級区によれば，北部は松花江，遼河，海河，黄河，淮河，西北諸河川，南部は長江，東南諸河川，珠江，西南諸河川流域を指す。

[7] 日本は約12%（「平成17年版日本の水資源」図1-1-2に基づき計算）。

[8] 水資源賦存量のかなりの部分は出水期に洪水として海に流出しており，2004年で水資源賦存量が2兆4130億m^3であるのに対し，年間使用量は5548億m^3となっている。

[9] 水利部の統計によれば693億tで，うち3分の2は工業系，3分の1は生活系。

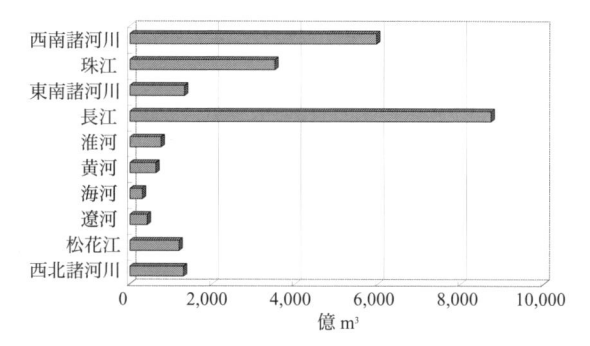

図2-1●水資源区分別水資源量(2004年)
出所:『2004年中国水資源公報』。

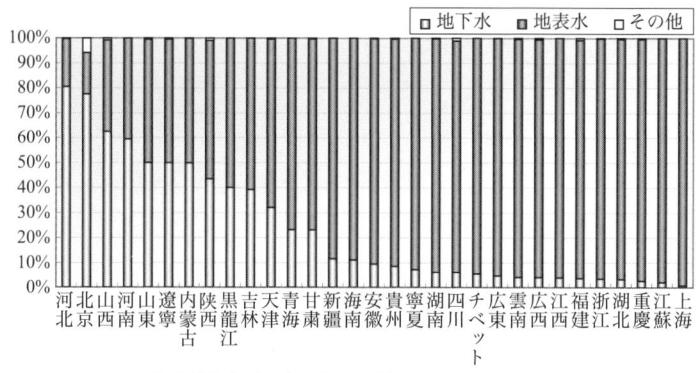

図2-2●省別供水量の内訳(2004年)
出所:『中国統計年鑑2005』。

2-2 水汚染の現況

排水量の推移をみると,工業廃水は,産業構造の調整,工業部門の成長率の鈍化,節水等により90年代後半は減少傾向にあったが,2001年以降は高度成長に伴って再び増加傾向にある。主な業種は化学工業,製紙,電力,金属精錬で,全排出量の54.6%を占める[11]。生活排水は,中国の急速な都

---
[10] 2005年10月に開催された第1回九寨天堂国際環境フォーラムの席上,曲格平中華環保基金会理事長は,中国のCOD排出量は環境容量を67%超過しており,中国北部の多くの河川が排水溝と化し,南部の多くの河川や湖沼が水汚染のために利用価値の喪失或いは低下を招いていることを指摘している。詳しくはhttp://www.sepa.gov.cn/eic/649083546874413056/20051028/12313.shtml(2006年5月7日アクセス)参照。

第Ⅰ部
中国の環境政策の現状分析と課題

表 2-1 ● 排水量推移（億 t）

	生活排水	工業廃水	合計	生活（%）	工業（%）
1997	189.1	226.7	415.8	45.5	54.5
1998	194.8	200.5	395.3	49.3	50.7
1999	203.8	197.3	401.1	50.8	49.2
2000	220.9	194.3	415.2	53.2	46.8
2001	230.3	202.7	433.0	53.2	46.8
2002	232.3	207.2	439.5	52.9	47.1
2003	247.6	212.4	460.0	53.8	46.2
2004	261.3	221.1	482.4	54.2	45.8

註：生活排水は都市部のみ。工業廃水には農村部の工場からの廃水も含まれている。
出所：『中国環境統計年報 2004』，1997 年は『中国環境統計年報 1998』。

市化を反映して増加傾向にあり，1999 年以降は生活排水量が工業廃水量を上回っている。その結果，2004 年の排水量は 482.4 億 t と，2000 年の 415.2 億 t と比較すると 16％増加している（表 2-1）。

代表的な水質汚染物質の指標である COD（化学的酸素要求量）排出量の推移をみると，工業系の排出量は，産業構造の転換，排出規制の強化，工場レベルでの汚染物質抑制等により，2004 年で 510 万 t と 1997 年の 1,073 万 t より半減した。主な業種は製紙，食品加工，化学工業，紡績で全 COD 排出量の 71.9％を占める。一方，生活排水量が増加したにもかかわらず下水処理場の建設が追いつかないために生活系の COD 排出量が増加し，工業系と生活系の合計では，2004 年で 1,339 万 t と，2000 年の 1,445 万 t と比較すると 7％減少したにとどまっている[12]（表 2-2）。

次に，省別の COD 排出量を図 2-3 に示す。南部に属する広西[13]，広東，四川，江蘇，湖南，湖北，浙江，北部の水系に属する山東，河南，河北と

---

[11] 『中国環境統計年報 2004』。
[12] ここでは工業系および都市生活系の COD のみに言及しているが，第 9 章で分析する農業，畜産，農村生活系から排出される COD についても河川，湖沼，沿海の汚染に寄与しているものと考えられる。
[13] 広西省が最も高いのは製糖業の排水の寄与度が大きい。

表 2-2 ● COD 排出量推移（万 t）

	生活系	工業系	合計	生活系（%）	工業系（%）
1997	684.0	1,073.0	1,757.0	38.9	61.0
1998	695.0	800.6	1,495.6	46.5	53.5
1999	697.2	691.7	1,388.9	50.2	49.8
2000	740.5	704.5	1,445.0	51.2	48.8
2001	797.3	607.5	1,404.8	56.8	43.2
2002	782.9	584.0	1,366.9	57.3	42.7
2003	821.7	511.9	1,333.6	61.6	38.4
2004	829.5	509.7	1,339.2	61.9	38.1
2005			1,413.0		
10・5 計画目標			1,300.0		

註：表 2-1 に同じ。
出所：表 2-1 に同じ。

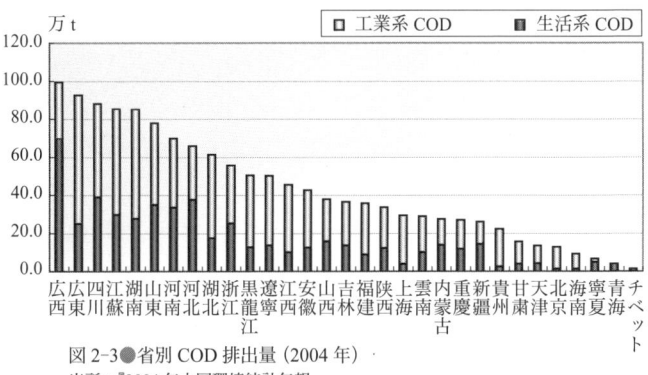

図 2-3 ● 省別 COD 排出量（2004 年）
出所：『2004 年中国環境統計年報』。

いった省の排出量が大きく，都市部の河川区間等の水汚染に寄与しているものと考えられる。

次に，中国の主要河川（長江，黄河，珠江，淮河など七大水系）の水質をみると，2004 年時点で，国家環境保護総局の 412 の観測断面のうち，飲用水の水源に適している水質を有するのは（I～III 類）41.8％に過ぎない[14]。一方で，劣 V 類（農業用水にも使用できない）の占める割合が 28％を占め，IV 類

表 2-3 ● 7 大河川の水質（%）

水系名称	観測点	劣Ⅴ類	Ⅳ～Ⅴ類	Ⅰ～Ⅲ類
淮河	86	32.6	47.6	19.8
松花江	41	24.4	53.7	21.9
海河	67	56.7	17.9	25.4
遼河	37	37.9	29.7	32.4
黄河	44	29.5	34.1	36.4
長江	104	9.6	18.3	72.1
珠江	33	6.1	15.1	78.8
7大河川	412	27.9	30.3	41.8

出所：『中国環境状況公報 2004』(http://www.sepa.gov.cn/eic/6493 68307484327936/20050602/8204.shtml)

（工業用水・農業用水に使用できる）-Ⅴ類（農業用水に使用できる）は30％となっている。流域別でも，長江，珠江以外は，飲用水の水源に適している水質を有する観測点の割合が4割未満で，劣Ⅴ類の占める割合が遼河，淮河，海河で3割を超えている（表2-3）。

湖沼では，三湖（太湖，滇池，巣湖）を含む全国27の重点湖沼のうち，劣Ⅴ類が37％を占める[15]。特に窒素，リン等により富栄養化が深刻な状況である。

地下水については，国土資源部によれば，2005年において全国158都市のうち，21都市は前年よりも地下水の水質が悪化している[16]。また，過去7年間で確認した地下水資源は多年平均で3527億m^3であるが，全国の浅水層の地下水のうち，半分程度は汚染されているとされている[17]。

沿海部についても，遼東湾，渤海湾，江蘇省沿岸，杭州湾，珠江河口な

---

[14] 国家地面水環境質量標準（GB3838-2002）に定められた水質基準。Ⅰ類：主に源流，国家自然保護区に適用／Ⅱ類：主に集中型生活飲用水の地表水源一級保護区，希少水生生物生息地，魚類の産卵場，稚魚幼魚の餌場等に適用／Ⅲ類：主に集中型生活飲用水の地表水源二級保護区，漁業水域および水泳区に適用／Ⅳ類：主に工業用水区および人に直接接触しない娯楽用水区に適用／Ⅴ類：主に農業用水区および一般の景観に必要な水域に適用。
[15] 『中国環境状況公報 2004』。
[16] 『中国国土資源公報 2005』。
[17] 『中国環境報』（2006年4月26日）。

どの汚染が深刻な状況にある[18]。主な汚染物質は窒素，リン，油類等である。2005年の中国近海での赤潮は82回発生しており，累計発生面積は約2万7,000km^{2}に及んでいる。大規模な赤潮の主な発生海域は，浙江中部海域，长江河口外海域，渤海などとなっており，沿海部の養殖に被害が及んでいる。

2-3　5ヵ年計画ごとの水汚染対策の成果

(1) 第9次5ヵ年計画

第9次5ヵ年計画（1996-2000年）（以下「9・5計画」）期には，「国家環境保護第9次5ヵ年計画および2010年長期目標」（以下「環境9・5計画」）を策定し，「環境管理体制と中国の実情に合った環境法体系を整備し，環境汚染と生態系悪化を抑制し，一部都市と地区で環境を改善し，経済発展と環境保全，生態系保全のモデル都市と地区を整備する」ことを目標とし，環境計画を5ヵ年計画に組み込み，環境投資額を増加すること，汚染物の総量規制を実施し，「世紀を跨ぐグリーンプロジェクト」の実施により重点汚染対策事業に集中的に取り組むこと，汚染対策は水・大気環境を重点とし，対象地域は，水質汚濁対策は「三河三湖」（淮河，海河，遼河，太湖，滇池，巣湖），海洋汚染対策は渤海がそれぞれ重点とすること等を定めた。さらに，1998年以降は積極的な財政政策を策定し，環境インフラ整備に重点をおき，国債資金を優先的に下水処理場等の建設に配分した。工業汚染対策としては，排出規制を強化するとともに，産業構造調整の一環として，汚染源となっている小規模な工場を強制的に閉鎖した。その結果，2000年時点で，「9・5期間全国主要汚染物排出総量規制」で定められたCOD, 油類，重金属を含む12の主要汚染物質全国レベルの総量規制値を達成することができたとしている。9・5計画中の環境分野でのパフォーマンスに対して中央政府は「相当の進展，前進があったとしながらも，一部地域では依然として深刻な悪化が続いている」と指摘している。目標を達成すること

---

[18]『中国海洋環境質量公報2005』。

ができた背景としては，経済成長率が鈍化する局面にあったことも要因のひとつとして推察される。

(2) 第10次5ヵ年計画

中国政府は，第10次5ヵ年計画 (2001-2005年)（以下「10・5計画」）期において，「国家環境保護第10次5ヵ年計画」（以下「環境10・5計画」）を定め，「環境汚染を軽減し，生態系悪化をくいとめ，大規模・中規模都市と重点地区の環境を改善し，中国の実情に合う環境保全の法律，政策，マネジメント体制を確立」することを目標に掲げた。地域的には，環境9・5計画に引き続き，水環境では「三河三湖」や渤海地域に重点が置かれた。水質汚濁対策については，2000年よりCOD排出量の10％削減を目標とし，中国国家環境保護総局はこのマクロ目標に基づき，省ごとに目標値を配分した。都市部の生活排水処理率を45％まで向上することも目標として定められた。しかしながら，実際の成長率が10・5計画中の成長率の想定を上回ってしまったために，CODや二酸化硫黄の排出量削減目標を達成することはできなかった。

国家環境保護総局は，2006年4月に，環境10・5計画の達成度について記者会見を行った。うち，水環境については悪化を一定程度抑制できたとしている。具体的には，2005年の地表水の中程度の汚染レベルにあり，国家水環境観測網の744の断面中，水質が良好，中程度の汚染，重度の汚染の割合はそれぞれ36％，36％，28％で，10・5計画初期の34％，30％，36％と比較すると改善傾向にあるとしている[19]。ただし，海河，遼河，淮河，黄河および松花江水系の一部の支流，特に都市部を流れる区間では汚染が深刻であるとしている[20]。

また，2005年のCOD排出量は速報値で1,413万tであり，2000年の排

---

[19] 各年の中国環境状況公報によれば，観測点は2001年752，2002年741，2003年407，2004年412，2005年も中国統計公報では411となっており，記者レクの744とは整合性がとれていない。ここで言う「良好」とは飲用水の水源に適しているI-III類であると推測できるが，公表されているデータに「10・5計画初期」の値に該当するものはない。
[20] 劉江編 (2001) p.256にも同様の記述がある。

出量1,445万tから2％減少したのみで，CODを2000年の水準から10％削減する（1,300万t）という数値目標は達成できなかったとしている。CODの削減量が10・5計画の目標を達成しなかった理由として，中国環境規画院は次の3点を挙げている。(1) 10・5計画期間中に産業構造の調整が目標通りにいかなかった。特にCODの主要発生源である製紙業においては，需要の急増により生産量が2000年の2,487万tから2005年には5,000万tを超えたと見込まれており，その結果として製紙業のCODを十分にコントロールできなかった[21]。(2) 重点流域汚染対策事業の進捗が順調とは言えなかった。計画された2,130事業のうち完成したのは65％にあたる1,378事業にとどまっている。(3) 下水道整備が都市人口増と経済発展に追いつかなかった。

　淮河の場合には，水利部のデータによれば，河川に流入する排水量は抑制傾向にあり，COD排出量は，10・5計画期間中増加傾向にあったが，2004年で抑制されたものの，2004年の時点では10・5計画の目標値に達することが困難であることがみてとれる（表2-4）。

---

[21] このことは，工場系のCOD排出量は減少しているとはいえ，近年，工場廃水による大規模な水汚染事故が報道されていることも含め，工場に対する排出規制の強化や第3章で論じられるクリーナープロダクションの導入推進，産業政策と環境保護政策との連携などが引き続き重要課題であることを示唆している。製紙業についていえば，これまでも政策的に小規模の工業を強制的に淘汰し，その結果として近年生産額当たりのCOD排出量も削減されてきた。しかしながら，業界としての根本的な問題が依然として環境汚染の元凶である中小規模のストローパルプ（非木材パルプ）工場への過度の依存にあることから，国務院は業界の集約化を図り環境汚染を抑制するために2005年12月に発布した「産業構造調整暫定規定」の中で，年産3.4万t以下のストローパルプ（非木材パルプ）および年産1.7万t以下の化学パルプ生産ラインは2007年までに全て淘汰することが定めた。なお，国家発展計画委員会は，産業政策の観点から，植林業と製紙業との連携により木材パルプの原料を確保した上で大型の木材パルプ工場建設により今後の製紙需要の急増に備えることを検討している。出典は次のとおり（いずれも2006年5月7日アクセス）。
http://www.sdpc.gov.cn/zcfb/zcfbqt/zcfb2005/t20051222_54302.htm
http://www.sdpc.gov.cn/zcfb/zcfbl/zcfbl2005/t20051222_54304.htm
http://www.cfej.net/news/content.asp?lb=xwfb&xxx=2006%C4%EA4%D4%C230%C8%D5&unid=9922#

第Ⅰ部
中国の環境政策の現状分析と課題

表 2-4 ● 淮河流域の排水量及び汚染物質排出量

年	都市数	排出口数	排水量(億t)	COD排出量(万t)	アンモニア排出量(万t)	COD排出量(万t)註	アンモニア排出量(万t)註
2000			49	94.7	8.7		
2001			46	106.8	14.6		
2002	183	806	40	110.7	12.7		
2003	183	966	44	123.2	12.2		
2004	188	997	44	107.7	10.7	99.1	12.5
10・5 計画目標値				46.6	9.1		

註：環境保護部門のデータ。
出所：『淮河片水資源公報』各年版，「淮河何時能変清」『瞭望東方週刊』2006 年 2 月 16 日第 7 期，『中国環境統計年報 2004』。

3 中国の都市化と下水道整備[22]

　以上，述べてきたように，中国の水汚染は，中国政府の努力にもかかわらず，高度経済成長の過程で，経済規模が拡大し，都市人口も増加する中で COD に代表される水汚染物質を十分に抑制できず，未だに抜本的な解決が図られるところまでは到達していない。本節では，中国政府が今後水汚染対策の最重点課題のひとつとしている下水道整備の現状と課題について述べる。まず，下水道整備のニーズが高まっている背景にある中国の都市化の動向について概説し，次に都市インフラ整備投資の中で下水道整備を位置づけた上で，下水道整備の動向と課題について論じる。

3-1　中国の都市化の現状

　都市化は経済成長の原動力である。一方で雇用や住環境など「質」が伴わない都市化は，スラム化，治安の悪化，環境破壊などマイナス面がきわめて大きい。中国政府は長らく都市化の推進にきわめて慎重であったが，

---

[22] 本節は，北野 (2005) に依拠している。

近年になって単に経済成長の牽引車としてではなく,過剰労働力や所得の伸び悩みなど農村問題を抜本的に解決する方途として,大都市圏の拡大を含めた都市化を重点政策課題とするようになった。

表4-5は中国の都市人口の推移を示している。中国の都市人口は,人口センサスベース(「城鎮人口」),戸籍ベース(「非農業人口」)などがあるが,ここでは2000年人口センサスで採用された定義(1999年国家統計局「統計上の都市と農村の区分に関する規定(試行)」)に基づくデータを示している。詳細な説明は省くが,この定義は,都市人口を既存の行政区画を尊重しながら出来るだけ実態に近い形で把握するために考案されたもので,市制都市と鎮制都市[23]のうち認定しうる区域の常住人口が含まれるとともに,戸籍は有しないが当該居住地に居住している人口(「流動人口」)も把握されている。

2004年の総人口は12億9,988万人,うち出稼ぎなどの流動人口を含む都市人口は5億4,238万人,都市人口比率は41.8％に達している。1990年の3億195万人,26.4％と比較すると15.4ポイント,絶対数で2億4,088万人増加している。特筆すべきは,90年代後半以降都市人口が毎年約2,000万人の割合で増加し急速に都市化が進展していること,1995年をピークに農村人口の絶対数が減少していることである。ただし,1990-2000年のデータは,2000年人口センサスをもとに遡及して修正されていることに注意する必要がある。これだけ急速に都市人口が増加した背景としては,中国政府が農村から都市への労働力移動を積極的に評価するようになったこと,規模の小さい都市での農民の都市戸籍取得を条件付ながら認め始めたこと,積極的に新しい市制都市を認定したことなどが挙げられる。

表2-6は中国の都市数を示したものである。1999年時点で市制都市は

---

[23] 中国の都市は「城市(市制都市と訳す)」と「建制鎮(鎮制都市と訳す)」からなる。市政都市は,北京,上海のような「直轄市」(一級行政区),蘭州や昆明など省の次の行政区画である「地区」(二級行政区)レベルの「地級市」(「地級市」には一段レベルの高い「副省級城市」も含まれる),「県」(三級行政区)レベルの「県級市」から構成される。鎮制都市は,農村部の町ともいえる「鎮」のうち,一定規模を有し制度上認定されたものを指す。鎮制都市の統計は未整備であることから,本章では主に市制都市を扱う。

第Ⅰ部
中国の環境政策の現状分析と課題

表 2-5 ● 中国の都市人口推移（百万人）

年	総人口	都市人口	農村人口	都市人口比率（%）	農村人口比率（%）
1990	1,143.33	301.95	841.38	26.4	73.6
1991	1,158.23	312.03	846.20	26.9	73.1
1992	1,171.71	321.75	849.96	27.5	72.5
1993	1,185.17	331.73	853.44	28.0	72.0
1994	1,198.50	341.69	856.81	28.5	71.5
1995	1,211.21	351.74	859.47	29.0	71.0
1996	1,223.89	373.04	850.85	30.5	69.5
1997	1,236.26	394.49	841.77	31.9	68.1
1998	1,247.61	416.08	831.53	33.4	66.7
1999	1,257.86	437.48	820.38	34.8	65.2
2000	1,267.43	459.06	808.37	36.2	63.8
2001	1,276.27	480.64	795.63	37.7	62.3
2002	1,284.53	502.12	782.41	39.1	60.9
2003	1,292.27	523.76	768.51	40.5	59.5
2004	1,299.88	542.83	757.05	41.8	58.2
2005	1,307.56	562.12	745.44	43.0	57.0

出所：『中国統計年鑑 2005』および『中国国家統計局 2005 年国民経済和社会発展統計公報』（http://www.stats.gov.cn/tjgb/ndtjgb/qgndtjgb/t20060227_402307796.htm　2006 年 2 月 28 日）。

表 2-6 ● 人口規模別市制都市数（非農業人口ベース）

都市のランク	1990	1999	2003（参考）
超大都市　200 万人以上	9	13	33
特大都市　100 〜 200 万人	22	24	141
大都市　　50 〜 100 万人	28	49	274
中都市　　20 〜 50 万人	117	216	172
小都市　　20 万人以下	291	365	40
合計	467	667	660

註：2003 年は市制都市の市区の総人口ベース。
出所：1990 年は『中国統計年鑑 1991』、1999 年は劉江編（2001：584），2003 年は『中国統計年鑑 2004』。

667,200万人以上の超大都市は13,100-200万人の特大都市は24,50-100万人の大都市は49,20-50万人の中都市は216,20万人以下の小都市は365であった。1990年と比較すると,都市数が200増加し,中小都市の伸びが著しいことがわかる。これはもともと県であった行政区を都市化推進策の一環で市に昇格させたことによる。

　一方,非農業人口ベースで都市規模別の人口分布をみたのが表2-7である。2003年で,超大都市のシェアは26.6%,特大都市は17.3%,大都市は18.2%,中都市は20.8%,20万人以下の小都市は17.1%と,小島(2001)が指摘するようにも都市人口は一極集中しておらず,比較的バランスがとれているといえる。中国政府は,呉儀副総理のスピーチにもあるように,今後とも規模の異なる都市の成長をバランスさせることを政策目標としている[24]。

3-2　都市インフラ整備投資の動向

　下水道整備状況を概観する前に,都市インフラ整備投資全般の動向と下水道整備投資の位置づけに触れたい。都市インフラ整備投資は都市人口の増加に伴い,1990年代に入って急速に進んだ。表2-8は都市インフラ整備投資額およびそのGDPと全社会固定資産投資に占める割合の推移を示している。中国政府は1998年に景気対策のために1,000億元の使途をインフラ整備等に限定した国債を発行した。初年度は1,283億元を財政支出もしくは借款のかたちで主に地方政府への投入を計画,うち27%にあたる346億元が都市環境基盤整備を含む都市インフラ整備向けであった[25]。1999年も積極財政を背景に都市インフラ国債資金の投入は419億元にのぼり,国内銀行融資などとあいまって都市インフラ整備資金の増加に対し呼び水効果を発揮したとされている[26]。このように都市インフラ整備に対する投資額が増加したことにより,投資額のGDPおよび全社会固定資

---

[24] ただし,近年は超大都市の伸びが目立っていることが本表からもうかがえる。超大都市への集中が今後加速化するかどうかの見込みについては更なる検討が必要である。
[25] 財政部基本建設司編(1999) p. 87。
[26] 劉江編(2001) p. 689。

第I部
中国の環境政策の現状分析と課題

表2-7●中国の人口規模別都市の人口分布（非農業人口ベース）

都市のランク		人口			割合（％）		
	年	1990	2000	2003	1990	2000	2003
超大都市 200万人以上		3,444	5,294	6,120	22.9%	25.3%	26.6%
特大都市 100～200万人		2,814	3,061	3,971	18.7%	14.6%	17.3%
大都市 50～100万人		1,899	3,504	4,174	12.6%	16.7%	18.2%
中都市 20～50万人		3,644	4,861	4,788	24.2%	23.2%	20.8%
小都市 20万人以下		3,245	4,232	3,933	21.6%	20.2%	17.1%
合計		15,046	20,952	22,987	100.0%	100.0%	100.0%

出所：『中国統計年鑑1991』、『中国城市建設統計年報2000』、『中国城市建設統計年報2003』。

表2-8●都市インフラ整備投資額の対GDP比推移

年	都市インフラ整備投資額	対GDP比（％）	対全社会固定資産投資（％）	うち環境基盤整備分（億元）	対GDP比（％）	対全社会固定資産投資（％）
1991	171	0.79	3.05	56	0.26	1.00
1992	283	1.06	3.50	72	0.27	0.88
1993	522	1.51	3.99	106	0.31	0.81
1994	666	1.42	3.91	113	0.24	0.66
1995	808	1.38	4.03	131	0.22	0.65
1996	949	1.40	4.14	171	0.25	0.75
1997	1,143	1.53	4.58	257	0.35	1.03
1998	1,478	1.89	5.20	389	0.50	1.37
1999	1,591	1.94	5.33	479	0.58	1.60
2000	1,891	2.11	5.74	516	0.58	1.57
2001	2,352	2.42	6.32	596	0.61	1.60
2002	3,123	2.97	7.18	789	0.75	1.81
2003	4,462	3.81	8.03	1,072	0.91	1.93
2004	4,754	3.48	6.78	1,140	0.84	1.63

出所：『中国統計年鑑2004』、『2004年国民経済和社会発展統計公報』、『中国城市建設統計年報2003』、『全国環境統計公報2004』、『2004年城市建設統計公報』に基づいて計算。

産投資に占める割合は，1990年にそれぞれ0.79％，3.05％であったのが，2003年にはそれぞれ3.81％，8.03％に達している。

資金源をみると1990年代前半は自己資金が中心だったものが，1996-2000年には中央財政による投資増とともに国内借款，外資，自己資金の割合も増え，2001年以降は地方財政と国内借款が急速に伸びている（表2-9）。

セクター別の投資額の割合では，道路投資が4割程度と最も大きい（表2-10）。上水道のシェアは低下傾向にある。下水処理場や下水管網の整備を含む「排水」については95年以降1割弱を占めている。投資額では，1995年の48億元から2003年には375億元にまで増加している。中国環境統計年報に環境投資として計上されている，排水，集中供熱，都市ガス，緑化，環境衛生（屎尿・ゴミ処理等）の合計（都市環境基盤整備投資）も1/4程度のシェアを示している。表2-8にあるように都市環境基盤整備投資は2003年にはGDPおよび全社会固定資産投資のそれぞれ0.91％，1.93％に達している。

地域別投資額は2003年で69.5％と圧倒的に東部が大きく，中・西部に投じられている額は相対的に小さい。都市別でも特大都市に41.8％と集中投下されていることがわかる（表2-11）。特徴的なのは，道路・橋梁への投資割合がどの地域でも都市の規模でも最も高いこと。公共交通の割合が特大都市で顕著に高いこと，排水も比較的シェアが高いことである。

3-3　下水道整備の動向

このように，下水道整備向けの投資が近年一定のシェアを保っている背景には，前述のように都市化に伴う生活排水量の急増がある。下水道整備には，水環境が改善されるだけでなく，処理水が再利用できるなど水資源保全の観点からも大きなメリットがある。10・5計画では，整備率の目標として，都市部の下水処理率45％達成（人口50万人以上の都市では同60％を達成）が掲げられ，全国的に下水処理場の建設と排水管網の整備が進んでいる。表2-12に下水道の整備状況を示す。2004年時点で全国の下水処理場

表 2-9 ●都市インフラ整備投資の財源推移（億元）

期間	小計	中央財政	地方財政	国内融資	債券	外資	自己資金	その他
1981-1985	180.9	47.8	0.0	7.2	0.0	0.1	113.9	11.9
1986-1990	510.4	53.9	0.0	33.4	0.0	6.7	351.9	64.5
1991-1995	2,446.9	86.5	0.0	264.4	0.0	186.2	1,483.4	426.4
1996-2000	6,467.8	573.8	0.0	1,358.7	133.2	490.5	2,918.7	992.9
2001-2003	8,962.1	320.1	1,629.4	2,782.6	41.5	297.4	2,852.9	1,038.2

出所：『中国城市建設統計年報2003』。

表 2-10 ●部門別都市インフラ整備投資額の割合（％）

期間	環境基盤整備	都市ガス	集中供熱	園林緑化	環境衛生	排水	上水道	洪水防止	公共交通	道路・橋梁	その他
1991-1995	19.5%	6.2%	2.3%	2.7%	1.8%	6.5%	14.3%	1.2%	4.2%	37.0%	23.9%
1996-2000	24.7%	5.0%	2.8%	5.7%	2.7%	8.5%	10.0%	2.1%	6.1%	39.7%	17.4%
2001-2003	24.7%	3.0%	3.5%	7.3%	2.1%	8.8%	5.3%	3.3%	7.8%	41.1%	17.9%

出所：『中国城市建設統計年報2003』に基づき計算。

表 2-11 ●都市インフラ整備地域別・都市人口規模別投資割合（2003年）

	合計額（億元）	割合（％）									
		地域別	上水道	都市ガス	集中供熱	公共交通	道路・橋梁	排水	洪水防止	園林緑化	環境衛生	その他
全国	4,462	100%	4.1%	3.0%	3.3%	6.3%	45.7%	8.4%	2.8%	7.2%	2.2%	17.0%
東部地域	3,103	69.5%	3.4%	2.4%	2.9%	7.5%	44.4%	7.4%	2.3%	7.8%	2.2%	19.8%
中部地域	638	14.3%	6.7%	5.7%	4.9%	4.8%	47.5%	8.9%	2.2%	6.0%	1.6%	11.7%
西部地域	722	16.2%	4.7%	3.3%	3.6%	2.8%	49.8%	12.2%	5.3%	5.7%	2.6%	10.1%
超大都市	1,865	41.8%	2.5%	2.4%	2.6%	12.5%	39.2%	7.3%	2.7%	4.8%	2.0%	23.9%
特大都市	785	17.6%	4.4%	3.4%	2.1%	2.0%	57.8%	8.5%	2.6%	8.1%	1.7%	9.6%
大都市	567	12.7%	5.2%	3.9%	4.9%	1.7%	47.2%	9.1%	2.5%	8.8%	3.6%	13.1%
中等都市	605	13.6%	4.4%	3.6%	4.0%	2.2%	43.6%	9.5%	3.0%	8.8%	1.8%	19.0%
小都市	640	14.4%	7.0%	2.9%	4.5%	1.7%	50.6%	9.9%	3.3%	10.3%	2.1%	7.8%

出所：表2-9に同じ。

数は708ヵ所を数え，下水処理能力は4,912万m³/日（うち2次処理以上3,173万m³/日）となっている。下水処理率は45.7％と10・5計画の目標を達成している[27]。施設利用率は2001年の60％から2004年には65％と改善がみられる。また，下水管の延長距離も約20万kmに達している。

　下水処理場が整備されたことによって，特に大規模な都市においては，水環境が抜本的に改善された例は少なくない。表2-13に地域別，都市人口規模別の整備状況を示す。下水処理場での集中処理率をみると，東部が35.5％に対し，中・西部はそれぞれ16.7％，19.5％とその差は歴然としている。都市人口規模別の違いをみても，超大都市，特大都市における処理率がそれぞれ42.8％，33.5％に対し，それ以下の規模の都市の処理率は20％未満と大きなひらきがある。例えば，北京市の通惠河は，1980年代には中心市街地からの汚水の排水溝となり生物は生息せず悪臭が漂っていたが，93年に円借款で高碑店下水処理場が整備されたことにより，水質が改善され魚類も再び生息するようになり，今では市民の憩いの場になっている[28]。未だ下水処理場を有していない中小規模の市制都市も多く，鎮制都市にいたっては下水道の普及は端緒についたばかりといえ[29]，今後の整備ニーズは極めて高い。

3-4　下水道整備制度

　次に下水道整備制度について概観する。下水道を所管しているのは中央政府では建設部，地方政府では建設庁になる。日常的に監督を行っている

---

[27] この値には，居住区の汚水処理施設など下水処理場以外の施設での処理量も含まれており，下水処理場に限った処理率（下水処理場での集中処理率）は27.5％（2003年），国家環境保護総局が公表している下水処理場での生活排水処理率（工業廃水は含まない）は32.3％（2004年）となっている。

[28] 北京排水集団工程諮詢分公司（2005）。

[29] 中国の市制都市（全国で655，人口約3.4億人）における下水処理率は，56％にまで達したが，依然248都市には下水処理場がない（2006年）。全国で約2万ある鎮制都市のうち県の中心市街（県城：全国で1,635，人口約1.1億人）の下水処理率は約14％（2006年）に過ぎない。残りの鎮制都市の下水処理率は公表されていないが極めて低いことが推察できる（出所：http://kjs.cin.gov.cn/gzdt/200707/t20070730_118427.htm，
http://hnup.gov.cn/csghpaper/article.asp?id=226&classid=29（いずれも2008年5月2日アクセス））。

第Ⅰ部
中国の環境政策の現状分析と課題

表2-12 ● 下水道関連指標

項目	全国都市数	下水処理場を有する都市数	下水処理場数	うち2次処理以上	下水処理能力(万m³/日)	うち2次処理以上(万m³/日)	都市汚水排水量(万m³/年)	下水処理量(居住区等での処理量も含む)(万m³/年)	下水処理率(居住区等での処理も含む)	下水処理場集中処理率(下水処理場での処理量のみ)	生活排水処理率(国家環境保護総局)	下水延長距離(万km)	下水処理場平均施設利用率	汚水処理費徴収制度を有し実施している都市	汚水処理費を徴収していない都市	汚水処理費が0.3元/m³未満の都市
1991			87		317		2,997,034	445,355	14.9%			6.2				
2000			427		2,185		3,317,957	1,135,608	34.3%			14.2				
2001			452		3,106		3,285,850	1,196,960	36.4%		18.5%	15.8	60%			
2002			537		3,578		3,375,959	1,349,377	40.0%		22.3%	17.3				
2003	660		612		4,254		3,479,932	1,479,932	42.4%	27.5%	25.8%	19.9				
2004	661	364	708	480	4,912	3,173		1,628,000	45.7%		32.3%		65%	475	186	約1/4

註：1991年の下水処理場数および下水処理能力は、建設部系統のもののみ。

出所：『中国城市建設統計公報2003』、『全国環境統計公報2004』、『2004年城市建設統計公報』、『中国環境統計年報』各年版、『全国都市汚水処理の現状に関する建設部の通報(建城[2005]149号)』2005年9月18日(http://www.hwcc.gov.cn/newsdisplay/newsdisplay.asp?id=13547#)

のは地方政府である。下水道については水環境保全の観点から国家環境保護総局等の関連部局がある。建設部は 2000 年 5 月に「都市汚水処理および汚染防治技術政策」を制定し，主に下水処理技術の一般的な基準を定めた。さらに国務院は 2000 年 11 月に「都市供水節水および水質汚染防止に関する通知」を公表し，下水処理場建設促進を含めて総合的な都市水管理政策を打ち出した。国家環境保護局は重点水汚染対策流域・湖沼・近海を定め，それぞれのマスタープランの中に下水処理場建設を配置している。しかし，2003 年時点で全国の下水処理場の約 1/3 が下水管網の未整備等様々な原因で十分機能していない (2004 年 12 月に開催された全国建設会議での建設部長報告) など，管理強化が必要なことは明らかである。

　下水道料金については，1990 年代前半までのまだ本格的な下水処理場の建設が始まっていなかった時代には，「都市建設を加速することに関する通達」(1987 年)，「都市排水施設使用料の徴収に関する通達」(1993 年) に基づき，北京などの都市で，下水処理費ではなく排水施設使用料として事業単位から低額を徴収していた。1990 年代以降，下水処理場の建設が進むにつれて，下水道の維持管理費や運転費用，建設費用の回収が不可欠とされるようになり，1996 年に改正された水汚染対策法で下水道料金 (「汚水処理費」) の徴収が明記された。1997 年には「三河三湖」流域の都市で下水道料金の徴収が始まった。

　都市水道料金管理弁法 (1998 年 9 月) では，下水道料金は水道料金に上乗せして水道使用量をベースに徴収すること，汚水処理コストは下水道の管理主体単独で計算すること，標準下水道料金は下水管網および下水処理場の維持管理，運転費用および建設費用 (減価償却費) を考慮して設定すること (「保本微利 (フルコストリカバリー)」原則) 等が定められた。さらに国家計画委員会，建設部，国家環境保護総局による「下水道料金の徴収を強化し都市汚水排出と集中処理の良性なメカニズムを確立することに関する通達」(1999 年 9 月) では，全国的に下水道料金が徴収できていない状況を反映して，全国の都市に対し「保本微利」の原則に基づき，下水道料金の徴収を指示した。ただし下水道料金の水準は各地域の企業・住民の負担能力に照

第 I 部
中国の環境政策の現状分析と課題

表 2-13 ● 地域別都市人口規模別下水道整備状況（2003 年）

項目	下水処理場数	うち 2 次処理以上	下水処理能力（万 m³/日）	都市汚水排水量（万 m³/年）	下水処理量（居住区等での処理量も含む）（万 m³/年）	下水処理率（居住区等での処理量も含む）	下水処理場集中処理率（下水処理場での処理量のみ）
全国	612	480	959,562	3,491,616	1,479,932	42.4%	27.5%
東部地域	373	321	679,980	1,913,457	926,674	48.4%	35.5%
中部地域	128	91	165,290	991,067	368,466	37.2%	16.7%
西部地域	111	68	114,292	587,091	184,792	31.5%	19.5%
超大都市	123	105	397,262	928,000	514,193	55.4%	42.8%
特大都市	118	91	237,798	709,620	309,337	43.6%	33.5%
大都市	81	69	120,562	628,577	274,392	43.7%	19.2%
中等都市	130	103	101,925	649,620	202,696	31.2%	15.7%
小都市	160	112	102,013	575,798	179,314	31.1%	17.7%

出所：表 2-9 に同じ。

らして設定することとされた[30]。

　2000 年 11 月には「都市水供給・節水・水汚染対策強化に関する国務院の通達」（2000 年 11 月）が出され，「保本微利」原則が再度強調された。2000 年末の時点で全国 200 余りの都市で下水道料金が徴収され，その水準は住民向けには 0.2-0.3 元 /m³ であった。「さらに都市水道料金改革を促進することに関する国家計画委員会，財政部，建設部，水利部，国家環境保護総局の通達」（2002 年 4 月）では，2000 年 11 月の国務院通達をもとに，下水処理場建設促進のため 2003 年末までに全ての都市に対して下水道料金の徴収を求めるとともに，既に下水道料金を徴収している都市では料金水準を速やかに「保本微利」のレベルまで上げるよう求めている。

---

[30] 「中華人民共和国価格法」（1997 年）では，公益事業の利用料金は，受益者の意見を聴取した上で決定することが規定されており，下水料金を値上げするに当たっても，PR 等により住民の理解を十分に得ることや低所得層への優遇措置の充実が必要不可欠である。

国家発展改革委員会・建設部・国家環境保護総局は，2002年に「都市下水・ごみ処理産業化発展に関する意見」を公表し，料金徴収の義務付けや料金設定（改定）に関する基本原則を提示した[31]。水質汚染の深刻な淮河流域を抱え，円借款などを資金源として多数の下水処理場を建設してきた河南省政府[32]は，2003年に「都市下水道料金の徴収を強化し，都市汚水処理産業化発展を促進することに関する通達」を公表し，各市・県の下水道料金の徴収基準を平均 0.7 元/m^3 まで引き上げることを決定し，下水道料金を徴収していない市・県政府に期限付きで基準に基づく下水道料金の徴収を開始することを求めた[33]。さらに国家発展改革委員会は，2004年に淮河流域4省に対して汚水処理料金を 0.8 元に引き上げるべきとの通達を出し，河南省政府は2005年に 0.8 元に引き上げている[34]。ただし多くの都市では，汚水処理料金は制度として確立しても，「保本微利」を実現する水準にまで達していないのが現実である。

3-5 下水道整備の課題

以上のように，中国政府は都市化に伴う特に生活排水による水質汚染を解決するために，下水道整備に注力しつつあるが，下水処理率を向上させるためには，一層の努力が必要である。以下今後の課題について論じる。

(1) 経営，資金面の課題

下水処理場の経営については，現状では上述のように下水道料金が安く投資回収ができず経営状態が良くないところが多い。また，整備に要する資金は膨大であり，今後資金調達をどのように進めていくかが課題となる。下水道料金は，中央政府の度重なる通達にもかかわらず，現状地方政府一

---

[31] 詳しくは，http://www.cin.gov.cn/city/other/2002092701.htm（2005年11月23日アクセス）を参照されたい。
[32] 公共サービス料金は，省政府が各県・市政府からの申請を受けた後，他の物価水準や低所得者層への影響等を勘案して承認することとなっている。
[33] 河南省では「河南省都市汚水処理費徴収使用管理弁法」が2005年10月より施行されている。
[34] 詳しくは，http://www.shanghaiwater.gov.cn/jujiao/jujiao_show.jsp?fileId=10003558（2005年11月23日アクセス）を参照されたい。

般財源からの繰り入れもあって安価に抑えられているが，今後環境効果，効率性，公平性の観点をふまえた料金体系を検討していく必要がある。当面の課題としては下水処理料金を少なくとも運営・維持管理費はカバーできるように設定し徴収することが挙げられる。民間資金の導入はひとつの方策として考えられるが，「保本微利」レベルの下水処理料金の設定は一部の地域を除いて困難であると言わざるをえない。政府の補助金と下水料金とのバランスを考えつつ，維持管理の外部委託による効率化等が方策として考えられる。

(2) 技術面の課題

循環経済とも関連する工場廃水・汚泥の処理の問題である。多くの下水処理場では，汚泥を肥料として利用することはできていない。実施機関によれば，理由は汚泥中の重金属による農地汚染を考慮しているためである。工場は排水を処理した後，下水管へ排水することになっているが，現実には守られていないケースがあり，重金属を含む排水が下水処理場へ流入し，結果として下水処理過程で発生する汚泥にも重金属が含まれるのではないかと推察される。そのため，工場廃水のモニタリングと規制が必要である。汚泥の野積みや遮水構造を持たないサイトへの埋め立てでは汚泥処分に伴う土壌汚染が生じる可能性がある。汚泥中および処分場周辺土壌中の重金属濃度を測定し，重金属を含む汚泥は適正に処分される必要がある。また，中水利用の普及や鎮制都市のように人口規模が小さい都市での下水道普及に当たり，投資効率の優れた処理技術の開発が必要とされている。なお，下水道整備とともに，安全な水の供給をいかに確保するかという問題も軽視できない。中国国内では病原性微生物・有害化学物質・重金属による健康被害が少なからず発生している。住民の健康を守るという観点からは安全な水源を確保しつつ，上水道整備を着実に進めなければならない。

4 河川流域における水環境管理政策

前節では，下水道整備の現状と課題について，主に都市化と都市インフラ整備の観点から述べた。本節では，中国政府が水汚染対策としてもうひとつの最重要課題としている重点流域の水汚染防止対策について，主に，河川流域の水環境管理政策の観点から論じる。ここでいう水環境管理政策とは，直接・間接的な水質管理に関する政策法規を指し，具体的には水汚染対策のための政策法規や水資源利用・保護の政策法規が含まれる。中国はすでに基本的に水環境管理政策体系を構築しているといってよい。同政策は大きく水汚染対策のための系統と水資源保護のための系統に分かれており，前者は「水汚染対策法」(実施機関は国務院環境保護行政主管部門である国家環境保護総局)に代表され，後者は「水法」(実施機関は国務院水利行政主管部門である水利部)に代表される。

4-1 水汚染対策のための政策

水汚染対策の政策体系は，直接または間接的に汚染物質排出を抑制する目的の政策体系である。そのなかでも水汚染の防止改善のための中心的な法律である「水汚染対策法」は，1984年に制定された後，1996年に改正された[35]。

「水汚染対策法」は中国の河川，湖沼，運河，水路，ダムなどの地表の水域および地下水域の汚染対策に適用される。海洋汚染対策は除外される(法2条)。国務院環境行政部門は国家水環境質基準を制定し，省・自治区・直轄市政府(省レベル政府)は横だし(国が未制定のもの)の地方補充基準を制定できる(法6条)。国務院環境行政部門は国家水環境質基準と国家の経済・技術条件とを考慮し国家水汚染物排出基準を制定する。省レベル政府は，横だし(国が未制定のもの)あるいは上乗せ(国より厳しい)の地方水汚染物排出基準を制定できる(同7条)。

---

[35] 以下の記述は，片岡(2004)に依拠している。

各汚染源が排出基準を達成しても，水環境質基準が達成されない場合は，重点汚染物質に対する総量規制が実施でき，企業に対して排出量が割り当てられる（法 16 条）。総量規制は，総量規制計画を定めて実施される。同計画では，総量規制区域，重点汚染物質とその排出総量，必要削減量と削減期限が定められる（実施細則 7 条）。総量規制計画は，県レベル以上の地方政府が策定する総量規制実施プランに基づき実施される。同プランには，排出量の削減が必要な汚染源，汚染源ごとに削減すべき汚染物質の種類と排出総量規制指標・削減量・削減期限が決められる（同 8 条）。排出総量規制指標を超えて排出している場合には，期限付き改善が命じられることになっている（同 10 条）。ただし法の規定上は，総量規制は汚染源への強制的な制度とはなっていないと指摘されている。

水汚染物質を排出する企業と事業組織に対しては，排出基準の遵守を求め，基準を超えた排出者に対しては基準超過排汚費が課されるほか，改善計画を作って実施することになっている（法 15 条）。大気汚染の場合とは異なり，排出基準違反の水汚染を止めさせるための強制的な手法は用意されていない。ただし有害物質や油などによる水汚染は禁止されており，過料の行政処罰が科される。

都市汚水については，集中処理を求めている。国務院関係部門および地方の各レベルの政府は水源保護および汚染防止を都市計画に組み込み，下水管網および下水処理場を整備するとともに，下水処理場の建設・維持管理を目的とした下水処理費の徴収も求めている（法 19 条）。

4-2　水資源保護のための政策

中国の水資源保護や管理に関する法律には主に「水法」や「水土保持法」がある。「水法」は水資源の合理的な開発・利用・節約や保全，水害の防止，水資源の持続可能な利用を実現するため，国民経済と社会発展の需要にあわせて制定された法律法規で，水資源の開発，利用，節約，保全，管理（地表水と地下水を含む），水害防止などの様々な行為に明確に規定している。国家は水資源に対して流域管理と行政地域管理を連携させた管理体制

を行なっている。水利部門が確定した重要河川や湖沼に設立された流域管理機関（以下，「流域管理機関」）は，所轄の範囲内で法律や行政法規が規定した，また国務院水行政主管部門が授権した水資源の管理・監督責任を行使する。県クラス以上の地方政府水行政主管部門は規定の権限に基づいて，同行政区内の水資源の統一管理・監督業務に責任を負うとしている。それ以外の「水法」の概略は次の通りである。

(1) 水資源の涵養。水資源の開発，利用，計画と調整の際，水域の自然浄化能力を維持し，河川，湖沼，水域の使用機能の低下や地下水の過度な汲み上げ，地盤沈下，水質汚濁などを避けるよう配慮しなければならない。飲料水源保護区制度を構築する。湖沼を取り囲んだ建築を禁止する。砂採取許可制度を実施する。河川管理の範囲内での洪水放流を妨げる建築物や構造物の建設や，河川の安定に影響を及ぼし河岸堤防の安全を脅かし，その他の河川の洪水放流を妨げる活動を禁止する。

(2) 水資源の開発と利用。国家は全国の水資源戦略計画を制定する。水資源を開発，利用，節約，保全し，水害を防止し，流域，区域ごとに統一して計画を制定する。水利プロジェクトの建設は，流域の総合計画に合致させなければならない。地表水と地下水を統一して調整開発し，水源を開発して水の流失を抑制する。流失抑制を優先させ，汚水処理を再利用する。海水を淡水化する。水運や水力エネルギー資源を開発，利用する。

(3) 水域の生態系を保全する。乾燥・半乾燥地域で水資源を開発，利用する上で，生態環境用水の需要を十分に考慮しなければならない。橋梁などの建設は洪水防止基準およびその他の条件に合致しなければならない。流域を跨ぐ導水は統一して計画し，生態環境の破壊を防がなければならない。水力発電所を建設する際は，生態環境を保全し，洪水防止，給水，灌漑，水運，材木を流す分野や漁業などでの需要を合わせて配慮しなければならない。国務院水行政主管部門は国務院環境保護行政主管部門等とともに重要河川等の後述する「水功能区」と呼ばれる流域の区画を定め。汚染物質を許容できる容量を推計し，環境保護行政主管部門に，総量規制について意見を提出することができる。

(4) 水資源の配置と使用。流域を単位として水量の分配案を制定する。国務院発展計画主管部門と国務院水行政主管部門は全国の水資源のマクロ調整に責任を負う。用水に対して総量規制と用水枠の管理を結びつけた制度を実施する。取水許可制度と水資源有償使用制度を採用する。計量による費用徴収と用水枠超過に応じた累進上乗せ制度を実施する。農業用水の効率を向上させる。先進的な技術、工程や設備を採用し、水の再利用率を高める。

(5) 水資源は国家の所有に帰し、国務院が国家を代表して行使する。農村集団経営組織の貯水池と農村集団経済組織が維持管理しているダムの水は、各農村集団経済組織の使用に帰する。国務院の関連部門は職務分担に基づき、水資源の開発、利用、節約と保全の関連業務に責任を負う。県クラス以上の地方人民政府関連部門は職務分担に基づき、同行政区内の水資源の開発、利用、節約と保全の関連業務に責任を負う。全ての集団と個人は節水義務を有する。水資源の開発・利用・節約・保全と水害防止は全面計画、統一計画を行い、現象と原因をともに処理し、総合的に利用し、効果を重視し、水資源の多様な機能を発揮させ、生活や生産経営、生態環境に調和した水使用を行う。

(6) 水資源の開発・利用分野での資金には中央政府と地方政府の投入の2分野が含まれる。大型水利プロジェクト、導水プロジェクト、大型灌漑プロジェクト、大型水資源保護プロジェクトなどの予算は主に中央政府の投資により、中央政府が責任を負い、また主な水資源の利用計画や管理も中央政府またはその派遣機関が直接管理する。主な河川の水文観測と調査も中央政府またはその派遣機関が直接管理する。

4-3　水汚染対策と水資源保護の統合的管理

このように、河川流域の水汚染対策と水資源保護は、それぞれ「水汚染対策法」と「水法」に基づき、国家環境保護総局と水利部が主管しており、その管理体制にも少なからず差がある。にもかかわらず、両者の協調は、河川流域の水環境改善に極めて重要である。

過去においては，1980年代から中国は5大流域と太湖流域の水利委員会の下に，水利部（当時の水利電力部）と国家環境保護総局（当時の国家環境保護局）が指導する流域水資源保護管理局を設立するなどの協調努力が行われた。例えば，淮河の場合，1989年には，国家環境保護総局，水利部，流域4省等からなる淮河流域水資源保護指導グループが結成され（事務局は淮河水利委員会下の淮河流域水資源保護管理局），1995年に国務院は，同体制を基礎に，単独流域の水汚染防止のための唯一の法令「淮河流域水汚染防治暫定条例」を発布した。しかしながら，この二重指導体制は次第に機能しなくなり，その結果，流域水資源保護管理局は実質的に水利部指導下の組織となっている。

現在においても，具体的には次のような課題がある。

(1)「水環境効能区」と「水効能区」

水利部は，全国1,407の河川，248の湖沼・ダムを対象に，2003年に「水功能区管理弁法」を制定し，保護区，緩衝区，開発利用区，保留区など3,122の一級区を区画し，対象河川延長は209,881.7kmである。一級区のうち，開発利用区をさらに二級区として飲用水水源区，工業用水区，農業用水区，漁業用水区，景観娯楽用水区，移行区，排出コントロール区の7種類に区画している。全国1,333の開発利用区のうち，二級区を2,813設定している。河川延長は7万4,113.4km[36]である。

一方，国家環境保護総局は，「水汚染対策法」に基づき，別途「水環境効能区」を制定している[37]。「水環境効能区」は10大流域，51二級流域，全国約600水系，5万7,374河川（河川延長は2万9,838km），980の湖沼・ダム（総面積5万2,442km^2）を対象とし，1万2,876「水環境効能区」からなる。「水環境効能区」は自然保護区，飲用水水源区，工業用水区，農業用水区，漁業用水区，景観娯楽用水区からなり，水利部の「水効能区」と大きな差異はない。中国の専門家の間では，両者の整合性を図るべきであるとの議論

---

[36] 水利部ウェブサイト2002年4月9日の記事。
[37] http://news.xinhuanet.com/zhengfu/2002-09/19/content_566901.htm（2006年5月7日アクセス）。

が行われている[38]。

(2) 省庁間協調

現在，国家環境保護総局と水利部はそれぞれ水質観測体制[39]を有しており，国家環境保護総局の基準[40]に従って，それぞれデータを公表しているが，時に両者の見解が相違する場合も生じている。例えば，淮河流域においては，総量規制のレベルについて両者間で論争が起きたことがある[41]。

どのような流域管理体制を確立すれば，経済発展と水資源保護・環境保全が両立でき，持続可能な流域開発が行えるのかは極めて大きなテーマであり，本章の範囲を超えている。ただし，地方レベルでは，例えば，上海市のように，「水（環境）効能区」として「水効能区」と「水環境効能区」の統合を図ったケースもある。また，水質データについても，淮河流域においては流域内各省の環境保護局や淮河流域水資源保護管理局が情報を共有して，企業の違法な排出行為を取り締まることに役立っている。

現実的なアプローチとしては，河川流域の住民のための環境改善という目的観に立って，地方レベルでの両者の協調・連携モデルを作り出し，各地に広めていくという漸進的なアプローチが肝要であると考える。

参考文献

[日本語文献]

大塚健司 (2006)「環境政策の実施状況と次期5ヵ年長期計画に向けた課題」，大西康雄（編），『中国　胡錦濤政権の挑戦―第11次5ヵ年長期計画と持続可能な発展』アジア経済研究所，137-166頁。

片岡直樹 (1997)『中国環境汚染防治法の研究』，成文堂。

―― (2004)「水汚染対策の法制度」，中国環境問題研究会編，『中国環境ハンドブック2005-

---

[38] 例えば，中国法学会環境資源法学研究会2005年年会でも，両者は重複しているため，両者の関係を再検討し，将来的に概念統一を図り立法上も整合性をとるべきであるとの議論がなされている。
http://www.chinalawsociety.org.cn/research/shownews.asp?id=22&cpage=1（2006年5月7日アクセス）。

[39] 水利部門は水文観測所が水質観測を担当しており，環境保護部門は，環境観測所が担当している。

[40] 国家地面水環境質量標準（GB3838-2002）に定められた水質基準。

[41]「淮河何時能変清」『瞭望東方週刊』2006年2月16日第7期。

2006 年版』235-236 頁。
北野尚宏 (2005)「中国の都市化と下水道整備」『環境情報科学』第 34 巻第 3 号, 52-57 頁。
小島麗逸 (2001)「中国の下水道・便所事情（上）」『日中建築住宅情報』2001 年 6・7 月号, 16-28 頁。
── (2001)「中国の下水道・便所事情（下）」『日中建築住宅情報』2001 年 8・9 月号, 8-33 頁。
長瀬　誠 (2003)「中国における水不足の現状と対策」,『海外事情』第 51 巻第 12 号, 51-63 頁。

［中国語文献］
北京排水集団工程諮詢分公司 (2005)『北京汚水処理廠的産業効果』。
財政部基本建設司 (編) (1999)『中国国債専項投資 (1998.8-1999.8)』北京：経済科学出版社。
国家環境保護総局 (2004)『中国環境統計年報 2003』北京：国家環境保護総局。
── (2005)『中国環境統計年報 2004』北京：国家環境保護総局。
建設部総合財務司 (編) (2004)『中国城市建設統計年報 2003』北京：中国建築工業出版社。
馬　中他 (2005)「中国の持続可能な発展政策に関する評価」。
劉　江 (編) (2001)『中国可持続発展戦略研究』北京：中国農業出版社。
「淮河何時能変清」『瞭望東方週刊』2006 年 2 月 16 日第 7 期。

第3章
中国における循環経済政策の到達点と課題

孫　穎・森　晶寿

1 はじめに

　近年中国では，急速な経済発展に伴う深刻な資源不足や環境問題の悪化が経済成長を妨げる制約要因となりつつあるとの認識が拡がっている。この制約を緩和する戦略として，「循環経済」(Circular Economy) が注目されるようになった。

　中国で循環経済の概念が初めて国家戦略および政策上の議論として提示されたのは，2002年10月の地球環境基金第2回構成国会議での江沢民国家主席(当時)の発言である(解, 2005)。そしてその後の「循環経済発展フォーラム」や中国共産党中央委員会総会などでの政府首脳の講話によって，その内容が具体化されていった。そして現在，循環経済を推進するための立法措置が検討されるようになっている。

　そもそも「循環経済」とは，閉鎖した物質循環 (Closing Materials Cycle) の略称のことである。これは従来の「資源→製品→廃棄物」という線形の物質収支モデルに代わり，経済プロセスの様々なところで環境に捨てられる「不要な」残余物質（廃棄物）から再利用可能なものを取り出し，部分的に再利用を行う物質収支モデルのことを指す (Pearce et al, 1990)。中国では，循環経済を持続可能な発展，ないし小康社会 (いくらかゆとりのある社会) の実現のための政策手段として位置づけて推進してきている。循環経済が

進展すれば，資源の有効利用と環境保護を達成することができ，経済成長の制約が緩和されるためである。

しかし中国の循環経済をめぐっては，概念そのものだけでなく，適用範囲や具体的な方法についても，大きな混乱が生じてきた。これは，循環経済の概念や内容が，先進国と中国とで大きく異なることに起因する。先進国における循環経済政策は，環境汚染問題が基本的に解決されており，クリーナープロダクションもほぼ達成し，経済的にも一定の水準に達した段階で，ポスト工業化と消費型社会構造による大量の廃棄物問題を解決するために開始されたものと言える。他方中国は，異なる発展段階・体制を持ち，資源問題と複合型環境問題を抱え，さらに計画経済から市場経済への移行期でもある。資源・環境問題の克服と経済発展の両立を実現するには，循環経済を特色のある政策に進化させる必要があった。

日本での既存研究は，概念整理に焦点が当てられてもの（竹歳，2005；大塚，2006）や，中国に廃プラスチックや廃電子・電気製品のリサイクルに伴う問題に焦点を当てたもの（吉田，2005；染野，2005）が多かった。これは日本では国際的な資源循環が焦眉の課題となったためである。また事例研究も，循環経済の1構成要素である企業レベルの取り組みについてのものでしかなかった（桂木・章，2004）。中国での既存研究も，循環経済の概念をめぐる議論は百家争鳴の状況で，循環経済の概念の下に展開されるようになった生態工業園区や生態都市などの新たな取り組みについての研究も，主にモデル事業の具体的な内容と期待される効果の紹介にとどまるものが多かった（解，2005；中日友好環境保全センター，2004）。

企業・産業間の副産物利用や区域レベルでの取り組みを評価する動きも出てきている，まずGDP当たりの資源利用量などのマクロの資源生産性指数での評価が行われるようになった（例えば，中国科学院持続可能発展戦略研究組，2006）。また，Chin and Geng（2004）は，貴港市の貴糖（Guitang）製糖企業集団の事例分析を踏まえて，循環経済の構成要素の1つである企業間・産業間の副産物利用（製品代謝リンク）が成功した要因を分析している。また，陳（2005）は，江蘇省における循環経済の取り組みが成果を上げた

第3章
中国における循環経済政策の到達点と課題

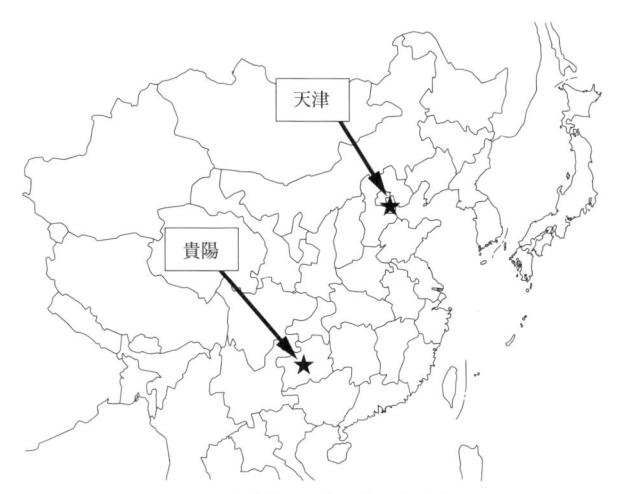

図3-1●貴陽・天津の地理的位置

要因を現地調査に基づいて分析している。しかし，これらの事例から得られた知見が普遍性を持つためには，中国の循環経済の中にどのように位置づけられるか，また他のモデルと比較してどのような特徴を持つのかを明らかにする必要がある。

本章は，まず中国の循環経済の展開と現実に進展しているモデル事業を整理することで，中国の循環経済の特徴を明らかにする。そして，循環経済の進展が著しい社会レベル（省・市・県）および区域レベル（生態工業園区）での取り組みを限定し，現地調査の成果に基づき，それを比較的先駆的に取り組んできた貴陽市と天津泰達生態工業園区（Eco-Industrial Park; EIP）の2つの先駆的モデルの事例研究を行う（図3-1）。そしてそれらの取り組みの実態，成果を収めた要因および問題点を明らかにすることで，環境問題を克服する上で循環経済政策が果たしうる役割と課題を考察する。

2 区域および市レベルの循環経済の展開と特徴

2-1 中国の循環経済の背景

　中国の循環経済は，企業内における資源の循環利用（小循環：企業レベル），生態工業園区や生態農業区に代表される企業間や産業間の副産物利用や資源共有などによる区域内での資源循環（中循環：区域レベル），生態省・生態市・生態県に代表される社会全体における消費過程と消費過程後の広い範囲にわたる物質とエネルギーの循環（大循環：社会レベル），および拡大生産者責任制度，廃棄物の回収・再利用・無害化処理，リサイクル産業の振興などの社会循環経済システムの構築，の4つから構成される（染野，2005；解，2005）。

　しかしこれら4つの要素は，必ずしも同時に進展してきたわけではない。最初に実施されたのは，企業内における資源の循環利用（クリーナープロダクション）であった。これは，従来の末端処理から脱却し，生産プロセスでの環境負荷と資源利用を削減する取り組みとして，1992年の国連環境開発会議以降，世界銀行や国連環境計画，国連工業開発機関，カナダなどからの能力形成支援を受けつつ，各地で進められてきた（Morton, 2005; 森，2005）。2004年までに20以上の省（市・区）の20余りの業種の1,000以上の企業に対しクリーナープロダクション診断が行われ，30業種あるいは地方にクリーナープロダクションセンターが設立され，様々な内容の研修が行われた。さらに5,000以上の企業がISO14001認証を取得し，数百種類の製品がエコマークをつけられるようになった。また政策面では，2003年にクリーナープロダクション促進法が制定されるなど，一定の進展が見られた。

　ところが，クリーナープロダクションは必ずしも多くの企業に普及したわけではなく，従来の末端処理技術に固執する企業も多く見られた。またクリーナープロダクションが企業にもたらす利益は，原材料の使用量の削減を通じてのものであることから，即効的な経済的便益が見えにくかった。特に資源・エネルギー価格への政府補助が大きかったときには，原材

料の使用量の削減は必ずしも企業に大きな利益をもたらしたわけではなかった。

　そこで中国政府は，クリーナープロダクションという企業レベルでの取り組みだけでは，資源問題・環境問題の全面解決までには至らないと判断した。そして企業間や産業間の取引を通じた副産物利用に注目するようになった。

　他方各地域では，企業グループを中心に，個別の企業レベルを超えた資源の有効利用や環境汚染の防止への取り組みがなされるようになってきた。また天津市泰達工業園区や大連市経済技術開発区などでは，経済開発区レベルでのISO14001認証取得の過程で，開発区内で排出される廃棄物の適正処理や再利用が求められた。そこで，共同排水処理工場の設置や産業廃棄物処理企業の育成などによって，個別の企業を超えた取り組みに着手してきた。

　さらに，廃棄物の適正処理やリサイクルも同時に主要な課題とされるようになってきた。これは，経済成長を支えるための資源を確保するために，外国からの循環資源の輸入による再生資源利用を進めてきたが，違法輸出入や不適正な処理やリサイクルが頻繁し，深刻な環境汚染をもたらすようになったためである（吉田，2005）。

　中国政府は，こうした多様な取り組みや政策課題を，循環経済という1つの概念に組みこんで進めようとしてきた。このため，発展目標も，(1) 2010年までに比較的完備した「循環経済」の法律法規システム・政策指示システム・技術刷新システムおよび効果的な奨励・規制メカニズムの確立，(2) 指標評価システムの確立と中長期戦略目標および段階的な推進計画の策定，(3) 重点産業における資源利用効率の大幅な向上と，資源生産性が高く汚染排出が低いクリーナープロダクション企業群の形成，(4) 重点分野における資源循環利用システムの確立と資源循環利用メカニズムの完備，(5) 循環経済発展方式に適合する若干の「生態工業園区」・「生態農業区」・「資源節約型都市」の確立，(6) 全国の資源生産性の大幅な向上，廃棄物排出量の大幅な削減，資源節約・環境保全・経済良好な国民経済シ

ステムと資源節約型社会の基盤の確立といった,現実に進展している取り組みを踏まえた多様なものとなっている (馬, 2004)。

2-2 中央政府による取り組み

中央政府は,こうした各地域での取り組みを,まず国家レベルでのモデル地域として承認し,先進地域としての称号を与えることで奨励してきた。また同時に,重点業種・重点分野・工業園区において先進的なモデルを構築してきた[1]。この結果,2004年までに8つの省をパイロット生態省として承認し,44のモデル環境保護都市,166のモデル生態地域,14の生態工業デモンストレーション園区を確立した (Wang and Bilitewski, 2004)。

そして先進的なモデルを全国的に普及させるために,まず水道料金と電気料金の指針を提示し,料金水準の引き上げを促してきた。また政府調達での省エネ目録掲載製品の優先的購入などの措置を創設してきた。さらに法制面では,省エネルギー法を1998年から,再生可能エネルギー法を2006年から施行した。さらに循環経済の理念を,科学的発展観と「5つの統一計画」の要求に基づいて,第11次5ヵ年計画の重要な基本原則として取り入れた。

このように,循環経済の実現に向けての中央政府の取り組みは,大枠としての指針は示されているものの,より具体的に推進する政策や措置はまだ計画段階のものが多い。このため,依然として主導的に進めている企業や地域を除くと,必ずしも全国への普及の推進力となり得ているわけではない。

2-3 省・市・区域レベルでの取り組み

省・市レベルでは,2004年までに5つの省と直轄市,数十の都市が,循環経済を推進してきた。2005年には,さらに遼寧省,江蘇省,山東省,北京市,上海市,重慶市(三峡ダム地区),寧波市,銅陵市,貴陽市,鶴壁

---

[1] 国務院 (2005)「循環型経済の発展加速に関する若干の意見」(『国発』22号), 馬 (2004) などを参照。

市が国家環境保護総局（SEPA）から都市モデルに指定された。この中でも，江蘇省，遼寧省，貴陽市の取り組みは特に注目を集めている（表3-1）。

省・市レベルの循環経済で特徴的なのは，単に工業部門だけでなく，農業やサービス，建築，消費過程，廃棄物管理など多様な部門を含んでいることである。これは，省内の各都市で先駆的に行われてきた取り組みを省レベルのものとして取り上げたためである。ただしこのことは，必ずしも各産業の間，あるいは各空間範囲の間で有機的な連関が構築されたことを意味するわけではない。

次に区域レベルでは，2008年3月には，SEPAが指定しているモデル生態工業園区は，貴港，魯北，天津，大連など29カ所となり，独自に取り組んでいる「生態工業園区」も50以上存在している。そして今後は，2006-2015年に特色のある「生態工業園区」を形成し，2016-2020年にはゼロ・エミッション方式で運営することが計画されている。

表3-2に示されるように，国家モデル生態工業園区は，企業・コミュニティ共存（総合）型，企業グループ型，静脈産業型の3つに分類することができる。企業グループ型のものは，グループ企業内における製品代謝リンクの構築，即ちグループの中核企業が生成する副産物をグループ内企業で有効利用することで，原材料の付加価値の向上や物質・エネルギーを循環利用するものが多い。他方企業・コミュニティ共存型のものは，企業や産業間の製品を通じたリンクだけでなく，廃棄物を通じたリンクの構築や都市やコミュニティの環境改善や住民参加なども行っている。同時に，両方の類型ともISO14001認証取得が重要な役割を果たしている。このことは，ISO14001認証取得による国際貿易上の交渉力の向上への期待が，工業園区に園区の環境管理の向上と園区に立地する企業の間での廃棄物や副産物の交換を，また企業グループにグループ内での原材料の有効利用を促す効果を持ってきた可能性を示唆する。

2-4　省・市・区域レベルの循環経済の特徴

以上の考察から，中国の省・市・区域レベルの循環経済の特徴を以下3

第Ⅰ部
中国の環境政策の現状分析と課題

表3-1●省・市レベルの特徴と取り組み（計画を含む）

	特徴	パターンと内容
江蘇省	・GDPの成長率は中国2位 ・人口密度が高い ・エネルギーの80％は調達 ・実施方法には先進性（内容が豊富，パターンが多く，創造性がある）	・循環型工業（CP，EIP，産業構造転換など） ・循環型農業（農業CP，農業廃棄物総合利用など） ・循環型サービス（グリーンレストランなど） ・循環型社会（グリーン消費，グリーン生活スタイルなど）
遼寧省	・中国初の循環経済モデル省（2002） ・古い重化学工業基地	・企業レベル：350以上の企業はCP審査済み ・区域レベル：モデルEIP→大連開発区・撫順鉱業集団・瀋陽鉄西区 ・社会レベル：中水再利用，都市ゴミの分類・回収利用 ・資源再生産業：粉石炭灰等が中心となる固体廃棄物総合利用
山東省	・採掘業，原材料工業，農産物が原料となる工業が中心 ・エネルギー・資源の過剰消費による環境問題	・企業レベルにおける資源生産性の向上（CP）に重点をおく ・資源節約の重視 ・資源総合利用（廃鉱石・工業固体廃棄物・廃水・廃気） ・消費過程の製品の再生利用
貴陽市	・西部内陸の遅れている地域 ・小康社会を目指す ・国家環境保護局の支援，海外資金の活用	・3つの核心システム： ①産業循環システム（生態工業，生態農業，第三次産業） ②都市インフラシステム（水，エネルギー，大気，固体廃棄物利用サブシステム） ③生態保障システム（グリーン建築，住居環境，生態保護システム） ・8つの循環システムの構築： リン循環システム，アルミ循環システム，漢方薬循環システム，石炭循環システム，生態農業循環システム，建築とインフラ産業循環システム，観光と循環経済サービスシステム，循環型消費システム。

出所：馮（2005），王（2005），陳（2005）などに基づき筆者作成。

第3章 中国における循環経済政策の到達点と課題

表3-2●主要国家モデル生態工業園区の特徴と取り組み（計画を含む）

	モデル園区の名称・指定年	特　徴	主要な取り組み（計画を含む）
企業とコミュニティの共存型	南海曁華南環保科技産業園（2001年11月）	・ハイテク環境産業と位置づけ ・ISO14001認証取得園区 ・中心工業区，金属工業区，科学教育産業区，旅行レジャー区，総合サービス区の共存	・金属産業の製品リンクの形成 ・廃金属→加工処理→金属原材料 廃ペットボトル→加工処理→製品
	天津泰達経済技術開発区（2004年4月）	・開発区の中，10年間GDP連続一位 ・ISO14001認証取得園区（2000年） ・ISO14001認証取得企業→26軒	・製品リンク（自動車・電子・食品） ・廃水の共同処理・再利用 ・資源と廃棄物の減量化など ・情報ネットワークの構築 ・生態社区・生態文化の建設
	大連経済技術開発区（2004年4月）	・ISO14001認証取得園区（2000年） ・EIP建設について2002年から米国PPP会社と提携中 ・2001年SEPAとUNEPにより，「中国工業園区環境管理モデル」に指定 ・石油化学・電子と通信設備・電気機械・金属製品等が中心となる多元化産業構造 ・外資企業が中心	9つのEIP建設プロジェクト： 1. 固体廃棄物総合利用 2. 中水再利用 3. 鍍金工業園廃水ゼロ・エミッション 4. 粉石炭残渣の総合利用 5. 生活ごみの総合処理 6. 木材―プラスチック複合材料 7. 古紙再利用 8. 工業切削油・リン化液等の循環利用 9. 物質回収
	蘇州高新区（2004年4月）	・中国初のISO14001認証取得園区（2000年） ・電子工業・精密機械加工・精密化学が中心	・松下電工電子回路製品リンク ・福田金属廃水処理・再利用 ・Canon-金鐘黙勒廃棄プラスチック処理・再利用 ・生態建設
	蘇州工業園区（2004年4月）	・ISO14001環境管理体制導入（2004年） ・世界500企業のうちの45企業進出，外資企業1300社以上	・IT中心の産業群 ・半導体芯片・液晶モニター・ノートパソコン・携帯電話の産業リンク ・グリーン社区の建設
	煙台経済技術開発区（2004年11月）	・ISO14001認証取得園区（2000年）。 ・GDP全国開発区8位 ・ハイテク環境産業・製造業・物流・レジャー観光業	・CPの全面実施（関連優遇政策の制定） ・廃棄物資源化，無害化
	濰坊海洋化工高新技術産業開発区（2005年3月）	・海洋養殖・海洋化学 ・大学・研究機関との連携による技術研究開発	・「一水五用」生態海洋化学産業の形成 ・生態海洋化学工業製品リンク ・すべての廃棄物の資源化の実現

企業グループ型	貴港(製糖) (2001年8月)	・西部地域，WTO加盟による不況 ・砂糖キビ製糖，製紙・アルコール・軽質炭素カルシウム総合利用が主導となる	・砂糖キビ→製糖→糖蜜によるアルコール生産→アルコール廃液による複合肥料生産 ・砂糖キビ→製糖→残渣製紙→黒液回収 ・製糖(有機糖)→セカラン生産
	包頭(アルミ業) (2003年4月)	・包頭アルミ集団と発電会社による構成	・石炭→発電→電解アルミ→アルミの再生→アルミの更なる加工 ・石炭→発電→高付加価値建材生産 ・石炭→発電→地域集中熱供給 ・石炭→発電→アルミニウム軽合金生産
	長沙黄興 (2003年4月)	・総合的なハイテク工業開発区 ・電子工業産業(遠大エアコン等)，ニューマテリアル産業(抗菌陶磁器等)，生物製品産業(農産物の精製加工)，環境産業(環境施設と環境保全型建築材)	・四大産業による製品リンク ・生態農業 ①太陽エネルギービニールホース→メタンガス→豚養殖場→トイレ ②無農薬野菜→クリーンな加工→スーパー ③草→牛→牛糞→茶葉→茶加工
	魯北 (2003年11月)	・巨大企業グループ(化学，建材，軽工業，電力等10業種を含む) ・中国だけのゼロ・エミッション技術を保有	・リン石膏，硫酸，セメントの提携生産 ・海水の「一水多用」 ・グリーン発電・塩・アルカリの提携生産
	撫順鉱業集団 (2004年4月)	・採鉱・石炭加工業が中心 ・石炭資源の枯渇による都市の衰退問題 ・工業区・農業区・住民区・生態回復区の複合生態システムを目指す	・資源の更なる加工による産業構造転換 ・鉱区の生態回復
	貴陽市開陽磷煤化工 (2004年11月)	・採鉱 ・リン製品加工業が中心	・鉱石と電力，リン，化学工業の一体化(化学工業と化学肥料，飼料，材料などの産業におけるリン生態システムを含む)
	鄭州市上街区 (2005年4月)	・アルミ産業が中心	・鉱石→酸化アルミ→電解アルミ→アルミ加工の産業リンク
静脈産業型	青島新天地工業園 (2006年9月)	・家電生産基地に位置 ・電気・電子機器廃棄物が中心	・固体廃棄物の収集・運送・保管 ・固体廃棄物の処理・処分 ・汚染した土壌の修復 ・最終処分

出所：国家環境保護総局(2004)，中国循環経済発展論壇組委会秘書処(2004)，羅等(2004)，国家環境保護総局科技標準司(2004)などにより筆者作成。

つにまとめることができる。

　1つめは，既存企業が生産段階で生成した副産物の循環利用を主要な目的としていることである。このため，企業間のリンクが単純で他の企業による代替の可能性が小さいほど，副産物生成企業が業績不振に陥り副産物の産出量が変化するとグループ全体の生産量や利潤に大きな悪影響を及ぼすことになる（Zhu and Côtè, 2004）。しかも，一度リンクが確立されると，既存の副産物生成企業は既存の生産工程を変えないまま生産を続けられることになる。つまり，クリーナープロダクションで見られたような，副産物生成企業での生産工程の変更とそれによる環境負荷の削減は見られない可能性が高い。このため，企業グループとして資源の有効利用が進んだとしても，環境負荷は抜本的には削減せず，環境汚染型生産構造が温存される可能性がある。

　2つめは，取り組みの範囲に日本やドイツなどの先進諸国で主要テーマとする廃棄物問題のみでなく，工業や農業等の生産部門やコミュニティの環境改善などより包括的な内容を含めていることである。このため，循環経済の構築のためには，企業だけでなく，農民やコミュニティの住民など幅広い人々の参加と協力が不可欠になる。

　3つめは，特に区域レベルでは，ISO14001認証取得が大きな推進力となっていることである。

3　先進モデル地域の事例分析

3-1　貴陽市における循環経済の実践と課題
(1) 循環経済推進の背景と進展

　貴州省は，中国の西南部に位置する，中国の中で最も貧しい省の1つである。その経済発展は，リンやアルミ鉱石，石炭などの資源採掘とその軽度加工に依存してきた。しかもそこで産出される石炭は，高濃度の硫黄分を含んでいる。このため，経済成長のために石炭消費量が増加するにつれて，大気汚染が著しくなってきた。特にその省都である貴陽市の中心部は，

四方を山に囲まれた盆地地形で，かつ市街地には発電所や製鉄所，セメント工場など二酸化硫黄を大量に排出する企業を抱えていた。他方で，深刻な大気汚染を理由にこれらの二酸化硫黄の大量排出源に対して改善を求めたり，操業を停止させたりすることはできなかった。貧しいために大気汚染対策を行う費用を確保することは難しく，また地域経済の発展や雇用を支えてきたためである。この結果，貴陽市は長年にわたり深刻な大気汚染に苦しんできた。

しかし，2002年5月には，SEPA から全国で初めての循環型経済エコロジー都市のモデル地区として認められた。そしてモデル地区の建設を具体化するためのマスタープランを作成するとともに，2004年11月に中国で初めて循環型経済生態都市建設条例を制定して，循環経済を市レベルで推進するための法律上の根拠を確立した。

(2) 取り組みの内容

貴陽市のマスタープランの中で計画されている循環経済の内容は，図3-2 に見られるように幅広い分野を含んでいる。しかしその根幹は，既存の産業や企業で生成された副産物の有効利用である。実際，貴陽市で最初に実施されたのは，既存の国有企業が排出してきた廃棄物を旧国有企業である貴州セメント工場で原料利用することであった。

貴陽市では，近郊の鉱山でリンや石炭が採掘できることから，リン肥料産業や石炭化学産業が発達してきた。これらの産業は，同時に，硫黄残渣やリン酸滓を廃棄物として排出してきた。また製鉄所は鉄合金滓を，石炭火力発電所や石炭工場は排煙脱硫装置設置以降，脱硫石膏を廃棄物として排出するようになった。他方で，貴州セメント工場は，環境モデル都市事業のサブプロジェクトとして粉塵対策を行うことになり，既存の湿式法回転炉を撤去し，より生産効率が高く粉塵排出量の少ない乾式法回転炉と，その運転状況をコンピュータで管理するシステムの整備を行った。同時に排水処理設備を設置した。貴州セメント工場での汚染対策が進んだことから，貴陽市政府は，リン肥料産業や石炭化学産業，製鉄所，石炭火力発電

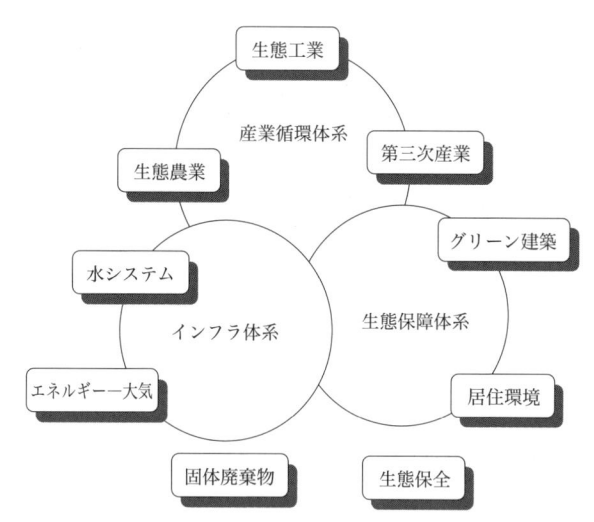

第 3 章
中国における循環経済政策の到達点と課題

図 3-2 ● 貴陽市循環経済型生態都市建設の全体の枠組み
出所：中日友好環境保全センター（2004）。

所などからの廃棄物をセメント原料として利用することを計画した。そして貴陽セメント工場が「原料」を購入する際の税金を免除するなどの優遇措置を適用することで，購入を促進してきた。この結果，貴州セメント工場は，原料の35％を産業廃棄物で調達するようになった[2]。

この経験を踏まえて，貴陽市政府は，循環経済のモデルとして，リン化学工業生態工業地域の建設に着手した。これは，リンの副産物利用が比較的早期に産業廃棄物削減と利益創出の効果を期待でき，循環型経済エコロジー都市の建設に対する企業や市民の支持を高めることができるとの判断からであった。そこで貴陽市政府は，黄リンとリン酸の生産設備を更新して生産効率の改善と汚染排出を削減するとともに，リン肥，リン酸塩，有機リンなどの付加価値の高い製品の生産と，副産物のリン石膏（せっこう）の建材利用事業を推進している。中長期的には，クリーンコール工場を中心とした石炭化学工業などの8つの循環経済産業体系の構築を計画している（表

---
[2] 貴陽セメント工場への聞き取り調査（2005年11月）による。

3-1)。

　資源の副産物利用と並んで進展が見られる分野は，都市環境インフラの建設である。まず大気汚染対策として，石炭ガスの安定供給のためのインフラ整備を行ってきた。この結果，都市のガス化率は2001年までに96％を超えた(貴陽市循環経済生態都市建設指導グループ事務室，2003)。また水質汚濁対策として，都市下水道の建設も徐々に進められている。

(3) 循環経済構築を推進した要因

　このような転換が行われた要因として，まず日本の円借款による環境モデル都市事業などの国際協力が挙げられる[3]。環境モデル都市事業では，貴陽製鉄工場の大気汚染対策，貴州セメント工場の粉塵対策，林東クリーン石炭工場の脱硫クリーン石炭設備の建設，石炭ガス配管拡張および貯蔵タンク建設，および貴州水晶有機化学工場での水銀触媒を利用した酢酸製造設備の廃止の6つのサブプロジェクトが実施された[4]。そしてこれらのサブプロジェクトは全てクリーナープロダクション技術を導入するものであった。つまり，老朽化した生産設備の更新やより環境負荷の少ない生産方法・技術を導入することで，単に汚染物質の排出を削減するのではなく，同時に企業に利益をもたらすことを，パイロット事業として実証する役割を担った。この事業に触発されて，これまで環境対策にあまり熱心でなかった貴陽市政府も，クリーナープロダクションを円借款対象工場以外にも普及させようとした。そして日本での実情視察からゼロ・エミッションの概念を学んだことから，それを貴陽市の金陽新区の開発に取り入れることを計画した。このことが，クリーナープロダクション促進法を制定した後の展開を検討していたSEPAに評価され，市全体で展開することを提案されるとともに，計画立案を進める上での支援を受けることになった。

---

[3] 貴陽市環境保護局副局長への聞き取り調査(2005年11月)による。
[4] 同時に，大気汚染自動モニタリングシステムおよび発生源オンラインモニタリングシステムの構築も行われた。なおもともとの計画では，貴陽発電所の排煙脱硫装置の設置も含まれていた。しかし円借款の実施手続きに時間を要したことと，貴陽市政府が対策の緊急性を認識していたことから，円借款の供与を待たずに自己資金によって設置した。

そこでまずモデル地区の指定を受け，後に条例を制定するに至った。このため，貴陽市政府では，環境モデル都市事業は，循環経済のアイデアをもたらしたものと評価されている[5]。

次に，清華大学や中国環境規画院，中日友好環境保全センターなどの外部の機関との密接な協力関係の構築が挙げられる。貴陽市環境保護局は，ゼロ・エミッションの概念は習得したものの，具体的に貴陽市でどのように実現するための計画立案を行う能力を持っていなかった。そこで国家環境保護総局の支持の下，外部機関に委託することで，貴陽市で具体的に循環経済を実現するためのマスタープランを作成することができた。そしてこの計画の作成の過程で貴陽市に循環経済弁公室が設置され，詳細な計画を立案する能力が継承された。

(4) 貴陽市の循環経済の課題

こうした進展の反面，いくつかの課題も残されている。第1の課題は，循環経済構築のための資金と技術を外部に決定的に依存している。資源の副産物利用も，都市環境インフラの建設も，資金面では現在までのところ円借款に依存している。都市環境インフラの建設の中で進展した都市ガスの普及や都市下水道は，両方とも円借款が供与されて初めて実施されたものであり，その他の事業は外部からの資金支援を待っている状況である。また外部から企業を誘致できなければ，計画立案した通りの既存資源による高付加価値の製品の生産や既存企業から生成される副産物の有効利用は実現できないかもしれない。

第2の課題は，廃棄物のセメント原料利用に関しては，必ずしも市場原理のみで動いているわけではない。貴州セメント工場は，これらの廃棄物を鉱山で産出された石灰よりも安い価格で購入している，このため，一見すると，廃棄物を排出する工場にとっても，セメント工場にとっても利益

---

[5] 貴陽市環境保護局副局長への聞き取り調査（2005年11月）による。

をもたらすように見える。しかし，セメント工場は原料利用後の廃棄物を処理するために追加的な費用を負担しなければならない。このため，必ずしも積極的に他産業からの廃棄物の受け入れを進めているわけではない。むしろ旧国有企業として，また貴陽市政府の責任の下で環境円借款事業を実施した企業として，貴陽市政府からの循環経済政策の実施の要請に応えざるを得ないことが，実施の動機となっている。

3-2 天津市泰達生態工業園区における循環経済の実践と課題
(1) 背景

天津経済技術開発区（EIP）は，1984年に設立された開発区で，2005年の時点で，3,000以上の外資企業と10,000以上の国内企業が立地している。主要な産業は電子・電機，機械製造，製薬化学，食品飲料であり，この10年間各経済指標は，全国の経済開発区の首位を維持している。2000年に国家ISO14001モデル園区に指定されたことを契機として，自然・工業・社会を含む新しい型の複合体としてのEIPを目指し始めた。2002年に「国際クリーナープロダクション宣言」に調印したことで，EIPの建設が正式に始まり，2004年に国家モデルEIPとして指定された。

(2) 循環経済構築の内容

天津泰達EIPでは，表3-2に見られる5つの取り組みの内，3つが実現している。第1は製品リンクで，モトローラが中心となる電子情報産業，トヨタを中心とする自動車製造業，頂新集団[6]が中心となる食品工業の3つの製品リンクが構築された。第2は副産物利用リンクで，天津開発区市政汚水処理工場の建設による工場・生活排水の処理，処理水の中水利用を行い，海水淡水化に関する研究を進めている。第3は情報管理システムの構築である。「天津開発区固体廃棄物資源」情報ネットワークの構築とEIP内の廃棄物[7]に関する調査を通じて，企業で排出される廃棄物のデー

---

[6] 「康師傅」というインスタントラーメンをブランドとする企業集団である。
[7] 生産企業による廃棄物の種類・数量・処理状況，関連企業の廃棄物回収・処理など，政府部

タベースを作成した。その上で天津開発区政府と立地企業から構成される廃棄物最小化クラブを結成し，政府と企業，および企業間の交流を促し，廃棄物排出情報の他企業への提供と，情報提供を通じた企業間での副産物取引を促してきた[8]。

(3) 循環経済構築を推進した要因

こうした成果を実現した要因としては，以下4点が挙げられる。第1に，企業が天津経済技術開発区に立地することの魅力の大きさである。天津経済技術開発区には汚染集約型産業も含め，様々な企業から立地の申請があった。そこで開発区政府は，電子・電機産業など高付加価値でかつ非汚染集約型の産業を選択して立地させることができた。この中には，モトローラ・トヨタ・頂新集団のような，循環経済を企業グループ内で実現しようとする大企業も存在した。泰達におけるほとんどの製品リンクの形成時期が，EIP指定よりも早かったことが，このことを裏付けている。

第2に，天津経済技術開発区管理委員会に環境保護局が設置され，開発区内の工場立地の許認可権限を持っていることである。しかも他の開発区では，環境保護局が管理委員会の1つの部門であることに対して，天津経済技術開発区では，環境保護局が管理委員会と同列に位置され，上位の天津市政府の管理を直接受けている[9]。このため，環境保護局の許認可権限の効力は他の開発区と比較して強い。しかも環境保護局の対処能力も高く，官学共同のEIP管理の技術や方法の研究も行っている。

第3に，ISO14001認証取得の影響が挙げられる。ISO14001認証取得は，開発区がより高付加価値を生み出す企業を誘致する上で不可欠なものと位置づけて取得しようとした。しかし取得に際しては，開発区内のより適切な環境管理が求められた。このことが，開発区管理委員会に開発区全体を対象とした熱供給・発電，集中浄水・給水，集中汚水処理，固形廃棄

門が廃棄物回収再利用市場に対する把握などについて，より詳細な情報を得た。
[8] 天津泰達EIPの管理委員会への聞き取り調査（2005年11月）による。
[9] 同上。

物の適正処理などの集中型環境インフラに投資する誘因を与えてきた。

　第4に，外国からの支援が挙げられる。天津経済技術開発区は，2003年に「中欧環境管理提携企画」(China-EU Environmental Management Collaboration Plan) の中のEIPモデルプロジェクトに参加したが，そこで廃棄物の情報ネットワークの構築の手法を習得した。このことが，「持続可能な固体廃棄物管理システム」の構築のモデルとなった。

(4) 課題

　天津泰達EIPでの取り組みは，以下の点が課題として残されている。

　第1に，製品リンクが必ずしも経済性を持つとは限らない。天津経済技術開発区では，トヨタは副産物をグループ企業に売却し，グループ企業はそれを原材料として製造した製品をトヨタに販売している。ところがトヨタは，市場価格よりも高い価格でグループ企業から製品を購入することで，グループ企業での副産物利用を促している。このことは，トヨタが生産を拡大して副産物を多く生成するようになると，製品リンクの維持のために追加的に必要となる費用が大きくなることを示唆する。トヨタ企業のグローバル展開の戦略として，企業グループ全体での進出先での廃棄物排出量の最小化を掲げている。しかし，他のEIPや企業に対して同様の「自主的」な行動を期待することはできない。

　第2に，副産物利用の重要部分である天津開発区市政汚水処理工場での工場・生活廃水処理は，赤字経営を余儀なくされている。天津開発区市政汚水処理工場の経営のみを考慮すれば，維持管理・運転・投資費用の全てを回収できる料金水準に設定するのが望ましいことになる。しかしながら，こうした高い水準の料金設定は，企業の汚水の不適正管理や不法投棄の原因となるため，実際には，その防止のために料金を低水準に設定し，赤字分を開発区の財政から補填している。これは，開発区のISO14001認証取得を継続させるためにも必要な措置である。このことは，企業に汚水排出量の削減の誘因を与えず，しかも汚水処理工場で処理する汚水量が増えるほど必要となる財政補填額が膨張することを示唆する。

第3に，市民参加があまり進展していない。中国では，天津泰達のようなコミュニティと工場などが一体となっている EIP は少なくない。こうした EIP では，企業と住民と自然という三者の関係が調和的な発展を実現することを，最終目的としている。そこで，コミュニティの住民も，取り組みの主要メンバーになるべきである。しかし，トップダウンの特徴を持つ中国では，どうしても行政による一方的な取り組みが中心になりがちである。天津泰達 EIP では，市民の重要性を認識し，市民への教育や，参加意識の向上を試みている。しかし，まだ十分な成果をもたらすには至っていない。

3-3 事例分析からの知見

貴陽市と天津泰達 EIP の事例分析の結果は，表 3-3 のように整理することができる。この 2 つの事例分析から，以下 3 点の含意を得ることができる。

第 1 に，市・区域レベルでの循環経済の構築には，市政府ないし EIP 管理委員会の情報収集能力や企業間のネットワークの構築能力，そして財政力が非常に重要な役割を果たすことである。企業グループ内での副産物利用とは異なり，市・区域レベルでは，全く面識のない企業の間での副産物取引は容易ではない。天津泰達 EIP では情報ネットワークの構築と廃棄物最小化クラブの結成によって克服しようとし，貴陽市ではマスタープランを作成し，その中で既存企業の副産物を有効利用できる企業の種類を示して企業を誘致することで克服しようとしている。行政によるこうした取り組みがない市や EIP では，副産物の有効利用はあまり進まないことが予想される。

第 2 に，両方の事例とも，循環経済の構築が既存の環境汚染型の生産構造を温存させることにはなっていない。天津泰達 EIP では，もともと環境負荷の少ない産業や企業を選別した上で循環経済の構築を進めている。また貴陽市では，円借款で既存企業のクリーナープロダクションを行った後に副産物の有効利用を進めている。このため，マスタープランで計画された通り

表 3-3 ● 事例研究からの知見

	貴陽市	天津・泰達国家モデル EIP
主要成果	1. 既存企業のクリーナープロダクションとセメント工場での廃棄物代謝リンクの構築 2. 下水道建設による都市生活環境の改善 3. 循環型経済生態都市建設条例の制定 4. 循環経済事務室の設立による市政府の環境能力の強化	1. 環境負荷の少ない企業グループの誘致とグループ内での製品代謝リンクの構築 2. 工業汚水処理・中水利用などの廃棄物代謝リンクの構築 3. 企業・産業間での副産物利用に関する情報管理システムの構築
進展の要因	1. 円借款によるクリーナープロダクション促進事業の実施 2. 清華大学などの外部の専門機関の協力	1. 企業にとっての天津泰達工業園区への立地の魅力の大きさ 2. 環境保護局の地位と職員の意識の高さ 3. ISO14001 認証取得 4. EU の環境支援
問題点	1. 外部資源(企業・支援)への高い依存 2. セメント工場の経済性 3. 市民参加の欠如	1. 製品代謝リンクの経済性 2. 工業汚水処理・中水利用費用の経済性・財政補填増大の可能性 3. 不十分な市民参加

の企業が立地すれば，環境負荷の増大は最小限に抑制される可能性が高い。

しかし，こうした事例はむしろ例外的かもしれない。多くの都市や開発区では，既存あるいは新規の汚染集約型企業の立地を前提として循環経済の構築を進めざるを得ない。この際に，循環経済の構築が果たして本当に環境負荷の削減を実現するのか。今後検討していく必要がある。

第3に，市・区域レベルの循環経済といえども，市民参加は必ずしも急速には進展しない。このため，工業部門を超えて農業や生活環境の改善を含めた循環経済の構築には，長時間を要することが考えられる。

4 | 結論

本章は，中国の循環経済のうち，生態工業園区(中循環)および生態市(大循環)に焦点を当てた。そして現在進展しているモデル事業を検討するこ

とで特徴を明らかにし,そして事例研究を通じて区域および市レベルで実施されている循環経済の進展と課題を明らかにした。主要な結論は以下の通りである。

まず,生態工業園区と生態都市の特徴は,既存企業が生産段階で生成した副産物の循環利用を主要な目的としていること,取り組みの範囲が廃棄物のみでなく,工業や農業等の生産部門やコミュニティの環境改善など広範な内容が含まれていること,さらにISO14001認証取得が循環経済の構築の1つの大きな契機となったことにあることを明らかにした。

次に貴陽市と天津泰達生態工業園区の事例研究から,市政府ないしEIP管理委員会の情報収集能力や企業間のネットワークの構築能力が非常に重要な役割を果たすことが明らかになった。そして天津泰達EIPではその経済力や企業にとっての立地の魅力の高さが,貴陽市では外国資金による支援が,具体的に循環経済を構築する資金的裏付けとなっていることも明らかになった。このことは,こうした企業立地の魅力や外国支援がないところでは,既存ないし新規の汚染集約型企業の立地を前提とせざるを得ず,循環経済の構築がかえって抜本的な環境負荷の削減を促しにくくなる構造を構築する可能性を指摘した。また,天津泰達EIPであっても,循環経済の構築は必ずしも経済性を持つものではなく,企業や市政府が追加的に資金を負担せざるを得なくなる可能性を指摘した。さらに,コミュニティの環境改善などの広範な内容が含まれているにもかかわらず,住民の参加は徐々にしかすすんでいないことを明らかにした。

これらの可能性は,中国の多くの都市やEIPでは現実に起こるのであろうか。この点に関しては,今後の研究課題としたい。

参考文献

［日本語文献］

大塚健司 (2006)「環境政策の実施状況と今後の課題」,大西康雄 (編)『中国胡錦濤政権の挑戦』アジア経済研究所, 137-166頁。

桂木健次・章　竟 (2004)「中国における循環経済理論と実践についての研究」『福岡工業大学

研究論集』第 37 巻第 1 号,59-71 頁。
染野憲治 (2005)「中国の循環経済政策の動向」『環境研究』136 号,120-129 頁。
竹歳一紀 (2005)『中国の環境政策 ── 制度と実効性』晃洋書房。
中日友好環境保全センター (2004)『中国における循環経済の発展研究調査報告書』。
森　晶寿 (2005)「クリーナープロダクション促進への国際援助の有効性と課題 ── 中国・タイ・マレーシアへの国際援助を素材に」『国際開発研究』第 14 巻第 2 号,127-140 頁。
吉田　綾 (2005)「再生資源輸入大国　中国」小島道一 (編)『アジアにおける循環資源貿易』アジア経済研究所,43-67 頁。

[中国語文献]
王　立紅 (編) (2005)『循環経済 ── 可持続発展戦略的実施途径』北京:中国環境科学出版社。
解　振華 (主編) (2005)『領導幹部循環経済知識読本』北京:中国環境科学出版社。
貴陽市循環経済生態都市建設指導グループ事務室 (2003)『貴陽市循環経済型生態都市建設プロジェクト　国際協力を求めるための基本構想』。
国家環境保護総局 (2004)『国家環境保護局推進循環経済試点経験交流会資料滙編』。
国家環境保護総局科技標準司 (編) (2004)『循環経済和生態工業規划滙編』化学工業出版社環境科学与工程出版中心』。
中国科学院持続可能発展戦略研究組 (2006)『2006　中国持続可能な発展戦略報告 ── 資源節約型と環境友好型社会の建設』科学出版社。
陳　燕平・任　勇・周　国梅等 (2005)「江蘇省 (蘇南) 循環経済発展模式調研和対若干問題の思考」『第三届全国環境保護優秀調研報告文集』(国家環境保護総局) 中国環境科学出版社。
馬　凱 (2004)「貫徹和落実科学発展観　大力推進循環経済発展」中国循環経済発展論壇組委会秘書処 (組編)・馮　之浚 (主編)『中国循環経済高端論壇』人民出版社,38-52 頁。
馮　之浚 (主編) (2004)『環経済導論』人民出版社。
孟　赤兵・勾　在坪 (主編) (2005)『循環経済要覧』航空工業出版社。
羅　宏・孟　偉・冉　聖宏 (編) (2004)『生態工業園区─理論与実践』化学工業出版社。

[英語文献]
Chin, Anthony S. and Yong Geng (2004) "On the industrial ecology potential in Asian Developing Countries," *Journal of Cleaner Production.* Vol. 12, pp. 1037–1045.
Han, Shi (2003) "Cleaner production in China," in Mol, Arthur P. J. and Joost C. L. van Buuren (eds.), *Greening Industrialization in Asian Transitional Economies.* Lamham: Lexington Books, pp. 61–82.
Jackson, Tim (2002) "Industrial ecology and cleaner production," in Ayres, R. U. and L. W. Ayres (eds.), *A Handbook of Industrial Ecology.* Cheltenham: Edward Elgar.
Morton, Katherine (2005) *International Aid and China's Environment: Taming the Yellow Dragon.* London: Routledge.
Pearce, David and Kerry Turner (1990) *Economics of Natural Resources and the Environment.* Baltimore: Johns Hopkins University Press.
Ren, Xin (1998) "Cleaner production in China's pulp and paper industry,"*Journal of Cleaner Production.* Vol. 11, pp. 349–355.
Wang Luolin and Bernd Bilitewski (2004) "Task Force Report on Circular Economy," downloadable at http://www.harbour.sfu.ca/dlam/Taskforce/circular%20economy2005.htm.
Zhu, Qinghua and Raymond P. Côté (2004) "Integrating green supply chain management into an embryonic eco-industrial development: a case study of the Guitang Group," *Journal of Cleaner Production.* Vol. 12, pp. 1025–1035.

第4章

森林環境政策の到達点と課題

劉　春發・山本　裕美

1│本章の背景と課題

　新中国建国から現在までの中国の林業政策は，主に3つの時期に区分される。第1の時期は計画経済時代で，林業と林製品工業部門を含むすべての工業部門は経済計画の下にあった。この時期には木材などの生産財を商品として認めず，その流通を「物資流通」と称していた。木材の流通は「統一調達・配分」制度の下に置かれ，計画的に調達・配分されていた。この時期の政策は主に木材の生産に重点があった。第2の時期は，1978年12月の中国共産党第11期中央委員会第3回全体総会以降の改革開放・市場経済への移行期である。改革開放から1990年代中葉まで中国の森林政策は，森林資源の回復・発展を中心として，林業生産が原木生産中心から営林を基礎とすることへ転換した。第3の時期は1990年代中期以降で，中国は過去の森林政策による森林破壊及びそれによって生態環境の悪化を引き起こしたことを認識した。そこで新たな国家森林戦略を打ち出した。新たな森林政策は過去の木材生産から環境保護へと転換した。つまり，森林の生態保護の役割を重視することになったのである。

　本章では，建国以来の中国林業政策の変化を展望するとともに，林業と市場経済化，林業と環境問題の関連を分析することを目的としている。

第Ⅰ部
中国の環境政策の現状分析と課題

2 中国林業産業の現状及び特徴

2004年の第6回森林資源調査によると，中国の林業用地面積は2億8,280万ha，森林面積は1億7,491万ha，立木蓄積量は132.6億m^3，森林蓄積量は121.0億m^3，森林被覆率は18.2%である。表4-1から森林面積，蓄積量と森林被覆率はすべて増大してきている。これは中国の林業政策が森林資源の培養と保護，林業管理の強化，森林資源の合理的利用などの面で大きな成果を収めたことを証明している。

しかし，ミクロ的な現状から見ると，5つの要因が中国森林の発展を阻害している。

第1に，中国の森林面積と蓄積量は，国土面積の広さと人口の大きさに対応していない。森林被覆率は18%であり，日本の67%，インドネシアやフィンランドの65%，ブラジルの61.0%などの森林被覆率が高い国々はもちろん，世界平均の27%と比べてもかなり低い。1人あたり森林面積は0.14haで，世界平均の0.65haの約23%である。1人あたり森林蓄積量は9.7m^3で世界平均の72m^3の約13.5%である。

第2に，森林資源の分布と構成が不合理的である。中国の森林資源は主に東北の黒竜江，内モンゴル，吉林省と西南の四川，雲南省，チベットなどの国有林区と浙江，安徽・福建・江西・湖南・広東・広西などの省区を含めている南方森林区に集中している（図4-1）。これらの森林面積は全国の84%を占めている。これに対して，西北部の広大な地域は国土面積の約1/3を占めるが，森林面積は全国の1/15以下でしかない。この地域における省区の森林被覆率は僅か6.5%である。また，保護林の面積は総面積の38.3%しか占めていないために，生態環境のニーズを満たすことができない。

樹齢別では，中幼齢林の面積は総面積の68%，蓄積量は総蓄積量の39%を占めている。これに対して成熟林は，それぞれ18%，43%であるが，そのほとんどは東北と西南の遠隔地域に集中している。この地域における成熟林が全国の4/5を占めているのに対して，華北と中原地域におけ

表 4-1●中国森林資源の変化（1973〜2003 年）

森林資源調査	調査期間	立木蓄積量 (10m³)	森林面積 (10ha)	森林蓄積量 (10m³)	森林被覆率 (％)
第 1 回	1973-76 年	9.5	121.9	8.7	12.7
第 2 回	1977-81 年	10.3	115.3	9.0	12.0
第 3 回	1984-88 年	10.6	124.7	9.1	12.9
第 4 回	1989-93 年	11.8	133.7	10.1	13.9
第 5 回	1994-98 年	12.5	158.9	11.3	16.6
第 6 回	1999-2003 年	13.6	174.9	12.5	18.2

出所：『中国林業年鑑』(各年版)。

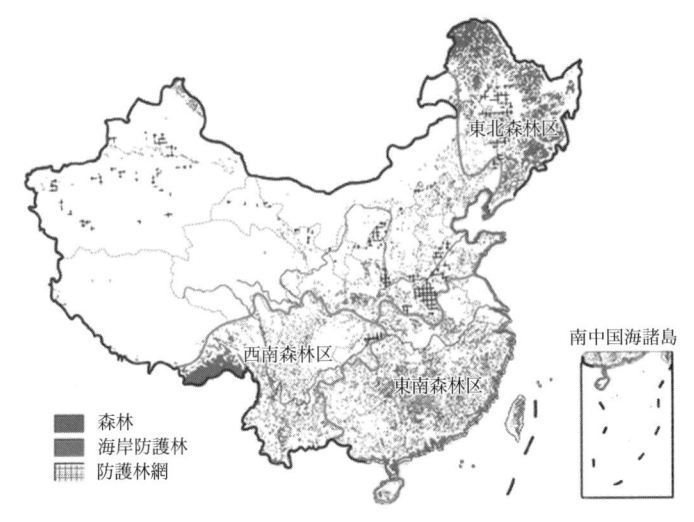

図 4-1●中国森林資源分布図（2005 年）
出所：http://japanese.china.org.cn/Japanese/ja-sz2005/zr/td2/htm

る成熟林は少ない。南方九省の集団森林区の幼，中，成熟林の面積の比率は大体 5：4：1 であり，中幼齢林が絶対的に多い。

　第 3 に，林業用地の総量が相対的に不足している。『全国生態環境建設規劃』[1]によると，2050 年までに全国の森林被覆率は 26％に達する計画である。しかし，現在の林業用地は，国土面積の 29.5％しか占めていない。

---

[1] 中国語原文：中国水利網（http://www.chinawater.net.cn/cwr_journal/199902/990210.html）

第4に，林業生産力が低い。森林地における生産力の低さは主に林業用地の利用率の低さ，二次林の多さ，単位面積蓄積量と成長率の低さによる。中国の林有地は林業用地の50.1％しか占めていないのに対して，日本の場合は76.2％であり，ドイツは97％である。中国の原始林地のほとんどは破壊されており，単位蓄積量は低く，1ha当たり31.6m^{3}しかない。全国1ha当たり蓄積量は70.4m^{3}であり，そのうち，人工林の1ha当たり蓄積量が49.4m^{3}しかない。森林の成長率は2.3％しかなく，1ha当たり年成長率は2.4％しかない。

　第5に，林業の産業としての発展が遅れている。1つめに，林製品の需給が不均衡である。中国の木材輸入量は1981年の187万m^{3}から2004年には2,631万m^{3}余に達し，23年間に14倍以上も増加した。2つめに，規模が小さい。パルプ製紙，プラスター・ボード，中密度ファイバーボードとパーティクルボードの平均規模はそれぞれ世界平均規模の2.3％，13％，35％，10％しかないため，規模の経済を実現できない。3つめに，加工レベルが低い。世界先進国家の木材の総合利用率が80％以上，スウェーデンは90％であるのに対して，中国は僅か60％である。4つめに林業の産業構造が不合理であり，規模の経済がない。2002年では，林業産業の中の第1次産業の割合が67％，第2次産業の割合が29.％に達したのに対して，第3次産業の割合は3.7％でしかない。

3 林業政策転換の歴史的背景

　改革開放前は，計画経済の下に，林業と林製品工業部門を含むすべての工業部門は行政計画の下で管理された。国家の林業に対する最も重要な要求は木材の安定的供給の保証である。林業の中心任務は，経済建設の需要を満たすために，木材を生産し，国家のために経済回復と発展に必要な資本を蓄積することである。経済成長のペースが加速するにつれて木材に対する需要がより大きくなり，木材生産の任務もより重くなった。木材生産計画は国家の指令計画に属するため，各レベルの政府と林業企業はこの計

画を達成しなければならない。この結果，中国の森林資源が急激に減少してきた。現実に，計画経済体制がすでに経済の発展に対応しきれなくなったのである。

改革開放政策は，経済体制に重大な変化をもたらした。この時期に発生した最も重要な変化は，所有権構造の変化である。主な変化としては，農村地域における家庭経営請負責任制[2]の推進，90％以上の国有企業における経営請負体制の導入，少数の国有企業における株式所有権の試行が挙げられる。また経済改革の成功，特に農業改革の成功は，林業改革を促進した。林業部門でも，所有制改革，経営請負責任制の導入，木材市場流通改革などが盛んに行われた。

1990年代中期に入ると，森林政策は更に急激に変化してきた。この政策変化には主に3つの背景がある。1つは1992年6月ブラジルで開催された国連環境開発会議において採択された「森林に関する原則声明（以下，「原則声明」）」[3]，「リオ宣言」[4]ならびに今後の各国の行動指針となる「アジェンダ21」[5]である。この原則声明の第1節では森林資源及び林地は，現在及び将来の世代の社会的，経済的，生態学的，文化的，精神的な人類の必要を満たすため持続的に経営されるべきとされており，持続可能な森林経営が目標とされている。中国は「原則声明」，「リオ宣言」と「アジェンダ21」にしたがって「中国アジェンダ21」を立案し，持続可能な森林経営の理念を取り込んできた。

2つめの要因は，中国が過去の森林政策による森林破壊，それによって

---

[2] 中国では建国以後，文化大革命終了まで，農業生産体制としては人民公社を基本としていたが，これは勤勉であるかどうかにかかわらず報酬に差がなかったため農家の生産意欲と農業生産性は著しく低かった。これに対して，農業生産を農家が請け負い，政府買い上げ分以上の農産物がで生産できた場合には農家が自由に処分できる制度が1978年から始まった。これは「生産請負責任制」と呼ばれ，全国に展開され，最終的には個別経営請負制（包幹到戸制）が全国に普及した。この点については山本（1999）第2章を参照されたい。林業についても農業より若干遅れて同様の生産請負責任制が導入された。

[3] "Non-legally Binding Authoritative Statement of Principles for a Global Consensus on the Management, Conservation and Sustainable development of All Types of Forests" である。

[4] UNCED, The Rio Declaration on Environment and Development, 1992。

[5] UNCED, AGENDA 21, 1992 の Chapter 11 combating deforestation を参照。

生態環境の悪化を引き起こしたことを認識してきたことである。生態環境の悪化は人類の健康，経済の生産性と原材料の供給にも悪い影響を与える。特に1998年に起こった長江大洪水がきっかけになって，中国は大きく破壊された生態システムを回復するために，一連の計画プロジェクトを策定した。

最後に，社会経済の発展と生活水準の改善につれて，人類の林業に対する需要が「現代的需要」の段階に入った。現代的需要の本質は林業自身が持続可能な発展を実現すると同時に，経済社会全体の持続可能な発展に寄与することを要求する。今後林業の発展は経済的利益を考慮すると同時に，環境生態利益を考慮しなければならない。人類の環境保護意識の高まりにつれて，社会の林業に対する需要も変化し，林業に対する主導的な需要が生態的需要に変わった。こうした人類の森林資源に対する需要の変化に伴って，林業政策の改革も求められたのである。

4 中国林業政策転換の3つの段階

4-1　1978年（改革開放）以前の林業政策

1949年の建国後，中国は深刻な森林問題に直面した。森林の被覆率はわずか8％ぐらいしかなかった。森林資源を保護するために様々な措置と施策を取ったが，この時期の政策は主に計画経済の下で，木材の生産を中心としたうえでの植林・造林・森林保護などをめぐるものであった。

この時期における森林政策は以下のように特徴づけられる。第1点は，天然林の開発を加速したことである。解放初期の経済回復と第1次5ヵ年計画（1952-57年）の目標達成につれて，木材に対する需要はますます増えてきた。工業化と農業集団化の木材に対する需要を満たすために，東北・内モンゴル，西南と南方など林区を含む中国の主な森林区は短期間の内に開発された。

第2点は，人民に依拠する方針を採用したことである。中国では人民の力は巨大で無限であると考えられている。特に解放初期の土地改革運動で

は，人民は強い情熱と力を示した。したがって，中央政府と各地方政府は中国林業の発展の道は人民路線にあると考えていた。人民に依拠した森林保護・造林・伐採という方針が取られた。植樹造林には人民の力が不可欠であることは無論であるが，どのように人民の積極性を引き出すかもまた問題である。特に森林所有権に関する森林政策はまだ着実に実施されていなかったために，人民に依拠した造林は，あまり成果をあげることはできなかった（王ほか，2002）。

第3点は，森林撫育と更新を無視したことである。経済の回復と発展に伴う木材需要の増加に対して，多くの森林工業局は，下達した任務を達成ないし超過達成するために，森林撫育と更新の方針を守らず，破壊的伐採方法を取った。

第4に，森林・林業に関する法律が存在しなかった。1978年までの30年間に，1963年に公布された「森林保護条例」[6]を除いて，正式な法律は制定されなかった。このため，森林所有権は保護されていなかった。

第5に，森林が過度に伐採され，深刻な破壊がもたらされた。第1次5ヵ年計画期間に入ると，生産任務を達成するために森林工業局による破壊と生産合作社の成立時の社員の林木に対する不適当な処理による森林破壊は非常に驚異的なものであった。木材の生産を増加するために，森林資源の分散する地区における小面積の木材の伐採も加速した。

第6に，林業生産は木材の生産が中心であった。1950-60年代に，政府は木材生産に対する指導と組織を強化するために，林業部を設立した上で，さらに森林工業部を設立して，木材生産を主要な任務とする135の国有森林工業局を設立した。この時期，国民経済は回復段階にあった。国家の林業に対する最も重要な要求は，木材供給の保証である。林業の中心任務は，経済建設の需要を満たすために，木材を生産し，国家のために経済回復と発展に必要な資本蓄積を提供することである。国民経済発展のペースが加速するにつれて木材に対する需要がより大きくなってきて，木

---

[6]「森林保護条例」『人民日報』1963年6月23日。

材生産の任務もより重くなった。企業は木材生産を重視しながら，森林保護，特に跡地更新を無視してしまった。

　政府は森林保護や発展のために多くの措置と施策（例えば，森林伐採，跡地更新，造林，撫育，防火，防病虫害などについての措置と規定）を取ったものの，所有権と経営方式などに関する根本的な改革を行わなかった。1950年代半ばの集団化運動，1950年代後期の大躍進，文化大革命と相まって，森林政策の効果は相殺されてしまった。1978年以前の30年間の木材生産を中心とした政策は，森林資源を急激に減少させた。木材価格を低く抑えたため，更新造林と育林への投資はできなくなった。全人民を動員して樹木を植えるキャンペーンを行ったが，樹木の活着率[7]は非常に低くなった。主要な森林区における木材生産は持続不可能になった(Richardson, 2000)。

4-2　改革開放から1990年代中葉までの林業政策

　この時期に発生した最も重要な変化は，所有権構造の変化で，農村地域における家庭経営請負責任制の推進，90％以上の国有企業における経営請負制の導入，少数の国有企業における株式所有権の試行が含まれる。

　2つめの重要な変化は，高度集中の計画経済から混合経済への移行である。指令性計画の下に置かれる製品の数は大幅に減ってきた。

　3つ目の重要な変化は，開放政策である。1978年から1988年まで実際利用した外資は172.0億ドルを超えた。1990年代に入ると，外資はますます増えてきて，1998年だけで454.6億ドルに達した。

　この時期における森林資源管理は，経済体制改革の深化と社会主義市場経済体制の確立につれて軌道に乗り，法律の整備も始まった。1984年9月20日の第6期全国人民代表大会常務委員会第7回会議で「森林法」[8]が正式的に承認され，1985年1月から正式に実行された。森林法は中国森林の所有，分類，保護，林業経営の方針，林業農家の権益，森林経営管

---

[7] 中国では第1成長期後の survival rate（活着率）を「成活率」，第3成長期後を「保存率」と使い分けている。
[8] 「中華人民共和国森林法」，『人民日報』1984年9月20日。

理,造林の義務と目標,森林の伐採,違法行為の処罰などについて具体的に規定している。

1981年に中国共産党中央と国務院は「森林を保護し,林業を発展することに関する若干問題の決定(以下,「決定」)」[9]を公布し,森林区の回復と建設,造林と育林について詳しく定めた。その戦略目標は,1980年代の10年間に森林資源の回復発展を中心として,林業生産を原木生産中心から営林を基礎とすることへの転換である。同時に中国の林業の現状として,森林破壊が進んでいること,造林よりも伐採が多いこと,森林が消耗していることなど厳しい状況にあることを率直に認めている。その原因として,森林権の不安定性,政策の頻繁な転換,造林資金の不足,木材価格の不合理性,林業における適地適木の未実施,森林管理の不十分さ,長期間にわたる法律整備の放置などを指摘した。そこで「決定」では山林権の安定,自留山[10]の確定(責任山の確定),林業生産責任制の確定という,いわゆる林業の「三定」[11]が打ち出された。同時に,以下の4つの転換を図ることを打ち出した。

(a) 高い質の林場を育成するための,元々の自然林の伐採と利用から拡大造林,森林の撫育と森林保護という方策への転換
(b) 林業産業構造の再調整を図るための,純粋な木材生産から多角経営・総合利用の方向への転換
(c) 粗放経営から科学技術の成果に基づく集約経営への転換
(d) 林業開発に対する社会全体の積極性を高め,林業経営における単一部門(林業部門)経営方式から多部門参入の経営方式への転換

---

[9] 「中共中央,国務院関於保護森林発展林業若干問題的決定」『人民日報』1981年3月12日。
[10] 自留山は農民が自分で経営し,森林の処分もできる山を指している。他方責任山は郷鎮政府から生産を請け負っている山を指す。
[11] 1980年代初期の盗伐の横行,低い活着率,山林の荒廃などへの対処策として1980年から開始された改革で,個人農家のやる気を引き出すために「山林権の安定,自留山制度の確定,林業生産責任制の確定」を内容とする。

政府は林業生産の特徴に応じた，土地と林種の事情に適した，多種の生産責任制を導入する。集団所有の経済林，竹林，保安林，用材林等は専業隊によって請け負われ，林業合作経済の形式での連合経営や，家庭請負形式での経営ができる。集団林区と農村における林業生産責任制について，安定を前提として，農民が森林を保護，発展させる積極性をさらに引き出すべきであるとされた (国家林業局, 1994)。

1989年に国営林場と郷村集団林場をよく経営し，さらに林業企業経営請負責任制と農村林業生産責任制をより完璧にするために，森林工業の特徴を体現する「六包・三掛鉤」[12]という原則を制定した。国営林場は中国の重要な林業基地であるが，管理体制と経営管理の面に多くの欠点がある。改革の重点は体制改革，自主権の拡大，内包外聯[13]と多角経営の実行である。六包・三掛鉤請負制は，森林の合理的な伐採と更新，保護の強化策を基礎とし，そのために森林経営の実行を国有林企業とその労働者の個人レベルまでの経済利益とリンクさせることを制度化した。

これは国有林経営と企業経営にとって，採取的経営から永続的利用への転換を促す有力な方策になるものと期待される (陳, 1998)。請負契約によって企業と国家の間に，森林資源の増減，保護，生産などに関する権限や責任が法的に明確になり，国有林企業に大きな自主性が与えられることに

---

[12] "六包" とは企業が請負期間内に完成しなければならない以下の6つの事項を指す。
　①総伐採量は国家が決めた森林伐採限度量を超えず，国家の買い付け木材生産量の達成を請け負うこと。
　②年間更新，造林量と撫育作業量を達成するとともに，従前の更新造林未済地と未完成撫育作業量が年ごとに減少するように請け負うこと。
　③多角経営を推進するとともに，総合的な木材加工と生産量の増大，利潤率の向上を請け負うこと。
　④年間利潤が黒字の場合は上納，ゼロの場合は免除，そして赤字の場合は国家財政から補助するものとし，そのうちの1つを持って請け負うこと。
　⑤企業の基本建設と技術改造を請け負うこと。
　⑥安全生産と森林保護，防火を請け負うこと。
　そして，"三掛鉤" とは，企業，経営者 (企業の責任者)，労働者各個人の経済利益を①森林資源の増減，②企業管理実績，③多角経営の効果とリンクさせるものである。
[13] 「内包外聯」とは林場の内部に競争メカニズムを導入し，積極的に各種の請負経営責任制を推進するとともに，所有権と経営管理権の分離を実行し，対外的に連携的な各種の生産・科学研究を行うことである。

なった。そしてこれによって、多様な森林の経営方式、組織形態を採用することが可能になったのである。

しかし、森林工業企業の経営管理体制は、根本的には改革されなかった。また、森林資源の過剰開発利用と深刻な破壊のために、1980年代から国有林区における森林工業企業が陥っていた森林資源危機と林業経済危機は、解決されなかった。

4-3　1990年代中葉から現在までの林業政策

1995年8月、林業部が制定した「林業経済体制改革総体綱要」[14]は、国家発展改革委員会と林業部によって公布された。綱要で規定された林業経済体制改革の目標と任務によると、全国に経営改革を展開し、林業産業構造の調整、林業産業政策の改革、森林資源管理と森林資産監督管理、現代林業企業制度の確立、完全で秩序ある林業市場体系の確立などの改革方針が提出された。

1998年4月29日の第9期全国人民代表大会常務委員会第2次会議で、修正された「森林法」が正式に承認された。新森林法では、林業の生態建設における主体的な役割が強調され、林業を発展させる経済政策が制定され、森林資源を保護する法律措置と森林資源所有者と使用者の合法権益を保護する法律制度が強化された。森林資源伐採の割当量などの内容について修正され、林地の請負期間が70年に延長された。森林、林木、林地の使用権は法律に基づき譲渡でき、また法律に基づいた株式発行、資本参加、契約植林などができるようになった。但し林地を非林地に転換することはできない。森林資源所有権制度の改革が「四荒」[15]の競売、請負、譲渡などの形式で、引き続き行われている。

21世紀に入ると、中国の林業は伝統的な林業から現代林業へと転換する新発展段階に入った。2000年以降、国家林業局は林業を、生態環境建設の主体であり、国土の生態安全を維持し、経済の持続可能な発展を促進

---

[14] 首都緑化林業政務網：〈http://www.greenbeijing.gov.cn/statute/show.asp?num=58〉
[15] 荒山、荒地、荒溝、荒れた砂地を指す。

し，社会に森林生態サービスを提供する産業との位置を与えた。つまり，生態優先という原則が明確にされた。

そこで 2000 年全国人民代表大会常務委員会第 3 次会議で認められた「政府工作報告」では，西部大開発を実施すると同時に生態環境の保護と建設を行うべきこと，全力で植林，植草を行い，土壌流失を防止し，砂漠化を防止すべきこと，21 世紀中葉までに，ほとんどの地域における生態環境が顕著に改善され，基本的に大地の「山紫水明」が実現されることが明確に指摘された。

そして山紫水明を実現するための戦略工程として，国務院は 2001 年に 6 大林業プロジェクトを認めた。これは全国 97.0％以上の県をカバーし，計画植林の任務が 11 億ムー（7,000ha 以上）に達する。これらのプロジェクトは 2002 年から実施され，順調に進められている。

6 大林業プロジェクトの内容は，以下の通りである。1 つめは，天然林資源保護プロジェクトである。このプロジェクトの目的は主に天然林の保護と回復を図ることである。長江上流と黄河上・中流地区における天然林の伐採を停止し，東北と内モンゴル等重点国有林区の木材産量を大幅に減らし，他の地区における天然林に対して地方政府が責任を持って保護する。

2 つめは，「三北」[16]及び長江中・下流地域等の重点防護林システム建設プロジェクトである。このプロジェクトは "三北" 地区，沿海，珠江，淮河，太行山，平原地区と洞庭湖，鄱陽湖，長江中下流地域における防護林の建設を含む。

3 つめは，退耕還林還草[17]プロジェクトである。このプロジェクトの目標は重点地域における土壌流失を防止することである。1999 年から中国共産党中央・国務院は長江上流，黄河上・中流等地域に退耕還林を試験

---

[16] 東北，西北，華北地区を指す。
[17] 傾斜地で耕作を停止し（「退耕」），その後植林する（「還林」）ことで，山間部緑化，長江上流の水源涵養機能回復，黄河断流現象軽減を図る国家事業である。1980 年代から局地的に実施されてきたが，1998 年の大洪水を契機に出された 2000 年 3 月の国務院通知により実施地点が大幅に拡充され，2000 年 3 月からは長江・黄河流域の 13 省（174 県）が中央政府経費負担のパイロット実施地点として指定され，2002 年まで 25 省（自治区，直轄市）の 1,580 県がカバーされた。耕作を停止する農家には苗木代，補償費等が支払われる。

的に行い，良い成果を収めた。退耕還林の指導をさらに強化するために，2000年9月10日国務院は「さらに退耕還林還草の仕事を強化することについての若干の意見」[18]を公布した。これは退耕還林還草の円滑な実施と健全な発展を確保することに重要な役割を果たした。そして，2002年4月国務院は「さらに退耕還林還草政策措置を改善することについての若干の意見」[19]を公布した。

その上で退耕還林活動を規範化し，退耕還林者の合法権益を保護し，退耕還林の成果を固め，農村産業構造の合理化，生態環境の改善のために，2002年12月に「退耕還林条例」[20]を制定した。

この条例は2003年1月20日から実施されている。この条例に基づき，水土の流失がひどい耕地，砂漠化と塩化のひどい耕地，生態的に重要な耕地及び食糧の生産高が低いあるいは安定していない耕地を森林に戻すことになっている。耕地を森林に戻すことは中国の中部と西部で行われている重要な生態プロジェクトで，1999年から試験的に実施されて以来，これまで合わせて645万haの耕地が既に森林に戻されている。

2010年まで2,333万haの水土流失面積がコントロールされ，防風と砂の固定面積は2,667万haに達し，長江と黄河に流入する年平均土砂量を2億トン減少する計画である。

4つめは，北京・天津砂嵐発生源整備プロジェクトである。この工程は主に首都周辺地区における風砂危害問題の解決を目指す。範囲は北京・天津・河北・内モンゴル・山西の5省，自治区と直轄市の75県（旗・区）をわたって，2010年まで森林と草の被覆率を現在の6.7％から21.4％に高める。

5つめは，野生動物保護と自然保護区の建設プロジェクトである。2010年前に重点的にパンダ，キンシコウ，チベットカモシカ等10種類の野生動物に対する救助工程と森林，砂漠，湿地等30の重点生態系保護プロジェ

---

[18]「国務院関于進一歩做好退耕還林還草試点工作的若干意見」2000年9月10日（http://www.tghl.gov.cn/zcfg/zc_02_03.htm）。

[19]「国務院関于進一歩完善退耕還林政策措置的若干意見」2002年4月11日（http://www.cas.ac.cn/html/Dir/2002/04/11/7904.htm）。

[20]「退耕還林条例」『人民日報』2002年12月25日。

クトを実施する。いくつかの自然保護区を設立し、自然保護区の国土面積を占める比率を 16.1％に高める。

6 つめは、重点地域における促成用材林林業基地建設プロジェクトである。国務院は相応しい政策と措置を取って、このプロジェクトの建設を支持することを決めた。この工程が完了した後、毎年 1 億 3,337 万 m^3 の木材が供給されるが、これは国内で生産される木材の供給量の約 40.0％を占める見通しである。現存森林資源の利用を加えて、国内の木材需給は基本的に均衡しつつある。

国家林業局の統計によると、この 6 大林業プロジェクトが実施されて以降、全国の森林面積の 60％を占める 9,000 万 ha の天然林が保護されることになった。現在、中国の人工造林の保存面積は 4,600 万 ha 以上に達し、世界の人工造林の 26％を占めている。

新たに確立された林業発展全体戦略に基づき、中国は 21 世紀前半には生態環境整備を主体とする林業の持続可能な発展の方向を確立し、森林植生を主体に国土の生態安全システムを構築し、山紫水明の生態文明社会を建設することを明確にした。

5　林業政策の転換による効果とインパクト

以上の政策から見ると、中国政府は環境の悪化とそのことによる被害激化を防ぎ、健全な自然環境をつくるために積極的な方策を採るようになった。以下 4 つの効果をもたらしたと言うことができる。

5-1　造林面積の急激な拡大

1949 年において森林は国土のわずか 8.6％に過ぎなかったが、その後、造林を積極的に推進して、2004 年まで森林被覆率を 18.2％に上昇させた。現在もなお、大規模な森林造成と森林保護をさまざまなレベルで実施し、森林面積が拡大しつつある。2010 年までに森林被覆率を 19％以上に上昇させる予定である。

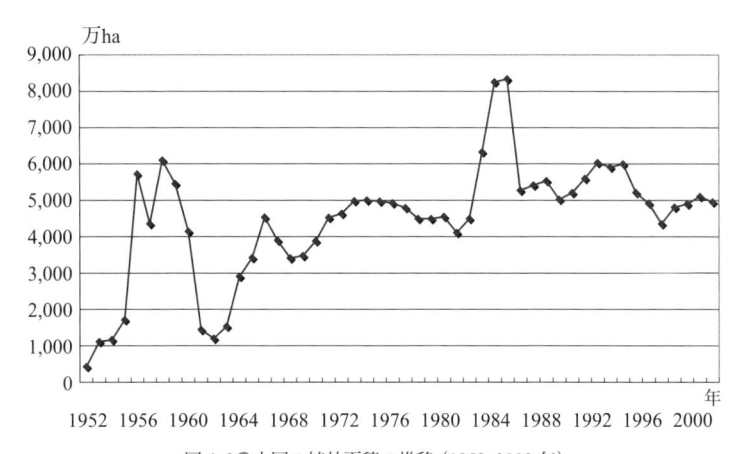

第 4 章
森林環境政策の到達点と課題

図 4-2 ● 中国の植林面積の推移（1952-2002 年）
出所：『中国林業統計年鑑』（各年版）。

　これまでの植林の推移は，図 4-2 に示したとおりである。1952-2002 年までの約半世紀間の全国の累積造林面積は約 2 億 2,304 万 ha に達した。これは木材供給，環境の保護と生態回復の基礎形成の第一歩を達成したと言える。

5-2　抜本的な林業発展の促進

　木材生産中心から生態建設中心への政策転換は，木材の有効利用と生態保護とを結合させ，生態の持続可能性を確保するものであった。経済の持続可能な発展から見ると，この転換は「高投入，高消耗，高汚染」という伝統的経済成長パターンを徹底的に改変し，「高効率，資源の節約，廃棄物の削減」を特徴とする集約的な経済成長パターンを明確にするものであった。

　林業政策の変革は，林業工業の構造の再調整を促進した。多角経営と総合利用を通じた林業の産業構造の調整は，林業改革の重要な内容となった。国営林場は各自の異なる条件に応じて計画的に種植業，養殖業，採取業，加工業，採鉱業，建築業，運輸業，観光旅行業，商業，サービス業等の多角経営を発展させ，製品のより精度の高い加工を重視してきた。また，森林資源の多様性に基づいて，林区の第 1 次産業，第 2 次産業，第 3 次

産業を発展させた。このように林業は造林・営林，木材生産，木材工業，多角経営という4つの柱を同様に重視し，活力があふれる産業になるだろうと予測されている。

また，市場メカニズムに従って，林業経営管理体制の改革を通して林業の経営管理組織形態が根本的に変えられ，林業部門による経営管理形式から全社会による経営管理形式へと転換された。個人経営，集団経営，合作経営，国有単位経営などの経営組織が現れ，林業経営の活性化に寄与し，林業の持続可能な発展を促進していくと予測されている。

5-3 林業政策の転換の経済効果

林業構造の調整を通して，2001年には種植業の生産額が2,593億元に達し，1997年と比べて89.6％増加した。林業の発展，特に人工林の発展は，農村地域における第2次及び第3次産業の発展のための資源条件を作り出し，農村工業化の発展を促進した。2000年には郷鎮木材及び竹材の伐採運輸，木材加工及び竹藤製品，家具と製紙及び紙製品の企業は4万社，従業員は181万人，生産総額は1,970億元に達し，それぞれ当年の全国郷鎮加工企業数，従業員数と生産総額の29％，22％と20％を占めた。しかも全国の郷鎮加工工業企業数・従業員数・生産総額が大幅に減少した中で，林業製品を主とする郷鎮企業数・従業員数・生産総額は1996年よりそれぞれ3.3％，2.4％，2.1％上昇した（国家林業局，1997）。

林業の発展は，農民の就業機会と収入を増加させ，農村経済の発展を促進させた。1999年には林業生産に専業の農村労働力は104万人に達した。2000年以後，生態林建設が農村労働力の就業機会を増加させる主要なチャンネルとなり，毎年100-150万の労働者に就業機会を提供するだろうと考えられている。長江中上流防護林建設工程を通して，工程区内に積極的に林業産業を発展し，従業員数を6万人増加し，6億元以上の年収入を達成した。また，営林，木材伐採，林製品加工，森林生態旅行観光業も農村労働力に多大な就業，収入増加の機会を提供した。第9次5ヵ年計画期間において，森林旅行観光業による年平均の総合生産額が200億

元に達し，12万人に近い農民に就業を提供した（国家林業局，2001）。

5-4 中国の環境改善への寄与

林業生態建設，天然林保護と退耕還林等の政策の実施以来，森林の回復が加速化され，植林の質も顕著に高められた。2001年には全国に植林面積が670万haを超え，前年より大幅に増加した。その内，退耕還林等重点工程による植林は317.9万haであり，天然林資源保護工程による植林は94.8万haであった。2001年，「三北」の第四期工程が正式に始まり，54.2万haの植林が完了した。新たに確立された林業発展全体戦略に基づき，中国は21世紀の前半に生態環境整備を主体とする林業の持続可能な発展方向を確立し，森林植生を主体に国土の生態安全システムを構築し，山紫水明の生態文明社会を建設することを明確化した。これらの政策が中国の環境改善を促進することが期待される。

新たな森林政策は既存森林の保護，砂漠化の抑止と生態の回復を目的とするようになった。一連の政策を通して，既存の天然林資源が基本的に保護，回復され，生態環境悪化の趨勢が抑制されている（国家林業局，2003）。国家林業局の統計によると，6大林業プロジェクトの実施以降，全国の森林面積の60％を占める9,000万haの天然林が保護されることになった。2002年には人工造林の保存面積は4,600万ha以上に達し，世界人工造林の26％を占めている。

6 林業政策の課題

1978年から国務院は一連の森林政策を打ち出した。所有権の改革，国有林の経営管理体制の改革，南方集団林地域における木材市場流通体制の改革などが挙げられる。1990年代中葉から，森林政策は森林保護及び拡大造林から生態回復・環境保護へと転換してきた。環境保護，生態回復と林業の多角経営を実現するため採用された林業政策は高い効果を収めてきたと言えるが，残された多くの問題を解決しなければ，林業の持続可能な

発展にマイナスの影響を与えることになる。

6-1　不完全な林業所有権

「憲法」と「森林法」は，森林所有権を明確に規定している。つまり，国家・集団が林地の所有権を持ち，個人が法律の規定に基づいて林地の使用権を持ち，国家・集団・個人が共に林木の所有権を持っている。しかし実際には，所有者が自分の権利を行使するときには，所有権が曖昧になっている。特に農民が持っている権利は不完全であり，不確定の度合いが高い。農民の請負っている林地に対する物権が保護されていないために，安全性と安定性が欠けている。また，不完全な伐採定額制度と木材に対する独占的な経営所有権が，林木に対する処置権を制限するだけではなく，収益権にも影響を与えている。

6-2　市場の未発達

計画経済の時代以降，政府の林業部門が木材に対して統一買上制を実施し，国有木材経営販売公司が独占経営を行っているため，農民の持っている市場情報が限られている。市場の不完全性のため，木材と林製品の市場取引が阻害されている。今後必要なことは，木材と木製品市場のさらなる開放と自由化である。価格の開放により，農民収入の増加と林業発展の促進などが期待される。

6-3　財政金融政策の不十分性

現在の林業財政政策は，林業に対する支持と援助が欠けている。第1に，政府の林業に対する財政支出が少ない。1970-95年の間，林業が国家財政総支出に占めている割合はわずか0.7％であった。1998年から天然林保護工程の実施のために，林業に対する投資を大幅に増加してきたが，地方政府の支出がないため，プロジェクトの実施が影響を受けている。第2に，林業の税負担が過重である。国家によって規定される各種税のほか，各地方政府が制定した税も多い。ある地方では税の種類が40種類を超え

第 4 章
森林環境政策の到達点と課題

ている。第 3 に，林業金融自身の特徴が融資と貸付を難しくしている。その特徴とは，①長期かつ低利の資金の融通が強く要望されるので，一般市中銀行からの資金導入が困難である。②自然的条件の制約を受けやすいことや，収益力，担保力に対して，貸出側は非常な不安をもっていること等である。このように，特に，非公有制林業向けの融資・貸付が難しいため，非公有制林業の規模拡大，集約化経営は困難となっている。

6-4　林業プロジェクトに存在する問題

天然林資源保護プロジェクトは現地に様々な負の経済的，社会的影響を与えた。例えば，失業者数は急激に増えている。退耕還林還草プロジェクトの実施に伴う問題も出てきた。例えば，農民の換金作物への過度な志向は将来換金作物の過剰供給を引き起こす。植林を行う時に現地の実情に関係なしに樹種を選択することは，樹種の単一性と低い活着率をもたらす。今までの膨大な植林実施にも関わらず，定着して森林になった人工既成林（樹冠あるいは林木の鬱閉度[21]が 0.6 以上）の面積は 4,244 万 ha であり，未活着率は 75％に上っている。このことは植林の難しさを示すもので，どのように定着させるかが課題である。

特に 1990 年代中葉から，国務院は一連の造林プロジェクトを制定した。政府機関が主導する林業プロジェクトが実施される際に，注意しなければならないのは，プログラムの実施期間に適切な費用効果分析に基づいたプログラム活動を実施することと，確立した会計原則を忠実に守ることに関する説明責任である。国務院は今後生態系回復のために，巨大な予算増加に関する報告を公布した (Zhou, 2002)。周生賢林業局長によると，6 大林業プロジェクトに対する総投資額は 7,000 億余元で，そのうち，天然林資

---

[21] 樹木の樹冠投影面積 / 土地総面積 (＝太陽が木の真上にあるときの木陰の割合) で，林として認定されるかの定義に利用される指標。率が高ければ鬱蒼として高品質な森林で，低すぎれば疎林として林地認定されない。FAO での林地基準は 1999 年までは先進国鬱閉度 0.2 以上，途上国 0.1 以上だったが，2000 年からは統一して鬱閉度 0.1 以上とした。中国では第四次森林資源調査 (1989-93 年) まで林地定義は鬱閉度 0.3 だったが，国際的には 0.2 を取る国が多いため，第五次調査 (1994-98 年) からは 0.2 に変更した。

源保護プロジェクトに対する投資は10年間で，962億元を予定している。その上，林業重点プロジェクトの地域の農民をどのように積極的にこれらのプロジェクトに参加させるのかという問題がある。政策レベルにおいて，森林の提供する環境のアメニティを保護するために，政府の適切な介入と私有部門を含むほかの資金支援者の幅広い参加との間でバランスをとることが必要である (Lu et al., 2002)。

6-5 木材供給確保の問題

木材供給の確保も重要な問題である。1980年代に入ってから，経済建設規模の拡大と国民消費水準の上昇などによって，木材需要はますます増えてきた。本来不足している木材供給はさらに不足し，木材輸入が強く求められることとなった。この結果，輸入木材の量がますます増大し，1981年の187万 m^3 から2004年の2,631万 m^3 に増えた。輸入木材の消費量はすでに国内消費総量の60％を超えた。したがって，木材の供給を確保するために，将来の木材の需給を予測する研究が必要である。木材生産を増加するために，商業用材と促成豊産林の建設に対する投資を増加しなければならない。その上，木材と木製品の輸入に関する戦略を打ち出す必要がある。

6-6 他部門との連携

生態回復と環境保護の両面において，造林の技術と砂漠化の防止等についての技術の開発と研究は非常に重要である。他国の経験が示しているように，森林政策自身の欠点がもたらす失敗と他部門からの波及効果が存在するために，いかなる仕事も容易ではない。そこで，森林政策の計画と実行を改善するために，森林部門と他部門との間の連携や林業と市民社会の間との連携に関するさらなる研究も必要である。

7 結論

中国の林業政策は，改革開放前における木材生産重視から，1990年代年代半ばまでの森林資源の回復・発展，そして現在の環境保全の整備へと転換した。このような政策の転換は，森林の生態保護面の役割を重視することを示している。新しい林業発展戦略の確立が大きな社会的経済的効果をもたらすのは確実であろう。しかし，残された多くの問題をうまく解決できるかどうかが中国林業の持続可能な発展を左右する。不完全な林業所有権，未発達の市場，林業に対する投資の不足及び市民参与の不十分さなどの問題をどのように解決するか，あるいはどの程度解決できるかが問われているのである。

〈付論〉砂漠化防止戦略

1　砂漠化の現状

砂漠化は乾燥，半乾燥および乾性半湿潤地域における種々の要素（気候変動および人間の活動を含む）に起因する土地の劣化をいう。砂漠化の原因は大きくは気候的要因と人為的要因に分けられるが，寄与度は，気候的要因が13％，人為的要因が87％と言われている。人為的要因としては，過放牧，薪炭材の過剰採集，過大開墾，不適切な水管理による塩類集積などがあげられる。これらは植生の減少，土壌侵食の増大，表層土壌への塩類集積を引き起こし，土壌の劣化と土地の生産力の減退をもたらしている。砂漠化の背景には当該地域住民の貧困と急激な人口増といった社会・経済的な要因が存在している。

中国は砂漠化危害が最も深刻な国の一つである（図4-3）。1999年の第2次全国砂漠化の観測結果[22]によると，砂漠化に影響されている総面積は332万km^{2}に達し，そのうち砂漠化された土地面積は267万km^{2}に達

---

[22] 「我国土地荒漠化，砂化局部好転，生態悪化」，2002年3月4日（http://www.afip.com.cn/fzxdt/zhxx/2002/0304.htm）

第Ⅰ部
中国の環境政策の現状分析と課題

図4-3●中国の砂漠分布図（2006年）
出所：http://www.foejapan.org/desert/area/index.html

しており，国土陸地総面積の28％を占めている。砂漠化面積は年々増加し，1950年代から70年代まで全国で毎年砂漠化された土地は1,560km^2，1990年代初期には2,460km^{2}に達し，さらに1990年代後半には3,436km^{2}に及んだ。毎年砂漠化によってもたらされた損失は540億元に達している。2002年砂漠化の土地面積がすでに全国の耕地面積を超えた。水土流失により中国には毎年土壌の流失量が50億t以上に達した。砂漠化危害に直面している人口が約5,000万人以上いる。

　砂漠化は巨大な経済損失をもたらすだけではなく，利用可能な土地資源の減少，土地質の劣化，生態環境の悪化，生存環境の悪化をももたらしている。そのため，貧困を激化させ，社会の安定に影響を与え，中国の持続可能な発展を阻害するであろう。

2 砂漠化防止の戦略目標

砂漠化抑制の総目標[23]は50年以内に深刻化している1億haの砂漠を治めることである。短期目標(1998-2010年)は毎年2,460km^{2}の速度で広がっている砂漠化土地面積を抑制して，砂漠化地区の生態環境を基礎的に改善することである。中期目標(2011-2030年)は，短期の成果を強化した上で，砂漠化土地面積を年々に減少させ，砂漠化地区の生態環境を顕著に改善させることである。長期目標(2031-2050年)は，砂漠化した土地を全部緑化し，砂漠化地区の生態環境をさらに改善させることである。砂漠化防止工程の建設重点は北京・天津風砂源区，河西回廊，マオス沙地，ホルチン沙地，フルンベイル沙地，ジュンガル盆地，タリム盆地，烏盟後山，ウランブフ砂漠，チベット"一江両河"中流，黄淮海平原，黄土高原，青蔵(青海とチベット)高原那曲，黄河の源など15個の重点区が含まれている。

3 砂漠化防止の措置と成果及び課題

森林が砂漠化の防止に大きな役割を果たすことは言うまでもない。中国で採られている措置や技術はほとんど森林と草に関係がある。防止対策の一つは現有植被を保護し，森林・草の建設を強化することである。砂漠化防止のモデルになっている典型的なパターンとしては，半幹旱区赤峰パターン，半幹旱区楡林パターン，幹旱区荒漠オアシス和田パターンなどが挙げられる。

砂漠化防止は，大きな成果を収めたといえる。1978年から実施されている「三北」防護林プロジェクトは，第3期プロジェクトがすでに始まり，植林面積が1,800万haに達し，「三北」地域における森林被覆率を1977年の5.1％から現在の9.0％に上昇させ，20.0％の砂漠化土地を防止させ，2,100万haの耕地を緑化した。1998年から進めてきた内モンゴル自治区の主要な砂嵐発生源での生態整備では，整備された面積は1,330万km^{2}に及んだ。森林被覆率は14.8％から17.5％に上昇し，森林ネットワークで

---

[23] この点については，中国可持続発展林業戦略研究項目組(2003)第18章を参照されたい。

保護された農地や牧場は 867 万 km^2 に達し、砂嵐による危害と土砂流出が食い止められた面積は 1,530 万 km^2 に達した。科爾沁と毛烏素の 2 大砂漠地帯では、森林被覆率はそれぞれ 20% と 15% 以上になった。フルンベル大草原の砂漠化も抑制されたほか、阿拉善とオルドスの 2 大砂漠化草原にも草木が見られるようになった[24]。この結果、砂嵐の発生回数は減少した。同自治区気象機関の統計によると、生態整備プロジェクトの開始前に、砂嵐は年間には最高 20 数回発生していたが、2005 年は 10 数回まで減少した。

寧夏回族自治区はタンガリ砂漠、マオス沙地、ウランブフといった三大砂漠に囲まれており、中国の北部で砂漠化が最も深刻な地域のひとつである。そのため、寧夏の多くの企業は砂漠対策行動を実行し、砂地の上にわらを格子状に結んで流砂を固定する方法で、砂の移動を抑制することに成功した。こうしたわらを格子状に結んだ砂地の上で植林を行い、耐砂漠化の産業を発展させ、砂漠化を効果的に抑制している。

中国環境観測本部は 2005 年 1 月 13 日、黄砂現象砂嵐監査システムのデータ分析結果[25]を発表した。中国北部地域では昨年、甘粛省河西地域を除き、黄砂現象砂嵐の発生源やその通過ルート上の生態環境の水準に大きな変化はなく、一部地域では改善が見られた。2005 年春の発生規模は全体的に小さくなる見通しである。大規模で強い砂嵐は減少すると見られる。甘粛省河西の一部地域での発生回数はある程度増加し、黄砂現象は 2005 年西部で多く発生し、東部では少ないことが予測される。

中国国家林業局の周生賢局長は 2005 年 1 月 19 日北京で、「中国は砂漠化土地の整備の面で大きな進展を遂げた」[26]ことを明らかにした。

同局長は、「新しい世紀に入ってから、中国の林業は急速的な発展の勢

---

[24]「内蒙古自治区、砂嵐発生源の生態整備効果あがる」、2004 年 6 月 15 日 (http://www.china.org.cn/japanese/index.htm)。
[25]「北部地域の黄砂現象、05 年は少なめ」、2005 年 1 月 14 日 (http://japanese.china.org.cn/environment/txt/2005-01/14/content_2152974.htm)。
[26]「中国、砂漠化土地の整備で大きな進展を遂げた」2005 年 1 月 20 日 (http://japanese.china.org.cn/japanese/154127.htm)。

いを維持し，森林資源は安定した増加を見せ，生態環境は明らかに改善されている。特に2002年以来，全国で毎年整備される砂漠化土地の面積は2万に達し，毎年の砂漠化土地の発生面積を上回っている」と述べている。

現在までに，中国は砂漠化した土地の12％を占める累計2,050万haの土地を整備し，土地の砂漠化対策作業は初歩的な成果を収めている。しかし，全国には依然として267万km^2の砂漠化した土地があり，国土面積の28％を占めている。砂漠化した土地は17.4万km^2で，しかも年間3,436km^2の速度で拡大している。現在砂漠化しつつある土地は中国30の省，区，市，及び851県に分布しており，特には西北区，華北区と東北区の13省，区，市を跨いでタリム盆地を西端とする東西全長4,500km，南北600kmに及ぶ砂埃帯を形成しているという。また，中国北方地区には乾燥地帯と湿潤地帯の両地帯が存在しているが，湿潤地帯の自然環境は脆弱で，降水量の少なさや植生率の低さに加え，冬季と春季に頻繁に発生する暴風によって地表の風蝕が激しく，砂漠化しやすいといった特徴がある。さらに人口増加と経済発展という二重の圧力を受けて，水資源の過度利用などの諸問題が生じており，砂漠化の拡大を一層深刻化させている。

中国では過剰な放牧などを原因とする砂漠化が深刻で，今後，世界経済や周辺国の環境にも悪影響を与える可能性があるとの調査結果を米国の環境問題のシンクタンク，地球政策研究所（レスター・ブラウン代表）が発表した。ブラウン代表は「過放牧の対策はほとんど手付かずで，中国は砂漠化との戦いに敗れつつある」[27]と警告している。

1961年には1億7,100万頭だった牛や羊，山羊の数が，2002年には4億2,700万頭になるなど，中国では家畜が急増してきた。過剰な放牧により草地が減少したことが砂漠化の主な原因と見られている。

中国政府の統計や米国の専門家によると，砂漠化は新疆ウイグル，内モンゴル，チベットの各自治区などで深刻で，ゴビ砂漠は1994年から99年の間に5万2,400km^2も広がった。これは千葉県や愛知県の10倍以上

---

[27]「中国の砂漠化が深刻に。世界経済にも影響と警告」共同通信社のホームページ，2003年8月11日アクセス。

に当たる。人工衛星の画像からは，複数の砂漠が広がって1つになる現象が各地で確認され，タクラマカン砂漠とクムータガ砂漠という2つの大きな砂漠が合体する兆候が見られた。

砂漠化による難民も増加してきた。砂嵐の増加は，日本や韓国など周辺国にも影響を与えているという。

中国の砂漠化防止のスピードは砂漠の拡大スピードに追いつけることができるかがまた疑問視されている。言うまでもなく，中国の砂漠化防止が依然として，厳しい状況に直面している。

4 結論

森林に関わる砂漠化現象は中国には依然として深刻である。この問題を解決するために，中国は砂漠化抑制の総目標を立てている。しかもいろいろな措置も採られ，砂漠化防止に大きな成果を収めたといえる。2002年以降毎年対策が行われる砂漠の面積は，毎年砂漠化される面積を上回っていると発表された。しかし，砂漠化防止は依然として厳しい状況に直面している。砂漠化されている土地面積だけを整備するのは難問であるため，砂漠化防止は巨大なプロジェクトにならざるを得ないであろう。砂漠化は巨大な経済損失をもたらすだけではなく，利用可能な土地の減少，生態環境の悪化，さらには貧困の激化及び社会の不安定性などの問題をもたらしている。そのため，中国の持続可能な発展を阻害するだろう。言うまでもなく，砂漠化防止は中国にとってはまた，巨大な課題であり，超長期の努力を必要とする課題である。

参考文献

[日本語文献]
小澤普照 (1996)『森林持続政策論』東京大学出版会。
呉　鉄雄・笠原義人 (1996)「中国南部林区における林業管理体制に関する研究」,『林業経済研究』第129巻，93-98頁。
崔　麗華 (1999)「中国における林業経済体制改革の進展 ── 南方集体林の経済改革を中心に」『林業経済研究』第45巻第2号：31-36頁。
陳　大夫 (1998)『中国の林業発展と市場経済』日本林業調査会。

山本裕美（1999）『改革開放期中国の農業政策』京都大学学術出版会。

［中国語文献］
国家林業局（2001）『2001年中国林業発展報告』北京：中国林業出版社。
── （1999）『中国林業五十年 1949-1999』北京：中国林業出版社。
── 『中国林業統計年鑑 1997-2000』北京：中国林業出版社，各年版。
── 『全国林業統計資料 1990-1996』北京：中国林業出版社，各年版。
── 『中国林業年鑑 1985-2004』北京：中国林業出版社，各年版。
黄　清（2001）「関与林業跨越式発展的幾点思考」『林業経済』第11期。
蒋　敏元・李　継軍（2003）『森林資源経済学』哈爾濱：東北林業大学出版社。
江　沢慧等（2000）『当代中国的林業』北京：中国林業出版社。
林業跨越式発展研究小組（2002）「我国林業跨越式発展的系統思考」『世界林業研究』，第15巻第2号，7。
馬　愛国（2003）『我国的林業政策過程』北京：中国林業出版社。
王　兆君（2003）『国有森林資源資産運営研究』北京：中国林業出版社。
張　坤民（1997）『可持続発展論』北京：中国環境科学出版社。
鄭　宝華（2003）『誰是社区森林的管理主体―社区森林資源権属与自主管理研究』，北京：民族出版社。
中国林業年鑑編集委員会（2004）『中国林業年鑑 1998-2003』北京：中国林業出版社。
中国可持続発展林業戦略研究項目組（2003）『中国可持続発展林業戦略研究戦略巻』北京：中国林業出版社。
中国可持続発展林業戦略研究項目組（2003）『中国可持続発展林業戦略研究問題巻』北京：中国林業出版社。
中国可持続発展林業戦略研究項目組（2003）『中国可持続発展林業戦略研究保障巻』北京：中国林業出版社。
中華人民共和国林業部（1995）『中国21世紀議程林業行動計劃』北京：中国林業出版社。

［英語文献］
Li, J. C. et al., (1987) "Price and Policy: the Keys to Revamping China's Forest Resources", in R. Repetto & M. Gillis, eds., *Public Policies and the Misuse of Forest Resources*, Cambridge: Cambridge University Press.

Lu, W. et al., *Getting the Private Sector to Work for the Public Good—Instruments for Sustainable Private Sector Forestry in China*. London: International Institute for Environment and Development, 2002.

Richardson, S. D. (1990) *Forests and Forestry in China*. Washington, DC: Island Press.

Ross, Lester. (1988) *Environmental Policy in China*. Bloomington: Indiana University Press.

Sun, C. J. (1992) "Community Forestry in Southern China," *Journal of Forestry*. Vol. 90, Iss. 6, pp. 35-39.

Wang, S. et al., (2004) "Mosaic of Reform: Forest Policy in Post-1978 China", *Forest Policy and Economics*, Vol. 6, No. 1, pp. 71-83.

William, F. H. et al., (2003) *China's Forests: Global Lessons from Market Reforms*. Washington, DC, USA: Resources For The Future Press.

Zhang, Y. Q. (2000) "Costs of Plan vs Costs of Markets: Reforms in China's State-owned Forest Management", *Development Policy Review*, Vol. 18, No. 3, pp. 285-306.

Zhang, Y. Q. et al., (2000) "Impacts of Economic Reforms on Rural Forestry in China", *Forest Policy and Economics*, Vol. 1, No. 1, pp. 27-40.

第5章
中国における環境保護投資とその財源

金　紅実

1 はじめに

　中国の環境政策は，1973年以降一貫して主な対象を，都市部の環境汚染対策を中心とした県以上の工業汚染源制御に置いてきた（馬・Daniel, 1999）。しかし30年以上の政策実施の中で，環境行政システムや環境法体系の構築だけでなく，環境保護投資[1]においても金額的規模や投資範囲が大きく変貌している。

　従来の中国環境政策の研究は，主に汚染制御のための法制度や行政制度の分析にその重点が置かれてきた。環境政策における環境投資の位置づけやその執行プロセスは明らかにされておらず，それらの移行期経済体制における経済構造の変革および行財政改革との関連性については十分に検討されてこなかった。

　本章では中国環境統計の分析を通して以下の内容を明らかにする。第1に，中国環境統計上で取り扱う諸経費と現行の中国環境保護投資の概念や定義との関係を明らかにし，その算定方式の特徴を整理する。これは，中国環境保護当局及び環境統計体系では，環境保護投資概念の範疇が必ずし

---
[1] 本章では，環境保全ではなく，環境保護という中国で使用されている用語を採用する。なぜなら，現行の中国環境保護政策の実施内容は日本のようなアメニティの保全等を含んだ幅広い範囲を対象にしたものではなく，工業汚染源制御を中心としたより狭い範囲に限定されているためである。

も明確ではないためである。第2に，環境保護投資の発展史を再検討し，投資財源の形成とその多元的発展プロセスを，特に環境保護投資の中心であった工業汚染源対策を取り上げて明らかにする。第3に，移行期経済体制下での環境保護投資の投資主体と投資対象の変化とその特徴を明らかにする。

2 環境統計上の諸経費と環境保護投資概念との関係及びその算定方式

2-1 環境保護投資の概念と定義

中国環境保護政策の具体的な執行プロセスと，各時期の環境保護5ヵ年計画は密接な関係にある。環境保護の諸政策が各時期の5ヵ年計画[2]の主な達成目標として反映され，緊急度や優先度の高い政策項目から順次それに相応する投資が誘導されてきた。各時期の環境保護5ヵ年計画は，いずれも工業汚染源対策・都市環境基盤整備・生態系保護対策の3項目について必ず言及しており，政府や企業もそれに対応した様々な対策をとってきた。しかし，生態系保護対策費用は現段階の環境保護投資の概念範疇から除外されている。

これについて，張坤民 (2004) は次のように述べている。早期に策定された国家発展戦略の中で既に，経済発展と環境制御を同時に達成する目標を掲げたものの，実際の政府部門間の財政的調整作業の中で，経済発展を優先しがちな他の部門と環境保護部門の間に，資金調達をめぐる厳しい交渉が行なわれた。環境保護部門としては，限られた財源からできる限りの資金調達を確保する必要があったため，「中国の環境汚染除去費用をあく

---

[2] 中国の国家発展計画には短期 (1年)，中期 (5年)，長期 (10年ないし20-30年) の計画がある。中期の五ヵ年計画が発展戦略の基準目標であり，短期計画は五ヵ年計画をより確実な目標にするための裏づけであり，長期計画は基準五ヵ年計画期間の延長線上にあるその後の2, 30年の発展ビジョンを示す計画である。国が策定した五ヵ年計画に基づき，中央から地方，企業まで，すべての部門において，各自の五ヵ年ないし年度計画を策定することが求められている。国家環境保護計画はその具体的計画のひとつであり，短期，中期，長期のそれぞれの期間の計画と中央，地方，企業という各単位の計画が策定される。

までも先進諸国の公害対策費用に当てはめて，取り扱うべき」という方針を明確に打ち出し，それに沿う形で環境統計を実行した。そのため，第6次5ヵ年計画期間以降，政府と企業によって生態系保護に関する様々な投資がなされた実績があるにも関わらず，その費用はこの環境保護投資に勘定されてこなかった。

この点を踏まえて，以下では環境保護投資の範疇を工業汚染源対策と都市環境基盤整備の2つの項目に限定する。

2-2 環境統計上の諸経費と環境保護投資概念

中国の環境統計はその内容からすると，環境保護5ヵ年計画の実行情況や達成度合いを反映するバロメーターであり，その統計内容は各時期の5ヵ年計画の内容に大きく左右される傾向がみられる。

中国の環境保護5ヵ年計画は，第6次5ヵ年計画期間（1981-85年）から策定されたが，それが全国的に各部門及び各地方政府・国有企業まで本格的に普及したのは，第8次5ヵ年計画期間（1991-95年）からであった。1988年の行政機構改革を通じて，国家環境保護局が城郷建設環境保護部の所属機構から分離され，国務院直属機構に昇格し，その下部組織として地方環境保護行政機構が全国的に整備され始めた（李，1999）。その結果，第8次5ヵ年計画期間から環境保護5ヵ年計画の策定と実行が全国範囲で可能となり，環境統計も全国規模で集計できるようになった。『中国環境状況公報』は1989年度から，『中国環境年鑑』は1991年度から公表されるなど，本格的に環境統計が整備され始めた。

環境統計上の汚染対策費用は，資本支出と経常支出に分類される（表5-1）。政府部門では，資本支出項目は，企業部門への汚染源対策支出金と都市環境基盤整備投資の2項目に分けられる。前者は，国有企業の既存汚染源対策と新規汚染源対策に対する国家財政（中央財政と地方財政の両方）からの予算内資金の支出額である。国家財政からの支出は実質上の補助金であると考えられる。環境統計上では企業部門の資本支出項目の既存汚染源対策費及び新規汚染源対策費に含まれる形式で算出されている。後者は，地

方都市のガス供給，熱供給，下水道，公園緑化，環境衛生などの建設費用である。政府部門の経常支出項目は主として地方都市財政から支出されるが，これは主に環境保護関連の行政管理能力，つまり観測拠点の建設や研究所，モデル事業，監督監察組織の建設などに必要な経費である。しかし環境統計上では，この支出は拠点の個数や人員配置数などで示され，貨幣的な数値では表されていない。

他方，企業部門では，資本支出項目には主に既存汚染源対策費と新規汚染源対策費が含まれる。その財源は，政府部門からの既存汚染源及び新規汚染源対策支出金，企業の自己調達資金及び外資からなる。企業部門の経常支出項目は，主に新規汚染源対策として採用している「三同時」環境保護施設[3]の一部の運転維持費と，期限付除去費からなる。「三同時」環境保護対策のその他の経常費用や既存汚染源対策の経常費用などは全く計上されていない。

このことから，環境統計上の汚染対策費用は3つの特徴を持っていることが分かる。第1に，資本支出項目が明示的なのに対して，経常支出項目は不明確である。これは経常支出には各資本支出項目に対応して分離することのできない人件費などの間接経費があることにもよるが，各期間の環境保護5ヵ年計画が示した環境保護対策の投資面の達成目標が主に資本支出の計上であり，環境統計内容がそれに対応する方式を採用していることによると思われる。

第2に，企業部門の資本支出項目の既存汚染源対策の財源項目からは，政府の支出額と企業の負担額の費用構造を読み取ることができるが，新規汚染源対策データからは，読み取ることができない。中国では，汚染源の企業形態は様々であり，国有企業の場合でも国の持ち株比率によって，政

---

[3] 三同時制度は70年代初期に制定された制度であり，すべての新設，増設，改築を行う事業に対して環境保護施設の設計，建設，操業を，その主体工事の設計，建設，操業と同時に行わねばならないと規定した。厳密に解釈すると，全ての事業がこの対象になるのではなく，環境負荷を引き起こす可能性のある事業だけが適用される制度である。張坤民他（1994）はこの制度について汚染者負担原則を中国的実情に合わせて制度化させた中国初の環境政策制度であると述べている。

表 5-1 ● 中国環境統計上の汚染対策費用分類

支出項目	政府部門	企業部門
資本支出	企業部門への汚染源対策支出金 都市環境基盤整備投資	既存汚染源対策費 新規汚染源対策費
経常支出	行政管理能力建設費	新規汚染源対策の一部施設稼動費 期限付除去費

出所：筆者作成。

府の介入度合いが異なってくる。そのため，中国環境統計の中で汚染源企業の所有制を明確にすることは，政府と企業の費用負担構造を明らかにする1つの手がかりとも言える。

第3に，企業部門の経費項目について，すべての産業部門がその集計対象となるのではなく，工業と鉱業の両部門だけが対象となっている。これは従来の中国汚染対策の重点を工業汚染対策にしてきた政策的経緯と一致する結果となる。そのため，現段階においてその他の産業の汚染対策費は，少なくとも環境統計の諸数値からは把握できない。

したがって，現行の環境保護投資額の算定要素には，政府部門の資本支出項目の都市環境基盤整備投資と，企業部門の資本支出項目の既存汚染源対策費及び新規汚染源対策費のみが考慮されている。

2-3 環境保護投資の算定方式と特徴

これまでの中国の環境政策が主な制御対象としてきた工業汚染源は，概ね2つに分類できる。1つは，過去に政府が推進してきた産業政策により，負の遺産として長年累積してきた既存汚染源の問題である。この問題は，都市部中心の重工業偏重の産業構造と石炭依存型のエネルギー供給構造の形成，政府の非効率的企業運営とエネルギー対策の遅延などの要因があいまって深刻化した（小島，1993；植田，1995）。もう1つは，新しい経済開発や経済建設に伴って生成される新規汚染源による問題である。

環境統計上で示す環境保護投資規模の大きさは，工業汚染源対策投資と都市環境基盤整備投資の合計額であり，工業汚染源対策投資は，既存汚染

源対策投資と新規汚染源対策投資の合計額から構成される (張, 2001)。工業汚染対策投資は, 表5-1の企業部門の資本支出項目に該当する内容であり, 鉱工業部門の投資的な汚染除去防止費用である。既存汚染源対策費の集計対象は, 環境汚染対策プロジェクト又は施設の建設を行う企業, 非営利組織機構 (中国語では事業単位) による投資事業である。新規汚染源対策の主たる集計対象は新改増築の建設事業を行う三同時建設プロジェクト事業である。この項目における統計上の形式的な費用負担者は, 鉱工業部門となる。

都市環境基盤整備投資は, 都市燃料ガス, 地域集中熱供給[4], 下水道, 公園緑化, 環境衛生の5項目の事業を中心とした都市開発と住民生活の中で生活環境に対応した対策である。都市環境基盤整備の内容が環境保護投資の対象になるのは中国特有の環境問題と発展段階の経緯がある。都市燃料ガスと地域集中熱供給は, 1980年代後半に特に大規模及び中規模の都市に集中的に見られた工業生産及び各家庭における石炭を主要燃料とした炊事, 暖房の生活様式に伴う大気汚染の深刻さに対処するために始まった。1989年に公表された新しい環境保護5項目制度の中に, 都市環境総合対策の定量的審査制度が盛り込まれ, その後の環境保護第8次5ヵ年計画期間から正式に都市環境基盤整備が投資指標として採用されるようになった。この2つの事業項目は, その頃から推進された都市住宅の公有制から私有制への改革の中で, 都市住宅の団地化を進展させ, その建設と併せて都市ガス燃料の供給ラインと集中暖房供給ラインが拡充され, 生活の利便性の向上と環境負荷の低減が図られた。

下水処理サービスについては, 2005年時点の全国都市数が666ヵ所にのぼるのに対して, 整備された下水処理場が僅か150ヵ所程度しかなく, 投資的経費の支出の大部分が都市部の下水管渠の建設に配分されている。公園緑化項目は, それまで怠ってきた工場生産と住民生活による河川, 公

---

[4] 中国では, 一般に地理的概念として北方と南方の境界線を秦嶺山脈―淮河に置いている。冬季の集中暖房供給サービスは, この基準に基づいた北方地域の都市部の各家庭に11月から供給する。

園，住宅周辺などでの環境問題を解決するために，植林や公園整備などの事業に支出された資金である。環境衛生項目は，都市数や都市人口の規模に比較して生活ゴミの最終処分場や焼却炉施設が不足する中で，経費の大きな割合がゴミの収集と運搬費用に配分されている（金，2002）。

現段階では，中国環境保護当局及び環境専門家の多くが，環境保護投資総額＝工業汚染源対策投資（＝既存汚染源対策投資＋新規汚染源対策投資）＋都市環境基盤整備投資，の算定方式を採用している（曹他，2003）。そして，環境保護5ヵ年計画の環境保護投資目標の算定方法や達成額の算定においても，概ねこの方式が採用されている（国家環境保護総局等，2002）。

2-4 国家5ヵ年計画と環境保護投資

前述したように，中国は限られた環境保護投資の財源をより確実に調達するため，国家第6次5ヵ年計画期間から環境保護5ヵ年計画を策定し，環境保護政策の目標と指標を国家5ヵ年計画に組入れることで，経済発展と環境制御を同時に達成すると同時に，環境資金を経済開発資金計画から確保しようとした。

1973-81年の間の環境保護投資額は約5.04億元で（張他，1992），その後は着実に増加してきた。第7次5ヵ年計画期間までは，地方環境保護機構が完備されていないために，5ヵ年計画の具体的な裏づけ執行策である各年度環境保護計画を策定することができず，十分な資金調達もできなかった。このため，投資額は約477億元で，当年GDPの0.6％前後の水準しかなかった（表5-2）。第8次5ヵ年計画期間の1991年から，環境保護5ヵ年計画の制定を全国規模で実施し，地方の国民経済第8次5ヵ年計画に環境保護投資計画を組入れることを義務化し，かつ各年度環境保護計画の執行を強化した。この結果，第8次5ヵ年計画期間以降，環境保護投資額が急速に増大した。この期間の環境保護投資総額は第7次5ヵ年計画期間の2.6倍に拡大し，対GDP比は約0.9％であった。第9次5ヵ年計画期間中は，4,500億元の具体的な投資目標を打ち出すと同時に，国の財政

表5-2 ● 各5ヵ年計画期間の環境保護投資水準　　(単位：億元)

計画期間	都市環境基盤整備	既存汚染源対策	新汚染源対策	合計	対GDP比率(%)
第6次 (1981-85年)	—	87	—	—	—
第7次 (1986-90年)	154	196	128	478	0.6
第8次 (1991-95年)	478	376	374	1,228	0.7
第9次 (1996-2000年)	1,807	724	866	3,398	0.9
第10次 (2001-05年)	4,884	1,351	2,160	8,395	1.3

註：2000年までの既存汚染源対策投資項目と徴収された排汚費から支出される環境保護補助基金の額は県以上の数値を採用した。
出所：『中国環境年鑑』各年版および『中国統計年鑑2004』に基づき著者作成。

投融資及び外国金融機関などの投融資資金を得て，一層急速に拡大した。この結果，投資額は約3,400億元と第8次5ヵ年計画期間の2.8倍に達し，対GDP比率は約0.9％となった。そして1999年には対GDP比率が初めて1％を超えた。

第10次5ヵ年計画期間はその総額が8,300億元を超え，この期間の5ヵ年投資達成目標である7,000億元をはるかに超えた。第11次5ヵ年計画期間の環境保護投資目標は約1.4万億元と定めており，同時期の予測GDPの約1.4-1.6％を占めることになる (周，2005)。

しかし，このような環境保護投資の増加は，計画された環境改善を保証するものではない。第10次5ヵ年計画期間には，環境保護投資額の増大にもかかわらず，設定された環境目標を達成できなかった。この理由として，重化学工業を中心に第二次産業の比重が拡大したのに比して対策が十分でなかったことが挙げられる。同時に，環境財政面からは，経常費用の不十分さを指摘することができる。実際の統計作業の中で経常費用の確定作業が技術的に難しいものの，汚染対策費用を資本支出のみで考慮されているために，投資された汚染防除施設が経常費用の不足のために正常に稼動できないことも要因として挙げられる。

3 | 環境保護投資体制の発展と投資財源の多元化

中国環境保護投資の発展は，概ね3つの段階に分けることができる（張，1992；王，2003）。

第1段階（1973-84年）は，汚染源対策費用のほとんどが国家財政の予算内から支出された時期であり，地方及び各部門が必要とする汚染制御費用からするとはるかに少ない投資水準にあった。

中国では1973年の第一回全国環境保護会議の開催を契機に，環境保護対策を政府の正式な政務として取り入れた（曲，1989）。その11月に，国務院は「環境保護と改善に関する若干規定」を公布し，三同時導入の義務化を実現し，制度化した（藍，2004；李，1999）。この制度は中国で最初の環境保護投資形態を規定したものである。当時の中国は完全な計画経済体制を実行しており，企業形態は主に国営企業形態で，国が国営企業の所有権及び経営権を把握していた時期であった。そのため，この時期の三同時制度の投資財源は主に国家財政によるものであった。

1977年に国務院環境保護指導者グループは「工業三廃対策における総合利用事業展開に関する若干の規定」を共同で公布し（藍，2004），工業と鉱業の三廃総合利用対策を推進した。1979年には企業の総合利用対策に対するインセンティブをより高めるために，国務院は「鉱工業企業の三廃汚染除去防止対策における総合利用展開による商品利潤の留保方法」（曹他，2003）を公布し，総合利用製品から得た利潤を5年間上納免除し，引き続き企業の三廃対策に利用する他，総合利用項目の必要な資金について銀行からの優先的融資申請が可能になるようにした。これらの法令は1980年代及び1990年代を通して，三廃総合利用事業の発展のために重要な推進力となり，政府と国営企業の財政的関係を考慮すれば，この財源も国家財政によるものと考えられる。

1982年に国務院は「排汚費徴収の暫定弁法」を正式に公布し，中国環境政策上2番目の環境制度である排汚費徴収制度を成立させた。成立当初から，徴収した排汚費を地方財政の予算内資金に算入し，環境保護補助資

金として納付金額の80%を，排汚費納付企業に無償補助し，20%を環境保護機構の管理，監督能力の建設資金として使用した。排汚費は財源調達手段の側面に着目すると，政策手段としての機能も含んでいるが，表5-3が示すように，排汚費の既存汚染源対策費用に占める割合はそれほど大きくないだけでなく，各時期の5ヵ年計画に伴って減少の一途を辿っている。長年にわたり，国家財政支出項目の中に環境保護支出項目が設けられなかったが，排汚費は地方の環境保護特定資金として小規模ながらも，地方環境政策の具体的な執行事業をサポートした。この資金も地方財政の予算内資金から拠出されたため，その財源は地方財政である。

1983年，国務院は「技術改造に伴う工業汚染防止除去に関する若干の規定」の中で，既存企業の汚染除去問題を，総合利用対策と合わせて，企業の技術改造を通じて環境負荷を低減させる努力をするべきと指摘した。そして，更新改造時に必要な環境汚染対策建設資金を，企業の減価償却資金，企業の利潤留保資金，地方が徴収した排汚費，国家予算による交付金，銀行融資，外資などから調達するように定めた。当時の企業形態から考えれば，政府財政との関係は深く，銀行融資を受ける際の債務担保責任を当時の政府財政が担う場合が多かったため，この資金の財源も国家財政であると考えてよい。

このように既存汚染源及び新しい汚染源の対策費用として5項目中の4項目が，計画経済体制の1970年代から1980年代初期に形成された。

第2段階 (1984-95年) は，それまでの国家財政による単一的投資に伴う資金制約と企業の汚染対策責任逃れを解決するために，多元的資金ルートを模索し，環境保護投資体制を確立させた時期である。国務院と国家環境保護局は外国の諸経験を参照しつつ，中国の実情に合った多元的資金源を開拓した。

1984年，当時の都市建設環境保護部 (現在の環境保護総局の前身) は，国家計画委員会等と共同で，「環境保護資金チャネルに関する規定の通知」(環境保護局，1997) を公布し，中国の環境政策史上初めて環境保護投資資金の正式なルートを法律上で定めた。この通知では合わせて8項目の資金源を

表 5-3 ● 既存工業汚染源対策の主な財源　　　（単位：億元）

年度	予算内基本建設	予算内更新改造	総合利潤留保	環境保護補助資金	融資およびその他
1981	5.3	4.9	0.7	1.2	2.4
1983	3.0	4.6	0.5	3.0	3.5
1985	5.1	6.0	0.6	4.9	5.5
1987	7.7	9.9	1.1	6.7	10.6
1989	9.5	13.9	1.1	6.3	12.7
1991	14.0	17.2	2.1	10.2	16.2
1993	13.1	20.9	3.2	10.7	21.4
1995	24.8	28.6	4.6	10.3	30.4
1997	14.5	12.5	9.2	13.1	67.0
1999	7.4	16.4	8.6	13.2	107.1
2000	12.2	21.0	16.5	19.2	170.5

年度	国家予算内資金	環境保護特定資金	その他
2001	36.3	15.8	122.3
2002	42.0	14.8	131.6
2003	18.7	12.4	190.7
2004	13.7	11.1	283.3

註：第10次5ヵ年計画期間から新しい環境統計表報告制度が適用されたため，2000年以前と以後で財源項目が変化した。2001年以降の項目のうち，国家予算内資金は2000年以前の予算内基本建設と予算内更新改造と総合利潤留保の合計に，環境保護特定資金は環境保護補助資金に，その他は融資及びその他項目に相当する。
出所：『中国環境統計資料滙編 (1980-1990)』(中国環境科学出版社，1994年)，『中国環境年鑑 1991-2001』，『中国環境年鑑 2002』，『中国環境統計年報 2002-2004』。

環境保護投資の正式な資金源として規定した。1つめは，基本建設項目[5]における三同時環境保護資金である。この資金は必ず固定資産投資計画に組入れることと各関連部門は厳格に監督実行することを規定した。2つめは，更新改造[6]投資に占める環境保護投資資金である。国務院の各部門及び地方関係部門，各企業が計画中の更新改造資金中で，毎年7％を下らな

---
[5]「基本建設」とは，生産能力の拡大又は追加的投資効果を得るため，新築・改築・増築を行うプロジェクト又は関連投資を指す。
[6]「更新改造」とは，既存企業又は非営利組織が，既存固定資産の更新又は技術改造を行い，又は関連生産，生活設備の改造を行うことを指す。

い割合を企業の汚染除去対策費に使用することを規定した。3つめは，都市基盤建設資金の中に含まれる環境保護投資資金である。これは大規模及び中規模都市の人民政府が規定により抽出した都市維持費を基盤整備建設事業に充当させ，環境汚染を除去防止するよう規定したものである。具体的には，燃料改造や汚水又は都市廃棄物の処理などの総合的環境汚染防止事業が挙げられた。4つめは，徴収した排汚費[7]から汚染源対策に充てる補助資金である。企業が納付した排汚費の80％を，企業又は主管部門の汚染除去対策への補助金として使用することで，既存企業の資金難を補助する。5つめは，留保した総合利用利潤を汚染除去事業の投資資金として活用することである。鉱業または工業企業の工業三廃総合利用事業で得た利潤は，5年間上納せずに留保し，引き続き汚染除去や総合利用事業のために使用可能と規定した。6つめは，銀行や金融機関からの融資資金を汚染除去対策に投資する資金である。これは経済効率が高く，かつ償還能力を有する一部の汚染対策事業に限って，銀行の融資を受けさせることである。7つめは，汚染除去対策の特定基金である。これは，国家計画委員会及び一部の省市から交付された特定資金を指すが，主に重点流域と重点汚染源の対策に使用される資金である。8つめは，環境保護部門自身の建設資金である。これは環境保護に必要な技術的支持能力を強化するため，国家財政から毎年一定額の資金を交付し，環境観測，科学研究，環境宣伝教育，放射性廃棄物保存庫などの行政費用として定められた。

王（1994）は，この規定による8項目の環境保護資金源の確定を，中国環境保護投資体制の始まりとして位置づけている。この規定の資金チャネルは，その後の環境保護投資体制の核心的内容として発展し，この資金チャネルを中心に財源確保に努めた。

しかし，これらの資金源は計画経済体制の名残が強く，政府と企業間の政企分離改革（所有権と経営権の分離改革）が始まった時期に制定されたため，政府と企業間の財政的関係が明確に整理されておらず，資金チャネルに関

---
[7] 排汚費徴収制度については，本書第6章を参照されたい。

する多くの規定，特に上記1，2，4，5番目の項目は，もっぱら当時の国有企業を対象に定めた内容であった。

1988年に国務院は「汚染源除去特定基金有償使用暫定弁法」(環境保護総局，1997) を公布し，それまでの排汚費徴収制度の無償交付制度を一部有償貸与制度へ変更した。これにより排汚費それ自体の汚染対策投入額は少なかったものの，企業の自己資金調達努力を促し，結果として非財政的な新財源が拡充することになった。

1989年の第3回全国環境保護会議では，旧3項目の制度[8]に加えて新5項目制度が公表された。それは，①環境保護目標責任制度，②都市環境総合対策の定量的審査制度，③汚染排出許可制度，④汚染集中制御と⑤汚染源期限付除去対策である。環境保護目標責任制度と都市環境総合対策の定量的審査制度は，地方政府の環境保護投資を促すための制度であり，これによりその後の1990年代の地方政府による都市環境基盤整備を中心とした環境保護投資の拡充を促した。期限付き除去対策は，既存汚染源対策として制度化されたもので，汚染状況が深刻な企業に対して閉鎖，操業停止，合併，移転などの対策を強制する制度である。期限付除去対策投資金額は第8次5ヵ年計画期間の後期4年間の116.7億元から，第9次5ヵ年計画期間は674.5億元に達し，第10次5ヵ年計画期間は656.2億元の規模に上る。特に2000年には当年の三同時対策の投資規模を上回る317.5億元に達している。環境統計上，この財源は企業部門の支出資金とされている。しかし，この数値は現行の工業汚染源対策費に算定されていない。この現象も，前節で述べた現制度の環境保護投資算定方式の過小性の問題として指摘できる。

そのほか，この時期に新しい財源として外資が加わった。外資利用形式には融資と贈与の2つの形式があり，その利用主体には政府利用 (政府担保の外資融資を含む) と企業利用の2種類がある (国家環境保護総局，2002)。中

---

[8] 中国の環境政策には，8項目の制度化された政策があるとされている。その中で初期に作られた三同時制度，環境影響評価制度，排汚費徴収制度を旧3項目制度と呼び，その後の1989年に作られた5項目の制度を新5項目制度と呼ぶ。

国経済体制の制約により企業が自力で外資利用を展開することは大変難しく，この時期の外資利用は主に政府による利用部分が大きい。第7次5ヵ年計画期間の外資利用金額は22億元であり，同時期の汚染対策投資総額の4.5％を占めており，第8次5ヵ年計画期間の前期4年間の利用額合計は83億元で，同時期の汚染対策投資総額の8.75％を占めている[9]。

第3段階（1996～現在）は，市場経済体制が進行する中，政府の財政的融資政策の活性化と地方政府の環境対策責任が強化される中で，環境保護投資が急速に拡大していった時期である。この時期の特徴は，新しい投資財源の開拓を行なうよりも，むしろそれまでの既存財源項目の投資規模を拡大させたことにある。この時期に新たに加わった財源といえば国債発行による環境保護投資への一部融資資金である。

「環境保護第9次5ヵ年計画及び2010年長期目標」では，初めて4,500億元の具体的な投資目標を打ち出した。それまでの環境保護5ヵ年計画期間の資金調達率の低さを反省し，汚染物質排出の総量規制政策と世紀を跨ぐグリーンプロジェクトの2つの具体的な戦略的プロジェクトを立ち上げ，その実行に必要な資金調達に努めた。

1995年に中国人民銀行は，「金融融資政策の貫徹と環境保護政策の強化に関する通知」を通達し，同時期に国家環境保護局は「金融融資政策を活用し環境保護政策を促進するための通知」を通達した[10]。これにより環境効果と経済効果が顕著な汚染源対策事業と企業に対して，国家開発銀行等からの優先的融資政策を強化し，企業の資金調達能力を支援した。

同時期の1995年に財政部も「財政機能を十分に発揮させ，環境保護事業を更に強化する課題における通知」の中で，各級政府の財政部門が環境保護部門に協力し，環境保護投資を積極的に支援するように通達した。その裏づけとして1998年から政府は，国債発行の一部を地方環境保護事業に融資し，第9次及び第10次5ヵ年計画の実行を後押しした。これによる環境保護事業への財政支出は約500億元前後と言われている（周，2005）。

---

[9]『中国環境年鑑1996』。
[10]『中国環境年鑑1995』。

このように中国の環境保護投資体制が形成され，発展する過程で，汚染源対策費用の財源種目及び投資規模の両面において，そして汚染源対策の直接的費用と間接的費用の両面において着実に発展してきた。

しかし，現行の中国環境保護投資の算定方式は，汚染対策費用として長年の資金支出の実態があるにも関わらず，間接的な費用としての期限付除去費用や行政管理能力建設費用，その他の外資による管理能力建設費用等を除外し，汚染源対策費用の投資的な直接費用である汚染防除費用のみを勘定する。

そのため，汚染対策費用として実際の支出規模を過小評価する問題が生じている。他方で汚染対策費用の概念を曖昧にしたまま，都市環境基盤整備費用と工業汚染源対策費用の合計額を対GDP比率として評価する方法は，上述したように都市化による非公害的要素を汚染対策費用として過大評価するおそれがある。このような現状は，中国の環境保護投資の実行及びその算定基準が環境保護5ヵ年計画に深く左右されており，投資規模の算定が専ら5ヵ年計画期間の投資目標の達成度合いを評価する内容に重点化されていることの特徴として読み取ることができる。

4 | 工業汚染源対策の支出傾向分析

4-1 既存汚染源対策の支出傾向

表5-2によれば，第6次5ヵ年計画期間の既存汚染源支出総額は86.8億元であり，その中の政府財政からの支出額は67.8億元で，全体総額の78.1％を占めている。第7次5ヵ年計画期間の既存汚染源支出総額は195.5億元であるが，その中の政府財政による支出額は138.7億元であり，全体総額の70.9％を占める。第8次5ヵ年計画期間の既存汚染源支出総額は375.7億元であり，その中の財政支出は261.9億元で，全体の69.7％を占めている。第9次5ヵ年計画期間の既存汚染源支出総額は724.1億元にのぼるが，その中の財政支出額は259.7億元で，全体の35.9％に減少した。

この期間の財政支出額の環境保護投資全体に占める割合は緩やかに減少したものの，依然として7割台の高い割合を示している。

　第6次5ヵ年計画期間の企業はまだ政府の完全な付属機構だったため，この時期の環境保護投資はすべて国家財政が担っていた（張，1992）。しかしその後の市場経済化の進展とともに，非国有部門の企業成長が著しくなった（加藤，2004）[11]。これに伴い，環境保護投資はそれまでの政府だけの単一的主体から次第に集団企業，個人，合資，外資企業などの非政府部門へと拡大していった。そして第8次及び第9次5ヵ年計画期間からは，世界銀行やアジア開発銀行，海外経済協力基金（現国際協力銀行）などの国際開発機関が新しい投資主体として加わったため，投資主体はさらに多様化した。

　この時期は経済体制改革の一環として「政企分離」改革が試行模索中にあったため，政府が掌握する国有企業の所有権と経営権が完全には分離されておらず，政府と国有企業との間の財政的関係が根強く残されていた。この結果，環境保護投資においては，特に基本建設資金項目と既存企業の技術改造資金項目に占める財政支出の割合が高くなった。この点は早期から初期の環境保護対策の費用拠出方法が基本建設資金の隠れ資金として組入れられたケースがあったと指摘されている（植田，1995）。

　財政による支出水準は1995年をピークに，第9次5ヵ年計画期間にかけて急激に縮小した。特に第10次5ヵ年計画期間は，前半4年間だけでも第9次5ヵ年計画期間の35.9％から18.5％までに縮小した（表5-3）。環境保護投資額が増大する中で国家財政支出の比重は下がり，反対に非政府部門の比重が高まった。これは，市場経済化の進展と財政改革の進展により，国有企業会計がそれまでの財政会計制度との一本化管理から別会計制度が導入され，非財政部門となる企業が投資主体として規模を拡大した結果である。それに加えて，非国有企業部門が急速に発展したこと，さらに

---

[11] 加藤弘之（2004）は市場化の指標について，一つは産業構造の変化に基づいて伝統経済と市場経済を区分し，市場経済を表す近代セクターの伝統経済を表す伝統セクターに対する比率を第一指標とし，二つは計画経済から市場経済への移行を示す内容として計画セクターと市場セクターに区分し，市場セクターの計画セクターに占める比率を第二指標にして，定義している。

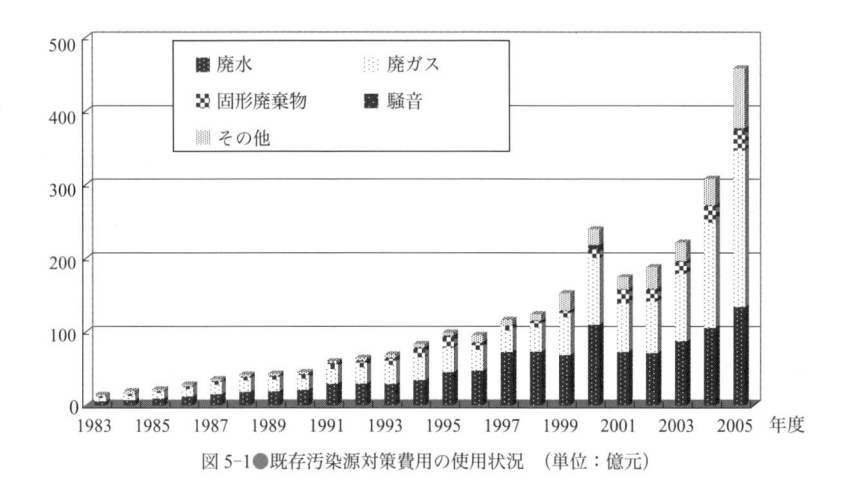

図 5-1●既存汚染源対策費用の使用状況　（単位：億元）

　第10次5ヵ年計画期間以降，政府投資領域と企業投資領域が明確に区別され，企業に対する汚染者負担原則の適用が強化されたことも，非財政部門の投資額を増加させたと要因と考えられる。

　このような投資主体の多様化は，環境保護投資政策の政策的誘導による結果であると同時に，政府と国有企業間の財政改革の動向と市場経済化の進展に大きく左右された結果でもあった。そしてこのことが，政府汚染源対策への投資からの撤退と，都市環境基盤整備や広域汚染制御などのインフラ整備に対する投資へのシフトを促した。

4-2　既存汚染源対策費用の使途

　既存汚染源対策費用は，主に工業三廃の防除費用として投入されたが，図 5-1 から支出傾向として3つの点を指摘することができる。第1に，対策の重点は一貫して工業廃水と廃ガスに置かれてきたことである。第6次5ヵ年計画期間から第10次5ヵ年計画期間まで，工業廃水と廃気の対策費用が他の項目に比べて高い比率を示している。これは各時期の環境保護5ヵ年計画の政策目標と合致しており，環境保護5ヵ年計画によって具体的な投資誘導が行われてきた結果と説明することができる。特に第9

次5ヵ年計画期間以降の急増傾向は，この時期に打ち出された汚染排出総量規制政策の実施に伴う結果である。裏返せばこのような傾向は廃水，廃ガスによる環境汚染問題が未だに深刻な状況にあることを物語っている。

第2に，工業固形廃棄物の対策は一向に進んでいない。工業固形廃棄物の危険廃棄物対策についてはここ数年強化されているが，一般工業固形廃棄物についてはその一部が総合利用されているだけで，その他の大半の廃棄物は保管場所の確保に留まり，除去対策が進んでいない。

第3に，第10次5ヵ年計画期間から，その他項目の支出が増加傾向をみせている。その他項目とは，主に電磁波被害対策，悪臭対策，放射線被害対策，汚染源の移転，環境マネジメントを指す。この傾向は第9次5ヵ年計画期間の末期に至り，県以上の工業汚染源がある程度制御された[12]ことから（馬・Daniel, 1999），その他の領域，つまり今まであまり対策の講じられなかった汚染源対策が始まりだしたことによるものである。

4-3 新規汚染源対策の投資傾向

新規汚染源対策投資における財政支出の比重の変化については，三同時項目の統計データからは直接読み取ることができない。そこで社会全体の固定資産投資における財政支出と社会全体固定資産投資における三同時建設項目の比率を比較分析することで，推定するしかない。

社会全体の固定資産投資における三同時建設項目は，第8次5ヵ年計画期間の1995年の76.1％をピークに減少し続け，2000年には45.8％まで減少した（表5-4）。第10次5ヵ年計画に入りやや上昇傾向を示しているものの，概ね50-60％の水準で推移している。

また社会全体の固定資産投資（三同時建設項目は社会固定資産に含まれる）における財政支出は，第7次5ヵ年計画期間の1986年には14.6％を占めていたものの，1996年には2.7％まで減少し続けた（図5-2）。1998年以降は

---

[12] ここで言う制御とは，環境汚染の完全な除去を意味するものではなく，工業汚染の排出量に対する統計上の基本的な把握と環境保護機構による管理上の統制，汚染進行度合いの抑制等を意味するものである。

第 5 章
中国における環境保護投資とその財源

表 5-4 ● 新規汚染源対策の「三同時」投資　　　（単位：億元）

年度	基本建設項目に占める三同時建設項目比率（%）	三同時建設項目の総投資額（億元）	環境保護投資額（億元）	合格率（%）
1995	76.1	2,575	101	78.6
1996	67.1	3,007	144	88.6
1997	58.8	2,425	129	91.2
1998	50.4	3,485	142	89.9
1999	47.2	4,290	192	96.1
2000	45.8	4,375	260	94.9
2001	41.8	9,349	336	98.4
2002	53.1	7,550	390	98.7
2003	55.1	8,533	334	96.5
2004	62.3	11,802	461	96.4
2005		15,994	640	94.7

出所：『中国環境年鑑 1995-2003』,『中国環境統計年報 2003』『中国環境統計年報 2004』,『中国統計年鑑 2004』。

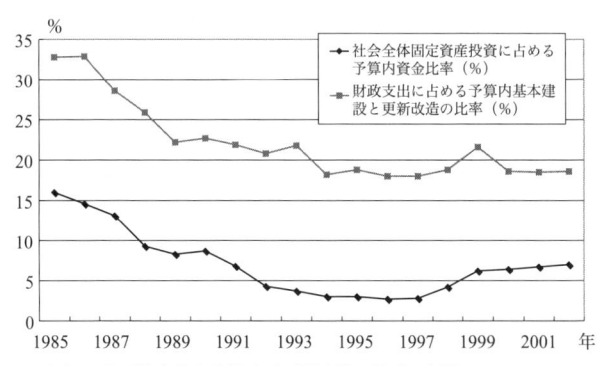

図 5-2 ● 予算内基本建設及び更新改造の比率の傾向
（単位：億元）

註：財政支出規模は各年の国内外債務を含まない。また更新改造支出額は「科技三項費用」を含む金額であるため，実際の「更新改造」金額はこれより更に小さいと考えられる。
出所：『中国財政年鑑 2003』および『中国統計年鑑 2003』。

やや上昇し，2001 年には 7％となっているものの，第 9 次及び第 10 次 5 ヵ年計画期間の水準は概ね 3 ～ 7％の低い水準となっている。

この2つの統計から，政府財政による国有汚染企業への三同時建設項目の支出金は，減少の一途にあったと推定することができる。このことは，新規汚染源対策としての三同時投資においても，第7次5ヵ年計画期間までは政府財政が主役的地位にあったのが，1990年代の市場経済化と国有企業の改革の進展につれて，投資主体が次第に非財政部門に代替されていったことを示唆する。つまり，第9次5ヵ年計画期間以降は，財源の多元化とともに，非政府部門による支出が主流を占め，民間企業や外国金融機関，外資系企業及び農村中小企業などの新たな投資主体が加わり，投資主体が多様化されたのである。

　これは，1990年代後半から政府財政の機能が国有企業への財政的介入を通じた経営的，競争的領域から漸次的に撤退し，農林水産業，エネルギー，交通，通信などの分野の経済インフラ建設と公共サービス分野へ転換を遂げた結果と一致する（丛，2002）。

5 おわりに

　中国が経済改革政策を実施して以降の政府・企業間の財政体制の改革と市場化経済への移行を改革の車輪にたとえるなら，中国環境保護政策の発展は，その中の小さな歯車といえる。本章で明らかにした汚染源対策投資における財源面の多元化と支出面における投資主体の多様化は，環境保護政策それ自体の成果として捕捉できる一方で，何よりも財政改革と市場化進展の行方に大きく左右されながら，それに対応して発展してきた結果として把握されなければならない。

　環境保護投資体制の変容は，今までの中国環境政策における汚染者負担原則の適用を困難にさせていた，政府財政の一元的財源と単一的投資主体の制約条件を緩和させ，今後の一層の適用と発展のためにより良い環境を提供した。今後の環境保護投資体制と環境統計制度の改革の中で，企業の汚染除去責任を明確にし，政府の汚染対策寄与度評価をより客観的に行い，透明性を高める必要性があると考えられる。そのためには，財源の多

元化と投資主体の多様化に対応した公共支出項目の細分化が不可欠となる。

参考文献

[日本語文献]

植田和弘 (1995)「工業化と環境問題」中国研究所 (編)『中国の環境問題』新評社，12-23 頁。
加藤弘之 (2004)「経済発展と市場移行」加藤弘之・上原一慶 (編)『中国経済論』ミネルヴァ書房，65-84 頁。
金　紅実 (2002)「中国固形廃棄物の公共的管理システム」修士論文 (京都大学大学院経済学研究科)。
小島麗逸 (1993)「大陸中国 ── 環境学栄えて環境滅ぶ」小島麗逸・藤崎成昭 (編)『環境と開発　アジアの経験』アジア経済研究所，61-112 頁。
── (2000)「環境政策史」小島麗逸 (編)『現代中国の構造変動 6　環境 ── 成長の制約となるか』東京大学出版会，7-25 頁。
孫　一萱 (2005)「中国財政システムの転換と現状」上原一慶 (編)『躍動する中国と回復するロシア』高菅出版，3-24 頁。
余　勝祥 (2005)「中国における企業システムの転換」上原一慶 (編)『躍動する中国と回復するロシア』高菅出版，25-43 頁。
李　志東 (1999)『中国環境保護システム』東洋経済新報社。2-4 頁，97-114 頁。

[中国語文献]

王　夢奎 (2005)「11.5 時期の環境保護と生態建設に関する考えと目標及び対策」，『中国中長期発展の重要課題 (2006-2020)』中国発展出版社，368-375 頁。
王　金南他 (1994)「環境保護投資体制改革に関する幾つかの提案」，『中国環境年鑑 1994 年』中国環境年鑑社，70-73 頁。
曲　格平 (1989)『中国環境問題及び対策』北京：中国環境科学出版社，1-8 頁。
国家環境保護総局等『国家環境保護「十五」計画』北京：中国環境科学出版社。
国家環境保護総局企画財務司 (編) (2002)『国家環境保護「十五」計画読本』北京：中国環境科学出版社，191-207 頁。
国家環境保護局政策法規司 (1997)『中国環境保護法規全書　1982〜1997』63-64 頁。
周　健「2005 年全国環境保護企画会議での講話」http://www.caep.org.cn/uploadfile/11-5/5.doc (2006 年 10 月アクセス)。
曹　東他 (2003)「中国環境保護的投融資状況分析」王　金南等 (編)『環境投融資戦略』北京：中国環境科学出版社，35-59 頁。
从　樹海 (2002)『財政支出学』中国人民大学出版社，213-234 頁。
張　坤民 (2004)「環境保護投資の画定と計算」『中国持続可能な発展に関する政策と行動』北京：中国環境科学出版社，445 頁。
張　坤民他 (1994)『中国環境保護行政 20 年』北京：中国環境保護出版社，75-99 頁。
張　力軍 (編) (2001)「環境保護計画とその構図」『環境統計概論』北京：中国環境科学出版社，134-140 頁。
馬　中・Daniel Dudek (1999)「中国環境汚染」『総量規制與排汚権交易』北京：中国環境科学出版社，34-54 頁。
藍　文芸 (2004)『環境行政管理学』北京：中国環境科学出版社，58-80 頁。

第6章
排汚収費制度の到達点と課題

植田和弘・何　彦旻

1 はじめに

　中国の排汚収費制度[1]は，1979年に公布された環境保護法（試行）[2]第18条において，はじめて規定された。国の定めた基準を超える汚染物質の排出に対して排汚費を徴収する制度である。その後，1982年に国務院が公布した徴収排汚費暫行弁法によって確立され，2003年の大幅な制度改正を経て，今日まで約四半世紀にわたって機能しつづけている[3]。2006年9月現在，排汚収費制度は全国31の省と自治区，直轄市で執行されており，排汚費の徴収対象となっている企業数はおよそ90万にのぼる。1981年から2003年にかけて，全国の累計排汚費徴収額は694.9億元に達した。中国の排汚収費制度は汚染者負担原則（Polluter Pays Principle，以下PPP）に基づく汚染排出課徴金としては世界最大規模のものである。

　中国の排汚収費制度は，発展途上の移行経済国において経済発展の比較的早い段階で導入された環境保全のための経済的手段である。社会主義国

---

[1] 中国の汚染排出課徴金制度。本章ではそのことを明示する意味で，中国語の排汚収費制度と排汚費（環境課徴金）を使用する。
[2] 1989年12月に中国環境保護法が公布されると同時に廃止された。
[3] 中国は世界的にみても最も早く汚染排出課徴金制度を導入した国の1つである。世界ではじめて汚染排出課徴金を導入したのは旧西ドイツであり，1976年に法律を制定し，1981年から排水課徴金制度を実施した。

で導入された経済的な環境政策手段として，多くの経済学者に注目されてきた。Ueta (1988) は，社会主義国の経済発展と環境政策という視点から排汚収費制度を分析し，計画経済体制下の価格システムの限界により，排汚収費制度は環境対策を促す誘因としては機能せず，理論とは異なる効果を持つだけでなく，徴収した排汚費の使途によっては開発促進の機能を持つ場合もあったと指摘した。梁 (2001) は，技術革新，環境財政，経済体制の点から排汚収費制度の効果と問題点について分析を行った。他方，Wang and Wheeler (1996) は，中国の地域間格差に着目し，有効排汚収費率と環境需要関数を用いて計量的に分析した結果，排汚収費制度の政策効果に地域毎で違いがあることを明らかにした。松本 (2002) は，Wang and Wheeler のモデルを改良し分析を行った結果，排汚費の徴収によってマクロレベルでの汚染実態が改善されたと結論している。さらに竹歳 (2005) は，排汚費の内容，使途，制度変化を紹介した上，排汚収費制度の機能に関する従来の議論を改めてまとめ，集計データと企業レベルにおける排汚収費制度をめぐる分析結果が乖離している原因などを究明した。

　本章では，排汚収費制度に関してその徴収基準の変化と排汚費収入の使途の変化という2側面に着目して，その歴史的実態をまず整理する。さらに，排汚収費制度の制度史をふまえて，以下の2つの視角から，中国排汚収費制度の特徴と成果，問題点と課題を明らかにする。第1に，排汚収費制度は中国の経済発展，特に経済体制移行といかなる関連を持ちつつ変化し，どういう役割を果たしてきたのか。第2に，排汚収費制度という環境政策手段の制度選択と実行に際して，制度を設計・制定する中央政府，執行する地方環境保護局，主として地方の制度制定と財政的側面からかかわる地方政府，そして企業といった各利害関係者がどう関与したのか。これらの視角から排汚収費制度の実績を評価し，その機能と役割を明らかにすることを通じて，排汚収費制度の政治経済的意義と意味について考えてみたい。

2 中国の排汚収費制度成立の背景

中国の排汚収費制度は，1978年に中国共産党が通達した国務院環境保護指導小組の環境保護工作匯報要点(環境保護工作報告の要点)で初めて提案された。そして，1979年に公布された環境保護法(試行)によって法定化された。本法18条に従い，蘇州，杭州，済南の3つの都市で排汚費の実験的な徴収が始められた。その後，1981年末までに，チベット，青海を除き，全国27省，自治区，直轄市で徴収排汚費試行弁法(排汚費徴収の試行方法)が公布された。各地での実験結果が総括され，1982年に国務院が徴収排汚費暫行弁法を公布した。これによって，中国の排汚収費制度が正式に確立された。

排汚収費制度が導入された背景として，以下の2点が指摘されている。

第1は，1970年代初期に，中国政府は環境問題を認識しはじめ，何らかの政策的措置の導入を考えていたことである。その際，環境問題の根源が工業化戦略そのものにあるのではなく，国有工業企業による三廃(廃ガス，廃水，固形廃棄物)の排出にあると認識したことが重要である。1949年に建国してから，中国政府は経済力を先進国の水準にキャッチアップすることを主たる政策目標にしてきた。その目標を達成するために，優先順位に従って計画的に社会的資源や機能を集中的に利用した。1972年にストックホルムで開催された国連人間環境会議に参加した中国政府代表団は，初めて環境汚染対策の重要さに気付いたと言われている。それまでは，「経済発展を優先し，環境保全は後回しに」となっており，国の具体的な環境保護方針は打ち出されていなかった。過去に中国政府が制定した5ヵ年計画を振り返って見ても，1982年に批准された第6次5ヵ年計画ではじめて「環境保護を強化し，環境汚染の拡大を制止する」という内容が盛り込まれたものの，具体的な汚染抑制の数値目標が提示されたのは1990年に批准された第8次5ヵ年計画であった。

また，当時の計画経済体制の下では，国有企業は国家の指令的計画下に置かれており，企業の利潤の大部分は国家財政に上納しなければならな

かった。そのため，企業には自主的に資金を捻出し，汚染処理施設に投資するだけの能力がなかった。そもそも国も，工業企業に対して三廃以外の汚染処理施設を増設することなどを考慮していなかった。中国における初期の環境政策はトップダウン式であり，三廃の総合利用および処理に関する汚染対策プロジェクトだけを支持し，奨励するという政策であった（国家環境保護局，1994：60-61）。

　結果的に，個別企業の三廃処理はそれなりの成果を挙げたが，それに政策が限定されていたため，全体としての環境悪化は避けられなかった。1978年は，中国共産党第11期3中全会が開かれ，経済体制改革が始まった年でもある。都市部の工業企業の経営自主権を拡大し，農村部に生産請負責任制などを導入することで，計画経済から市場経済へと移行しはじめた。その中で，政府のみで計画的に汚染を処理することはできないため，企業に汚染処理に対するなんらかの誘因を与えることが効率的であると意識し，排汚収費制度を導入したと考えられる。

　第2は，1972年にOECDによって提唱されたPPPを具体化するという考えが政府にあったことである。1979年の環境保護法（試行）第6条において，「環境汚染およびその他の公害を及ぼした企業は，『誰汚染誰治理[4]』（汚した者は処理せよ）の原則に従い，計画を作成し，積極的に汚染を処理するか若しくは管理部門に報告して生産品の変更若しくは工場移転の許可を得るべきである」と定め，PPPを明文化した。この原則を制度化したのが排汚収費制度である（国家環境保護局，1994：62）。1983年12月の第2次全国環境保護会議で，「誰汚染誰治理」政策は，予防中心政策，環境管理強化政策とともに，中国の三大環境管理政策として確立された。

　上述した2つの背景に加えて忘れてならないのは，当時，政府の環境対策に充てる財源が不足していたことである。1970年代の中国における環境保護投資の財源は，インフラ建設資金の一部と三廃の総合利用から得

---

[4] OECDが提起したPPPの中国語訳から翻案した言葉である（「中国環境保護行政二十年」編委会（編），1994：26）。1989年の環境保護法においてはPPPを「汚染者治理原則」と記し，1996年の環境保護の若干問題に関する国務院の決定では「汚染者負担原則」としている。

られた利潤からしか調達できなかった(国家環境保護局, 1994：61)。しかも，それによって調達できる金額は，建国初期からの大規模な建設に伴って発生していたストック汚染の除去と新たに発生する汚染の抑制に必要とする金額をはるかに下回る額でしかなかった。また，始まったばかりの環境保護事業には大量の人員と資本の投入が必要であり，そのための財源を確保する問題も緊迫していた。このような状況のもと，排汚収費制度は，企業に汚染削減の誘因を与えるだけではなく，国の環境保護や汚染の除去などに要する諸費用を賄うための重要な財源調達手段としても位置づけられたのである。

3 排汚収費制度の史的変遷

3-1 排汚費徴収基準の変遷：1979年から2003年まで

(1) 実験段階の排汚費徴収基準：1979年から1982年まで

環境保護法(試行)が公布される前に，蘇州と杭州で実験的に排汚費の徴収が行われた[5]。当時，蘇州市が公布した蘇州市革委会関与奨励総合利用和「三廃」排放罰款的暫行規定(総合利用を奨励する三廃の排出罰金に関する蘇州市革命委員会の暫定的規定)(蘇革, 1979：65号文書)第11条では，「石炭や石油の燃焼によってボイラーから黒い煙を発生させた場合，石炭1tあたり5元，石油1tあたり10元の罰金を課する。水銀やクロム，カドミウム，砒素，鉛，フェノール，塩素，ベンゼン，有機リンなどが含まれている廃水に対し，1tあたり0.2元の罰金を課する。染色や食品，皮製造，病院による病原菌が含まれる廃水に対し，1tあたり0.2元の罰金を課する。製紙工場の廃水に対し，1tあたり0.05元の罰金を課する」と規定していた(国家環境保護局, 1994：116)。ここでの罰金は，基準を超えた汚染排出に対する排汚費であり，

---

[5] 蘇州市で排汚費の実験的徴収を開始した時期については，一部の資料は本章の記述と異なる。「中国環境保護行政二十年」編委会(1994)では，「1979年9月，環境保護法が公布される当月，江蘇省蘇州市は15の企業に対し，排汚費の実験的徴収が始められた」とあるが，「蘇州市革委会関与奨励総合利用和「三廃」排放罰款的暫行規定(蘇革, 1979：65号文書)は入手できていない。本章は国家環境保護局(1994)に基づく。

基準超過排汚費の原型であると言える。当時はまだ罰金と排汚費を明確に区別する認識は弱かったと思われる。当時の徴収基準に関しては，徴収項目は廃水と煙塵の2項目しかなく，対象汚染物質も少なかった。

1979年9月に環境保護法（試行）が公布された後，全国各地で基準超過排汚費に関する徴収基準と徴収方法が制定された。1981年末までに，全国22の省・自治区・直轄市で排汚費の徴収基準と管理方法が公布され，実験的な徴収が行われた。この時期における各地の徴収基準を蘇州市の実施基準と比較すると，大きな変化が見られた。

第1に，徴収項目は廃水と煙塵だけではなく，廃ガスや有毒有害なガス，粉塵，固形廃棄物，騒音が加えられた。一部の省や市は放射性廃棄物も徴収対象と指定した。

第2に，対象汚染物質が性質によって分類され，異なる料率が設定された。毒性が強く，もたらす被害の大きい汚染物質に対しては，1t当たりの料率で比較すると一般の汚染物質より高い料率が設定された。

第3に，汚染物質の濃度が基準値を超える場合に，基準濃度に対する倍数を5〜10ランクに振り分け，倍数が大きい，すなわち濃度が高いほど高い料率が適用されるようになった。

第4に，一部の省や市では，1つの排出口に2種類以上の汚染物質が含まれる場合に，それぞれの汚染物質に対して一定の割合で排汚費を徴収するようになった（国家環境保護局，1994：62, 116）。

(2) 排汚費徴収基準：1982年から2003年まで
(A) 徴収排汚費暫行弁法の徴収基準

上述した各地域での実験的徴収の経験を基礎に，1982年2月，国務院によって徴収排汚費暫行弁法が公布され，排汚費の徴収目的，対象，基準，管理，使用などについて詳しく規定されるとともに，全国各地で導入された[6]。当時，中国では汚染物質排出基準がまだ整っていなかったため，

---

[6] 1982年には，山西省，黒竜江省，広東省，海南省，青海，寧夏，チベットを除く23の省で導入された。1983年には，黒竜江省，広東省，寧夏でも排汚収費制度が実施されはじめた。

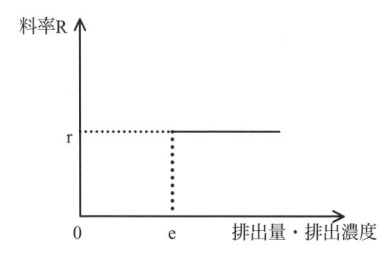

図6-1●廃ガス基準超過排汚費の料率構造（工業および暖房ボイラー煙塵を除く）

1973年に国家計画委員会，国家建設委員会と衛生部が公布した工業『三廃』排放試行標準（工業「三廃」の排出に関する試行基準）(GBJ4-73)で定められた汚染物質排出基準に依拠して排汚費の徴収が行われた。国の汚染物質排出基準に規定されていない汚染物質の排出については地方が排出基準を独自に作成することができ，国より厳しい地方排出基準を設定することもできる。これにより，国レベルと地方レベルで2通りの汚染物質排出基準が存在することになるが，執行するときは地方の排出基準を優先することになっている（国家環境保護局，1994：107）。

徴収排汚費暫行弁法では，廃ガス，廃水，固形廃棄物の3分野30種類以上の汚染物質が徴収対象となっていた。排汚費の徴収方法は，廃ガス，廃水，固形廃棄物ともに遵守すべき排出基準を超えて汚染物質を排出する場合に超過した濃度と数量に従って単一汚染因子に対して基準超過排汚費を徴収する。騒音に対する排出基準は存在していなかったため，徴収排汚費暫行弁法では騒音排汚費に関する規定はなかった。

廃ガスに関しては，SO_2や硫酸ミストなどの有毒有害な汚染物質および生産性粉塵，工業および暖房ボイラー煤塵，など4分野20種類の基準超過排汚費を徴収する。工業および暖房ボイラー煤塵以外の大気汚染物質は，その排出量または排出濃度が基準を超過している場合に，0.02-0.1

1984年には，山西省と青海で排汚費の徴収が始まり，1986年になると，チベットを除く，中国の全省で排汚収費制度が導入された。チベットでは自治区人民政府の批准を経て，1991年に導入された（「中国環境保護行政二十年」編委会（編），1994：151）。

元/1kg・10m³ の基準超過排汚費を徴収する。その料率構造は図 6-1 に示すとおりである。縦軸は基準超過排汚費の料率 R，横軸は汚染物質の排出量または排出濃度を示す。r はそれぞれの汚染物質に課される料率であり，e は上述した工業『三廃』排放試行標準に基づいて国が定めた最低要求排出基準である。工業および暖房ボイラー煤塵の排出に対しては，基準超過倍数を 2-5 級の 4 段階に分けて累進的な料率で排汚費が課される。その料率構造は，図 6-2 に示すとおりである。

廃水に関しては，徴収排汚費暫行弁法で，4 分野 20 種類の汚染物質の排出に対して排汚費の徴収が定められている。病原体については，基準を超えて排出される場合に一律に 0.8 元/t の料率が適用されているが，その他の各種類の汚染物質が基準を超過して排出される場合，工業『三廃』排放試行標準に依拠した国の最低要求排出基準に対する濃度基準超過倍数を 5 段階に分けた累進的な料率が適用される。その料率構造を図 6-3 に示す。縦軸は基準超過排汚費の料率 R，横軸は汚染物質の濃度基準超過倍数を示す。例えば，水銀を排出している企業が水銀の排出濃度基準超過倍数を 20 から 10 に削減した場合，適用される料率が 1t あたり 0.3 元から 0.2 元に下がる。

固形廃棄物については，10 種類の汚染物質が排汚費の徴収対象になる。汚染物質の処置方法は，①水域へ投棄する場合，②防水・防漏措置なく放置される場合，③規定場所以外に放置される場合，の 3 種類に分けられ，それぞれに異なる料率が適用される。水銀，カドミウム，砒素，六価クロム，鉛，シアン化物，黄リンおよびその他の可溶性有毒物質を含む固形廃棄物に対し，①の場合に 36 元/t，②の場合に 2 元/t・月，の料率が適用される。発電所からの石炭灰に対し，①の場合に 1.2 元/t，③の場合に 0.1 元/t・月，の料率が適用される。そして，その他の工業固形廃棄物は，①の場合に 5 元/t，③の場合に 0.3 元/t・月，という料率が適用された。

(B) 徴収基準の変遷

排汚費の算定の基礎となるのは，工業『三廃』排放試行標準であるが，

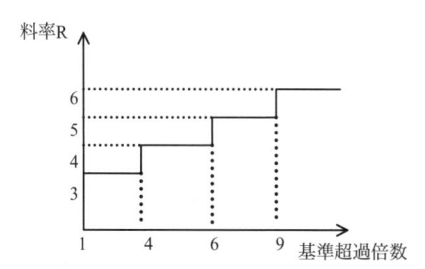

図6-2 ●廃ガス基準超過排汚費の料率構造（工業および暖房ボイラー煙塵）

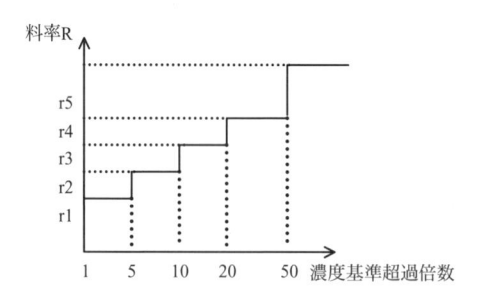

図6-3 ●廃水基準超過排汚費の料率構造

　その基準設定は，すべての産業分野や水域に同じ基準を画一的に適用させようとするもので，柔軟性に欠けていた。たとえば，廃水の場合，環境浄化能力の異なる重点保護水域と一般水域に同じ基準を適用していた。また，製紙産業や化学繊維産業，石炭産業などの特殊産業にも一般産業と同じ基準が一律に課されることになっていた。基幹産業である冶金部門，石油化学部門の一企業あたりの排汚費納付額は他の部門より重いものであった。しかも，これらの部門に属する企業は，厳しい排出基準を達成するのに必要な削減技術や経済力を備えていなかったため，大きな反発が起こった（国家環境保護局，1994：123）。

　1983年に地面水環境質量標準（GB3838-83）[7]が公布されたのをきっかけに，翌年，国家環境保護局は，全国徴収超標排汚費標準問題研究（基準超過

---

[7] 1988年4月5日に改正され，GB3838-88に代替される。

排汚費の徴収基準に関する問題の全国研究）を開始することを決めた。水質汚濁分野においては，1988年に汚水総合排放標準（汚水総合排出基準）（GB8978-88）[8]）が公布された。また，1991年に徴収排汚費暫定弁法に規定された汚水排汚費の徴収基準が廃止され，代わりに国家環境保護局と財政部，国家物価局が共同で超標汚水排汚費徴収標準（基準超過の汚水排出の排汚費基準）という新汚水基準超過排汚費の徴収基準を公布した。これにより，徴収対象となる汚染物質が増加し，徴収単価が引き上げられ，料率構造も変化した。新しい料率構造を図6-4に示す。縦軸は排汚費の料率Rを表し，横軸は廃水の基準超過排出量である。Eは各汚染物質の基準超過境界値を示す。AとBは基準超過徴収単価である。排出者が基準Eを超えて汚染を排出する場合はBレベルの徴収単価が適用される。AレベルとBレベルの単価の差は汚染物質によって異なるが，最も差の大きい場合は約6.7倍で，一番小さい場合は1.75倍である。しかも，Bレベルの徴収単価が適用される場合には，算定起算額[9]）が加算されなければならない。

以上を整理すると，排汚費徴収額の計算式は，以下のとおりである。

排汚費徴収額＝基準超過徴収単価×基準超過汚染物質排出総量（t・倍数）

基準超過汚染物質排出総量がE（各汚染物質の基準超過境界値）より小さい場合：
　排汚費徴収額＝Aレベルの徴収単価×基準超過汚染物質排出総量（t・倍数）
基準超過汚染物質排出総量がE（各汚染物質の基準超過境界値）より大きい場合：
　排汚費徴収額＝Bレベルの徴収単価×基準超過汚染物質排出総量（t・倍数）＋Bレベルの算定起算額

廃水の排出に対して課される排汚費は，他の法律に基づいて支払わなければならない類似の費用との区別を明確にしておく必要があった。1984

---

[8]）1998年1月1日に改正され，GB8978-1996に代替される。
[9]）算定起算額の中国語は起徴費である。タクシーの初乗り料金に似たもので，汚染物質によってその料金が異なる。たとえば，全水銀は2,000元，ベンゾピレンは90,000元である。

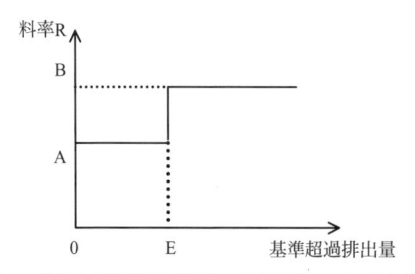

図 6-4 ● 汚水基準超過排汚費の料率構造（1991 年弁法）

年 5 月に公布された水汚染防治[10]法の第 15 条は，水域に汚染物質を排出している場合には汚水費[11]を，国あるいは地方の汚染物質排出基準を超える場合には基準超過排汚費を徴収する，と定めている。これに従い，1993 年 7 月に国家計画委員会と財政部が共同で関与徴収汚水排汚費通知（汚水排汚費の徴収に関する通知）を発布し，「汚水 1t あたり 0.05 元以下の汚水費を徴収する」と，汚水費の徴収基準を全国的に統一した。また，基準超過排汚費を納める場合には重ねて汚水費を徴収しない，と定めた。1996 年 3 月の第 4 回全国環境保護会議では，「国家環境保護第 9 次 5 ヵ年計画と 2010 年長期目標」が審議され，9 月に国務院の批准を得た。この環境保護計画の副本 1 としての『「9・5」期間における全国主要汚染物質排出総量規制計画』では，12 の汚染物質に対して総量規制を導入することが定められた。それを背景に，水汚染防治法は 1996 年 5 月に改正された。改正された同法の 19 条は，都市汚水集中処理施設に汚水を排出する場合，または汚水処理費を納めている場合は，汚水費を徴収しなくてよいと定めており，都市汚水集中処理施設に対して支払う汚水処理の対価としての汚水処理費と，廃水の排出によって環境に与える負荷に対して課する汚水費および基準超過排汚費とを区別した。

　大気分野においては，1992 年 5 月に「ボイラーによる大気汚染物質排

---

[10] 防治という用語は，防止と治療・処理・除去の意味を併せもつ用語である。
[11] 水汚染防治法では排汚費と記しているが，基準超過排汚費と区別するために汚水費を使用する。

出基準」を公布し，新設ボイラーに関する排出基準を既存のボイラーより厳しいものにした。同年の9月に国家環境保護局をはじめ，国家物価局，財政部，国務院経済貿易弁公室が共同で「工業用石炭燃焼によるSO_2排汚費の実験的徴収に関する通達」を公布し，貴州，広東の2省および重慶，宜賓などの9都市で実験的にSO_2排汚費の徴収を始め，排出されたSO_2に対して，1kgあたり0.20元以内の排汚費を徴収すると定められた。さらに，2000年に大気汚染防治法が改正され，主な大気汚染物質排出の総量規制や排出許可証の導入が明文化された。

固形廃棄物については，1995年に固体廃棄物汚染環境防治法が成立し，改めて工業固形廃棄物や危険固形廃棄物に関する排汚費の徴収を明確化した。

徴収排汚費暫行弁法が公布された当時，騒音に関する排出基準がなかったため，騒音排汚費は徴収されていなかった。1989年9月に発効した環境騒声汚染防治条例[12]の13条においてはじめて騒音に対する基準超過排汚費を徴収することが定められた。騒音排汚費の具体的な徴収基準は，1991年に国家環境保護局と国家物価局，財政部が発布した基準超過騒音排汚費の徴収基準に基づき，基準超過値デシベル（dB）を5段階に分けて，月に200～3,200元の騒音排汚費が累進的に徴収された。

以上の経緯を経て，廃水，廃ガス，騒音，固形廃棄物，放射線廃棄物（1988年に公布された放射性防護規定の排出基準に準ずる）5分野の100種類以上の汚染物質を対象に排汚費が徴収されるようになった。

3-2　排汚費収入の使途：1979年から2003年まで

排汚費の徴収は1979年から実験的に始まった。ただ，排汚費収入の使途に関する資料があるのは1982年からである。

徴収排汚費暫行弁法の第7条では，徴収した排汚費（基準超過排汚費と汚

---

[12] 1996年10月に環境騒声汚染防治法が発布すると同時に廃止された。環境騒声汚染防治法第16条に環境騒音汚染を生じる組織は，対策を講じて整備を行い，かつ国家の規定により基準超過汚染排出費を納付しなければならないと改めて騒音排汚費について規定した。

水費,SO_2排汚費,四項目収入からなる)を財政的に管理する主体を次のように規定した。中央政府および省(自治区,直轄市を含む)に属する企業から徴収された排汚費は,省の財政に組み入れられる。それ以外の企業から徴収された排汚費は省以外の地方財政に組み入れられる。ただし,中央政府および省に属する企業が集中している市においては,それらの企業からの排汚費は省人民政府の承認を経て,省以外の地方財政に組み入れることができる。また,同法の第9条は,徴収した排汚費は,「予算として収納するが,環境保護補助資金として独立して管理し,ほかの予算と区別する」と規定している。

　また,徴収排汚費暫行弁法の第10条は,環境保護補助資金は,重点汚染排出企業の汚染源処理・対策および環境汚染の総合的な防治の補助のために使用すべきであるとしている。さらに,排汚費納付企業は汚染源対策を行う際に,国の規定に従い,環境保護部門および財政部門に対し,補助金を申請することができる。また,各地環境保護部門が管理する環境保護補助資金は,観測機械の購入・設置費用に使用することができるが,行政経費や建物の建設などの用途に支出することはできない,と規定されている。

　財政部門は,環境保護部門が作成した資金使用計画に基づいて,3ヵ月または6ヵ月ごとに,環境保護補助資金を環境保護部門の銀行口座に振り込み交付する。環境保護部門は,その資金を2つの領域に分けて管理する。第1は,汚染源処理・対策補助資金である。排汚費収入の80％は汚染源処理・対策補助資金の資金源である。主に重点汚染排出企業の汚染源対策への補助金として使用される。汚染排出企業は汚染源処理・対策を行うにあたって,まず自己資金を調達しなければならない。自己資金が不足していれば,環境保護部門に申請し,審査を経て,納付した排汚費総額の80％までの範囲で補助金を受けることができる。なお,SO_2の排出削減に環境補助金を使用する場合,納付した排汚費の90％まで使用することができる。

　第2は,行政費用としての環境汚染総合対策補助金(地域の総合的な汚染

第Ⅰ部
中国の環境政策の現状分析と課題

防治対策費用や調査費用，科学研究費，環境汚染源対策のモデル工事の建設費などが含まれる）と環境行政補助資金（観測機器の設置費用および汚染監視や排汚費管理に要する人件費，汚染防治のための技術研究費などが含まれる）である。資金源は主に排汚費収入の20％および四項目収入である。

　四項目収入（あるいは四小塊）とは，4通りの罰金的排汚費のことである。1つは，倍加徴収である。徴収排汚費暫行弁法の第6条では，1979年の環境保護法（試行）公布後に新築，拡張，改築された事業および潜在能力の活用，革新，改良を行った事業の事業活動に伴って排出される汚染物質が基準を超えている場合，並びに汚染物質の処理施設を保有しているにもかかわらずこれを運用せず，または無断で排除して排出汚染物質が基準を超えている場合には，排汚費を倍加徴収する，と規定している。2つめは，累進制収費[13]である。これは，徴収排汚費暫行弁法の第6条に基づき，基準超過排汚費を支払ってから2年間を経過しても，排出基準を達成できなければ，第3年目から，排汚費の徴収単価が毎年5％ずつ引き上げられることに伴うものである。3つめは，滞納金である。排汚費の徴収通知を受けてから20日以内に納めない場合，基準超過排汚費その他納めるべき排汚費総額に対して滞納1日あたり0.1％が徴収される（徴収排汚費暫行弁法第7条）。4つめは，罰金である。環境保護行政部門の検査を拒否することや汚染排出の報告を提出しないことなど，法令に違反した場合に徴収されるものであり，さまざまな規定に従って一定の幅で金額が定められている。

　汚染源処理・対策補助資金の使用については，1988年に公布された汚染源治理専項基金有償使用暫行弁法（汚染源処理・対策専用基金の有償使用臨時弁法）に基づき，補助金から融資に切り替える方針が進められた。これは，第6次5ヵ年計画（1981-85年）期間に環境保護補助金の使用の非効率性[14]をなくし，汚染の深刻な企業に集中的に資金を投入するために行わ

---

[13] 一部の資料では，累進徴収（李，1999：106）または累進収費（竹歳，2005：27）と表示されているが，ここでは『中国環境保護行政20年』（中国環境科学出版社，1994：157）で使われている累進制収費原則を用いる。ただし，ここでの累進の意味は日本語の漸進の意味に近い。
[14] 投資金額や技術の不足，工事の監督の緩みといった原因によって，工事期間が長引き，資金や原材料が浪費され，工事の質が悪い，といったことを指す。

れた改革である。汚染源治理専項基金有償使用暫行弁法第3条では，汚染源処理・対策補助資金の20～30％を基金に拠出し，有償で重点汚染源に融資する，と基金の運用方法を定めている。また，各年の排汚費の未使用部分，受取利息も全額基金に繰り入れられる。各地方の環境保護部門は上述した汚染源処理・対策補助資金と行政費用を取り扱う専用銀行口座の他に，新たに汚染源治理専項基金の専用口座を設け，地方財政部門は定期的に資金を基金専用口座に割り当てる。基金の貸出は環境保護局の審査および財政部門の通達を経て，銀行または環境保護投資会社を通じて行われる。

基金の使用範囲は重点汚染源の処理，三廃の総合利用，汚染源対策のモデルプロジェクトと企業の汚染処理設備の移転などである。貸出の対象は，基準超過排汚費を支払っており，汚染源対策に一定割合の自己資金を投入することができ，基金からの貸出に対して償還能力がある企業である。しかも，汚染源対策プロジェクトは実効性のあるプロジェクトでなければならない。なお，汚染源対策への投資額のうち自己資金の占める割合が60％以上の企業に対して優先的に貸付を行うとされた。

返済の期限は3年以内であり，貸出利子は1年目に0.24％，2年目に0.27％，3年目に0.30％となっている。汚染源対策プロジェクトの竣工後に行われる環境保護部門の検査に合格した場合，元金の一部の返済が免除されるという返済免除規定がある。

以上から明らかなように，排汚収費制度は制度的に改変されながら，今日まで存続・拡大されてきた。制度がこのように変遷してきた原因は何であろうか。

第1に，排汚収費制度が導入されて以後さまざまな問題点が指摘されつつも，政府の立場から見れば中国の汚染の抑制や環境の改善に一定の効果を挙げたと評価されたので，制度をより拡大しようとしたことがある。1994年に行われた全国排汚収費15周年総括表彰大会において，当時の国家環境保護局長解振華氏は，「1979年からの15年間で，排汚費収入で補助した汚染対策プロジェクトは22万件にのぼり，これらのプロジェクトによって，年に160億tの廃水，40,000億m^3の廃ガス，7,000万tの固

形廃棄物，19,000 もの騒音発生源を処理することができた」とし，「排汚費の徴収や補助金の使用によって，企業の経営管理の強化や資源の節約と総合利用を促進した。その努力によって企業が得られた直接的な経済利益はおよそ 95 億元に達する」と報告した（国家環境保護局，1994：2-3）。つまりこの立場からは，排汚収費制度に関する一連の制度改革は，制度をより効果的なものにするために行われたものだということになる。

第2に，環境基準[15]が整備されてきたことが排汚収費制度改革を促した面を指摘できる。排汚収費制度の徴収基準となる汚染物質排出基準は，1982年当初には工業『三廃』排放試行基準しかなかったため，徴収排汚費暫行弁法では汚染物質を大雑把に分類し，徴収基準となる超過倍数も非常に粗い区切り方をするしかなかった。しかし，その後新しい環境基準が次々と発表され，1992年までに国家環境基準が263項，そのうち汚染物質排出基準は50項までに増えた（「中国環境保護行政二十年」編委会，1994：35）。これらの基準が当初の工業三廃排放試行基準とは大きく異なるものであったため，排汚収費制度もそれに応じて改革しなければならなくなった。

第3に，基準超過排汚費の限界をふまえて，汚染物質排出総量を対象に徴収する総量収費に移行することに対応するためである。経済発展に伴い，各企業の生産量が増加し，汚染物質の排出量も増加した。汚水の場合は，基準を達成している汚水に含まれるCOD総量が大幅に増加している。一部の企業が基準超過排汚費の支払いから逃れようとするために，汚染物質を水で希釈して排出していたことも一因である。このような現状を改善し，汚染排出総量の増大を抑制するために，1993年に従量的に徴収される汚水費が導入され，1996年に『「9・5」期間における全国主要汚染物質排出総量規制計画』が発表され，さらに12の汚染物質に対して総量規制を導入すると定められた。

第4に，経済体制改革との関連である。排汚収費制度が導入された当初は国有企業を中心とした経済体制であったため，制度の適用対象も主に国

---

[15] 環境基準は環境質量基準と汚染物質排出基準からなる。後者は排汚費の徴収基準となる。

有企業であった。排汚費の料率を低く設定し，支払った排汚費の一部を汚染源対策費として還流させていた。市場経済化の進展に伴い，郷鎮企業や民営企業，個人企業といった非国有企業が発展したが，そのことに制度的に対応する必要があった。その結果，排汚費料率は依然としてまだ企業の限界排出削減費用を下回っているが，一部の排汚費料率の引き上げや環境保護補助資金の有償使用などを通じて，より環境政策手段的側面が強化された。すなわち，市場メカニズムを介して外部不経済の費用を内部化するという理論上の排出課徴金に近づくための改革が行われるようになった。

第5に，環境政策の推進に要する費用を誰が負担するかという問題と関連して，環境政策に活用できる財源を調達するという意図が中国政府に働いていたことである。この問題は中国環境政策における汚染者負担原則の位置づけと執行問題（金・植田，2007），および環境政策を含む公共政策に要する経費を賄う租税制度のあり方と深く関係している。

3-3 排汚収費制度の特徴と問題点：1982年から2003年まで

要約すると，この時期の排汚収費制度は以下のような性質と特徴を持っている。

①排汚費を納めても汚染処理の責任を免除しないこと[16]。徴収排汚費暫行弁法の第3条では，排汚費を納めても，汚染処理，損害賠償およびその他の法定責任を免除しない，と規定している。

②排汚費が強制的に徴収されること（徴収排汚費暫行弁法第7条）。排出者は環境保護部門が発行した排汚費払込票を受け取ってから20日以内に排汚費を納めない場合，1日当たり0.1％の滞納金が追加的に徴収される。

③排汚費は特定財源として使用されること。また，その一部は積み立てられ，企業の汚染処理施設建設のための融資に使用される（徴収排汚費暫行弁法第9，10条）。

---

[16] 環境課徴金を課すことを通じて環境改善を図る場合に，課徴金を支払えば汚染物質を排出してもよいのであれば課徴金は「汚染のライセンス」にならないかという問題として，常に論じられてきたテーマである。この問題に関する初期の議論は，Anderson et al. (1997) 参照。

第 I 部
中国の環境政策の現状分析と課題

```
                    ┌ 都市汚水処理施設へ排出 ⇒ 汚水処理費
    基準達成排出企業 ┤
                    └ 公共水域へ排出 ⇒ 汚水費

                    ┌ 都市汚水処理施設へ排出 ⇒ 汚水処理費＋基準超過排汚費
    基準超過排出企業 ┤
                    └ 公共水域へ排出 ⇒ 基準超過排汚費
```

図 6-5 ●汚水費と汚水処理費，基準超過排汚費の適用

④排汚費の一部は環境保護部門の観測機器などの設備費の経費として使用できること (徴収排汚費暫行弁法第 10 条)。

⑤基準超過排汚費，罰金的排汚費，従量的排汚費という 3 種類の排汚費が並存していること。つまり，廃水，廃ガス，固形廃棄物，放射線廃棄物，騒音について，排出基準を超えて排出する場合に徴収される基準超過排汚費に加えて，累進制収費，倍加徴収，滞納金，罰金の四項目収入と呼ばれる 4 通りの罰金的排汚費，それに，廃水や SO_2 に対して排出基準以下であっても汚染の排出量に応じて徴収される従量的排汚費という 3 種類である。

⑥通常の排汚費である基準超過排汚費と従量的排汚費は製品コストに転嫁できるが，罰金的排汚費は製品コストに転嫁してはならない (徴収排汚費暫行弁法第 8 条)。

⑦廃水に対しては 3 種類の排出課徴金が存在する。PPP に基づいて導入した従量的に徴収される汚水費と基準超過排汚費のほかに，受益者負担原則に基づいて，汚水処理の対価として支払わなければならない汚水処理費が存在している (この 3 者の関係は，図 6-5 のように整理できる)。

しかし，この時期の排汚収費制度は，費用の徴収や管理・使用に大きな問題が存在していた。これらの問題点は，Ueta (1988)，李 (1999) および竹歳 (2005) などで論じられてきたが，その要点をまとめておこう。

第 1 に，基準超過徴収の問題である。国や地方が定めた排出基準を超えて汚染物質を排出するものを対象に，汚染物質の基準超過倍数にしたがっ

て排汚費が徴収されるので，汚染物質の排出が基準以下であれば排汚費は徴収されない。

第2に，濃度基準の問題である。基準超過排汚費は濃度基準に基づいて徴収されるので，総排出量の抑制には効果的でない。環境行政の執行力が弱いこともあって隠れた排出口の増設などによって排出濃度を薄め，排出基準を達成させ，基準超過排汚費の支払いから逃れていた企業が存在した。また，工業用水価格は水銀やカドミウムなど一部の汚染物質を対象とする基準超過排汚費より安かったため，一部の企業は排出基準を達成させるために汚染物を水で希釈して排出していた。工業節水『第10次5ヵ年計画』規劃[17]によると，1998年の工業用水価格は0.12〜3.50元/t，全国平均価格は1.21元/tである。これに対し，汚水処理費または排汚費の価格は0.08〜1.7元/tで，全国平均価格は0.46元/tになる。全体からみると，水価格は排汚費および汚水排汚費価格を上回るが，一部の地域においては，工業用水価格は排汚費と汚水処理費を下回っている。それに加えて，隣接する川から直接に無料で取水することのできる企業も多々存在した。しかし，希釈によって排出基準が達成されたからといって，汚染物質の排出総量は減少していない。希釈することは水資源の浪費にもなり，汚染源対策および環境改善が進んだことにはならない。

第3に，単一汚染源徴収問題である。複数の汚染源が存在する場合，排出量がもっとも大きな排出源に限定して排汚費が徴収されるので，その他の汚染源による汚染およびいくつかの汚染物質による複合汚染問題の防治には寄与しない(李，1999：108)。

第4に，排汚費の料率の問題である。料率が汚染の限界削減費用よりも低く，排出者が汚染源対策より排汚費の支払いを選択することになってしまう。また，単価が固定されており，物価の上昇とともに排汚費の実質価格が低下しつづけたこともこの傾向を大きくした(李，1999：108)。そもそも国有企業中心で計画経済的要素が強く「不足の経済」と言われる状況の

---

[17] http://www.chinacp.com/newcn/chinacp/policy_of_setc12.htm による。2006年6月12日にアクセス。

下では，価格メカニズムは十分機能しておらず，排汚費が汚染物質の排出を削減する誘因として働く条件はなかったと言える (Ueta, 1988)。

　第5に，排汚費の未納・滞納，徴収漏れの問題である。モニタリングできる人材が不足していたため，排汚費の未徴収額が大きかった。1994年の排汚費の徴収漏れは14.5億元で，漏れの割合は58.3％と推定されている (李，1999：108；195)。

　排汚費収入の使用・管理に関する問題点としては，第1に，財政部門による交付が遅れるという問題がある。「環境保護補助資金の管理の強化に関する若干規定」(1989年) では，財政部門は四半期終了後の10日間以内に，環境保護機関の申請に応じて，排汚費を環境保護機関に交付する，となっているが，現実には交付が延期されることが常態であった。第2に，各級政府および関連部門による資金濫用の問題がある。1993年の全国排汚費財務検査情況通報は，排汚費は地方財政の赤字補填財源，中央財政への献金，都市インフラの建設費などとして使われている，と指摘している。第3に，地方環境保護機関による排汚費の不当な流用の問題がある。1981-94年の間，排汚費の総徴収額212.51億元のうち54.29億元が環境保護部門の人件費や設備費，科学研究・教育などに使われた (楊・王，1998：28)。また，2002年度の排汚費収入の66.6億元のうちの40.5％が環境保護部門の経費に使用された (設備費5.4％，人件費34.7％，その他0.4％)。つまり，排汚費の80％を汚染源処理・対策の特定財源とするという規定が守られていなかったのである (李，1999：108-109)。

4 排汚収費制度の機能と評価

4-1　排汚収費制度の導入過程に関する分析

　排汚収費制度の導入に関する議論の過程では，排汚収費制度はPPPに基づいた汚染排出抑制および環境改善のための経済的手段として位置づけられていた。しかし，実際に導入された排汚収費制度は，PPPに反する部分もあった。特にPPPの適用によって調達できた財源の使途については

そうである。OECD 勧告は，PPP の説明の最後に，「……これらの措置を講じるに際して，貿易と投資に著しい歪みを引き起こすような補助金を併用してはならない」と記している。中国より先に汚染排出課徴金制度を導入した諸外国の経験を見てみると，ドイツの場合，課徴金収入は各政府に入り，その使途は課徴金徴収のための行政費用のほかに，水質保全対策費用，水質保全研究費および保全事業に関わる従業員の教育費などに限定されている(諸富，2000：108)。また，オランダの場合，排水課徴金を導入する目的は排水処理施設の建設・拡充といった水質管理に伴う費用を賄うための水管理組合の財源調達手段であった(諸富，2000：136-137)。これに対して中国の排汚収費制度は，排汚費収入の80％が個別汚染排出企業の汚染源処理・対策への補助金として使用されており，支払った排汚費が汚染排出者に還流する制度になっていた。PPP の観点からみると，補助金との併用は原則違反である。また，対象となっていた企業が大半国有企業であったことを考えると，排汚収費制度はそもそもPPPとは似て非なるものと言えるかもしれない。

　排汚収費制度は現実には想定したとおりの機能を果たしていたわけではない。まず，排汚費の料率が低く，汚染排出削減目標を達成できなかった。つまり，排汚費の徴収のみでは環境改善目標を達成させるだけの誘因効果はなかったのである。しかし，排汚収費制度の料率が低い水準で導入されたのは，得られた収入の使途と関係している。排汚収費制度は排出基準による直接規制との組み合わせで，国が定めた排出基準を超えて排出する場合に排汚費を徴収する仕組みである。言い換えれば，排出基準を満たせば排汚費を支払わなくてもよいので，各排出源の限界費用の均等化は達成されず，効率的な排出削減は達成されない。ただ，排汚収費制度は直接規制によって決められた排出基準を守らせる誘因を排出源に与えていることになる。その意味で，排汚収費制度は，環境政策手段という面からみると，直接規制による環境改善目標の達成を補完的に促進するという役割を果た

していると言える[18]。

　排汚収費制度の場合には，排出基準を達成させるに十分な排汚費の料率が実施されなかった原因を考察しなければならない。この問題を明らかにするためには，排汚収費制度導入の政治過程を分析しなければならないが，分配問題的要素が大きな影響を与えたと思われる。ある排出削減水準を達成しようとするとき，直接規制を強化するのに比べ，排汚費のような課徴金を新たに導入する場合には排出削減に要する費用に加えて，残余汚染分（直接規制において汚染物質の排出が容認されている排出基準までの汚染部分）も排出者に負担させることになるので，排出者にとっては相対的な負担感が極めて大きい。そのため，導入は困難になるのではないかと考えられる[19]。

　それに加えて，中国の場合には制度が適用される対象が国有企業中心であったという問題もある。1企業あたりの排汚費納付額が比較的大きかったのは冶金や石油化学といった基幹産業部門であり，これらの産業部門は政府内部でバーゲニング・パワーの強い産業部門でもある。排汚収費制度の場合，そういった部門の負担感に配慮したと思われる。排汚収費制度は，排汚費の水準を低く設定し，かつ徴収した排汚費の一部を汚染源対策費として還流させる課税と補助金の組み合わせであった。一般に環境政策における課税と補助金の組み合わせは，政策の効果を維持しつつ，排出源の負担を減らすことを目的にした政策である。ただ，中国の排汚収費制度は，排汚費収入から排出削減対策の採用に対して補助金を出す仕組みであり，補助金の支出が排出量の削減と直接リンクしないため，効率的な排出削減を達成することはできない（植田，1996：133）。さらにこの政策は，発展途上国的立場からは，産業の発展を優先し産業部門の競争力を維持しつつ，汚染対策を促進するよう配慮した政策でもあるとも考えられる。

4-2　経済体制と排汚収費制度

　排汚収費制度は，原理的にはPPPに基づいている。しかし，OECDの

---

[18] ドイツ排水課徴金を事例にしたこの説明については，岡（1993）および植田（1996）を参照。
[19] 植田・岡・新澤（1997）参照。

PPPが適用の対象として念頭に置いていたのは民間企業であり、理論上は課徴金を中心とする価格メカニズムを利用し、汚染の原因者に外部不経済を内部化するための費用を負担させるべきだというものである。ところが中国の場合、すでに述べたように、排汚収費制度が導入された当時は国有企業中心であり、まだ「不足の経済」とまで言われる経済状態でもあったので、OECDのPPPが想定しているメカニズムが働く余地はほとんどなかった(Ueta, 1988)。その後、経済体制改革に伴い、経済主体が多様化し、汚染の主体も国有企業だけでなく郷鎮企業や民営企業などに拡大している。このような変化は、排汚収費制度の実施効果に大きな影響を及ぼした。

1984年には「郷鎮企業および町工場の環境管理に関する規定」が公布されていた。しかし実際には、1997年に「郷鎮企業の環境保護工作を強化する規定」が公布されるまでは、排汚収費制度が適用される対象は、県以上の事業体(国および省、県に属する国有企業)の範囲に限られていた。1980年代の中国では、経済体制改革が始まったばかりで、私的経済主体の存在を原則的に容認したとはいえ、国有企業の民営化に踏み切ったわけではなく、あくまでも国家所有制が維持されていた。国有企業には生産、投資、販売などの意思決定権がなかった。そもそも、企業が自ら汚染物質を排出する設備を設置したというよりは、政府の投資計画に基づいて、設備を設置してきたのである。そう考えると、排汚収費制度は政府自らが設置した設備が排出した汚染に対して課していることになる。

また、国有企業の場合、企業の利潤はすべて国に吸い上げられ、企業が必要とする資金はすべて国家財政から下ろされることになっていたため、排汚費を支払っても本来国に上納する利潤が減るだけで、自身の経営は影響を受けない。当時、ある程度市場の役割が肯定的に評価されるようになっていたが、1982年の第12回党大会では「計画経済を主、市場調整を従」とする立場を取っていた。公定価格と市場価格が並存する二重価格制のもとでは市場メカニズムは十分に機能していなかった。結局、排汚費は汚染者に汚染排出削減の誘因を与えるという排出課徴金理論どおりの効果はなかったのである。

生産設備や技術が古く深刻な汚染を排出する国有企業の汚染対策を促進するために，排汚収費制度には，排汚費を支払った重点汚染排出企業に対して，汚染源処理・対策補助資金を供与する規定が組み込まれた。PPP を根拠として汚染企業から排汚費を徴収するが，徴収した排汚費 80％は補助金として企業に還元し，汚染源処理・対策設備を整備させていくことになった。いわば，政府が企業の設備投資に介入し，設備投資資金を環境保全資金へと再配分していたことになる（井村・勝原，1995：91）。つまり，市場経済が未熟である段階で導入された排汚収費制度は，課徴金として汚染排出企業の汚染排出削減を促進するというよりも，むしろ国有企業の汚染源対策を行うための財源調達手段であるという側面が強かったと言える。

市場経済の進展に伴い，集団企業や個人企業，合資企業，外資企業などの非国有部門の企業が台頭し，経済主体が多様化した。特に，第 8 次 5 ヵ年計画期間に入ってからは，郷鎮企業が急速に発展し，中国の高度経済成長を支える担い手に成長した。中国の工業生産総額に占める郷鎮企業の割合は，1978 年の 9.1％から 1995 年には 55.8％にまで達した[20]。同時に，郷鎮企業に起因する環境問題が深刻化していることが，1995 年に国家環境保護局と農業部が共同で行った全国郷鎮企業汚染状況調査で明らかになった。

排汚費徴収戸数は，1991 年の 20.59 万戸から 2002 年の 91.75 万戸に増加している。その理由としては，第 1 に，1995 年に行われた全国郷鎮企業汚染状況調査で，農村地域の汚染状況が明らかになり，指導者たちの認識が変化したことがある。それまでほとんど手がつけられていなかった郷鎮企業について部分的ながら調査ができ，執行主体である県政府内の環境保護部内の整備がほぼ完了したことで，それまで不可能であった排汚費の徴収が実行可能となった。モニタリング網は，1981 年に以下に示す 4 つのレベル全体で 650 ヵ所しかなかったが，1995 年に国家レベル 1，省レベル 37，市レベル 377，県レベル 1,808 ヵ所にまで増えた。また，1,808

---

[20] 中国国家統計局（編）『中国統計年鑑 1996』389 ページおよび 403 ページに基づいて計算した。

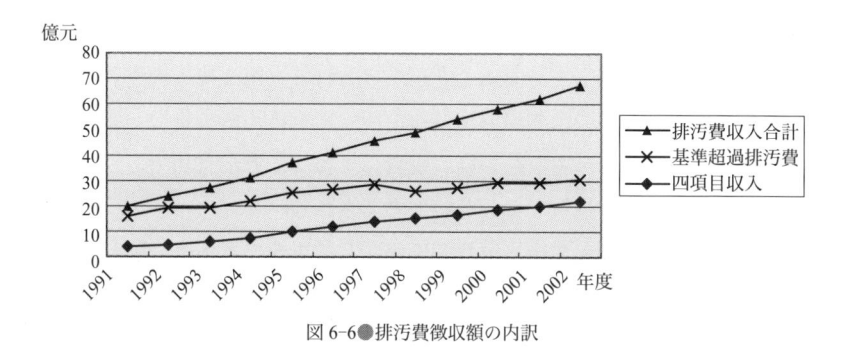

第 6 章
排汚収費制度の到達点と課題

図 6-6 ● 排汚費徴収額の内訳

という県級モニタリング所はおおむね県レベルの行政単位をカバーするまでになったとみてよい（小島，2000：27-34）。1997年に「郷鎮企業の環境保護工作を強化する規定」が公布され，郷鎮企業による汚染を抑制する方針が明確になったことをきっかけに，排汚費の徴収が本格化した。そのため，郷鎮企業の排汚費徴収戸数が大幅に増えたのである。

第2に，1996年に「9・5」期間における全国主要汚染物質排出総量規制計画が通達され，12種類の汚染物質に対する総量規制が実施された。また，同年には「世紀を跨ぐグリーンプロジェクト計画」が始まり，一部の重点流域および地域での汚染源対策が積極的に進められた。この2つの計画の実施により，各地方環境保護部門の排汚費の徴収体制が強化された。そのため，徴収戸数が大幅に増えたと考えられる。しかし，排汚費の徴収戸数の増加は徴収対象が拡大され徴収が厳しくなっていることを示すと同時に，新規汚染源の抑制という排汚収費制度の本来の主旨が果たせていないことをも示唆している。

排汚費収入の合計額は，1991年の20.1億元から2002年の67.4億元に増加している。その変化を徴収戸数の増加と併せて考えると，1企業あたりの平均納付額は減少していることになる。また，図6-6から明らかなように，排汚費徴収額のうち，基準超過排汚費の増加幅が縮小しているのに対し，罰金的性格を持つ四項目収入が大幅に増加している。つまり，企業が汚染源対策をとるよりも，継続的に排汚費を支払う場合が多いと言え

る。その理由としては，第1に，企業が汚染源対策を行おうとしても，十分な資金や技術を持っていないことが挙げられる。第2に，排汚費の徴収基準が低いことである。環境保護投資を行っても排汚費の負担が多少減少するだけであり，むしろ収益の高い投資にまわした方が有利であれば，企業は必要な環境保護投資を行わないと考えられる。

　財源調達手段としての排汚収費制度に関して重要な変化は，国有企業への汚染源対策を促進する汚染源処理・対策補助資金は，1988年以降，「汚染源除去特定基金有償使用暫行弁法」の公布により，補助金から融資制度への切り替えが全面的に進められたことである。それまで，企業は納付した基準超過排汚費総額の80%までの範囲でしか補助金をもらえないため，汚染源対策を行うときに自己資金を用意しなくてはならなかった。融資制度は企業に対策を確実に実施させるための資金源であるが，融資を受けるには自己資金を用意しておくことが義務づけられていた。また，融資への切り替えは環境対策以外の目的への補助金の濫用を防ぐことができる。融資への切り替えによって，排汚費が汚染源対策により有効に使用されるようになった。同時に，返済される金額は元金と利子の合計額になるので，汚染源除去特定基金は増加し，より多くの汚染対策に使用できることになった。

　表6-1をみると，環境保護投資総額は年々増えており，工業部門の汚染対策費も増加している。ただ，汚染源対策のための融資制度が導入されたにもかかわらず，後者に占める融資の割合は増加しなかった。それについては，以下の4つの理由が挙げられる。

　第1に，汚染源除去特定基金の規模が小さいことである。毎年融資できる総額は10億元足らずで，しかも30の省に分散され管理されているため，大規模汚染源の対策に使用することができなかった。

　第2に，融資の範囲が狭いことである。前述したように，基金の使用範囲は重点汚染源の整備，三廃の総合利用，汚染源対策のモデルプロジェクトと企業の汚染処理設備の移転などであり，対象は基準超過排汚費を支払っている企業のみである。汚染排出基準をすでに達成しており，クリー

表6-1 ●排汚費の使途（1991〜2002年度）　　　（単位：億元）

年度	環境保護投資総額	うち排汚費使用額	環境保護部門の行政費用	工業部門の汚染対策費	うち融資の割合（％）
1991	170.12	17.8	4.4	10.2	—
1992	205.6	21.7	5.5	10.9	55.0
1993	268.8	24.8	6.6	10.7	57.9
1994	307.2	27.0	7.9	10.3	58.3
1995	354.9	32.2	11.8	10.3	57.3
1996	408.2	39.6	16.6	8.7	60.9
1997	502.5	45.8	19.3	13.1	72.5
1998	721.8	48.6	21.3	13.5	66.7
1999	823.2	54.6	23.5	13.2	62.1
2000	1,060.7	62.8	25.7	19.3	65.3
2001	1,106.6	59.8	27.5	15.8	47.5
2002	1,363.4	66.6	30.8	14.8	54.1

註：各項目のデータは県レベル以上の各地区の環境統計データを使用した。
出所：『中国環境年鑑』各年版。

ナープロダクションに投資しようとする企業は基金からの融資を受けることができない。このことは基金の有効利用を妨げたと考えられる。

　第3に，急成長しているが，規模が小さい中小企業は，国有企業と比べると自己資金が少ないため，基金からの資金調達が難しいことである。

　第4に，行政からの強い関与が存在していることである。基金は地方環境保護局の管理下にあり，一部の地域では環境保護投資会社が設立されたが，それも地方環境保護局に属している。そのため，融資プロジェクトの選択や基金の運用が地方環境保護局の行政方針に大きく影響される。

　加えて，市場経済体制の進展と環境保護投資体制の発展に伴い，政府の財政的融資政策が活性化し，特に地方政府の環境対策責任が強化される中で，環境保護投資が急速に拡大していった[21]。その結果，企業にとって

---

[21] 本書第5章を参照。

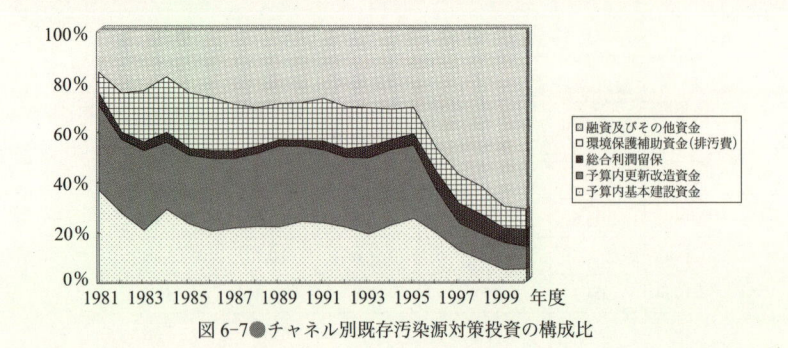

第Ⅰ部
中国の環境政策の現状分析と課題

図6-7●チャネル別既存汚染源対策投資の構成比

は基金以外の汚染対策資金調達チャネルが増え，排汚費への依存度は相対的に低くなった。この結果，既存汚染源対策投資の4つの主な資金源に占める排汚費の相対的重要性は明らかに低下した（図6-7）。環境対策への投資需要が増大する中で，全体の資金量において既存汚染源対策への排汚費使用額が減少しているのに対して，「融資および外資」の割合が増えつつある。政策的にPPPが適用される中で，企業は，政府からの補助金や有償貸付よりも，自己資金や銀行融資，外資などに頼らざるを得なかったことが示されている。

四項目収入の増加と汚染源対策に使用される排汚費の割合の減少は，結果的に1996年以降の環境保護部門への環境保護補助金の使用額を増加させたと思われる（表6-1）。つまり，排汚費収入は汚染源対策費から各政府環境保護部門の直接経費へと比重を移したのである。

排汚収費制度は，市場経済の規模が拡大・深化し，経済主体が多様化する中で何らかの改革が求められた。また，料率の早期の引き上げや管理体制の厳格化などがすすめられた。しかし，排汚収費制度に関わる主体の利害関係が制度改革を困難にしてきたと思われる。

4-3 各主体からみた排汚収費制度

排汚収費制度の制定と実施には，いくつもの主体が関わっている。それぞれの主体は排汚費に対して異なる関心と利害を持っている。以下，各主体にとって排汚収費制度が果たしてきた役割を考えてみよう。

(1) 中央政府

1983年末に開催された第2回全国環境保護会議で,環境保護は中国における基本的国策の1つとして位置付けられた。中国環境保護事業の戦略方針も策定され,それをもとに中国環境政策の基本システムが確立された。それは,「未然防止」,「汚染者負担」,「環境管理強化」の3大政策である。これらの環境政策を具体化したのが8つの環境管理制度である。8つの環境管理制度とは,①三同時(環境汚染および環境破壊の防止設備と,生産施設を同時設計・同時施工・同時操業開始する)制度,②排汚収費制度,③環境影響評価制度,④環境保護目標責任制度,⑤都市環境総合処理制度,⑥汚染物質排出登記・許可証制度,⑦汚染源集中制御・処理制度,⑧期間限定汚染処理制度,である。環境影響評価制度と三同時制度は新規汚染源を抑制する制度であるのに対し,排汚収費制度の目的は既存汚染源の排出基準達成の促進と既存汚染源対策資金の調達にあるとされた。排汚収費制度が始まるまでは,汚染源対策投資は中央政府の予算から支出された。1973-81年の間,汚染源対策投資のために投資された資金は5.04億元しかなかった(王他,2003:37)。それに対して,排汚収費制度は制度が始まった初年度だけで4.8億元の資金が調達できた。したがって,排汚収費制度は中央政府の環境保全にとって重要な資金調達チャネルと位置付けられたはずである。

また,排汚収費制度は,他の環境管理制度の執行力を高める効果があると評価された。特に三同時制度の執行力を2つの面で高めている。第1に,三同時が実施されていなかった新汚染源は,環境保護補助資金を受けられないという点である。徴収排汚費暫行弁法第12条は,「第6条の第二項(新築,拡張,改築および掘り起こし,革新,改造が行われたプロジェクトによる汚染物質の基準超過排出)で取り上げられた状況を引き起こした企業に対して,補助しない」と定めている。第2に,同じく第6条では,環境保護法(試行)の公布後に,新築,拡張,改築および掘り起こし,革新,改造が行われたプロジェクトによる汚染物質の基準超過排出,汚染処理施設が起動されていない場合や取り除かれる場合に対し,2倍の排汚費を徴収すると規定されている。こうした規定は,三同時制度の実施を促進するであろう。事実

大連市の場合，大規模・中規模の建設プロジェクトの三同時の執行率は，排汚収費制度が実施される前には62％（1980年）であったのが，実施後は100％（1986年）に上昇した。

しかしここで留意しなければならないのは，排汚収費制度を実施する行政主体は中央政府ではなく，地方政府だということである。1989年に公布した環境保護法第7条において，県レベル以上の地方人民政府環境保護部門はその地域の環境保護業務を監督・管理する，と定められている。また，同法の第10条は，各地方人民政府はその地域の環境質に対し責任を持ち，環境質の改善措置を採らなければならないと規定している。つまり，地方政府は当該地域の環境管理部門であり，汚染防治管理を行う主体である。排汚収費制度に関しても，中央政府の国家環境保護局が徴収排汚費暫行弁法を公布するが，それを実施する主体は地方政府および地方環境保護部門である。そして実施する際に，環境保護法に従い，地域環境の特性を考慮し，国家排出基準に規定されなかった汚染物質について排出基準を設けたり，国家排出基準より厳しい排出基準を規定したりすることができる。このような環境行政システムでは，より近いところで汚染者を監視することができ，地域の環境や産業の特徴に適した環境政策を実施することが期待される。

また，1979年頃から始まった国有企業改革によって，中央政府または地方政府に属する国有企業の割合が大幅に縮小し，それにかわって地方政府が管轄する集団企業，持ち株企業，外資企業，私営企業などの非国有企業の割合が拡大した。排汚収費制度の場合，企業の汚染源対策を促進することが目的で，徴収した排汚費の80％までの範囲で企業が補助金を受けられるシステムになっていたため，排汚費の徴収および補助金の支出をスムーズに行うためには，企業を管轄する地方政府と地方環境保護部門にその管理を委ねるべきだという意見もでた。しかし，地方政府と地方環境保護部門が主体となって排汚収費制度を実施・管理することになると，排汚費収入も各省で分散的に管理されるようになる。結果的に，省や県を跨る広域的な汚染源対策プロジェクトを行う際に中央政府が必要な財源を調達

するのが難しくなるというのが制度上の大きな問題点であり，後に述べる 2003 年制度改革の 1 つの背景である。

(2) 地方政府

排汚費は都市水資源費とともに専項収入としてまず全額地方財源に組み込まれ，その排汚費収入は地方財政部門において汚染源処理・対策補助資金 (80%) と行政費用 (20%) に分けて環境保護部門に分配される。しかし現実には，地方政府による排汚費の交付は延滞し，地方財政の赤字補填，中央財政への献金，都市インフラの建設費などに使われたこともある。1996 年度だけで，全国各級地方政府と関連部門によって占用・流用されている排汚費資金は排汚費収入の 13.7％ も占めていた (陸，2004：238)。

また，通常の排汚費 (四項目収入を除く) は企業の製品コストの一部として処理するため，排汚費が徴収されることによって企業の利潤が減少することになる。したがって結果として，企業が支払う所得税も減り，地方財政の減収につながる。このため，地方政府は排汚費の基準の引き上げに対して消極的になりがちである。一部の地域では，地方政府が環境保護部門に対し，排汚費の徴収基準の引き上げに上限を設けた例もある。また，排汚費収入の 20％ は環境保護部門の行政補助資金として使用できるため，本来は地方政府によって支給されるべき環境保護部門の経費が削減されるといった事態も起きた (国家環境保護局，1997：122)。

(3) 地方環境保護部門

地方環境保護部門は，地域の環境管理と環境質の改善を担う。主な役割は排汚費徴収や公害防止対策，環境質に関するデータの収集と公布，環境技術支援と育成といったことであり，排汚費の料率の引き上げによって企業の環境改善を促進することに積極的である。

他方，排汚費の徴収プロセスは，まず，各企業が自己申告した汚染排出量に基づき，環境保護部門が排汚費を計算し，排汚費徴収通知書を発行する。そして，企業が通知書に対して異議のない場合，環境保護部門は通知

書に基づいて排汚費を徴収し，排汚費払込票を発行する。環境保護部門は徴収した排汚費を1ヵ月もしくは3ヵ月ごとに地方財政に上納する。排汚費の計算，徴収および上納は全部地方環境保護部門に委ねているため，一部地域の地方環境保護部門は排汚費収入を建物の増築やボーナスの支払に転用する(国家環境保護局，1994:26)など，不当に流用するという問題を引き起こしていた。

また，地方環境保護部門と汚染排出企業との癒着問題も指摘されている。一部の環境監理員は企業から賄賂をもらい，罰金的排汚費を通常排汚費として処理し，払込票を発行するといった事態も生じていた。本来汚染源への早期対策を促進するために設けられた生産コストに計上できない罰金的排汚費も，企業はコストとして処理することができ，企業の汚染排出を抑止する効果を弱めた。

さらに，排汚費収入の20％および四項目収入の全額は，地方環境保護部門の設備購入やモニタリング費用，その他の管理費用などに使用することができるため，本来は地方政府によって支給されるべき環境保護部門の経費が削減されていた事例もある。排汚費収入は地方環境保護部門の唯一の財源調達手段となった例すらある。環境法の遵守を法律どおりに監督すれば，汚染が減少するため排汚費の徴収額が少なくなり，結果として地方環境保護部門の経費も少なくなりかねない。そのため地方環境保護部門は，自身の行政経費を確保するために，企業を厳しく監督するのではなく，甘く監督するようになっていたと指摘されている。

(4) 企業

企業の設備資金が予算原理から市場原理に完全に移行したという仮定の下で企業に対する排汚費の性格を考えると，基準超過排汚費と従量的排汚費は企業の生産コストに計上することができるため，企業経営に大きな影響は与えない(井村・勝原，1995:64)。これに対して，罰金的排汚費は生産コストとして処理することができないため，企業は罰金的排汚費の支払額を減らそうと生産過程の見直しや汚染削減設備の投入によって汚染排出を

減らそうとすることが期待された。

1988年までは，企業が汚染処理や対策投資を行う場合，環境保護部門に申請し，審査を経て，納付した基準超過排汚費総額の80％までの範囲で補助金が供与された。それを使用して汚染対策を行えば，その後の排汚費の支払額を減らすことができる。したがって，積極的に排汚費を支払い，補助金で汚染源対策投資を行った企業もある。しかし，企業は必ずしも受け取った補助金を汚染源対策に使用するとは限らない。一部の企業は積極的に排汚費を支払い，補助金を汚染対策以外の設備投資に回していた[22]（国家環境保護局，1994：28）。

1988年に補助金から融資への切り替えが始まり，利子率が低く，返済が免除される場合もあるが，融資と返済条件が厳しく，かなりの自己資金が必要になった。また，1985年以降は物価が連続的に上昇したことに伴い，原材料価格と電力価格が上がり，汚染排出削減設備の運営費が排汚費を上回ったと指摘されている。1994年10月の時点では，排汚費の料率は汚染対策設備の運営費の50％であり，汚染処理費用の10％にしか届かなかった（国家環境保護局，1994：5）。企業にとって排汚費を支払う誘因の方が汚染対策を行う誘因よりも大きかったことになる。

5 新しい排汚収費制度

5-1　新制度の概要

2003年に排汚収費制度は大幅に改革された。2002年1月に，国務院は排汚費徴収使用管理条例を公布し，2003年2月に，国家計画委員会，財政部，国家環境保護総局，国家経済貿易委員会が共同で「排汚費徴収標準管理方法」を制定し，公布した。同年3月，財政部，国家計画委員会，国家環境保護総局が排汚費収入の使用に関する汚染源治理専項基金有償使用暫行弁法を廃止し，代わって「排汚費資金徴収・使用・管理に関する方法」

---

[22] 環境対策に名を借りた基本建設（生産設備の増強）である（植田，1984）。

を公布した。同年4月に，環境保護総局は「排汚費の徴収・査定に関する通知」を制定し，排汚費の徴収を管理するコンピュータシステムも整備された。同年6月に，財政部と国家環境保護総局は「排汚費の減免および延納等に関する関係問題の通知」を発表した。これらの法規制や政策などに基づいて新しい排汚収費制度体系が築かれた。

(1) 徴収基準

新しい排汚収費制度では，廃水，廃ガス，固形廃棄物，騒音の4分野，計113種の汚染物質を対象に排汚費が規定されている。排水の場合，徴収基準は，(料率)×(汚染当量数の和)で表され，料率は汚水総合排放標準(GB8978-1996)に定められた排出基準に達している汚染物質について，汚染当量当たり0.7元，基準を超過している汚染物質について1.4元/汚染当量の料率が適用される。汚染当量数は，①一般水質汚濁物質，②pH値，大腸菌群数および残留塩素,③色度,④畜産業，小型企業および第3次産業,の四種類に分けられ，それぞれの算定方法にしたがって，汚染物質の排出量と汚染当量値から計算される。

そして，最も汚染当量数の高くなった3種類の汚染物質について排汚費[23]が徴収される。ただし，①の場合，一つの排出源に対し，BODとCOD，TODの中の1項目のみについて排汚費を徴収する。②の場合，大腸菌群数と残留塩素については，どちらか1項目についてのみ排汚費を徴収する。

廃ガスの場合，SO_2やNO_Xなどの一般的な汚染物質と排煙の煙塵に分けて排汚費が徴収される。計算式は廃水の場合と同様である。一般的な汚染物質の場合，料率は0.6元/汚染当量である。ただし，SO_2については,2004年7月1日までは暫定的に料率が汚染当量当たり0.2元とされた。2005年7月1日以降は他の汚染物質と同じ汚染当量当たり0.6元である。また，NO_Xについては，2004年7月1日まで暫定的に徴収しないものと

---

[23] 汚染当量値は，排汚費徴収標準管理弁法の附則別表の値に基づく。

された。2004年7月1日以降は他の汚染物質と同じく0.6元/汚染当量の料率が適用され徴収するように規定された。汚染当量数は，汚染物質の排出量/汚染当量値，で計算される。

排煙の煙塵の場合，排汚費は，［料率（元/t）］×［燃料の消費量（t）］で計算される。料率はリンゲルマン濃度によって5等級に分け，それぞれ1級が1元/t，2級が3元/t，3級が5元/t，4級が10元/t，5級が20元/tと定められている。

固形廃棄物の排汚費は，工業固形廃棄物と危険固形廃棄物の2種類に分けて徴収される。工業固形廃棄物は，専用の保管・処置施設がない場合，またはその施設が環境保全に必要とする基準に達していない場合の排出時に徴収される。徴収基準は，冶金鉱滓が1tあたり25元，粉石炭灰が30元/t，鉱滓が25元1t，廃石が5元/t，選鉱屑が15元/t，その他鉱滓（半固体や液体廃棄物も含む）が25元/tである。また危険固形廃棄物の徴収基準は1tあたり1,000元である。危険物とは，1998年に公布された国家危険廃物名録（国家危険廃棄物リスト）に載せられているもの，または国に規定された危険固形廃棄物の認定基準[24]および認定方法によって認定された危険固形廃棄物の特徴を持っているものである。

騒音に関しては，中央政府が規定した排出基準を超え，周囲の住民生活や仕事などに支障をもたらす排出者に対して，工業企業の工場敷地の騒音基準や建築工事の騒音規制値に定められた基準に基づき，基準超過デジベルを16段階に分けて，月に350～11,200元の排汚費を累進的に徴収する。

(2) 徴収方法と排汚費収入の使途

排汚費の徴収方法は，環境保護部門が，各排出者の申告した排出量に基づき，検査を行ったうえで当期の排汚費を計算し，納付通知を発行する。納付通知を受け取った排出者が，一定の期間内に排汚費を商業銀行に納付

---

[24] 固形廃棄物の専用保管・処置施設に関わる基準は，2001年に策定された一般工業固体廃棄物貯存，処置場汚染控制標準（一般工業固形廃棄物保管，処理場の汚染制御基準）(GB18599-2001)，危険廃物填埋汚染控制標準（危険廃棄物埋め立て汚染制御基準）(GB18598-2001)，危険廃物貯存汚染控制標準（危険廃棄物保管の汚染制御基準）(GB18597-2001) に基づく。

する。そして，商業銀行が排汚費を受け取ったその日に総額の10％を中央財政に上納し，中央の環境保護専門資金として管理される。残り90％は地方財政に上納され，地方の環境保護専門資金として管理される。環境保護専門資金は，国や地方が行う環境保護投資のもっとも重要な資金源である。その主な投資事業は，重点汚染源防治事業，区域的汚染防治事業，汚染防治の新技術の開発・宣伝・応用事業，国務院が規定したその他の汚染防治事業の4つで，それ以外に使用することはできない。そのため，環境や衛生管理，緑化建設，企業の汚染処理施設の建設といったプロジェクトには使用できない。

5-2 新制度の特徴と課題

新しい排汚収費制度をそれまでの制度と比較すると，以下に示すような点で重要な変化が見られる。

第1に，徴収対象が全ての汚染物質排出者（企業・事業者・個人経営者）にまで拡大されたことである。

第2に・水汚染防治法・大気汚染防治法・固形廃棄物法の規定に従い，廃水・廃ガス・固形廃棄物の汚染排出量に対して排汚費を徴収することが徹底されるようになったことである。廃水に関しては基準を超えた排出物に対する徴収額は基本額の2倍である。騒音だけが従来の基準超過徴収にしたがって排汚費が徴収される。

第3に，廃水と廃ガスの排汚費は，これまで最も排汚費額が大きい1種類の汚染物質に対してのみ徴収されていたのが，排出量の多い3種類の汚染物質に対する排汚費の合計額が徴収されるようになったことである。

第4に，排汚費の単価が汚染の限界削減費用より高い水準へ引き上げられることが決定されたことである。ただ，企業にとって急な負担増にならないように，徴収基準は段階的に引き上げられることになった。例えば，SO_2の場合は，2005年までの3年をかけて，年に0.2元/汚染当量ずつ引き上げられた。

第5に，排汚費の徴収と支出の決定が分離して行われるようになったこ

とである。これにより，環境保護部門が排汚費を経費として使用することができなくなった。また，中央環境保護専門資金がつくられ，異なる行政地区を跨る広域的な汚染源対策を行うなど，中央政府の環境政策に要する資金も確保された。

　しかし，今回の排汚収費制度改革によって，前述した従来の排汚収費制度に付随する諸問題が根本的に解決されたわけではない。第1に，中国排汚収費制度設計および実施研究[25]によって提示された料率よりも低い料率が依然として採用されている。そうなった原因について考えられる1つの可能性は，新しい制度に変更することが企業にとって急な負担増になることを避けるためである。現在の主な汚染排出企業は国有企業と郷鎮企業である。国有企業は，退職者年金問題や不良債務など歴史的な負担を抱えている。そのため，排汚費の負担が急激に上昇すれば，国有企業の経営に大きなダメージを与え，国に大きな損失をもたらしてしまう。その一方，郷鎮企業は中国の工業化と都市化の推進，農村部の余剰労働力の吸収に大きな役割を果たしてきたし，今後の活躍も期待されている。そのため郷鎮企業による環境保護への取り組みを推進する必要があるが，同時に郷鎮企業の発展を妨げるようなことは避けなければならないと考えられている。したがって，規制当局は排汚費料率の急激な上昇ではなく，類似制度の導入で先行するドイツの経験も踏まえ，排汚費料率を徐々に引き上げることにしたのである（国家環境保護総局，2003：56）。

　第2の可能性は，改革の目的が，総量規制を徹底することのほかに，汚染源対策のための財源調達を拡大することにあったということである。高い料率で導入すると，企業に汚染排出削減の強い誘因を与えてしまい，逆に排汚費の収入が減りかねない。そこで，汚染排出対象を拡大した上で低い料率を適用して排汚費を徴収することで排汚費徴収総額を一定水準確保できるようにしたというのである。

　第2に，排汚費の徴収と支出の決定は分離して行われるようになったが，

---

[25] 1994年に世界銀行の援助を受け，中国環境科学研究院が主導した排汚収費制度改革をテーマにした研究。

それによって資金濫用といった排汚費の使用と管理に関する問題がどれだけ解決されるかは，今後注意深く見守る必要がある。

第3に，今回の改革の結果，新たな問題が浮上したことである。従来は排汚費収入の20％と四項目収入は地方環境保護部門の経費として使用することができたが，新しい制度ではそうすることはできず，環境保護局の経費は地方の財政予算に位置づけられてはじめて支出することができるようになった。環境保護部門に必要な予算が確保されるかどうかは，排汚費とは独立した問題になったわけであるが，言い換えれば地方環境保護局の経費が確保されるか否かが，排汚収費制度の執行の有効性に大きな影響を与えるようになったのである。

6 おわりに

中国は，比較的早い経済発展段階で環境問題に注目し，資金，人材，技術，経験がともに不足している状況の中で，独自の環境政策を模索し，中国的特徴のある環境管理制度体系を構築し実施してきた。汚染防止のために最初に導入された経済的手段である排汚収費制度は，中国の代表的な環境管理制度である。同制度は計画経済体制のもとで制定され，経済体制移行の初期に発足したが，2003年までは大きく改正されることなく20数年間運用されてきた。2005年時点で，排汚費の納付部門は74.6万あり，徴収総額は123.2億元に達している。中国排汚収費制度は，世界最大規模の排出課徴金制度である。

本章で明らかにしたように，中国排汚収費制度は諸外国の経験を参考に導入されたが，中国的経済発展方式および政治経済構造によって，諸外国の制度とは異なる中国独自の制度になっていった。

計画経済から市場経済への移行に伴い，経済の主役であった国有企業に対する一連の改革が行われたことにより，納付主体は国有企業のみから，私営企業や集団企業などの非国有企業へと広がった。経済的手段としての排汚収費制度は，本来，企業に排出削減の誘因を与え，汚染を制御す

ることを目的にしている。しかし，経済が急速に発展し経済主体が多様化したにもかかわらず，排汚収費制度は導入されてから一度の改正も行われなかったため，排汚費の料率は企業の限界汚染排出削減費用を大きく下回り，もともと弱かった経済的手段としての機能は一層失われた。また排汚収費制度は，課税と補助金の組み合わせという形で排汚費収入を企業の汚染源対策に使用していたが，政府の財政的融資政策や国際金融機関の投資が増加するなど，環境投融資の資金調達チャネルが多様化する中で，汚染源対策資金における排汚費資金利用の比重は相対的に小さくなった。それに加えて従来の制度では，排汚費収入の20％および四項目収入の全額が環境保護部門の経費として使用されるという規定があった。この結果，排汚費は政府環境保護部門の直接経費のための財源調達の意味が大きくなっていったのである。

　排汚収費制度は，市場経済の進展，経済主体が多様化する中で，汚染排出削減の誘因としての機能は一層弱くなり，料率の早期の引き上げや管理体制の厳格化が求められてきた。しかし，排汚収費制度に関わる利害関係が制度の実施と改革の障害となっている。中央政府にとって，排汚費は重要な環境保全の資金調達チャネルであり，他の環境管理制度の執行力を高める重要な政策手段である。ところが地方政府は，排汚費収入は環境保護部門への財政支出を代替してもらう手段と位置づけていた。また，環境保護部門は自身の責任と利益の間で，排汚費に対する複雑な感情を抱いているとも指摘されている。排汚費の支払いは企業の汚染排出削減を促進するはずだったが，制度自身の問題点により，企業の汚染排出を正当化する手段になってしまったと言える。

　2003年の排汚収費制度改革によって，企業の汚染排出削減により強い誘因を与え，新しい汚染源を抑制し，排汚費収入の管理と使用の効率性を高めるといった効果が期待されている。その成否は，排汚収費制度が中国経済の発展と経済体制改革にいかに向き合うかにかかっている。排汚収費制度が経済発展にどのように対応し，どのような役割を果たしていくのか。今後も見守っていきたい。

第Ⅰ部
中国の環境政策の現状分析と課題

参考文献

[日本語文献]

井村秀文・勝原　健（編）(1995)『中国の環境問題』東洋経済新報社。
植田和弘 (1984)「中国における開発と環境—環境政策を中心に—」京都大学経済研究所学術交流訪中団『中国の対外開放政策と環境政策の動向』，87-105 頁。
植田和弘 (1995)「工業化と環境問題」中国研究所（編）『中国の環境問題』新評論，12-23 頁。
植田和弘 (1996)『環境経済学』岩波書店。
植田和弘・岡　敏弘・新澤秀則編 (1997)『環境政策の経済学』日本評論社。
岡　敏弘 (1993)「現に実施された例からいかに学ぶか— OECD 諸国における経済的手段の実際」『廃棄物学会誌』4 (3)：208-219 頁。
金　紅実・植田和弘 (2007)「中国の環境政策と汚染者負担原則」『上海センター年報　東アジア経済研究 2006』，55-65 頁。
小島麗逸（編）(2000)『現代中国の構造変動 6　環境 ── 成長への制約となるか』東京大学出版会。
竹歳一紀 (2005)『中国の環境政策』晃洋書房。
松本礼史他 (2002)「地域間格差から見た中国排汚収費の政策効果分析」『国際開発研究』11(1)：39-51 頁。
諸富　徹 (2000)『環境税の理論と実際』有斐閣。
李　志東 (1999)『中国の環境保護システム』東洋経済新報社。
梁　秀山 (2001)「中国の排出課徴金制度の経済分析」『政策科学』8(2)：169-183 頁。

[中国語文献]

陸　新元（主審）・毛　応淮（編）(2004)『排汚収費概論』北京：中国環境科学出版社。
曲　格平 (1989)『中国環境問題及対策』北京：中国環境科学出版社。
王　金南・葛　察忠・楊　金田（編）(2003)『環境投融資戦略』北京：中国環境科学出版社。
楊　金田・王　金南 (1998)『中国排汚収費制度改革与設計』北京：中国環境科学出版社。
国家環境保護局 (1994)『排汚収費制度』(試用)，北京：中国環境科学出版社。
国家環境保護局（編）(1994)『中国環境統計資料匯編 (1981-1990)』北京：中国環境科学出版社。
国家環境保護総局（編）(2003)『排汚収費制度』(試用)，北京：中国環境科学出版社。
「中国環境保護行政二十年」編委会（編）(1994)『中国環境保護行政二十年』北京：中国環境科学出版社。

[英語文献]

Anderson, Frederick Kneese, A.V., Reed, P.D., Stevenson, R.B. and Taylor, S. (1977) *Environmental Improvement through Economic Incentives, Resources for the Future,* Baltimore: Johns Hopkins University Press.
Ueta, Kazuhiro (1988) Dilemmas in pollution control policy in contemporary China, *The Kyoto University Economic Review* 58(2): 51-68.
Wang, Hua and David Wheeler (1996) Pricing industrial pollution in China: An econometric analysis of the levy system, *World Bank Policy Research Working paper No. 1644.* The World Bank.

第7章
現代中国の環境保護政策

張　坤民

1 はじめに

　中国は最も早い段階で持続可能な発展戦略の実施を宣言した発展途上国の一つである (張, 2001)。中国は人口が多く, 1 人当たりの資源が少なく, 大気汚染, 水質汚濁, 土地劣化と生態系破壊などの深刻な諸問題を抱えている。中国は他の国に比べてより厳しい経済成長と資源欠乏の圧力に直面し, 環境問題の地理的広がりと進展は一般の人が想像するよりもはるかに深刻である。中国科学院国情研究小組 (1989) は, 1980 年代末に既に中国は改革開放の政策実施過程で 4 つの重大な難題 (人口・資源・環境・食糧) に直面していると指摘し, (1) 低度の資源消費の生産体系, (2) 適度の消費の生活体系, (3) 経済の持続的安定的な成長と経済効果が絶えず向上する経済体系, (4) 効率性と公平性を保証する社会体系, (5) 新技術・新工程・新方法を絶えず開発するだけでなく充分吸収できる適切な技術体系, (6) 世界市場の緊密性を強化した一層開放的な貿易及び非貿易にかかわる国際経済体系, (7) 資源の合理的な開発と利用・汚染防止・生態系保護, を特徴とした発展戦略を実行する以外に選択肢はないと強調した。この点は, World Commission on Environment and Development (1987) が提示した持続可能な発展戦略と完全に一致する。

　発展途上国の一員として, 1972 年の国連人間環境会議の後, 中国は 1

人当り GDP が 300 ドルに達していない段階から，汚染防止除去対策（防除対策）と生態系保護政策を展開した。その後 30 年以上にわたり全国が一丸となって努力した結果，一定の成果を上げたものの，経済の高度成長の下では，環境の悪化を完全に食い止める事ができなかった。汚染状況の深刻な鉄鋼，化学工業，セメントなどの産業は，国外から国内に，あるいは東部から中部や西部に移転された。実践を通じてますます多くの人々は，中国の環境悪化の局面を根本から改善できる唯一の活路は，経済成長方式を転換し，持続可能な発展戦略を断固実施することにあると認識するようになっている。

本章では中国の環境政策の形成過程，特徴，変遷，効果，及びその展望を論述する。

2 中国の環境政策の形成

1972 年の国連人間環境会議は，中国の環境保護政策の開始を促した。会議の後，中国は環境保護機構の設置に着手し，「三廃」（廃水，廃ガス，固形廃棄物）の防除対策と環境計画の策定にも着手した。1979 年に「環境保護法（試行）」を公布し，その後主な環境関連法律法規を次第に制定していった。1987 年に *Our Common Future* が発表されると，中国は直ちにこれを翻訳し出版した。1992 年の国連環境開発会議が開催された後その 2 ヵ月以内に，「中国の環境と発展に関する十大政策」を発表し，持続可能な発展戦略の実施を宣言し，10 項目の政策を打ち出した[1]。また 1994 年には「中国アジェンダ 21」を公布したが[2]，これは国が制定した世界初の「アジェンダ 21」である。1995 年には，「二つの根本的転換の実施」（経済体制と経済成長方式の転換）を決意し，汚染状況が深刻な淮河流域の汚染除去対策に着手した。第 9 次 5 ヵ年計画期間の 1996 年からは，「総量規制」と「世紀を跨ぐグリーンプロジェクト」の二大措置を講じ，環境悪化を食い止め

---

[1]『中国環境年鑑 1992』，北京：中国環境科学出版社，1993 年。
[2]『中国 21 世紀議程』，北京：中国環境科学出版社，1994 年。

ようと努力した[3]。1997年から毎年の3月に中央政府は基本国策座談会を開催することになったが，これは中国共産党中央，国務院，各省区市と各部門の責任者が一堂に集まり，人口・資源・環境問題を集中的に協議する一つの制度に発展した。

1981年から2005年の25年の間に，国務院は環境保護活動を強化するため，相次いで5つの「決定」を公布した。これは国務院の各部門でもきわめて稀なことである。中国の環境政策は，最初の段階では環境関連法律法規の強化と環境法律法規の制定に力を入れ，環境管理の強化対策に重点をおいていたが，その後はますます経済と環境の調和と，「win-win」を強調するようになった。特に2005年12月に国務院が公布した「科学的発展観を実行し環境保全を強化することに関する決定」[4]では，一定の地域で「環境優先」と「保護優先」を実施し，「開発の最適化」，「開発制限」と「開発禁止」政策を行うことを初めて打ち出した。これは「経済を重視し，環境を軽視する」傾向を改め，持続可能な発展の実現を目指す中国の決意を示すものであった[5]。

環境汚染と生態破壊は各国と中国に巨大な経済的損失をもたらした。表7-1によれば，世界銀行は中国の大気汚染による損失は1995年にはGDPの約7.7％を占めると指摘し，汚染対策投資を大幅に増やし，できればGDPの2％まで抑えることが望ましいと提案している。

---

[3] 詳細は，『国家環境保護「九五」計劃和2010年遠景目標』（北京：中国環境科学出版社，2004年）を参照されたい。
[4] 「国務院関于落実科学発展観加強環境保護工作的決定」(http://www.gov.cn/zwgk/2005-12/13/content_125680.htm，2005年12月14日)。
[5] 具体的には，「環境容量に限界があり，自然資源の供給が不足し，かつ経済が相対的に発達した地域においては，開発の最適化を実行し，環境の優先を堅持する」；「自然生態環境がぜい弱な地区と重要な生態機能保護地区では開発の制限を実行し，保護の優先を堅持する前提で，合理的に発展の方向を選択し，特色のある優先産業を発展させ，生態機能の回復と保護育成を確保し，逐次生態バランスを回復する」；「自然保護区と特別な保護価値のある地区においては，開発禁止の規定を実行し，法に基づいて保護し，規定に合致しないいかなる開発活動も厳禁する」ことが規定された。

表7-1●中国の環境問題の経済損失に関する研究結果の比較

研究担当部門・研究者	研究基準年	環境汚染の損失		生態破壊の損失		総損失	
		億元	対GNP比(%)	億元	対GNP比(%)	億元	対GNP比(%)
過孝民,張惠勤	1983	381.55	6.75	497.52	8.9	883.08	15.6
金鑑明等	1985			1,039.50	12.47		
米国East-West Center	1990	367	2.1	952.50	5.4	1,325	7.5
国家環境保護局政策研究センター	1992	1,096.5	4.5				
国連大学と中国協力者	1993	1,820	5.3				
中国社会科学院環境発展研究センター	1993	1,085.1	3.16	2,360.50	6.87	3,445.6	10.03
世界銀行	1995	4,430	7.7				
CCICED	1999	971.44[註]	9.7				

註：億米ドル。
出所：徐 (1998)，FuChen et al, (1999)，Warford and Li (2002) 等に基づき筆者整理。

3 中国の環境政策の特徴

　中国環境保護政策の初期段階において，ある地方環境保護局の局長は，「環境保護政策を立派に遂行するには，一に権力，二に資金が必要である」と語った。アメリカや日本のような先進国は，公害が発生した直後に市民の環境保護運動が嵐のような勢いで現われ，機構の設立，立法，予算，科学技術などの対策が迅速になされたため，問題も迅速に解決された。中国のような発展途上国は，環境保護事業も始まったばかりであるのみならず，権限も資金もない。ひいては同じ基本国策の一つとして位置付けられた計画出産（一人っ子政策）に遥かに及ばないのが実情である。しかも，当時の工業部門は基本的に国有企業であったほか，その後大量の郷鎮企業が現われたために，環境管理はより一層困難を増した。

　中国の環境政策は，先進国の経験を吸収するとともに，中国の実情と密接に結び付けることに十分な注意を払ったため，結果として以下のような特徴を持つことになった。

3-1 命令・統制の手段の活用

　公害は，往々にして汚染排出企業や建設プロジェクトが，厳格な環境影響評価を怠り，それに相応しい対策を講じなかったことによるものである。それゆえ，中国は環境影響評価制度（全てのプロジェクトの申請許可及び建設開始を行う前の段階で，必ず環境影響評価報告書の審査・批准を受ける制度）を導入するとともに，中国独自の「三同時」制度，即ち汚染防止及び除去施設を生産設備の工事と同時に設計し，同時に施工し，同時に竣工・稼働する制度を確立し，この二つの内容を1979年の「環境保護法（試行）」に組み入れ，新規汚染の防止対策として位置づけた。しかし実際には，多くの企業にとっては非常に有効であったものの，後ろ盾のある大企業と何も恐れない郷鎮企業にはあまり効果がなかった。そこで仕方なく，「期限付き汚染除去制度」（汚染状況が深刻で，被害の大きな汚染源に対し，各級人民政府が期限付き汚染除去任務を通達する）とマスメディアで言う「環境保全の嵐」（法律執行と検査を通じて違法企業に対し「閉鎖・停止・合併・移転」の措置あるいは手続の追加措置を取ることに加えて，罰金に処する）を加えた。同時に，環境法執行機構の権威と政策決定への参加機会を拡大するため，環境保護機構の行政的地位を絶えず高め，現在は米国の連邦環境保護局とその10ヵ所の分局及び50の州環境保護局から構成される二重の管理システムを参考に，それに類似したシステムを考案している。それによって監督と協調能力を強め，地方政府の不当な介入から回避可能な制度づくりを試みている。2005年末に発表された国務院の「決定」でも，この点が指摘されている。

3-2 環境保護資金の調達

　中国は環境保護政策を実施して30年になるが，長い間，中央財政と地方財政の中には特定の環境汚染対策資金の項目を設けてこなかった。新規プロジェクトの環境保護設備事業は，基本建設投資資金の中から調達できる。しかし既存の企業の汚染防除対策資金はどのように調達すれば良いであろうか。

中国では，その資金を調達するために，汚染者負担原則に基づき，排汚費徴収制度を導入した。最初は徴収された排汚費資金の中から，80％を元の排汚費上納企業に返還し，汚染除去対策投資資金の一部とされていた。その後「汚染除去特定資金」に改められ，企業は借り入れを受けたり有償での使用ができるほか，汚染除去効果に基づいて返済義務の減免措置が適用されるようになった。この制度は，資金が極めて不足していた当初は，一部の逼迫した汚染問題を解決したともいえる。しかし，排汚費の徴収率が低すぎたため，「違法のコストのほうが低く，法律遵守のコストのほうが高い」という政策的失敗を誘発させた。一部の企業は排汚費を支払っても汚染除去対策を講じようとしなかったため，排汚費徴収制度の所期の目的を達成することができなかった。残りの20％の資金は地方の環境保護機構の能力強化に使用された。実際には，地方によっては県級環境保護局の職員は県の財政から賃金がもらえなかったため，この20％から支給されていた。このため，環境保護局に対して「汚染を防止すれば，排汚費の徴収額が減るため，汚染の防止に積極的でなくなる」との批判がなされた。1998年以後，正規職員の賃金の全てを国庫が負担し，排汚費の徴収と使用について改革することで，上述の問題を解決しようとした。またアジア金融危機の後は，環境インフラの整備に対する投資を大幅に増やした。都市住民の生活汚水とゴミ処理の有料化については，1990年から論争が始まり，2000年以降やっと決着がついたが，「環境税」については今も完全には合意に達していない。排汚費徴収基準が低すぎる問題，国家財政の中の環境保護特定項目の創設，そして各種の経済手段を充分に利用する方法などの課題は，いずれも解決が待たれる。

3-3 環境保護の責任の明確化

各級の環境保護局は各級政府の環境行政主管部門として，法律で定められた権限に基づいて対応せず，環境の統一監督管理に責任を果たさない場合，その責任を問われるのは当然である。しかし，一地域の環境質の良し悪しは，誰が責任を負うべきなのだろうか。

この点については，1989年に全人代（全国人民代表大会）が「環境保護法（草案）」を審議した際に激しい論争があった。「火事で森林が焼かれたら，当然のこととして林業部が責任を負う。同様に，環境に問題があれば環境保護局が責任を負うべきだ」という意見に対して環境保護部門は，「森林は国が投資し，林業部が栽培，育成し，林業部が指導する森林警備隊が監視管理している。山火事で森林が焼かれれば，林業部が責任を追うのは当然である。しかし，汚染を排出する工場は国有で，その配置計画も各級政府部門が決定し，強いては汚染企業の移転と期限付き除去対策も地方政府が批准する。環境保護局は法律で定められた統一監督管理権限以外に，何の手段も持たない，どのようにして環境質の責任を負えというのか」と反論した。最後の審議で可決した「環境保護法」第16条では，「地方の各級人民政府は，本管轄区の環境質に対し責任を負い，環境質の改善に必要な措置をとらねばならない」と規定した。

このように法律上は責任の所在を明確にしたが，ここで特に郷鎮政府も一級政府であることを指摘しなければならない。1992年の「中国の環境と発展に関する十大対策」では「我が国の実践を通じて以下の内容が証明された。つまり，経済の発展レベルが低く，環境投入能力が限られる状況の下で，管理機構の健全化をはかり，法に基づく管理を強化することが環境汚染と生態破壊を抑制する有効な手段であり，中国の特色のある環境保護政策の成功した経験である。先進国の「経済問題は市場に任せ，環境保護政策は政府に任せる」という有益な経験を参考にすべきである。政府機構改革と経済体制改革の中で，環境保護政策は政府の基本的な機能として一段と重視されるべきである」と指摘した。さらに「各級の党と政府の指導部門は環境保護部門の法に基づく監督権利の行使を支持し，法に基づいて厳格に執行し違法行為を厳正に追及するだけでなく，引き続きこれまでの有効な環境管理制度を推進し，全面的に環境管理を強化しなければならない」と指摘した。各級政府の環境保護の責任の所在を明確にして初めて環境管理が可能となる。「新五項目」中の「環境保護目標責任制度」や「都市環境総合整備定量評価制度」などの制度，また「グリーンGDP」に対す

る研究とモデル拠点の実施は，環境法のこの内容に対する規定と国際社会の有益な経験に基づくもので，各級政府の責任所在を明確にし，その履行を監督する役割を果たしていくだろうと考える。

3-4 「防止と除去の結合」と「総合利用」の奨励

中国の環境政策は，歴史的で素朴な生態学原理と資源の永続利用の思想を受け継ぎ，1973年の第1回全国環境保護会議では環境保護「32文字方針」（全面規画，合理分局，総合利用，化害為利，依拠群衆，大家動手，保護環境，造福人民）は，計画配置，総合利用と市民参加などの理念を強調した内容である。計画配置，環境影響評価，「三同時」，「汚染排出許可証」制度などは実質上重要な「発生源抑制対策」であって，「末端除去対策」ではない。1970年代に取り組んだ「総合利用」は，現在注目の的になっている「循環経済」や「資源節約型社会」と相通じるものがある。これらの政策は先進国に対し有効であっただけでなく，中国など発展途上国にとっても必要なことである。しかし現在の中国のような教育水準，環境意識，遵法意識が比較的低い状況の下では，その実行は必ずしも容易ではない。中国の環境政策は，生態農業，再生可能なエネルギー，クリーナープロダクションと循環経済等の面において非常に積極的に関わってきたこととして知られている。この点は，「中国の環境と発展に関する十大対策」，「省エネルギー法」，「クリーナープロダクション促進法」，「再生可能エネルギー法」，及び生態農業，生態工業園区のモデル拠点，グリーンGDPモデル拠点，循環経済モデル拠点などを相次いで公布したことからも理解できよう。

3-5 比較的早期の対外開放と国際協力への取り組み

1972年の国連人間環境会議に出席した中国代表団は，国際的な環境保護に関する大量の情報と資料を持ち帰り，その中の『かけがえのない地球』など書籍10冊を直ちに翻訳して出版し広く伝え，そこに書かれた公害の実例と環境政策は，国務院から非常に重視された。中国の改革開放政策は1979年以降に始まったものであるが，環境保護分野は1972年にすでに始

まったのである。その後，中国政府は絶えず視察団を派遣し，国連環境計画 (UNEP) や国際自然保護連合なども交流のため相継いで中国を訪れ，欧州，米国，日本の経験と教訓および環境政策は中国の幅広い関心を呼び，汚染者負担原則，環境影響評価，排汚費など重要な政策はその頃に導入されていった。

　1979年以後，環境保護分野の交流は一層活発になり，国外に良い経験，新しい傾向が現れると，直ちに中国の関心を呼び，モデル拠点の実行に取り掛かった。中国は環境と開発に関する世界委員会 (World Commission on Environment and Development; WCED) の活動に積極的に参与し，国連環境開発会議 (United Nations Convention on Environment and Development; UNCED) の準備と開催を促進し，それに基づいて「中国の環境と発展に関する十大対策」と「中国アジェンダ21」を発表した。1992年には，「中国環境と開発に関する国際協力委員会」(CCICED) を設置した。これは国務院の国際的なハイレベル諮問機関でもあり，環境と発展の総合的政策決定について中国政府に提案を提出し，国際協力と交流を一段と強化した。CCICED は 50 名前後の国内外の専門家から構成され，メンバーはいずれも国内外の著名な専門家あるいはハイレベルの政府関係者である。傘下に同等数の国内外専門家からなる作業部会あるいはタスクフォースを設置し，重大な問題について調査研究を進め，政策のシミュレーションとモデルプロジェクトを実施し，政策提案を行う。これらの提案は中国の環境と発展に関する政策決定，例えば資源価格，自然保護，エネルギー戦略及び関連の立法などに重要な影響を与えた。曽培炎副首相は第3フェーズ CCICED の議長を務めた。宋健国務委員と温家宝首相もかつて第1フェーズと第2フェーズの議長を担当した。中国はその他非常に多くの国の政府，国際機構及び非政府組織と環境分野の協力を展開している。

4 | 中国の環境政策の変遷

　中国の環境保護事業の先駆者の1人である初代国家環境保護局局長,

CCICED 副議長の曲格平 (2002) によれば，ここ数年，中国の環境政策は5つの大きな変化を経験したという。(1) 環境政策の位置づけが基本国策から持続可能な発展戦略へ，(2) 重点が汚染抑制のみから汚染抑制と生態系保護の両方の重視へ，(3) 方法が末端除去から発生源抑制へ，(4) 範囲が固定発生源対策から流域と区域の環境ガバナンスへ，(5) 政策管理手段が行政命令主導から法律と経済的手段主導へと変化した。これは非常に正確な要約と言えよう。

4-1 基本国策から持続可能な発展戦略への転換

1983 年，国務院は環境保護事業を二項目の基本国策のうちの一つとして宣言し，環境問題は人口問題と同じように中国の逼迫した問題であると強調した。9 年後，「中国の環境と発展に関する十大対策」は，持続可能な発展戦略の実施を宣言した。1994 年に「中国アジェンダ 21」を公表すると，各部門・地方も，それぞれの部門・地方の「アジェンダ 21」を制定し，計画・法規・政策・広報・住民参加など各方面からその実施を推進した。1996 年の第 9 次 5 ヵ年計画では，持続可能な発展と科学技術教育による国の振興を二つの基本戦略とした。国の各部門から地方の省市県に至るまで，持続可能な発展を目標とした発展計画を編成し，環境と発展の両立という考え方で部門ないし地区の活動を指導するようになった。

4-2 汚染抑制対策重視から汚染抑制対策と生態系保護の双方重視への転換

1970 年代の初期，中国の環境保護事業は工業部門の「三廃」対策から出発した。1980 年代及び 1990 年代初頭までは，重点は依然として汚染規制におかれた。ここ数年，中国の汚染防除対策投資は絶えず増大し，第 9 次 5 ヵ年計画期間 (1996-2000 年) には 3,460 億元に達し，GDP に占める割合は 0.93％になった。2000 年には 1,061 億元で，GDP に占める割合は 1.1％となり，2004 年には 1,909 億元で，前年に比べて 17.3％増え，GDP に占める割合は 1.4％と，史上最高の水準に達した。

1998年の長江大洪水は，全国的に自然生態保護の緊急性への認識を高め，一連の政策措置が講じられることになった。例えば，長江と黄河の上流及び中流の天然林の伐採を全面的に禁止し，生態系の回復と構築を西部大開発の最も重要な措置とし，「耕地を森林（草地）に返し，山を封じて緑化し，食糧を与えて救済に代え，個人の請負制を導入する」などの政策を制定した。これは中国の環境政策に歴史的転換が現われたことを示すものである。

2004年末には，各種類型，異なる級別の自然保護区が全国で2194地区に達し，国土面積の14.8％を占めるようになった。すでに整備された生態モデル拠点と組織は528ヵ所にのぼり，その内国家級生態モデル区は166ヵ所であり，79の郷鎮が全国環境模範郷鎮として選ばれた。

4-3 末端除去対策から発生源抑制対策への転換

1990年代初頭から，中国の工業汚染防除対策は，「三つの転換」（「末端除去対策」から全過程の抑制対策への転換，単一の濃度規制から濃度規制と総量規制の結合への転換，分散的除去対策から分散的除去対策と集中的除去対策の結合への転換）を実行し，資源消費が多く，汚染状況が深刻な，そして技術が低い産業の発展を制限した。その上，世界銀行の借款を利用してクリーナープロダクションのモデル拠点を実施した。第9次5ヵ年計画期間には，経済構造の調整を中心に，15種類の汚染状況が深刻な8万社を超える小規模企業を閉鎖させた。過剰な生産能力を縮小する中で，小規模炭坑4万3,000ヵ所，小規模セメント工場3,069社，小規模ガラス生産ライン187本，小規模石油精錬所111社，小規模火力発電ユニット800台弱，小規模製鉄所103社を閉鎖させた。2000年末までに，全国の汚染企業23万8,000社の90％以上が排出基準を達成した。これらの対策の結果，資源破壊と環境汚染を発生源で抑制することができた。同時に，ハイテク産業と第三次産業の発展を積極的に支援し，経済と社会の情報化を推進した。これらの結果，1995年以降工業生産額が依然として急速な成長を維持する中で，全国の工業廃水と工業CODの排出量は減少してきた。

4-4　固定発生源汚染除去対策から流域と区域の環境ガバナンスへの転換

かつて中国が実施した「汚染者負担原則」の政策は，固定発生源汚染抑制と濃度規制に重点が置かれていた。1996年に国家計画委員会，国家経済貿易委員会，国家環境保護局が共同で，「第9次5ヵ年計画期間の全国主要汚染物排出総量規制計画」を公表し，12項目の主要汚染物質（ばいじん，粉じん，二酸化硫黄，COD，石油類，六価クロム，シアン化物，砒素，水銀，鉛，カドミウム，固形廃棄物）の排出に対して総量規制を実施した。郷鎮企業の汚染物質排出量に関するデータ不足を補うため，1995年に国家環境保護局と農業部は「全国郷鎮企業汚染状況調査」を共同で行い，各省市自治区の1995年度の主要汚染物質の排出総量を大きく調整した。第9次5ヵ年計画期間には全国各地で汚染除去対策を強化し，大規模な環境インフラ整備を展開した。例えば淮河流域には総規模364.5万 m^3/日の都市生活汚水処理場を38ヵ所建設し，太湖には都市下水処理場を53ヵ所，滇池にも5ヵ所の都市下水処理施設を建設した。巣湖，海河，遼河の水質汚染総合対策も全面的に展開された。この結果，2000年末には全国の主要汚染物質排出の総量規制目標を達成した。

1996-2005年には，「世紀を跨ぐグリーンプロジェクト」を実施した。その重点は，前述の三河三湖と両抑制区域（二酸化硫黄抑制区と酸性雨抑制区），1都市（北京市）と1海（渤海）である。これら重点流域と地域では世界銀行，アジア開発銀行，国際協力銀行，欧州の一部の国の政府借款及び国内資金などの多くの機関から資金を調達し，総合的措置を講じ，汚染除去対策を強化した。その具体策として，総量規制や排汚費徴収政策，石炭の天然ガスや電力への代替などのエネルギー政策などが挙げられるが，これらの政策は，企業の基準達成と都市環境インフラ整備を推進することができ，これらの地域の悪化した環境を改善する上で一定の効果があった。

4-5　行政命令主導から法律と経済的手段主導への転換

1990年代以降，中国の環境法体系の整備は絶えず強化され，現在まで

にすでに「環境保護法」,「水汚染防除法」などを含む9つの環境関連法律と,「森林法」,「水法」などの15の資源関連法律を制定し,改正後の「刑法」には「環境資源保護破壊罪」の規定を加えた。国務院は「有害化学物質安全管理条例」など50以上の行政法規,環境保護部門の約200の規定とガイドライン文書,そして国家環境基準500項目以上を制定し,51の多国間国際環境条約に批准調印した。各省・自治区・市の人代と政府が公布した地方環境関連法規は1,600余りに達した。このように環境法体系は基本的に形成されており,今後はその改善に力を入れなければならない[6]。

2004年,全国環境影響評価制度の執行率は99.3％であり,「三同時」の執行合格率は95.7％,排汚費を納めた企業組織は73.3万社で,排汚費の徴収総額は94.2億元に達した。

経済的手法のインセンティブ効果を強化するために,国務院の関係部門は,「汚染者が費用を負担し,利用者が環境破壊を補償し,開発者が環境を保護し,破壊者が環境を復元する」原則に基づき,基本建設,総合利用,財政税収,融資及び外資の導入等の政策に対して,環境保護政策に有利な経済政策と措置を制定し改善を行った。また流域環境のガバナンスに対して,中央政府からの政策的支援と資金面の支援を行った。例えば,建設中の都市汚水処理場と廃棄物処分場に対して,中央政府は建設資金のうち,東部地区には1/6,中部地区には30％,西部地区（例えば三峡ダム地区）には70％の補助を供与した。今後は徐々に排汚費の徴収基準を高め,環境税の導入を検討することとした。表7-2に現在の中国の主な環境政策の手段を整理した。

5 中国の環境政策に対する国際社会の評価

5-1 世界銀行

World Bank (1997) は,中国の「総量規制」と「世紀を跨ぐグリーンプロ

---

[6] 国家環境保護総局,「"十一五"全国環境保護法規建設規則」(http://www.zhb.gov.cn), 2006年3月3日。

第Ⅰ部
中国の環境政策の現状分析と課題

表7-2●中国の主な環境管理制度の分類

命令－規制手段	市場経済手法	自発的行動	住民参加
汚染物排出濃度規制	排汚費の徴収	環境ラベル	中華環境保全世紀行
汚染物排出総量規制	基準超過した場合の罰金	ISO14000	大気環境質指数の公布
環境影響評価制度	SO_2 排出費	クリーナープロダクション	河川流域重点地区水質の公布
「三同時」制度	SO_2 排出権取引	生態農業	環境状況公報の公布
期限付き汚染防止制度	SO_2 排出権取引	生態モデル区（県・市・省）	環境統計公報の公布
汚染排出許可証制度	省エネ製品に対する補助	生態工業団地	企業環境業績試行の公布
汚染物集中処理	生態補償費の試行	環境NGO	環境影響評価公聴会
都市環境総合整備定量審査制度		環境保全モデル都市，環境優美な郷鎮，環境に優しい企業	
環境行政監察		グリーンGDP試行	

出所：張坤民，温宗国，彭立頴が整理。

ジェクト」を高く評価し，「多くの国は曖昧なはっきりしない環境保護任務を約束するだけであるが，中国は明晰な審査可能な目標を打ち出した」と述べている。

またWorld Bank (2005)では，「中国は厳しい環境問題に直面し，しかも大国であるため，ある面での影響（例えば温室効果ガスの排出）が世界的でもある。1990年代に中国政府はますます環境問題を重視するようになった。一部の影響力のある外国の報告書や国内の事故が環境意識の向上を促した。1994年に工業化水準の比較的高い華北平原で，淮河の水を飲用する人々の間で大規模な疾病が流行し，これが政府の環境保護政策の1つの転換点となって，最終的には75,000社の汚染状況が深刻な小規模郷鎮企業が閉鎖した。1997年と1998年の洪水災害を契機に，生態（系）的に脆弱な地域の乱伐禁止令が公布され，政府も公開度の高い環境報告制度，価格的奨励制度を含む穏健な措置や新しい法律法規の運用を開始した。指導者もよく重要談話の中で環境保護問題に触れ，しかも中国はすでに持続可能

な発展を第10次五カ年計画の指導原則としている」と論評した。

こうした政策の転換により，中国は環境悪化を食い止める面で一定の進展を見せたが，依然として深刻な問題が残り，今後の進展を予測するのは困難である。GDP1単位当たりのエネルギー消費では，中国は，主要国の中で効率の最も悪い国の1つであったが，1995-2001年の間に30％も改善された（それでも2001年においては米国の3.3倍，インドより40％も高い）。1990年代後半から，工業生産は持続的に成長する一方，工業汚染物の排出は激減している。1990年代に生物多様性は幾らか減少したが，森林面積は拡大している。黄土高原の土壌流失はすでに抑制され，これはそこに住む住民にとって有利であるだけでなく，黄河の水質の改善にとっても有利であり，北京の砂嵐悪天候（黄砂）の改善にも有利に働く。近年，中国はオゾン層破壊物質の排出量を大幅に削減し，地球環境の改善に重要な貢献をした。

5-2 国連開発計画（UNDP）の評価

Stockholm Environmental Institute and UNDP (2002) は，中国の環境問題の背景，現状，社会との相互関係，課題と今後の選択を全面的に分析し，次のように鋭く指摘した。「急速に成長し，その後で対策を行う」戦略は，特に中国にとっては現実離れしている。目下の環境悪化はその多くの部分が不可逆的なため，取り返しのつかない状態にある。生物の多様性や河川の生態系が一旦破壊され，田畑が一旦砂漠化し，地下水が一旦汚染されれば，その損失は全て取り返しがつかず，少なくとも合理的な代価で取り戻すことはできない。「急速に成長し，その後で対策を行う」戦略は，コストパフォーマンスの最も低い対策に過ぎない。

UN Country Team China (2004) では，「中国は25年間連続して高度の経済成長を実現し，3億を超える人口が貧困から脱却した。中国の発展は異常に速く，全国33の省・自治区・市と香港マカオ特別区の人間開発指数は中程度あるいは高い水準に達し，平均余命は70歳を超えた。しかし，こうした成果を導いた経済成長は新たな課題をもたらしている」と指摘し

た。さらにこのような社会の発展を除いて「空前の経済成長により，環境分野も同じように大きな課題に直面している。従来の方法ではこれらの課題を解決することができなくなり，環境保護とエネルギーの持続性を確保するために，一層多くの革新的な考え方と全体的な方法論を必要とするが，特に重視すべき分野は下記の7つである。(1) 土壌悪化防止の系統的方法論の確立，(2) 生物多様性の保護政策を発展の全体的流れに組み入れること，(3) 水利用の効率性を向上させると同時に飲用水の安全性を確保すること，(4) エネルギー利用効率性を向上させ再生可能エネルギーを発展させること，(5) 環境管理の強化，(6) 廃棄物の適正処理と衛生施設の改善，(7) 災害に対する予防と対応能力の強化」と指摘している。UNDP (2005) では，「大きな課題は，環境管理の強化と環境に配慮した経済成長 (green growth) の推進であり，これには部門間の協調，全面的総合計画及び実行可能でかつ効果的なモニタリング能力の強化が必要とされる」と指摘している。

5-3 日本

日本環境会議 (1997) は，中国の環境問題の特徴を5つにまとめている。(1) 中国の環境問題は未来の問題ではなく，現在発生している危機である，(2) 中国の自然条件は非常に不利である，(3) 数千年の文明の発展，列強の侵略，内戦と失策など全てが中国の大地に大きな影響を及ぼした，(4) 歴史的に重工業を中心とし，石炭消費を主とし，環境負荷の高い経済構造を形成し，改革開放後も依然として抜本的改善が見られない，(5) 20世紀末から21世紀の上半期に，都市も農村も相次いで大量消費と大量廃棄の社会に入った。そして，「中国は経済発展のために，環境破壊を代価としなければならないのか」というような批判は少しも言い過ぎではないと見ている。

竹歳 (2005) は，『中国統計年鑑』と『中国環境年鑑』の 1993-2002 年のデータを利用し，中国大陸 29 の省・自治区・市 (チベットと重慶を除く) の環境クズネッツ仮説を推計し，COD，SO_2 とばいじん発生量が1人あた

第 7 章
現代中国の環境保護政策

表 7-3 ●環境クズネッツ曲線（EKC）の転換点に関する研究結果

	竹歳 (2005) 中国		Shafik (1994) 全世界	Grossman and Krueger (1995) 全世界	Selden and Song (1994) 全世界	松岡・松本・河内 (1998) 日本
	元, GDP/人 (1990年価格)	米ドル, GDP/人 (2000年価格)	米ドル, PPP/人	米ドル, GDP/人	米ドル, GDP/人	米ドル, GDP/人
COD/人	2,766	622		7,583		
二酸化硫黄/人	7,130	1,603	約4,000	4,053	8,916	8,747
ばいじん/人	5,075	1,141		6,151		

出所：竹歳 (2005)。

り GDP の二次関数になっていることを突き止めた (表 7-3)。この研究結果は，中国の環境クズネッツ仮説の転換点は過去の先進国のものよりも低いが，環境保護政策を確実に強化しなければならないことを示唆している。

5-4　米国

　Economy (2004) は環境汚染による「淮河の死」から着手し，中国の文明と環境破壊の歴史，爆発的経済成長及びその環境代価，中国の環境保護対策，新しい環境政治学 (非政府組織の役割)，国際社会と中国の環境問題，国外の経験・教訓と環境危機の予防に触れ，最後に中国の未来の環境の 3 つのシナリオ，つまり，(1) 環境の美しい中国になるか，(2) 惰性的に引き続き悪化してゆくか，(3) 環境の徹底的崩壊か，を提示した上で，米国の役割について述べている。エコノミーは中国の環境に対する古今の文献を研究し，若干の重要な人物のインタビューを行い，中国の環境問題及び中国未来の影響に対して警鐘を鳴らした。

　Yale University and Columbia University (2006) によれば，中国の 2006 年環境パフォーマンス指数 (EPI) の中国の得点は 56.2 点で，133 の国家と地域の内，第 94 位にランキングされている。EPI は 6 つの政策類型 (環境と健康，大気質，水資源，生物多様性と生息地，生産性天然資源，持続可能なエネルギー

政策)における 16 項目の指数に基づいて計算される。中国はアジア隣国の中で中位に位置する。EPI は，中国の生物多様性と天然資源の保護を含む一部分野では上位を示しているが，大気質，水資源及び持続可能なエネルギー政策など各方面で，もっと多くの投入を行う必要があることを示している。

6 中国の環境政策の将来

　世界銀行，国連開発計画，日本，米国などの報告書あるいは専門書から，中国の環境問題に対する憂慮がはっきりと窺える。最近，松花江，北江，牡丹江で相継いで発生した汚染事件は，国民と外国の憂慮を深めた。しかし，中国の古い諺である「物極必反」という言葉は，一つの真理を表している。つまり，人々は目の前の新たな課題に対して，手をこまねいて黙って見ている事はないということである。最近の中国の環境と発展政策の変遷から，絶えず改善に努めた形跡が見られ，特に新しく公布した「国務院の科学発展観を実行し，環境保護政策の強化に関する決定」(以下「決定」)は希望に満ちた未来像を提供した。

　国務院のこれまでの 4 回にわたる環境保護事業の強化に関する決定と違い，また 1992 年の「中国の環境と発展に関する十大対策」とも違って，「決定」は字数が長く，合計 9,600 字以上にのぼり，言及する内容も広く，合計 32 項目に及んでいるうえで，内容も具体的で，要求は非常に厳しい。「決定」は最後に，「国家環境保護総局は監察部門と共に本決定の貫徹と執行状況を監督検査し，毎年国務院に報告しなければならない」と明確に要求し，国の行政監督機関の強制力を駆使して「決定」の実施を確保しようとした。「決定」が 1 項目ごとに実行されれば，環境問題は，経済の高度成長の条件下でも制御できる。以下は「決定」のいくつかの注目すべき内容である。

6-1　厳しい情勢に対する断固とした決定

　「決定」は，環境保護対策のポジティブな進展を肯定すると同時に，環境状況が依然として厳しい状況に直面していると強調している。主要な汚染物質の排出量が環境許容量を超過し，都市部の河川流域があまねく汚染され，多くの都市の大気汚染が深刻であり，酸性雨汚染が悪化し，残留性有機汚染物質の危害が現れ始め，土壌汚染の面積が広がり，沿岸域の汚染が激化し，核と放射能の環境安全には隠れた災いが存在する。環境汚染と生態破壊は大きな経済的損失を生み出し，国民の健康に危害を与え，社会の安定と環境の安全に影響を及ぼしている。今後15年，人口は引き続き増えつづけ，経済規模がさらに4倍に増加し，資源とエネルギー消費が持続的に増大すれば，環境への圧力はますます大きくなっていく。

　「決定」は，当面一部の地域ではGDPの成長だけを重視し，環境保護を無視し，環境保護の法制度は完備されず，環境立法機能が発展の需要に対応できておらず，法律があっても従わず，法律の執行も厳しさに欠ける現象が深刻化していると指摘した。環境保護政策の諸機能が不完全で，投入が不足し，歴史的な負の遺産が多く，汚染除去の進展は緩慢で，市場化の水準が低い。環境管理体制も完全に整理されず，環境管理の効率が低く，監督管理能力が弱く，国の環境モニタリング，情報，科学技術，宣伝・教育と総合評価能力が不十分であり，一部の指導幹部の環境保護意識と市民参加の水準が非常に低く，それらを向上させる必要があると指摘した。

　「決定」は，環境保護の強化は科学的発展観を着実に進める重要な施策であり，全面的に小康社会（ややゆとりのある社会）を建設する内在的な要求でもあり，国民のための政務を堅持し，政務執行能力を高める説得力ある行動であり，社会主義の調和社会を構築することを強く保障することを強調した。環境保護事業をより重要な戦略的地位に位置づけ，科学的発展観をもって環境保護政策の指導原理とし，断固たる決意で環境問題を解決しなければならないと強調している。

6-2 目標の設定と原則の明確化

「決定」の目標は，2010年までに重点地区と都市部の環境質を改善し，生態環境悪化の趨勢を基本的に抑制し，2020年までに，環境質と自然生態の状況を著しく改善することである。

「決定」は，2010年までに，主要汚染物質の排出総量を効果的に抑制し，重点産業の汚染物排出強度を顕著に引き下げ，重点都市の大気質，都市の集中飲用水の水源と農村飲用水水質，全国の地表水水質と沿岸海域の海水の水質を幾らか好転させ，草原の退化の趨勢を幾らか緩和し，土壌流失の対策と生態回復の面積を増やし，鉱山地域の環境を顕著に改善し，地下水の過剰採取と汚染の趨勢を食い止め，重点的生態系機能保護区，自然保護区などの生態系機能を基本的に安定させ，村や鎮における環境質をいくらか改善し，核と放射能の環境安全を確保するとした。

「決定」は，「発展しながら環境問題を解決する」ことを強調した。経済構造の調整と経済成長方式の抜本的転換を積極的に推進し，「汚染が先で，防止が後，除去しながら破壊する」といった状況を真剣に改め，科学技術の進歩を活用して，循環経済を形成し，生態文明を提唱し，環境法治体制を強化し，監督管理体制を健全化し，長期的効果のあるメカニズムを確立し，資源節約型で環境に優しい社会を建設することで，国民に清潔な飲料水と空気を供給し，安心できる食物を提供し，良好な環境の中で生産と生活ができるように努めるべきと強調した。

「決定」は，調和のとれた発展を志向し，相互協調の下で経済と環境保護の両立を実現するだけでなく，法治体系を強化して総合的な除去対策を行い，新しい汚染を生じさせず，歴史的な負の遺産の返済に極力努め，科学技術に依拠して新しい体制を構築し，それぞれの具体性に基づいて異なる指導を行うとともに，重点問題に政策の重点を置くべき」という環境保護政策の基本原則を示した。

6-3 水を最重要課題とする7項目の任務

「決定」は，早急に解決すべき7項目の環境問題を打ち出した。そのう

ち，飲用水の安全性問題と重点流域の汚染除去対策問題を最重要の任務とした。「飲用水の水源保護区を科学的に画定し，飲用水の水源を確実に保護し，都市の予備水源地を建設し，農村飲用水の安全性問題を解決しなければならない。水源保護区内の直接的な汚染排出行為を根絶させ，養殖業の水源汚染行為を厳格に防止し，有毒有害物質の飲用水水源保護区への流入を禁止し，水汚染事故の予防と緊急処理能力を強化し，国民の飲用水の安全を確保しなければならない」。「決定」は，淮河，海河，遼河，松花江，三峡ダム区域及びその上流，黄河小浪底ダム区域とその上流，南水北調の水源地とその沿線，太湖，滇池，巣湖を流域水質汚染除去事業の重点地域とすること，渤海など重点海域と河口地区を海洋環境保護政策の重点とすること，基準超過の工場排水を河川・湖沼・海域に直接排出することを厳禁すること，などを明確に規定した。

　第2の任務は，汚染防止除去政策の強化を中心に，都市部の環境保護政策を強化することである。具体的には，都市のインフラ整備を強化し，2010年までに全国の都市部の汚水処理率を70％以上に向上させ，生活ゴミの無害化処理率を60％以上にし，浮遊粒子状物質，騒音と飲食業による汚染問題を解決しなければならず，省エネ環境保全型自動車の発展を提唱すべきという内容である。

　その他5つの任務は次の通りである。(1)二酸化硫黄の排出総量の削減策を重点とし，大気汚染防止除去対策を推進する，(2)土壌汚染の防止除去政策を中心に，農村地域の環境保護政策を強化する，(3)人間と自然の調和を重視した生態系保護を強化する，(4)核施設と放射線源の監督管理を重点として，核と放射能の環境安全を確保する，(5)国家環境保護プロジェクトの実施を中心に，当面もっとも深刻な環境問題の解決を推進していく。

6-4　違法行為に対する重い処罰

　「決定」は，環境立法と地方の法執行状況の真剣な評価を通じて，環境法律法規の健全化を図り，違法行為に対する処罰強化の規定を定めた。そ

して、「違法のほうがコストが低く、法律遵守のほうがコストが高い」というゆがみを重点的に解決することを明確にした。

「決定」は、環境法規と基準体系の健全化を図り、環境基準と環境目標をリンクさせるよう努めなければならないと指摘している。環境影響評価を実施せず、「三同時」制度に違反し、処理施設を正常に稼働させず、基準超過の汚染物を排出し、汚染排出許可証の規定を遵守せず、重大な環境汚染事故を引き起こし、自然保護区内で違法な観光業の開発・建設または営業を行い、上述区域内で違法な採掘によって生態系の破壊を行う等の行為を重点的に取り締まる。そのほか、汚染被害者への法律支援システムを完備し、環境関連民事訴訟制度及び行政訴訟制度の構築のために必要な検討を行うべきと指摘した。

「決定」は、国の地方の環境保全活動に対する指導、支援と監督を強化し、区域環境監督検査派出機構を拡充させ、（省を）越境する環境保護政策の調整を行い、深刻な環境問題の調査を督促するよう要求した。また各級の環境保護部門に、諸般の環境監督管理制度を厳格に執行し、汚染状況が深刻な企業に対し期限内での除去対策を実施するか操業停止かの命令を下し、関係部門の専門家と代表者を招集して、開発・計画・建設事業に対する環境影響評価の審査意見を提出させている。

6-5　市場メカニズムの導入による汚染除去対策の推進

「決定」は、全面的に都市汚水と固形廃棄物処理の有料化制度を実施し、料金基準はコストをカバーする上でささやかな利益を得るレベルに留め、徴収金額がコストを補填できない地域は、地方財政で運営費の補助を行うことを明確に決めた。

「決定」は、市場メカニズムを適用して汚染の除去対策を推進しなければならないと指摘した。民間資本が汚水や固形廃棄物の処理などのインフラの建設とその運営に参加することを奨励すると指摘した。都市部の汚水処理部門と固形廃棄物処理部門は企業体制への転換改革を積極的に推進し、公開入札方式を採用して投資主体と経営主体を適正に選択し、特別許

可の経営制度を導入したうえで，それに対する監督管理を強化する。汚染物質の処理施設の建設・運営に関連する用地，電力消費，設備の減価償却などに対し支援政策を実行し，その上で租税優遇政策を実施する。生産者は法に基づき，自らまたは他社に委託して，廃棄製品の回収と処理を実施し，その費用を負担する。汚染除去プロジェクトの設計，施工と運営の一体化方式を推進し，汚染排出企業が専門業者に委託して汚染除去作業または施設の運営を行うことを推奨する。条件が成熟した地域と企業は，二酸化硫黄などの排出権取引の実施を許可する。

6-6　経済政策の確立と補完

「決定」は，環境保護政策に有利な経済政策を推進し，国の産業政策と環境基準を満たさない企業に対しては，金融機関の融資を停止させ，会社登録申請の却下，または合法的な閉鎖措置を行うことを明確にした。

「決定」は，環境保全に有利な価格，税収，融資，貿易，土地と政府調達などの政策体系の健全化を強調している。政府が価格を決定する際に資源の稀少性と環境コストを充分に考慮し，市場価格についても環境保全に有利になるように誘導と監督管理を行わなければならない。再生可能なエネルギーの発電所とゴミ焼却発電所に対しては，その発展に有利な電力価格政策を実行し，再生可能エネルギー発電事業のうち，配電網に供給した全ての量に対して全量買い上げ政策を実行する。国内の非営利団体や政府機関を通じて，環境保護事業に対する寄付行為に対しては，法に基づいて税制優遇措置を実施する。また生態補償政策（水源保護や生態系保護，植林植草などのために生計手段を失った農民に対する所得補償）の補完を行い，できるだけ早い時期に生態補償メカニズムを構築する。中央と地方間の財政移転政策を行う際には生態補償の要素を考慮し，国と地方はそれぞれ生態補償のモデル事業を実施することができる。

6-7　循環経済の発展の推進

「決定」は，地域経済と環境の協調的発展を促進し，循環経済の発展に

力を入れることを強調した。各地区，各部門は，循環経済の発展内容を諸般の発展計画の重要な指導原則とし，循環経済の推進計画を制定・実施し，循環経済の実施を促進する政策・関連基準と評価体系の制定を急がなければならず，技術開発とイノベーションシステムの建設を強化しなければならない。

「決定」は，循環経済を3つの段階を細かく分類した。生産段階では排出基準を厳格に実施し，省エネ・資源節約を奨励し，クリーナープロダクションを実行したうえで，法に基づいて強制的に審査する。廃棄物の発生段階では，汚染予防と全過程の制御管理を強化し，生産者責任を拡大させ，産業チェーンの合理化を実現し，各種廃棄物の再利用を強化する。消費段階では，環境に優しい消費方式を提唱し，環境ラベル，環境認証と政府のグリーン購入制度を実行し，再生資源の回収利用システムを構築する。

6-8　環境科学技術の進歩の推進

「決定」は，環境科学技術のプラットフォームの構築を強化し，重要な環境保護研究プロジェクトを国の科学技術計画に優先的に組み入れるよう強調した。環境保護戦略，基準，環境と健康関係などの研究を展開し，水，大気，土壌，騒音，固形廃棄物，農業面源などの汚染防止除去対策を実施すること，及び生態系保護，資源の循環利用，飲用水の安全性問題，核安全性の問題などの領域についての研究，汚水の高度処理，火力発電所の脱硫・脱硝，クリーンコール，自動車の排気ガス浄化措置など重点的かつ難度の高い技術の開発や環境保護分野における高度技術の応用等を大いに提唱すると強調した。技術モデルプロジェクトと成果の普及を積極的に展開し，自主的技術革新を行う能力の向上を図る。

今後の環境科学技術の研究は，従来の「三廃」対策だけでなく，環境悪化と人体への健康影響の関連性についても一つの新しい方向性として位置づけるべきである。その中には，環境汚染物質の生態系への影響評価，重要な有害化学物質の典型的媒質における安全な環境基準の制御研究，重要汚染物質の安全性指標の研究，環境ホルモンによって引き起こされる環境

汚染とその規制の研究，都市圏生態環境における生息環境の悪化と人体健康と予防的な研究などが含まれる。典型的な生態環境における環境汚染物質の複合的な生態影響の現状及び評価方法の研究を行わなければならず，環境被害リスクの基準体系と健康被害識別とその判定基準の策定が急務となっている。また国情に適った汚染物環境安全管理基準とリスク評価体系が必要であり，都市部または都市圏の生態環境における大気汚染物質の累積水準の計量モデル及び典型的な環境被害をもたらす疫学的モニタリング方法を構築するほか，「汚染物質―環境質―人間被害」の相互影響関係とその健康被害の予防対策を研究する必要がある。

参考文献

[日本語文献]

竹歳一紀 (2005)『中国の環境政策 ── 制度と対策』晃洋書房。

日本環境会議 (1998)『アジア環境白書 1997-1998』東洋経済新聞社 (中国語訳 (2005)『亜洲環境情況報告第 1 巻』北京：中国環境科学出版社)。

[中国語文献]

曲挌平 (2002)「見証中国環境与発展的巨大変化」『中国環境与発展国際合作委員会第五次会議文件滙編』，北京：華文出版社，8-10 頁。

中国科学院国情研究小組 (1989)『生存与発展，機運与挑戦，開源与節約，城市与郷村』，北京：科学出版社。

張坤民 (2004)『関于中国可持続発展的政策与行動』，北京：中国環境科学出版社 (Zhang Kunmin (2001) *Policies and Actions on Sustainable Development in China*, China Environmental Science Press.)

徐嵩齢 (1998)『中国環境破壊的経済損失計量 ── 実例与理論研究』北京：中国環境科学出版社。

[英語文献]

Economy, Elizabeth C. (2004) *The River Runs Black: The Environmental Challenge to China's Future,* Ithaca: Cornell University Press. (片岡夏美訳 (2005)『中国環境リポート』築地書館)

Fuchen, Luo and Xing Yuqing (1999) *China's Sustainable Development,* Tokyo: The United Nations University.

Stockholm Environmental Institute and UNDP (2002) *China Human Development Report 2002: Making Green Development a Choice,* (瑞典斯徳歌尓摩国際環境研究院 / 国連開発計画 (2002)『中国人類発展報告 2002：緑色発展必選之路』，北京：中国財政経済出版社)

UN Country Team China (2004) *Common Country Assessment 2004: Balancing Development to Achieve An All-Round Xiaokang and Harmonious Society in China.*

UNDP (2005) *UNDP Country Programme for PRC* (2006-2010).

Warford, Jeremy J. and Li Yining (2002) *Economics of the Environment in China, A Publication of the CCICED.* Aileen International Press.

World Commission on Environment and Development (1987) *Our Common Future*. Oxford: Oxford University Press. (世界環境与開発委員会 (1998)『我們共通的未来』北京:世界知識出版社,大来佐武郎監訳 (1987)『地球の未来を守るために』福武書店)

World Bank (1997) *China 2020: Clean Water and Blue Skies: China's Environment in the New Century.* Washington: The World Bank (世界銀行『碧水藍天,新世紀的中国環境』北京:中国財政経済出版社).

World Bank (2005) *China: An Evaluation of World Bank Assistance 2005.* (http://www.worldbank.org/oed).

Yale University & Columbia University (2006) *Pilot* 2006 *Environmental Performance Index,* (http://www.yale.edu/epi/).

第II部
中国の環境統計と環境政策の定量的評価

北京高碑店汚水処理場
手前：活性汚泥法による処理池
後方：汚泥発酵—メタンガス回収設備
2005年3月撮影
撮影者：森　晶寿

第8章
大気汚染政策による硫黄酸化物の排出削減効果

山本　浩平

1 中国における硫黄酸化物汚染の実態

　中国においては，一次エネルギーの使用割合として未だに石炭の占める割合が非常に大きく，2002年現在で約69％を占める（*IEA Energy Outlook 2004*）。石炭中には硫黄分が含まれているのが普通であるが，これが燃焼とともに二酸化硫黄（SO_2）となり，大気中へ放出される。各省で用いられている石炭の品質は大きく異なり，硫黄含有率については0.5～3％程度（出所：「アジアのエネルギー利用と地球環境」）と幅を持つため，排出される二酸化硫黄量は地域差が大きい。図8-1は中国北部と南部地域の二酸化硫黄濃度の経年変化を示しているが，都市域が多く存在する北部地域は概して平均濃度が高いことが示されている。図中の点線は二級基準と呼ばれる大気質（Air Quality）にかかる基準値[1]である。

　次に北京の二酸化硫黄濃度の経年変化を示したものを図8-2に示す。2002年現在，二級基準の基準値を上回っているが，1998年以降，濃度は減少傾向にあることが示されている。これは石炭から天然ガスなどへのエネルギー源代替の効果と低硫黄含有率の石炭の使用による効果が大きいと

---

[1] 中国における環境大気質は一級，二級，三級の基準値が汚染物質ごとに定められ，それぞれ清浄地域，居住地域，工業地域に適用される。SO_2の年間値に対しては，それぞれ0.02ppm，0.06ppm，0.10ppmである。

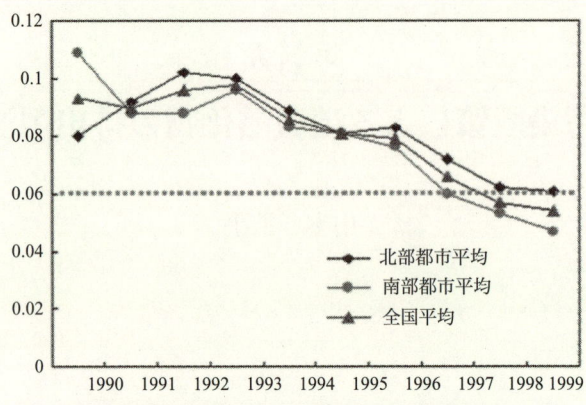

第Ⅱ部
中国の環境統計と環境政策の定量的評価

図8-1●中国主要都市における年間平均二酸化硫黄濃度（mg/m³）
出所：清華大学・馬永亮氏による図を一部改変。

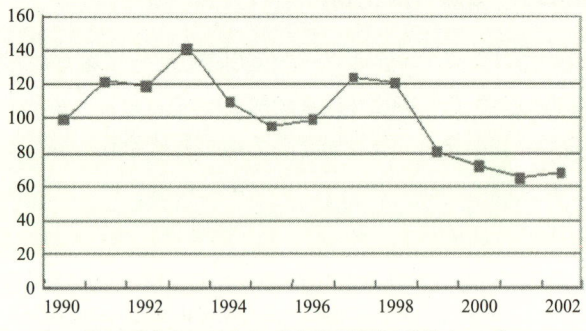

図8-2●北京における二酸化硫黄濃度平均値（μg/m³）
出所：清華大学・馬永亮氏による図を一部改変。

考えられる（図8-3）。

2│大気汚染物質の中国周辺域への環境影響

　本節では，中国における大気汚染物質の排出量推計（エミッションインベントリ）および大気輸送モデルを用いたアジアにおける酸性物質の沈着特性に関する既往の論文をいくつか再検討し，研究の現状および定量的影響評価の例について簡単にまとめる。もちろんこれらはこの分野における研

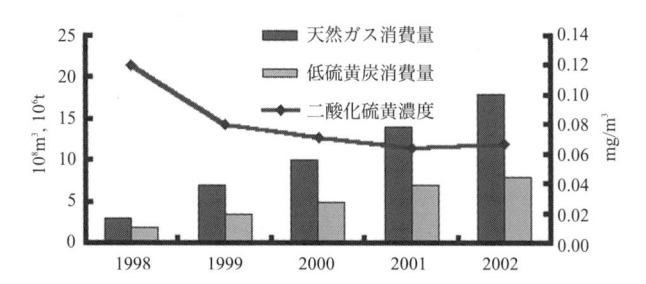

図8-3 ●北京における天然ガス及び低硫黄含有石炭消費量（左軸）と全国平均二酸化硫黄濃度（右軸）
出所：清華大学・馬永亮氏による。

究の一部であり，本章脱稿後も日本，中国，韓国，および米国の研究者を中心に解析が継続されている。しかし，環境影響に関する定量的評価についてはまだ統一的な見解は得られていない。以下，表8-1を参照しつつ順に検討してゆきたい。

Huang et al. (1995) では独自に開発した大気輸送モデルを用いて1989年のシミュレーションを行っている。この研究は用いている排出インベントリが他の研究と大きく異なり，中国本土について中国環境省が作成したものを用いている。その他の国についてはモデル研究で広く使われているKato and Akimoto (1992, *Atmospheric Environment*, 26A, pp. 2997-3017) のものを使用している。この結果，中国起源の SO_2 が，日本の硫黄沈着量に及ぼす寄与は3.5％と他の研究に比べ著しく少なく，日本の沈着量がほとんど国内の発生源の影響（94％は国内および火山による寄与）と評価されている。

東野ほか (1995) では，中国における SO_2 の大気排出量を1990年ベースで推計を行っている。『中国能源統計年鑑』から32消費部門別に，8燃料種の使用量実績値を得て全国エネルギーマトリックスを作成し，さらに日本の科学技術庁作成の資料[b]に基づいて燃料中のS含有率を定め，それが完全に燃焼して大気中に排出されたものとして SO_2 排出量を求めている。また，非燃焼系の SO_2 排出源として，非鉄精錬，硫酸製造に伴うものを考慮している。このようにして求められた全国集計値を各種省別指標により加重配分することにより省別の排出量が推計されているが，さらに

第 II 部
中国の環境統計と環境政策の定量的評価

表 8-1 ● 東アジアにおける排出量推計および大気輸送モデルによる解析例

文　献	対象物質	①気象データ ②大気輸送モデル	排出量インベントリ	中国起源汚染物質が日本におよぼす環境影響
Huang et al. (1995), Carmichael et al. (2001)	SO_2	① ECMWF ② オリジナルモデル (STEM)	中国のみ中国環境省データ、その他は Kato and Akimoto (1992)、火山を含む	中国起源の硫黄酸化物が日本に及ぼす影響は小さい (3.5％)。日本の沈着量の94％は国内および火山による寄与
池田ほか (1997a, 1997b)	SO_2 NO_x	① MATHEW Model ② オリジナルモデル	東野ほか (1995, 1996)	日本の S 沈着量の 25％、N 沈着量の 13％が中国由来。S については日本国内 (火山含む) の寄与が 65％。
Arndt et al. (1998)	SO_2	① NCAR ② ATOMOS	RAINS-ASIA (1995)[1]	日本の沈着特性を地域別に分析。九州：31％、関西・中国地方：55％、東海・関東地方：8％、東北 27％、北海道 13％が中国由来。
片山ほか (2004)	SO_2	① RAMS ② HYPACT	Klimont et al. (2001)[2] EDGAR データベース[3]	7月の日本 S 沈着量におよぼす中国の寄与は 18％、12月は 58％を占める (日本はそれぞれ 28％、13％)。

出所：1) Streets, D. et al. (1995). *An Assessment Model for Air Pollution in Asia, Phase-1 Final report.*
　　　2) Z. Klimont et al. (2001). "Projections of SO_2, NO_x, NO_3 and VOC Emissions in East Asia up to 2030", *Water, Air, and Soil Pollution*, Vol. 130, 193-198.
　　　3) http://arch.rivm.nl/env/int/coredata/edgar/v2/index.html

　これを産業別生産額で重み付けすることにより都市別排出量を求め、これが 80km×80km の格子系でどのグリッドに所属するかを調べ、グリッド別の排出量としている。年間総排出量は約 21,000,000t であり、消費部門別では最も多いものは、発電熱供給部であり 30％以上を占める。省別については、四川、山東、江蘇の三省が 1,700,000t 以上と他省より多いことが示されている。
　また東野ほか (1996) は、中国における窒素酸化物 (NO_x)、CO_2 排出量推計を中心に検討した研究である。本論文は東野ほか (1995) とほぼ同様

の手法を用いて中国におけるNO$_x$およびCO$_2$の1990年における排出量について推計を行い，80km×80km格子および1°×1°格子で整理している。NO$_x$とCO$_2$の年間総排出量はそれぞれ，6,700,000t，2,543,000,000tであり，特にNO$_x$では都市化，工業化が進んでいる地域のエネルギー消費がそのまま排出量分布に反映されている結果を示している。

次に，池田ほか (1997a) はオイラー型の3次元グリッド大気輸送モデルを開発し，北緯20-60°，東経100-150°の領域における硫黄酸化物，および窒素酸化物のシミュレーションを行っている。風速場についてはMATHEWモデルを用い，気象庁の気象データを補完することで得ている。発生源については東野ほか（1995，1996）の結果に日本の火山を加えたものを用い，大気中での光化学反応，乾性・湿性沈着過程を考慮したモデルを構築している。シミュレーション結果と酸性雨全国調査で得られた硫黄酸化物（硫酸塩），窒素酸化物（硝酸塩）の測定結果を比較し，かなりの相関を得たと結んでいる。

池田ほか (1997b) は池田ほか (1997a) の開発した大気輸送モデルを用いて発生源解析を行っている。硫酸塩に関しては，乾性沈着（降水によらない）では日本国内発生源からの寄与が火山を含めると82％（日本73％，火山9％），中国の寄与が5％であるのに対し，湿性沈着（降水）では国内の寄与が火山を含め60％（日本32％，火山28％）に低下し，中国からの寄与が30％を占める結果が得られている。これらの合計である総沈着量に関しては，国内65％（日本37％，火山28％），中国25％となっている。一方硝酸塩については湿性・乾性ともに沈着量の約25％が大陸起源である結果が得られている。硫酸塩の年間沈着量に関しては，本州日本海側では約37％が中国の寄与，北海道においては約30％が中国の寄与という結果となっている。冬季においては日本海側では約54％が中国起源であるという見積もり結果を得たが，一方夏季においては90％以上が火山を含めた国内発生源による寄与であり，季節による変動が大きい結果となっている。

Uno et al. (1998) は，米国アイオワ大学で開発されたオイラー型3次元大気輸送モデルのSTEMを用いて1992年の2月の東アジアにおける硫黄

酸化物，窒素酸化物のシミュレーションを行っている。気象データについては気象庁客観解析データの GANAL を用い，発生源として SO_2 と NO_x，アンモニアおよび非メタン炭化水素の 1°×1°格子の推計値を文献より得て入力データとしている。硫酸塩および硝酸塩濃度の空間分布および時間変化について解析を行い，実測データと比較して妥当性の検証を行っているが，硫酸塩についてはおおむねオーダーが一致する結果，また硝酸塩については，単純な化学反応モジュールを用いたこと，およびインベントリの誤差により過大，または過小評価の傾向が見られ，今後詳細な化学反応モジュールの導入が必要であると述べられている。

Arndt et al. (1998) は，NOAA の大気資源研究所で開発されたトラジェクトリー型大気輸送モデル ATMOS を用いて，アジアにおけるソース - リセプター関係に関する定量的な把握を試みている。それによると，中国における硫黄酸化物の沈着物質は国内寄与がほとんどであり，また日本の沈着量への寄与を地域別に分析した結果，九州：31％，関西・中国地方：55％（朝鮮半島 28％，日本 17％），東海・関東地方：8％（日本 85％，朝鮮半島 6％），東ら北地方 27％，北海道 13％が中国由来と推定している。日本における総沈着量として，冬季および春季は中国発生源の寄与が 28×10^6kg S であるのに対し，夏季および春季には 11×10^6kg S にとどまり沈着量は季節による変動が非常に大きい結果を示している。

Carmichael et al. (2001) は欧米や日本で開発された大気輸送モデルを取りあげ，計算領域および汚染物質排出インベントリ，モデルパラメータに同一のものを用いた場合の計算値の比較を行っている。降雨洗浄や大気中化学反応プロセスに関する知見の少なさによりファクター2の誤差は生じるが，これらが大気輸送モデルの出力結果にそれほど大きな影響を及ぼすとは考えられないため，大気輸送シミュレーションによる結果の誤差は，排出インベントリの推計誤差や，気象データの差により生じると考えてよいと結んでいる。

片山ほか（2004）は地域気象モデル RAMS と大気輸送モデル HYPACT をリンクさせて，東アジアにおける硫黄酸化物のシミュレーションを

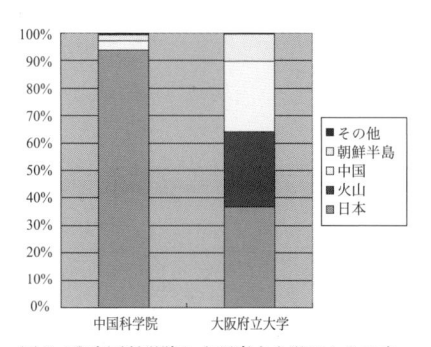

第8章
大気汚染政策による硫黄酸化物の排出削減効果

図8-4● 中国科学院と大阪府立大学による日本の酸性沈着に及ぼす寄与の推定
註：中国科学院による日本の寄与については火山を含む。

1995年7月と12月を対象として行っている。このモデルを用いて東アジアにおけるソース‐リセプター関係を解析した結果，日本への硫黄沈着量の発生源地域別寄与は，7月には火山36％，日本国内28％，中国18％，朝鮮半島12％であるのに対し，12月は中国58％，朝鮮半島17％，日本13％，火山8％と大きく異なる値を示している。また，太平洋側では夏季の沈着量が冬季の3倍程度になるのに対し，日本海側では冬季の沈着量が夏季の10％増程度の沈着量にとどまるため，日本国内の総沈着量は冬季より夏季が20％程度多くなる結果を示している。

中国科学院 (Huang et al. 1995) および大阪府立大学 (池田ほか 1997b) のモデルシミュレーションによる日本への酸性雨 (酸性物質) の沈着量に及ぼす寄与についてまとめたものを図8-4に示す。他にも，アジアにおける大気汚染物質の発生・輸送・沈着特性を検討した研究はみられるが，米国や日本の研究者が評価した値はほぼ同じであり，中国の研究者の評価した値だけが大きく異なっている。この原因として，排出量推計の精度が低いことおよび大気輸送モデル開発がまだ発展途上段階にあり，確立された定量評価モデルが存在しないことが挙げられる。Carmichael (2001) の結果をふまえると，モデルの違いによる計算結果の差は相対的に小さいと考えられる。定量的影響評価に与える排出インベントリの精度の影響は大きく，今後，

217

日中両国の研究者が共同で排出インベントリの精度向上を図る努力が必要である。

3 環境政策による SO_2 排出量削減効果の推計

中国における SO_2 排出量は『中国環境統計年報』に掲載されているが，その統計値の算出法は基本的に各事業所からの積み上げによるものであり，統計データの整合性および推計もれが生じる可能性がある。そこで本調査では，エネルギー消費量に関する統計データより，中国の SO_2 排出量を推計する方法を試み，各種の分析を行った。このような手法による大気汚染物質排出量の推計自体は，東野ほか（1995，1996）をはじめ日本および米国などの研究者により行われている例があり，後述のようにデータベースとして公開されている例もあるが，推計に用いる諸係数の与え方が推計によって異なり，それが推計結果に大きく影響を及ぼすことが知られている。本節では中国清華大学の研究者の協力を得て，中国の研究者間でほぼ合意の得られている係数値を提供してもらうことにより，より現実に即した推計値を得ることを目標とし，さらに環境政策による削減効果の評価を行った。

3-1 推計の方法

大気汚染物質の排出量は，一般に，

各エネルギー排出部門における排出量＝部門エネルギー消費量×部門別排出係数

という形で表せることを利用して各年の SO_2 排出量を推計する。

エネルギー消費量に関しては，『中国能源統計年鑑』中の省別，各消費部門におけるエネルギー消費量のデータを用い，部門別排出係数に関しては，中国清華大学で算出された値（省別）を用いて計算する。

石炭の部門別排出係数の算出は，以下のようにして行った（図8-5）。①火力発電，熱供給部門については，原炭，洗炭ごとに，工業部門および家

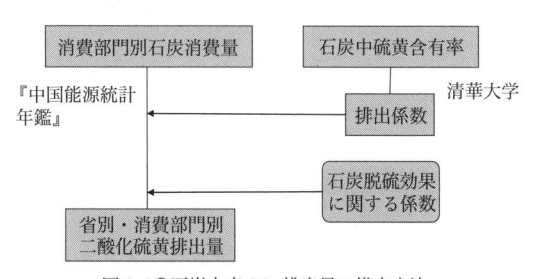

図 8-5 ●石炭由来 SO_2 排出量の推定方法

庭消費については原炭，洗炭，ブリケットごとの硫黄含有率のデータをインターネット等から収集する。②同データに基づいて，各燃料別の燃焼特性を考慮した排出率を乗じて省別，燃料種別の SO_2 の排出係数を算出する。具体的には，石炭含有硫黄分の排出率が，工業部門と発電部門においてブリケットで75％，原炭および洗炭において85％であること，また，家庭においてはブリケット55％，原炭および洗炭が65％であるという情報を元に算出している。また，この排出係数は，本研究で対象とした分析年において一定の値をとるものと仮定した。算出された排出係数に，『中国能源統計年鑑』の該当部門におけるエネルギー消費量を乗じ，さらに工業部門，家庭部門においては後述の通り，燃料中脱硫黄率に当たる係数を乗じることにより部門別 SO_2 排出量を推計した。

　石油燃焼に伴う排出に関しては，省別の硫黄含有率に関するデータが入手できなかったため，全国平均含有率について国内産および輸入原油中硫黄含有率から求め，それに総原油消費量を乗じることにより SO_2 排出量を求めた。

　計算対象年は 1990，1995，2000，2002，2003 年の5年とし，その経年変化を分析するとともに，石炭由来の排出量については脱硫設備の導入による影響，エネルギー源代替による影響に関して分析を加え，現実に即して推計した排出量との比較検討を行った。

表 8-2 ● 中国の SO_2 排出量推計結果（単位：10^3t）

年	石炭由来の排出量（原油由来）	国家環境保護総局公表値
1990	17,480.7（462.6）	14,940.0[1]
1995	21,549.3（601.9）	23,695.3[2]
2000	22,052.6（807.1）	19,951.0
2003	29,197.4（981.4）	21,587.0

註：1）主な工業のみ計上。
　　2）中国環境統計年鑑の排出量に全国郷鎮工業汚染調査公報（1997）の郷鎮企業の排出量を加算したもの。
出所：『中国環境統計年鑑』1991・1996 年版,『中国環境統計年報 2003』,全国郷鎮工業汚染調査公報（1997）

3-2　推計結果

(1) 中国における年別 SO_2 排出量推計結果

1990, 1995, 2000, 2002, 2003 年の省別の SO_2 排出量を工業（発電を含まない），発電，家庭の 3 区分に分類して推計を行った。ただし，チベットについては利用できるデータがなかったため計算しておらず，また 2000 年および 2002 年の寧夏回族自治区，2002 年の海南省については利用可能なデータが見つからなかったため計算に入れていない。これら一部の年についてデータ欠損のある省は比較的排出量の少ない省であり，全体に対する寄与は相対的に小さいので，後述の省・地域別の排出量の分析に大きな影響は及ぼさないと考えている。排出係数に関しては，原炭，洗炭，ブリケットの省別の硫黄含有量に各消費セクターの排出率を乗じて求めており，この値については，すべての年の計算で同じ値を使用した。その結果を表 8-2 に示す。国家環境保護総局（SEPA）が公表している各年の総排出量との比較については後段で論じる。

　このうち，石油燃焼に伴う排出分に関しては，中国清華大学の馬永亮副教授らが別途推計したものがあり，これを表 8-2 に加えているが，石炭燃焼に伴う排出の 3-4％程度の排出量であり，少ない。以後の議論では，石炭消費に伴う排出量のみを用いて議論を行うが，そのことによる影響は少ないと考えてよい。

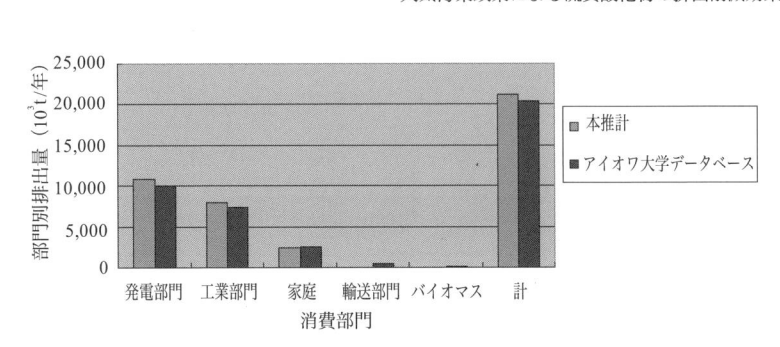

第 8 章
大気汚染政策による硫黄酸化物の排出削減効果

図 8-6●本推計とアイオワ大学データベースとの比較

(2) 他の研究者による推計との比較

アジアの大気汚染物質排出量に関しては，アメリカ国立アルゴンヌ研究所 (Argonne National Laboratory) の D. Streets[c] らが継続的に検討を行ってきており，米国アイオワ大学のウェブサイト上でデータベース[2]を公開している。2000 年について本推計結果と比較してみたところ，運輸部門，バイオマス燃焼に伴う効果の有無など，考慮された項目の差が若干あるとはいえ，中国の SO_2 排出総量としてはほぼ同程度の値となった。比較結果を図 8-6 に示す。

(3) 環境対策による SO_2 排出量削減効果の推計

(A) 脱硫設備の導入に関する分析

石炭含有硫黄分の脱硫設備の導入による排出量削減効果は以下の手法で推計した。

1) 工業部門および家庭部門からの排出における削減効果を見積もる。脱硫設備の装着率や稼働率は不明なため，全施設の 25％でばいじん除去施設を導入しており，同施設の湿性スクラバーの脱硫効率は 15％であると仮定する。

2) 火力発電・熱供給部門については，対象年次における排煙脱硫装置

---

[2] アイオワ大学エミッションインベントリデータベース (http://www.cgrer.uiowa.edu/EMISSION_DATA/anthro/table/so2_2000_final.htm)。

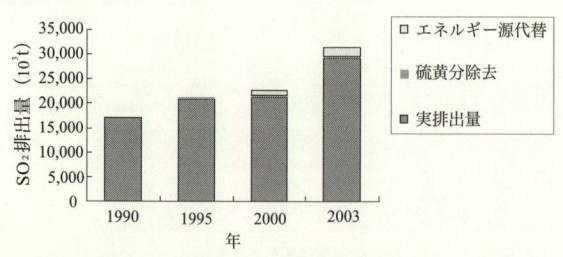

第 II 部
中国の環境統計と環境政策の定量的評価

図 8-7 ● SO_2 排出量の変化と脱硫効果，エネルギー源代替

の普及率や稼働率は低いと判断されるため，脱硫は行われていないと仮定する。

本推計における削減量は，中国環境統計年報の SO_2 削減量と比べ低く，その妥当性に関する議論は十分でないが，中国においてはばいじんの規制に比べ SO_2 の規制が緩く，効果を上げていないとの見解もあり[3]，この数字は実削減量についての大きめの予測値を与えるものと考えることができる。本排出量推計においては，これらの数値を用いて脱硫設備による削減分を算出し，さらにこの削減分を考慮に入れない場合との比較を行い，対策による定量的効果を求めた。

(B) エネルギー源代替に伴う効果の分析

1995，2000，2003 年における総エネルギー使用量に対する石炭使用量の割合のデータより，1995 年の石炭使用量の割合に変化がないと仮定して，2000，2003 年の SO_2 排出量を推計し，推計した実際の SO_2 排出量との比較を行った。

(A) および (B) の結果を，図 8-7 に示す。特に環境政策による効果 (B) は 1995 年に対する後年の影響のみを表しているが，2000 年について実排出量 21,200,000t に対して 1,030,000t，2003 年について実排出量 29,200,000t に対して 1,700,000t と数％程度の寄与を示している。一方，硫黄分除去効果については，2000 年で 402,000t，2003 年で 478,000t と，

---

[3] 張坤民・立命館大学アジア太平洋大学教授のコメント (2005 年 10 月 24 日)。

対策による効果より1桁小さい寄与となっており，石炭中の硫黄分除去対策に関しては，あまり効果を上げていないことが分かる。

これらの他に排出量削減に寄与する環境対策として，設備の大型化による燃焼効率の上昇などが含まれる省エネルギー政策が挙げられる。今回の分析ではこの効果を取り入れていないが，例えば李志東らによる要因分解モデル（李・載2000）を用いると分析が可能になる。これについては，今後の課題とする。

3-3　地域別の排出量変化に関する分析

1990，1995，2000，2003年の省別SO_2排出量を纏めたものを図8-8～8-11に示す。1995年までは四川省がずば抜けて多い排出量を示しているが，2000年以降，重慶市が分離したことにより，湖北，河北，山東，浙江の各省での排出量が大きくなっていることが分かる。

省別の経年変化を示したものを図8-12に示すが，さらに定量的に検討するために，分析した5年間においてデータのそろっている省を取りあげ，2003年排出量の1990年排出量との差を示したものを図8-13に示す。四川省のデータには重慶市を含んだ値を用いている。これより，省別排出量の変化については，黒龍江省はわずかに減少しているのに対し，山東，湖北，浙江の各省において年間排出量として1,000,000t以上の著しい増加傾向を示している。

次に，経済発展と環境汚染との関係を検討するために，単位GDPあたりの環境汚染水準（排出量）を指標として省別に求めた。さらに地域別の排出構造の変化について検討するために，省・市・自治区を以下のように東部，中部，西部に分類した[4]。その後求めた省別の値を1995年以降の

---

[4]【省別分類】
東部：北京市，天津市，河北省，遼寧省，山東省，上海市，江蘇省，浙江省，福建省，広東省，海南省
中部：吉林省，黒龍江省，湖南省，湖北省，河南省，江西省，山西省，安徽省
西部：重慶市，四川省，雲南省，貴州省，陝西省，甘粛省，寧夏回族自治区，広西壮族自治区，内蒙古自治区，青海省，新疆ウイグル自治区，チベット自治区

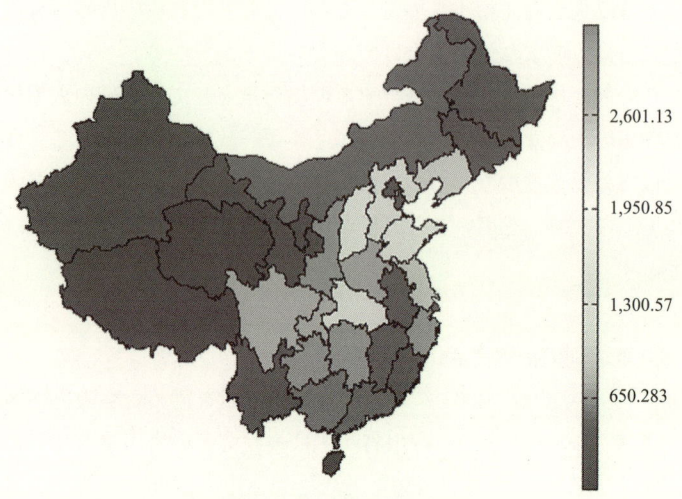

第 II 部
中国の環境統計と環境政策の定量的評価

図 8-8 ● 1990 年の SO_2 排出量（単位 10^3t）

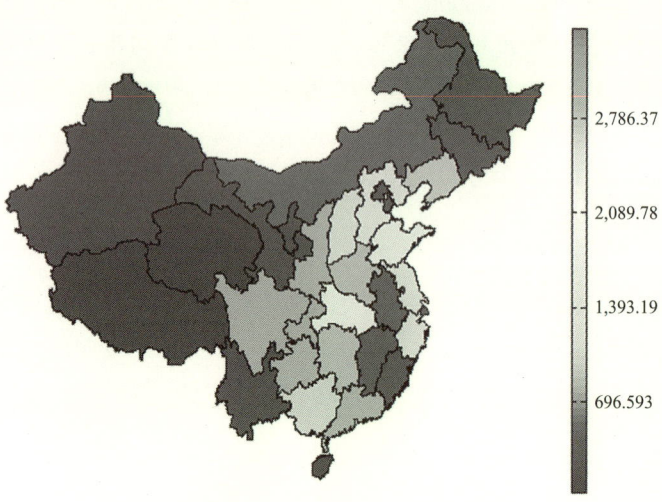

図 8-9 ● 1995 年の SO_2 排出量（単位 10^3t）

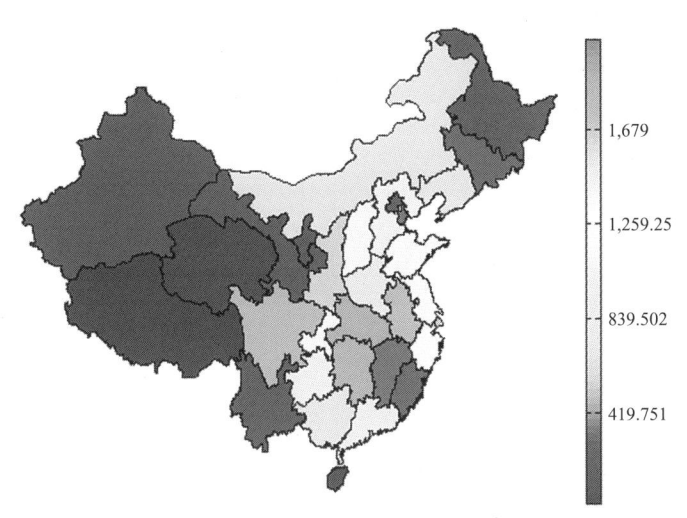

第 8 章
大気汚染政策による硫黄酸化物の排出削減効果

図 8-10 ● 2000 年の SO_2 排出量（単位 10^3t）

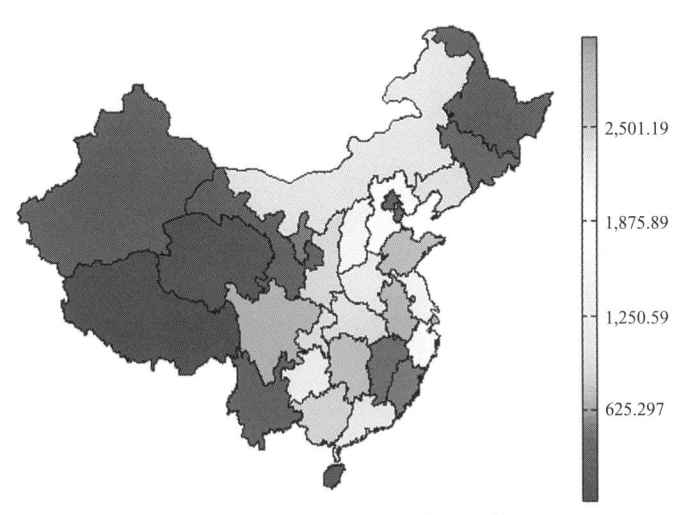

図 8-11 ● 2003 年の SO_2 排出量（単位 10^3t）

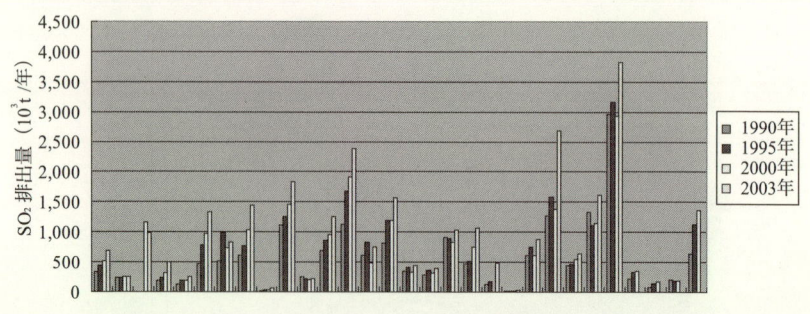

第 II 部
中国の環境統計と環境政策の定量的評価

図 8-12 ● 省別排出量の経年変化

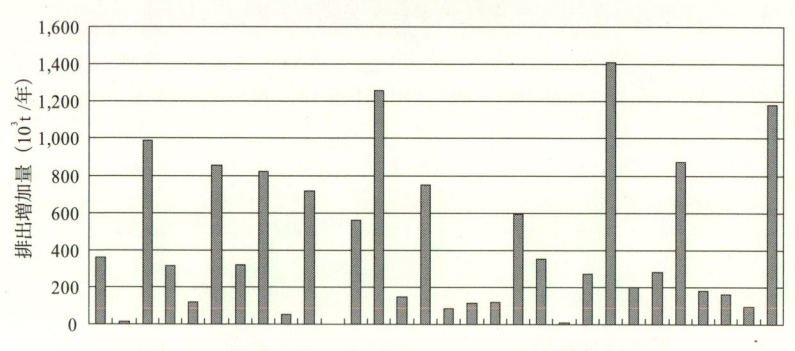

図 8-13 ● 2003 年排出量の 1990 年に対する増加量

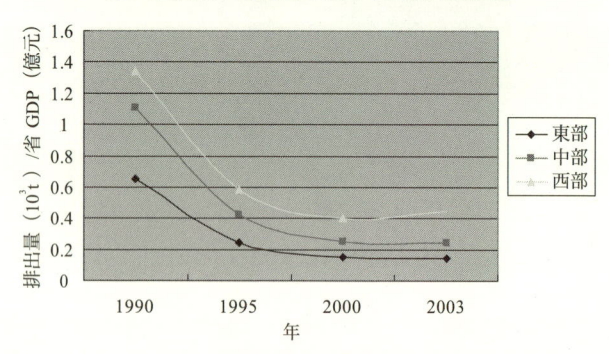

図 8-14 ● 地域別 SO_2 排出量の変化

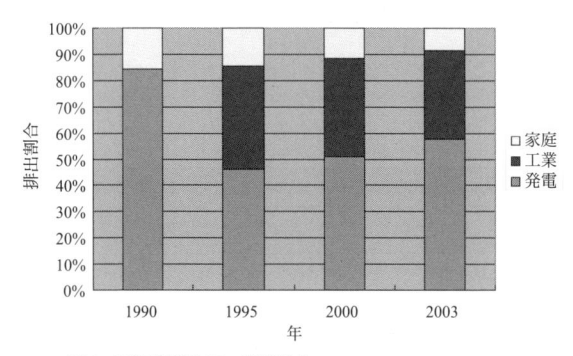

図 8-15 ● 部門別 SO$_2$ 排出割合
註：1990年はデータの制約で工業部門も発電部門として計上。

4年間の数値がすべて得られている省のみを取り出し，各地域区分で平均した。その経年変化について図8-14に示す。経済発展・エネルギー消費部門の効率化の状況を反映して，東部→中部→西部の順に値が大きくなる結果を示している。いずれの地域においても1995年以降減少傾向にあり，種々の環境対策による石炭の効率的利用に伴う環境改善効果を確認することができる。ただし2000年以降は横ばいとなっており，西部に関しては2002年〜2003年にかけて僅かに値が上昇する結果を示している。省別の値で2000年以降上昇しているのは，福建，広東，山東，安徽，湖南，貴州，陝西，四川，新疆，雲南の各省であるが，特に山東，四川の両省の増加が大きい。いずれも石炭を大量に消費する省であり，電力需要の急増に対応するために硫黄分の高い石炭も大量に使用しているためと考えられ，これが僅かながらも値を増加させる原因になっていると予想される。

3-4　消費部門別排出量の分析

各年における消費部門別排出量の結果を中国全体でまとめたものを表8-3に，また全体の排出量に及ぼす寄与を示したものを図8-15に示す。ただし，1990年については，工業と発電部門がまとめて推計されており，その内訳の数値が得られていないためすべて発電部門からの排出として表示している。年々発電部門の割合が上昇し，他の部門が相対的に減少して

表 8-3 ●消費部門別排出量（単位：10^3t）

年	工業部門（除発電）	発電部門	家庭その他	計
1990	14,379.1		2,639.0	17,018.1
1995	8,246.5	9,620.4	3,050.1	20,917.0
2000	7,971.6	10,825.3	2,422.8	21,219.7
2003	9,839.2	16,808.5	2,549.7	29,197.4

いる傾向を示している。

3-5 考察

各年の本調査推計値と国家環境保護総局公表の SO_2 排出量を比べた結果，表 8-3 に示すとおり，総じて本推計の結果が統計値を上回る値を示しているが，この原因として以下のような理由が考えられる。

(1) 統計データの問題

『中国環境年鑑』や『中国環境統計年報』に記載されている国家環境保護総局公表の SO_2 排出量は，基本的に各事業所からのデータの積み上げによる推計のため，積み残しが生じたこと，また脱硫効果を過剰に評価しているなどの問題が考えられる。この分析のために，表 8-4 に本推計と中国国家環境保護総局（SEPA）による部門別排出量を示す。これによると，1995 年の合計値の差は主として家庭からの排出の差により生じており，2000 年は本推計が発電部門について過大評価，工業，家庭はやや過小評価となっている。2003 年についても発電部門が大きく過大評価となる傾向を示している。

(2) 脱硫効果の見積もり誤差

本推計では，脱硫設備の脱硫効果を考慮せず，工業部門および家庭部門については，全施設の 25％でばいじん除去施設を導入し，同施設の湿性スクラバーの脱硫効率は 15％と仮定しているが，実際にはもっと除去されている可能性も考えられる。表 8-5 に本推計と SEPA の推計における脱

第 8 章
大気汚染政策による硫黄酸化物の排出削減効果

表 8-4 ● 部門別排出量における SEPA 公表統計との比較（単位：10^3t）

年	本調査推計				国家環境保護総局（SEPA）公表統計			
	排出量	工業	発電	家庭その他	排出量	工業	発電	家庭その他
1990	17,018		14,379	2,639	14,940[1)]		14,940	
1995	20,917	8,246	9,620	3,050	23,695		18,461[2)]	5,234
1997					22,660		17,720	4,940
1998					20,914	10,395	5,549	4,970
1999					18,575	9,554	5,047	3,974
2000	21,220	7,972	10,825	2,423	19,951	10,363	5,762	3,826
2001					19,478	8,082	7,584	3,812
2002	24,822	8,437	13,905	2,479	19,266	8,954	6,666	3,646
2003	29,197	9,840	16,808	2,550	21,587	7,831	10,083	3,673
2004					22,549	5,914	13,000	3,635

註：1) 主な工業のみ計上。
2) 中国環境統計年鑑の排出量に全国郷鎮工業汚染調査公報（1997）の郷鎮企業の排出量を加算したもの。
出所：『中国環境統計年鑑』1991，1996 年版，『中国環境統計年報』1999，2002，2003 年版，全国郷鎮工業汚染調査公報（1997），全国環境状況公報（2004）。

表 8-5 ● SO_2 削減効果の SEPA 公表統計との比較（単位：10^3t）

年	本調査推計				SEPA 公表統計	
	排出量	SO_2 削減効果			排出量	工業部門脱硫量[註)]
		合計	脱硫効果	エネルギー源代替効果		
1995	20,917	440	440		23,695	
1998					20,914	4,614
1999					18,575	5,010
2000	21,220	1,436	402	1,034	19,951	5,751
2001					19,478	5,647
2002	24,822	1,589	421	1,168	19,266	6,977
2003	29,197	2,174	478	1,696	21,587	7,492

註：発電部門も含む。
出所：『中国環境統計年鑑』1996 年版，『中国環境統計年報』1999，2002，2003 年版，全国郷鎮工業汚染調査公報（1997）。

硫による削減量の比較結果を示す。これを見ると脱硫量には大きな差が見られる。推計誤差を減らすためには，脱硫効果のパラメーターの推定を高精度に行う必要があると思われる。

　　謝辞　本章中の排出量推計手法の開発および一部の図の作成においては，中国清華大学馬永亮副教授の協力を得た。ここに謝意を表する。

参考文献

[日本語文献]

池田有光，東野晴行，伊原国生，溝畑朗（1997a）「東アジア地域を対象とした酸性降下物の沈着量推定 ── モデルの開発および現況再現性評価」『大気環境学会誌』Vol. 32，116-135頁。

池田有光，東野晴行（1997b）「東アジア地域を対象とした酸性降下物の沈着量推定（II）── 発生源寄与を中心とした検討」『大気環境学会誌』32，175-186頁。

日本機械工業連合会（2004）『平成15年度東アジア地域における環境問題，技術移転に関する調査研究報告書』。

科学技術庁科学技術政策研究所編（1992）『アジアのエネルギー利用と地球環境』。

片山学，大原利眞，村野健太郎（2004）「東アジアにおける硫黄化合物のソース・リセプター解析 ── 地域気象モデルと結合した物質輸送モデルによるシミュレーション」『大気環境学会誌』39，200-217頁。

東野晴行，外岡豊，柳沢幸雄，池田有光（1995）「東アジア地域を対象とした大気汚染物質の排出量推計 ── 中国における硫黄酸化物の人為起源排出量推計」『大気環境学会誌』30，374-390頁。

── （1996）「東アジア地域を対象とした大気汚染物質の排出量推計（II）── 中国におけるNO_x，CO_2排出量推計を中心とした検討」『大気環境学会誌』31，262-281頁。

李　志東・載　彦徳（2000）『硫黄酸化物汚染対策に関する日中比較分析』日本エネルギー経済研究所研究報告。

[英語文献]

Arndt, Richard L., Gregory R. Carmichael, and Jolynne M. Roorda (1998) "Seasonal Source-Receptor Relationships in Asia", *Atmospheric Environment,* Vol. 32, pp. 1397-1406.

Carmichael, Gregory R., Hiroshi Hayami, Giuseppe Calori, Itsushi Uno, Seog Yeon Cho, Magnuz Engardt, Seung-Bum Kim, Yoichi Ichikawa, Yukoh Ikeda, Hiromasa Ueda, Markus Amann (2001) "Model Intercomparison Study of Long Range Transport and Sulfur Deposition in East Asia (MICS-ASIA)", *Water, Air, and Soil Pollution,* Vol. 130, pp. 51-62.

Huang Meiyuan, Wang Zifa, He Dongyang, Xu Huaying, and Zhou Ling (1995) "Modeling Studies on Sulfur Deposition and Transport in East Asia", *Water, Air, and Soil Pollution,* Vol. 85, pp. 1921-1926.

Uno, Itsushi, Toshimasa Ohara, and Kentaro Murano (1998) "Simulated Acidic Aerosol Long-range Transport and Deposition over East Asia: Role of Synoptic Scale Weather Systems", *Air Pollution Modeling and Its Application* XII, pp. 185-192.

第9章
環境政策の汚染物質排出量削減効果

永禮　英明

　本章では中国において水環境へどの程度の汚染物質が排出され，時間的にどのように変化してきたのか，また，実施された環境諸施策が国内の環境改善にどの程度貢献したのかを検証する。この評価では，有機物(COD)を対象物質とした。

　ところで，CODの測定法には酸化剤として過マンガン酸カリウムを用いる方法と重クロム酸カリウムを用いる方法とがある[1]。特に断りのない限り，本章では重クロム酸カリウム法によるCODをCODと呼ぶ。

1 | 推計方法

　負荷の発生源を工業系，生活系，農業系，畜産系に分け，各々についてCOD発生量と排出量を推計した。さらに，生活系では都市域と農村域とに分けて推計した。

---

[1] 過マンガン酸カリウムは酸化力が弱く，有機物全量の60%程度しか分解できない一方で，重クロム酸による方法ではほぼ全量が酸化分解されると言われている(宗宮・津野, 1999)。そのため，これら二法で同じ水を分析した場合，その結果は倍程度異なることになる。日本では一般に過マンガン酸カリウムを用いた方法が採用され，中国では重クロム酸カリウム法が用いられている。

1-1 工業系負荷

国レベルでの業種別 COD 排出量および除去量，省別での排出量および除去量は『中国環境年鑑』および『中国環境統計年報』に記載の既存の統計値を利用した。

中国においては郷鎮企業からの汚染物質の排出が無視できないほど大きいといわれている。1997 年以降の上記統計値には郷鎮企業からの排出分も含まれているが，それ以前については考慮されていない。そこで，1990 年および 1995 年時点での推計においては，1989 年および 1995 年に国家環境保護総局により実施された郷鎮企業からの汚染物質排出に関する 2 つの調査で得られた 176.9 万 t/ 年，611.3 万 t/ 年という数値[2], [3]を各々 1990 年，2000 年の統計値に加算し，総排出量とした。なお，郷鎮企業での除去量は 0 とみなした。

1-2 生活系負荷

一般家庭由来の負荷量をさす。ただし，都市部と農村部では生活様式が異なることから，本評価では都市部と農村部とを分けて推計した。

発生量は一人あたりの COD 発生量（原単位）に中国人口統計年鑑に記載の人口（各々，城鎮人口，郷村人口）を掛けることで推計した。都市部での COD 発生原単位は中国・国家環境保護総局による値を採用した。原単位は地域および都市の規模別に 26-33kg/ 人 / 年の数値が与えられている。農村部については，生活汚水と糞尿の合計として 26kg/ 人 / 年（钱, 2001）を用いた。

都市部での除去量は，統計[4]にある下水処理場での COD 除去量に，下水中に占める生活汚水の割合を積算することで求めた。農村部では汚水処理が行われていない一方，糞尿の 9 割程度が肥料として農地へ還元されている（张ほか, 1997）。本評価では，この農地への還元量を除去量として扱った。

---

[2] 国家环境保护局，「中国乡镇工业环境污染及其防治对策」。
[3] 国家环境保护局，「全国乡镇工业污染源调查公报」。
[4] 『中国环境统计年报』。

第 9 章
環境政策の汚染物質排出量削減効果

1-3 農業系負荷

農作物生産に関連し発生する負荷量を指す。主な作物ごとの収穫量または耕地面積に作物ごとの COD 排出原単位と河川への流出率（高ら，2002）を掛けることで推計した。収穫量，耕地面積は統計[5]に記載のものを用いた。作物は米，小麦，豆類，イモ類，油料作物，綿花および野菜に分類し，米から綿花については 58-103t/ 万 t 収穫量 / 年の発生原単位（全国农业技术推广服务中心，1999；高ほか，2002；陈，2002）を，野菜については 35t/km^2/ 年を設定した。

1-4 畜産系負荷

家畜の飼養頭数[5]に COD 排出原単位を掛けることで計算した。家畜は大型のもの，豚，羊・山羊に分類し，4.1-24.7kg/ 頭 / 年の原単位を設定した。

1-5 7 大流域における負荷量の推定

上記までの方法にて得られた省ごとの値をもとに，7 大流域（長江，黄河，松花江，珠江，海河，淮河，遼河，図 9-1）での値を推定した。各流域での値は，各省について土地利用ごとに属する流域面積を計算し，省の負荷量を配分することで計算した。

2 中国における年別 COD 排出量推計結果

2-1 総合

図 9-2 に中国全土における全 COD 排出量および除去量の経年変化を示す。1990 年には 4,600 万 t/ 年の COD が発生し，そのうち 1,700 万 t/ 年が除去，残り 2,900 万 t/ 年が環境中へ放出されていた。発生量は 1995 年までに 23% 増加し 5,700 万 t/ 年となるが，その後は増加傾向が緩やかとなり，2000 年および 2003 年の発生量は各々 5,500，5,700 万 t/ 年であった。発

---
[5]『中国統計年鉴』。

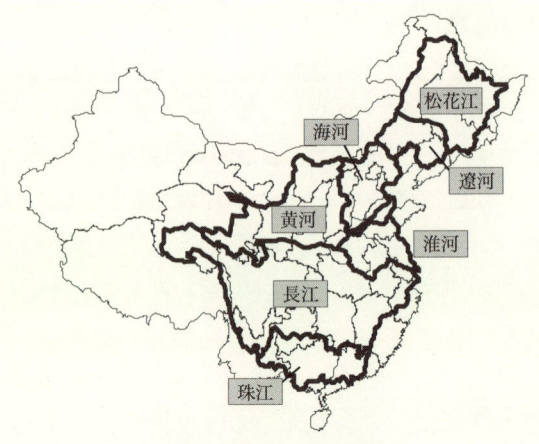

第Ⅱ部
中国の環境統計と環境政策の定量的評価

図9-1●中国本土河川流域

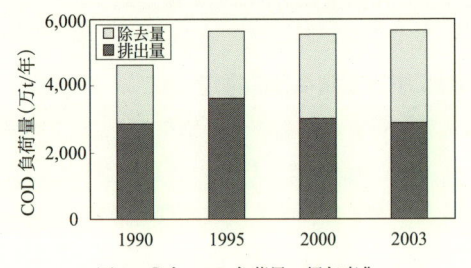

図9-2●全COD負荷量の経年変化

生量としては近年でも増加の傾向にあるが,その程度は緩やかになっているといえる。

除去量は1990年の1,700万t/年から増加し,1995年には2,000万t/年,2000年,2003年には2,500,2,800万t/年となった。この効果により,環境中へ排出されたCOD量は1990年から1995年の間に2,900万t/年から3,600万t/年へ27％増加したが,その後は徐々に減少し,2000年には3,000万t/年,2003年には2,900万t/年となった。ただし,1995年からの排出抑制量700万t/年は1995年排出量の20％に,また2003年での除去量は発生量の50％にとどまる。

図9-3に発生源別のCOD排出量,除去量の経年変化を示す。発生量

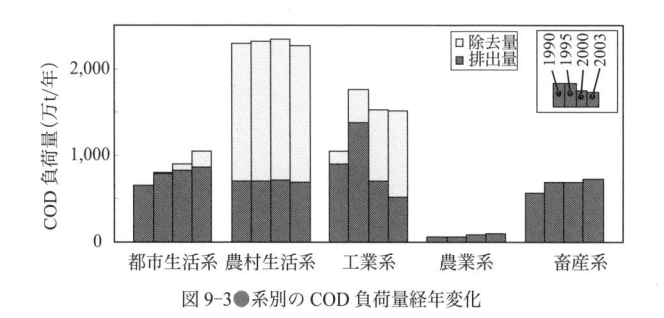

図9-3● 系別のCOD負荷量経年変化

としては農村部での生活系が最も大きく2,300万t/年程度，次いで工業系が約1,500万t/年となっている。これら2つの排出源からの負荷発生量は1995年あるいは2000年に最大値を取り，近年は減少する傾向にある。その一方，都市生活系，農業系，畜産系の負荷発生量は増加しており，1990年から2003年までのこれらの増加量合計は590万tであった。

中国国内では下水処理場の建設が積極的に推進されているが，都市生活系での除去量は2003年で190万t/年であり，発生量の18%に過ぎない。工業系については，除去量が1990年の150万t/年から大幅に増加し，2003年には1,000万t/年に達している。発生量に占める除去量の割合も1990年の14%から66%となった。除去量の増加は特に1995年以降顕著である。

最も負荷発生量の大きい農村生活系では除去量も大きく，発生量の70%に相当する1,600万t/年が除去されている結果となった。廃水の農地還元を除去と見なしていることによるが，この除去量には相当量の誤差が含まれていると考えられる。全国規模での負荷排出量にも大きく影響を及ぼすことから，今後詳細な調査が望まれる。

1995年および2003年における各排出源からの内訳を図9-4に示す。2003年における発生量では農村生活系の寄与が最も大きく40%，次いで工業系27%である。排出量では，後述するように農村生活系，工業系での除去量が大きいためにこれらの寄与が低下し，農村生活系24%，工業系18%となっている。その一方，都市生活系30%，畜産系25%と農村生

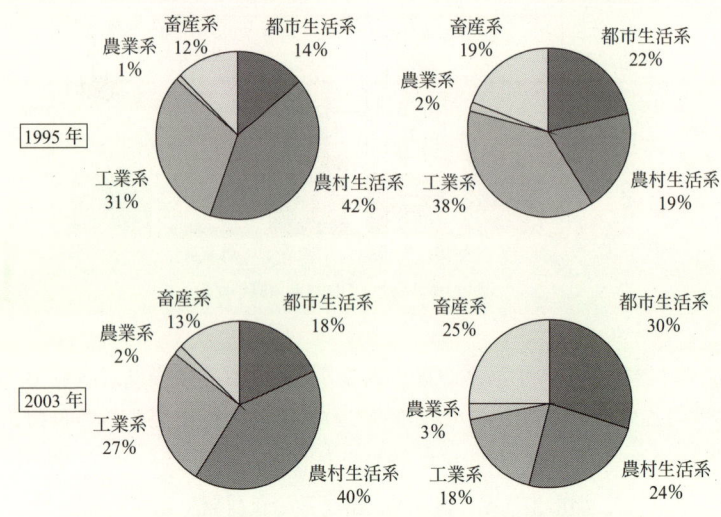

図 9-4 ● 1995 年, 2003 年における COD 負荷量の内訳
(上段：1995 年, 下段：2003 年, 左：発生量, 右：排出量)

活系, 工業系を上回っている。

　1995 年と 2003 年の違いを見てみると, 発生量に関しては大きな差はないが, 排出量に関しては工業系の割合が 38％から 18％へと大幅に減少し, その一方で都市生活系, 畜産系の寄与が増加した。

　中国環境統計年報には生活系と工業系に関する負荷量が記載されており, 2003 年では生活系 821t, 工業系 512t, 合計 1,333t の排出があったとされる。これらの値は本推計での都市生活系と工業系からの負荷に相当する。ただし, これら排出源からの負荷量は全排出量の 48％であり, 約半分の負荷排出量が統計に表れていないことになる。

　図 9-5 は 2003 年における COD 排出量を省・都市別に示したものである。左図は総生産額 1 億ドルあたり, 右図は 1km^2 あたりで示した。総生産額あたりで見ると, 沿岸諸省での排出量が少なく, 逆に中部, 西部諸省からの排出量が多い結果となる。一方, 面積あたりでは沿岸に位置する省・都市からの排出が多く, 逆の結果となる。特に上海, 北京, 江蘇省, 山東省, 河南省からの排出が多い。なお, 人口あたりで評価した場合には

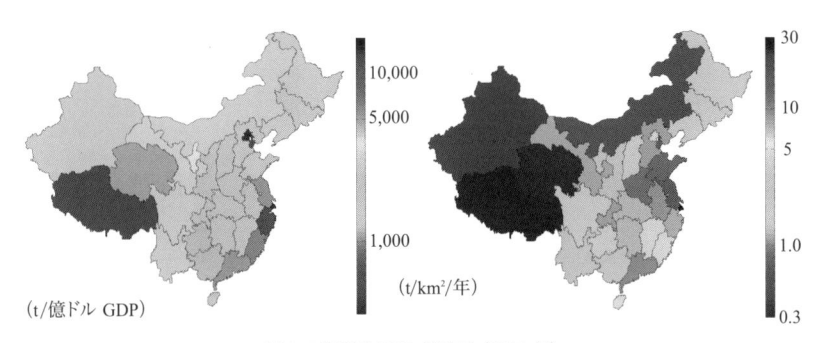

図 9-5 ● 省別 COD 排出量（2003 年）
（左：総生産額 1 億ドルあたり，右：1km² あたり）

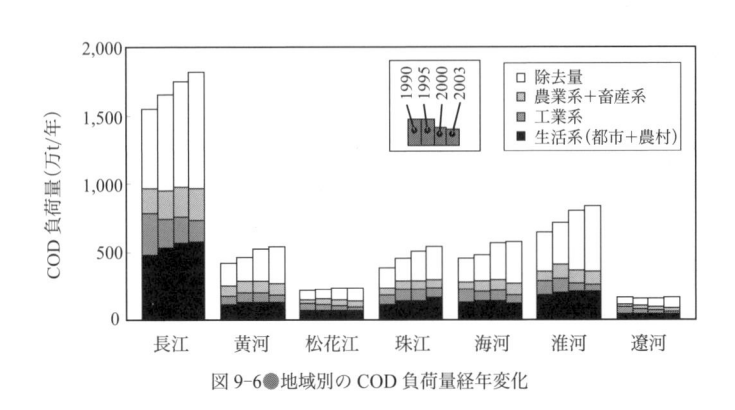

図 9-6 ● 地域別の COD 負荷量経年変化

総生産額の場合と同様の結果が得られる。

　東部の沿岸域には人口が集中し活発な経済活動が行われている。そのため，面積あたりの環境負荷が高くなり，環境汚染がより顕著に現れる。それ故に環境改善のための施策が積極的に推進され，人口あたり，あるいは経済活動あたりの環境負荷排出量が小さくなっていると考えることができる。

　図 9-6 は 7 大流域について COD 負荷量の変化を推定した結果である。負荷排出量が最も多いのは長江流域で全排出量の 40％を占め，次いで淮河流域 (15％)，黄河流域 (11％) と続く。ほとんどの流域において発生量は増加する傾向にあるが，遼河においては 1990 年から現在まで発生量はほ

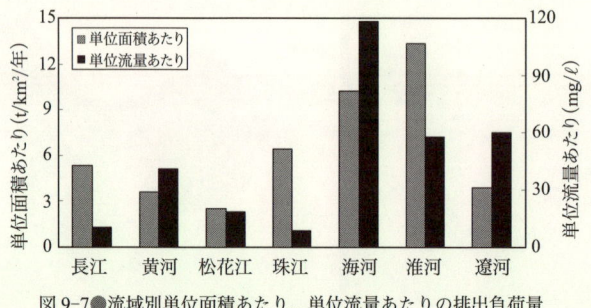

図9-7●流域別単位面積あたり，単位流量あたりの排出負荷量

ぼ横ばいとなっている。排出量については，黄河，松花江，海河，淮河，遼河の5流域で近年減少する傾向にあるが，長江では横ばい，珠江では増加する傾向が見られる。

図9-7には流域からの負荷量を流域面積$1km^2$あたり，および流量[6]あたりで示した。面積あたりの排出量は流域間で大きく異なり，特に海河，淮河流域で$10～13t/km^2/$年程度と大きな値となっている。また，単位流量あたりの排出量においてもこれら2流域は大きな値となった。長江，珠江の流域からは$5.3～6.4t/km^2/$年の負荷が排出されているが，河川流量が豊富なため，流量あたりとしては負荷量が小さくなる傾向がある。逆に，黄河，遼河では単位流量あたりの負荷量は大きくなる。

単位流量あたりの負荷排出量は河川水中の濃度と同じ単位となり，水中のCOD濃度，すなわち有機物濃度を間接的に示す指標となる。水中の有機物は微生物により分解される過程で酸素を消費するが，水中に溶解できる酸素量は水温20度でも$9mg/\ell$程度である。この値と図9-7の値とを比較すると，海河では約$120mg/\ell$と非常に高い。淮河，遼河，黄河においても$40～60mg/\ell$と高く，環境汚染が極度に進行していることが分かる。

2-2 工業系

以下，工業系について詳細を述べる。

---

[6] 『中国统计年鉴』

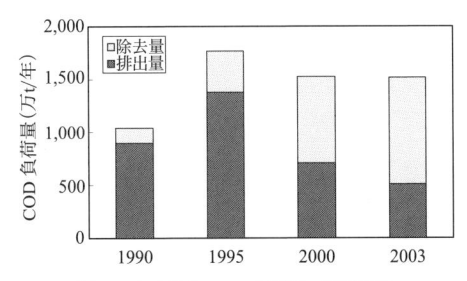

図 9-8 ● 工業系 COD 負荷量の経年変化

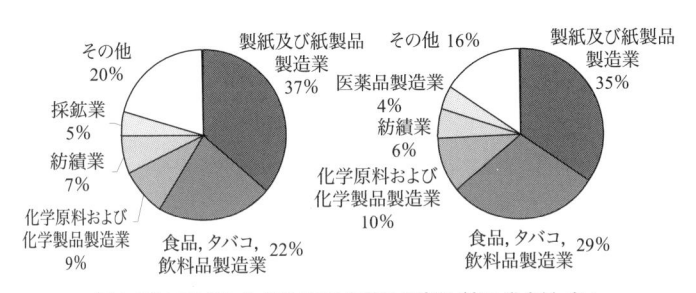

図 9-9 ● 2003 年における COD 負荷量の内訳（左：発生量，右：排出量）

図 9-8 に中国全土における全 COD 排出量および除去量の経年変化を示す。発生量は 1990 年には 1,000 万 t/ 年であったものが 1995 年には 1,800 万 t/ 年となった。その後は減少に転じ 2000 年，2003 年ともに 1,500 万 t/ 年となった。

除去量の増加は著しく，1990 年から 2003 年まで各々 150，390，820，1,000 万 t/ 年であった。平均増加量は 66 万 t/ 年となる。2003 年での除去率は 66％である。

図 9-9 には 2003 年における COD 発生量，排出量に関する内訳を示す。発生量，排出量ともに製紙業の寄与が大きく 35％程度である。次いで食品製造業が 22％，29％の寄与となっている。

図 9-10 には主要工業ごとの負荷排出量および除去量の経年変化を示す。COD 発生量で寄与の大きい製紙業，食品製造業では，発生量は 2000 年に最大となり，2003 年には減少している。各工業ともに除去量は年々増加

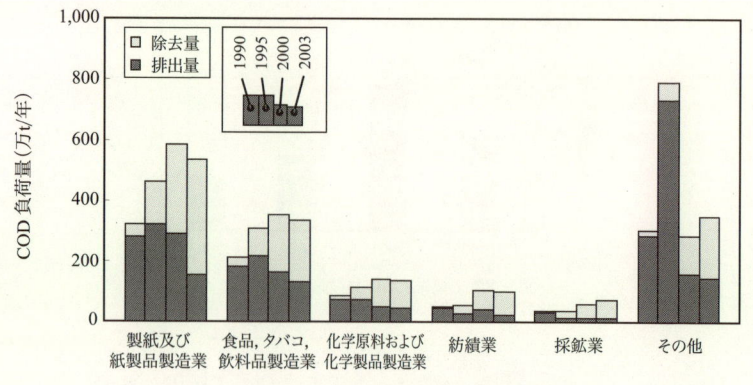

図9-10 ● 主要工業別のCOD負荷量経年変化

している。製紙業では2003年での除去量は380万t/年，発生量の71％に達している。食品製造業では製紙業ほどではないものの除去率が向上し，2003年の除去量200万t/年，除去率60％となっている。主にこれら2工業での除去量が大きく，工業系全体での除去量に占める割合も2003年では58％に達している。

2-3　環境政策実施効果の検証

負荷の排出量の削減には負荷発生量そのものの削減と，廃水処理設備導入等により発生した負荷からの除去量を増加させるという2通りの方法が存在し，これらの複合的な結果として排出量の削減が発現する。ここではCOD排出量等の推定結果をふまえ，2通りの負荷排出量削減対策の効果を検証する。

(1) 負荷発生量削減対策の効果

負荷発生量は基数（人口，工業生産額，家畜頭数等）と負荷発生原単位（単位基数当たりの負荷発生量）の積としてとらえることができる。ここでは負荷発生原単位（以下，発生原単位）を下げることにより負荷発生量を削減する対策の効果を検証する。

発生原単位を積極的に削減しようとする取り組みは，例えば工業においては製造プロセス見直し等による投入資源あたりの製品製造量の向上や，負荷発生の大きな業種から小さな業種への転換という形で実施される。生活系においてはライフスタイルの変化，農業・畜産系では耕作方法や与える餌の変更などにより発生原単位が変化するが，これらの発生源において実際に発生原単位を下げようとする積極的な政策が実施されることは稀である。従って，ここでは工業系のみを対象として効果の検証を行う。

方法は，1995年を基準年とし，1995年の発生原単位をそれ以降の年に適用し負荷発生量を計算する。次にそれらの年において実際に除去されていた量を減ずることで負荷排出量を計算し，これらの結果を先の推定結果と比較する。

(2) 廃水処理設備導入の効果

次に発生した負荷を環境中へ放出する前に除去する設備の導入効果を検証する。方法は (2) に示した発生量から1995年時点での除去量を減じ，実際の排出量と比較を行った。なお，基準年は1995年とし，1990年については評価を実施しなかった。また，廃水処理設備は主に都市生活系および工業系からの負荷削減に関与するものであることから，これら2排出源からのCOD排出量を計算した。

(3) 結果

工業系の負荷に関する結果を図9-11に示す。実際のケースでは，発生量は1995年に最大値1,800万tとなり，その後はやや減少し2003年には1,500万tとなっていた。これに対し，1995年の発生原単位を用いた計算では，2003年に4,500万t/年まで増加すると計算された。この結果から明らかなように，工業系では単位生産額当たりの負荷発生量が1995年以降大幅に低下し，その大きさは2003年で年間3,000万tと見積もられた。

1995年以降に建設された廃水処理施設による効果は，2003年時点で工業系620万tであった。これは1995年までに建設されたものによる除去

図9-11 ● 工業系CODの負荷削減の効果

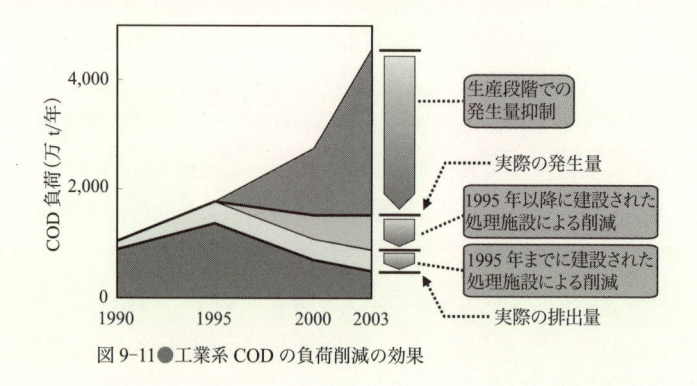

量の1.6倍に相当する。ただし，先に示した生産段階での削減量3,000万tに比較すると1/5程度と小さく，工業系においては廃水処理の導入よりも，主に生産段階での負荷発生量削減による効果が大きかったといえる。

都市生活系における1995年以降に建設された廃水処理施設による削減効果は，2003年時点で170万tであった。これは1995年までの施設による除去量の10倍に相当し，1995年以降急激に都市部での廃水処理が普及していることが示されている。しかし，先にも示したとおり，都市生活系における除去量は発生量の18%にとどまっている。また，工業系における除去と比較すると，生産段階における削減量の1/18，1995年以降に建設された工業系廃水処理施設による削減量の約1/4と，削減量は極めて小さい。今後さらに下水処理場等の廃水処理施設の建設による都市生活系に対する施策が必要である。

2-4 日本との比較

以上の結果を日本の状況と比較する。日本の例としては瀬戸内海流域を取り上げる。瀬戸内海流域には約3,000万人が住み，域内の総生産額は130兆円程度[7]である。この額は2003年の中国における国内総生産額1.4兆ドルに近い規模である[8]。

---

[7] 内閣府編，『県民経済計算年報』。
[8] 国家統計局編，『中国統計摘要』。

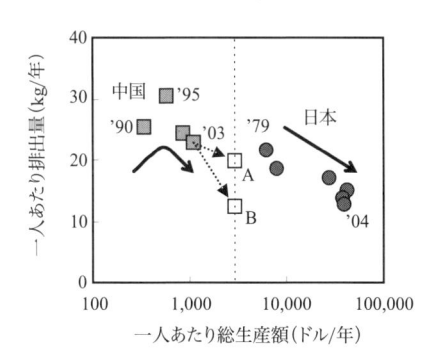

図 9-12 ● 日本（瀬戸内海流域）と中国の COD 排出量の比較

瀬戸内海流域にて1年間に排出される COD 負荷量は1979年には37万 t，2004年では23万 t とされている[9]。ただし，日本と中国では COD の測定方法が異なり，値をそのまま比較することはできない。そこで，日本で採用している過マンガン酸カリウム法における有機物分解率を60%（宗富・津野，1999）と仮定し，換算した数値を用い比較を行う。

2004年における人口1万人あたりの排出負荷量では，瀬戸内海が130tであるのに対し，中国からの排出量（2003年）は230tと，瀬戸内海の1.8倍に相当する。総生産額1億ドルあたりでは瀬戸内海36tに対し中国は1,700tであり，40倍以上の開きがある。これらの結果から，中国は環境に対し著しい負荷が与えられているといえよう。

一般に，経済が発展し，ある段階を超えると環境への負荷が低減するといわれている。図9-12に一人あたりの総生産額と一人あたりの COD 負荷量との関係を示す。瀬戸内海流域では，1979年以降，総生産額の上昇に伴い排出量が減少している。一方，中国は1995年に最大となり，その後減少する傾向が確認できるが，一人あたりの排出量としては1980年頃の瀬戸内海流域の状況と同程度である。

2020年には中国の人口は約14億2,000万人まで増加すると予想されており[10]，また，中国政府は同年までに GDP を2000年の4倍にする目標

---

[9] 中央環境審議会資料。
[10] United Nations, *The World Population Prospects: The 2004 Revision.*

を立てている。2020年時点で少なくとも現在 (2003年) と同じ環境の質を維持するためには，一人あたりの排出量を現在の23kg/年から20kg/年に低減しなければならない。GDPが計画通りに増加した場合，図中Aに位置することになる。

1995年から2003年の間に，各種の負荷削減に関する施策が講じられ，主に工業系において削減の効果が大きかったことは先に述べたとおりである。この間，1人あたりの負荷排出量は0.036年$^{-1}$の割合で減少している。この負荷削減率が2020年まで継続すると仮定すると，2020年での1人あたり排出量は12kg/年 (図中B) となり，この時点で現在の日本 (瀬戸内海流域) と同レベルに抑制されることになる。

1995年以降の負荷削減は，主に工業系を中心に実施されてきたことは先に記したとおりである。一般に，工業系負荷については排出源の数が生活系に比べ少なく，位置も特定されるために対策が容易であるといわれる。今後は生活系に関する対策が重要となるが，下水道等の建設には巨額の資金を必要とし，建設にも時間を要する。従来同様のペースで負荷の削減を行うためにはこれまで以上の困難が予想され，中国においてはこれからも厳しい状況が継続するものと予想される。

3 まとめ

中国国内でのCOD発生量，排出量および除去量を1990年，1995年，2000年，2003年の4ヵ年について推計した。その結果，2003年の発生量は5,700万t/年で，近年でも増加傾向にあるがその程度は緩やかになっていると考えられる。また，1995年以降，特に工業系からの負荷発生抑制対策が行われ，対策が行われなかった場合に比較し年間3,000万tの削減効果があったと考えられる。

環境への排出量は1995年に最大 (3,600万t/年) となり，2003年には2,900万t/年まで減少した。ただし，1995年からの排出抑制量700万t/年は1995年排出量の20％に止まっている。除去は主に工業系において行われ

ている。都市部では人口増加に伴う負荷量増加に下水処理場の建設が追いつかず，排出量が増加する傾向にある。

日本の状況と比較すると，近年の中国における排出量は，人口あたりで1.8倍，総生産額あたりで40倍以上のレベルであり，依然環境への負荷が著しい状況である。

謝辞　本章に示した排出量の推計作業において，中国清華大学・温宗国博士，および陳吉寧教授をはじめとする清華大学スタッフ・学生の協力を賜った。ここに記し，深く感謝の意を示す。

参考文献

[日本語文献]
宗宮　功・津野　洋 (1999)『環境水質学』，コロナ社，81-86 頁。
中央環境審議会資料 (http://www.env.go.jp/council/09water/y097-10b.html)
内閣府編，『県民経済計算年報』。

[中国語文献]
中国环境年鉴编辑委员会编 (1991)『中国環境年鑑』北京：中国环境科学出版社。
中国科学院资源环境数据中心，「1km メッシュ中国全土土地利用図」。
国家环境保护总局规划与财务司，中国环境监测总站 (编) (1996)『中国环境统计年报』国家环境保护总局。
国家环境保护局 (1995)『中国乡镇工业环境污染及其防治对策』，中国环境科学出版社。
国家环境保护局 (1997)「全国乡镇工业污染源调查公报」。
国家統計局人口統計司編 (2001)『中国人口統計年鑑』，中国展望出版社。
钱　秀红 (2001)「杭嘉湖平原农业非点源污染的调查评价及控制对策研究」，浙江大学硕士学位论文。
张　大弟・张　晓红・章　家骐等 (1997)「上海市郊区非点源污染综合调查评价」上海农业报，13 (1)，31-36 頁。
中华人民共和国国家统计局编 (2004)『中国统计年鉴』中国统计出版社。
高　祥照・马　文奇・马　常宝等 (2002)「中国作物秸秆资源利用现状分析」华中农业大学学报，21 (3)，242-247 頁。
陈　阜主编 (2002)『农业生态学』中国农业大学出版社。
全国农业技术推广服务中心 (1999)『中国有机肥料养分志』中国农业出版社，53-145 頁。
国家统计局编，『中国统计摘要』中国统计出版社。

[英語文献]
United Nations Population Division of the Department of Economic and Social Affairs (2005) *The World Population Prospects: The 2004 Revision.* http://www.un.org/esa/population/publications/WPP2004/wpp2004.htm

第10章
中国の環境統計
── 現状と改革 ──

彭　立穎・張　坤民

1 はじめに

1-1　国際環境統計の起源

　1972年に開かれた国連の人間環境会議は，国際社会の環境問題に対する関心に鑑み，環境問題の状況を把握しその動向を予測するため，「地球観察」プロジェクト（Global Observation Project）において，環境データを収集することを決めた。これは環境情報とデータの収集，整理とデータに対する分析に関するはじめてのプロジェクトであり，国際環境統計の起源でもある。

　20年後の1992年，国連環境開発会議は，各国の環境問題を開発計画と政府の政策の中に組み入れるよう提唱した。つまり総合的政策の策定のことである。総合的政策の策定は環境，社会と経済の多方面のデータのサポートを必要とする，そのため，「アジェンダ21」では，持続可能な発展の指標体系を確立し，データの収集と分析を改善し，必要な国家級機構の改革を進め，政府が環境と発展の情報を結び付けるようにさせ，政府の総合的政策の策定に資する必要があると何度も言及した。ここに至って，環境統計の主な役割はほぼ明らかにされた（張ほか，1997；高，2000）。

1-2　国際環境統計の発展

　国連人間環境会議の呼びかけに応え，国際社会では，環境統計の研究と実践が1973年から盛んに行われるようになった。

　1973年3月，国連統計委員会と欧州経済委員会はジュネーブで第1回環境統計資料の研究に関する国際会議を開催した。同年10月，国連はワルシャワで環境統計の学術会議を開催した。1978-82年に国連統計局は，各国と国際組織の資料の需要と統計方法に対して調査を行い，『環境統計資料の調査 ── 要綱，方法と統計に関する出版物』および『環境統計資料出所目録』の2種類の印刷物を出版し，1984年に『環境統計の開発のための枠組み』(FDES)を出版した。1988年と1991年には相次いで『環境統計資料の概念と方法 ── 人間居住区の統計資料の技術報告書』と『環境統計資料の概念と方法 ── 自然環境統計資料の技術報告書』の2つの研究報告書を提出し，1997年には『環境統計用語集』を出版した。その後，国連統計局及び関連機構はシンポジウムを繰り返し開催し，環境統計について深く突っ込んだ研究を進めると同時に研修を実施し，各国に環境統計に関する指導を行い，相互交流のプラットホームを提供した（高，2000；United Nations, 1984）。

　次いで経済協力開発機構（OECD）は，1994年に「環境負荷─環境状態─社会的対策」という枠組みを，国連の「持続可能な発展」委員会は1995年に「エンジン─状態─対策」の枠組みを，欧州環境局と欧州委員会統計事務局は「エンジン─負荷─状態─影響─対策」枠組み（Shah, 2000）を提出した。前述の文献は世界各国の環境統計に参考となる枠組み方法と基準を提供した。そのうち現在2種類の環境統計枠組みが活用されている。1つはFDESで，オーストラリアなどの国が活用している。他の1つは，OECDの「負荷─状態─対策」枠組みで，EU諸国が活用している（曽・張，2001）。

2│環境統計の作成と進捗状況

　1979年に国務院環境保護指導グループ弁公室（環保弁公室）は，全国3,500

を超える大企業・中企業を対象とした環境基本状況調査を実施した。1980年に国務院環保弁公室と国家統計局は共同で環境統計制度を確立した。この制度は主に工業企業に対する環境汚染物質の排出防止に焦点を当て，生態保護に関わる内容は少ない。その後，国務院の関係部門の統計制度にも一部環境保全の内容が含まれるようになり，逐次国の統計範囲に組み入れられた (李，2003)。

　1981年からは『統計法』と環境保全統計制度の規定に基づいた環境統計活動が全国規模で展開され，『環境統計年鑑』と『環境統計分析報告書』を毎年編成するように要求された。国家環境保護局は，1985年に「環境統計活動を強化することに関する規定」を公布した。また1989年から「環境保護法」の規定に基づき，『全国環境状況公報』を編成し公表するようになった。

　さらに第8次5ヵ年計画期間 (1991-95年) には，全国環境統計調査体系の改革に着手し，9省市での調査，重点調査とランダム調査を試行した。1995年には「環境統計管理暫定方法」を公表し，環境統計の任務と内容，環境統計の管理，環境統計の機構組織と人員，その職責などについて明確に規定した。そして1997年には調査研究を踏まえて，新たな第9次5ヵ年計画の環境統計報告表制度を実施した。

　2001年には，「第10次5ヵ年計画環境統計総合報告表と専門報告表制度」を制定して実施した。これは第9次5ヵ年計画期間のものと比べて調査範囲が拡大され，調査項目が充実し，データの質に対する要求とデータの分析利用水準が向上するなど，多方面で大きく改善された。2003年には，「環境統計管理暫定方法」の改正，統計指標と方法の完備など新しい要求を提出した[1]。そして企業の汚染物質排出調査データを統一するために，「三表合一」，即ち，環境統計・汚染排出の申告登録・排汚費徴収制度の汚染源調査の3つを組み合わせて実施することの試行活動を行い，「重点工業汚染源の汚染物質排出データの統一した収集と査定」を要求し，同

---

[1] 「2004年全国環境監測工作要点」(中国国家環保総局函356号，2003年12月10日；http://www.zhb.gov.cn/eic)。

一汚染源のデータが複数部門から提供されそれぞれの部門でデータが異なる状況を改め，汚染排出者の情報記入の統一配置とデータの共有を実現した（宋ほか，2005）。

国家環境保護総局（SEPA）は2005年に「環境統計活動の強化と改善に関する意見」を刊行し，2006年1月16日に「2006年全国環境保全活動の要点」を公表して，各省・自治区・直轄市の環境保護部門が総局の当該「意見」を真剣に貫徹し，環境統計制度の改革と方法を改善するよう要求した[2]。

1972年以降30数年間の国連と中国の環境統計の重大な政策決定と行動を，表10-1に示す。

3 中国の環境統計の現状

3-1 中国の環境統計の方法

(1) 環境統計報告表制度の概要

中国における当面の環境統計の主要手段は，環境統計報告表制度である。環境統計報告表は，総合報告表と専門報告書の2種類に分けられる。

環境統計報告表制度の目的と内容　総合報告表の趣旨は汚染排出及び処理の状況を把握することにあり，各級（行政単位ごとの）政府の環境保護部門の環境政策と計画の制定，主要汚染物質の排出総量規制の実施，環境監督管理の強化などへの根拠の提供にある。この制度は「年度報告制度」と「半年報告制度」に分けられる。

専門報告書は，環境保全系統内の各業務部門の環境管理活動の執行状況と自身の建設状況を把握するために設けられている。

環境統計報告表制度の範囲　(1) 工業企業の汚染排出及び処理利用状況の年度報告表の範囲は，汚染物質を排出する工業企業である。(2) 生産及

---

[2]「2006年全国環保工作要点」（中国国家環保総局環発8号，2006年1月16日；http://www.sepa.gov.cn）。

第 10 章
中国の環境統計

表 10-1 ● 国連と中国の環境統計に関する重大な政策決定と行動 (1972-2006 年)

年	環境統計に関する重大な政策決定と行動
1972	・国連人間環境会議 (UNCHE) がストックホルムで開かれ,地球観察プロジェクトの中で,環境データの収集を初めて決定
1973	・3 月国連はジュネーブで,環境統計資料の研究に関する最初の国際会議を開催,10 月ポーランドのワルシャワで環境統計学術会議を開催
1979	・国務院環境保護指導グループ弁公室が全国 3500 の大中型企業の環境基本状況の調査を組織
1980	・国務院環境保護指導グループと国家統計局が共同で環境保護統計制度を確立
1981	・全国規模で環境統計活動を展開
1982	・国連が『環境統計資料の調査・要綱・方法と統計出版物』を出版 ・国連が『環境統計資料出所目録』を出版
1984	・『環境統計の開発のためのフレームワーク』(FDES) を国連が出版
1985	・国家環境保護局が『環境統計活動を強化することに関する規定』を公表
1986	・国家環境保護局が環境統計データを初めて公表 (『1985 年環境統計公報』),以降毎年 1 回公表
1989	・国家環境保護局は「環境法」第 13 条の規定に基づき「国家環境状況公報」を編成・公表
1991	・国連が『環境統計資料の概念と方法:人間居住区の統計資料の技術報告』を出版
1992	・国連環境開発会議 (UNCED) がリオデジャネイロで開催され,環境データの収集と分析について提案される
1995	・国連持続可能な発展委員会が「エンジン―状態―対策」のフレームワークを提出 ・国家環境保護局が「環境統計管理暫定方法」を公布 ・国家環境保護局と農業部が共同で「全国郷鎮企業の汚染状況の調査」を実施
1997	・国連が『環境統計用語集』を出版 ・国家環境保護総局が第 9 次五ヵ年計画期間の新しい環境統計報告表制度を制定・実行
2001	・国家環境保護総局が第 10 次五ヵ年計画期間の環境統計報告表制度を制定・実行
2003	・国家環境保護総局が「2004 年全国環境モニタリング活動の要点」を発布し,「環境統計管理暫定方法」の改訂を提出し,統計指標と方法を改革完備し,「三表合一」の試行活動を展開
2005	・国家環境保護総局が「環境統計活動の強化改善に関する意見」を刊行
2006	・国家環境保護総局が「2006 年の全国環境保全活動の要点」を公表.総局の「環境統計活動の強化改善に関する意見」を真剣に貫徹し,環境統計制度の改革と方法の革新を推進するよう各省・自治区・直轄市に要求

出所:United Nations (1984),高 (2000),李 (2003),宋 (2005),中国政府および国連のウェブサイト等の資料に基づいて整理.

び生活の過程で発生する汚染物質に対する集中処理処分の状況についての年度報告が対象にしている範囲は，有害廃棄物集中処分場，都市下水処理場と都市廃棄物処理場である。(3) 生活及びその他汚染状況年度報告の範囲は，都市の生活排水及び工業生産以外の生活及びその他の活動によって排出される排ガス中の汚染物質である。

データの出所と計算方法　末端部門が環境統計報告表に記入する場合，具体的な状況に基づき異なる方法を採用してデータを取得することができるが，データの出所と計算方法は説明しなければならない。「報告表記入案内」では，通常同一指標に対し数種類の計算方法が列挙されている。(1) 実測値法：モニタリング能力のある企業による自己測定（1ヶ月あるいは半月に1度測定）か抽出測定（環境保全モニタリング部門が測定）。(2) 物質収支法：比較的プロセスの簡単な企業（例えば石炭燃焼の汚染物質排出量の推計）に対して採用。数式を用いて二酸化硫黄（SO_2），ばいじんと粉じんの排出量を推計。当該方法による推計は数値が往々にして大きめになる。(3) 排出係数法：プロセスの複雑な企業の排出量を計算する場合に採用，(4) 経験式法：無法な排出源に対して採用。

環境統計報告表データのとりまとめ　環境統計の総合年度報告表の資料は，末端部門の年度報告表のデータを取りまとめたものである。下記の報告表が含まれる。(1)「工業企業の汚染排出及び処理利用の状況」の末端部門年度報告表と「重点調査対象外の工業汚染排出及び処理状況」の総合年度報告表，(2)「有害廃棄物の集中処理場の運転状況」の末端部門年度報告表，(3)「都市下水処理場の運行状況」の末端部門年度報告表と「生活及びその他の汚染状況」の総合年度報告表，(4)「工業企業の汚染処理プロジェクトの建設状況」の末端部門の年度報告表。

(2) 環境統計の調査方法

現在，中国の環境統計は末端部門が記入し，級（地方政府）別に取りまと

め，各級から上級政府に報告する方法を採用している．まず，環境保護部門の指導の下で，調査対象の部門の統計担当者が最初の報告表を記入し，その上で環境保護部門が確認して取りまとめ，統計分析を行い，その後各級からそれぞれ上級政府に報告する．環境モニタリング総ステーションが全国環境統計資料の総括と統計分析を担い，これに基づいて『全国環境統計年度報告』と『全国環境状況公報』を編纂する．

(a)「工業企業の汚染物質排出及び処理状況の年度報告」の調査方法は，重点調査対象の全ての工業企業部門に表を配布して記入させ，とりまとめを行う．非重点工業企業の汚染排出状況に対しては全体で推計計算を行う．非重点調査部門のデータの推計計算方法は，重点調査部門[3]の汚染排出総量を推計計算の比較基準とし，比率計算の方法を採用する．つまり，重点調査部門の汚染排出量の推移状況に基づき，同じ比率あるいは比率を少し調整し，非重点調査部門の汚染排出量を推計する．重点調査データと非重点推計データの合計が，工業汚染の総排出量となる．

(b)「生産及び生活の中で発生する汚染物質に対する集中処理処分の実施状況年度報告」は，各集中処理処分部門に表を配布し，記入して取りまとめたもので，これには有害廃棄物の集中処分場，都市の下水処理場が含まれる．

(c)「生活及びその他汚染状況の年度報告」は，関連の基礎データと技術パラメータに基づき計算したものである．

(d)「工業企業汚染処理プロジェクト建設の投資状況の年度報告」は，工業汚染処理プロジェクトを実施中の工業企業に表を配布し記入して取りまとめたものである．

(e)「工業企業汚染排出半年報告」は，重点工業企業にもれなく表を配布し記入して取りまとめたものである．半年報告の重点調査部門とは，その汚染物質排出量が各地区の汚染物質排出量（当該地区前年度の統計ベースにおけ

---

[3] 重点調査部門とは，汚染排出量の累計が各地区（県級を基本単位とする）の汚染排出総量（当該地区の汚染排出申告登録ベース及び歴年の環境統計ベースにおける工業企業の汚染物質排出量全体）の85％以上を占める工業企業部門のことである．

る工業企業の汚染排出量)の50%以上を占める工業部門のことである。

(3) 環境統計データの質の保証措置

行政規定としては，SEPAが1995年に公布した「環境統計管理暫定方法」に，環境統計データの質を保証するための規定がある。それは，(a)中央と地方の関連行政管理部門，企業事業部門(中国国内の外資，中国企業と外資の合弁，中国企業と外資の合作経営の企業事業部門を含む)と個人工商業者は，関連の統計法律，法規と本方法の規定に基づき環境統計データを報告しなければならない。環境統計資料が不正確であったり，報告が遅くなったり，報告を拒否したりしてはならない(第3条)，(b) SEPAは法に基づき環境統計調査の調査指標や計算方法，分類目録，調査表様式と統計コード及びその他の国家環境統計基準を制定し，いかなる部門と個人も環境統計基準を勝手に改定してはならない(第14条)。(c) 各級の環境保護部門は環境統計データの審査・管理・照会・公表制度と環境統計データの質を保証する制度を確立し，環境統計資料の正確性と適時性を保証する(第16条)，(d) 各級の環境保護部門の責任者は統計機構と統計スタッフが法に基づいて提供した環境統計データを勝手に修正してはならない。統計データが実情に合わなければ，統計機構と統計スタッフにその確認を要求する(第17条)。環境管理機構とそのスタッフ及び工業企業に対する責任と義務の前述の規定を通じて，申告・審査・上位部門への報告など各段階のデータの質に対し管理を行う。

次に，全国の環境統計データの審査は，国家環境保護総局計画財務司がまとめて管理し，議論を必要とする統計データに関する最終審査と決定の責任を負う。全国環境統計データ専門家諮問チームを結成し，専門家諮問チームは環境統計，環境計画，環境管理など各分野の専門家から構成され，議論を必要とする環境統計データを審査する。各省・自治区・直轄市の環境統計データは関連部門が責任をもって審査し，SEPAの各部門は責任を持って本部門の環境統計データを審査する。環境モニタリング総ステーションは全国の環境統計データの技術サポート部門として，全国の環

境統計データの審査活動を担当する[4]。

3-2 中国の環境統計指標体系の枠組み

環境報告表制度の中の総合年度報告には，汚染物質の排出量と処理状況に関する194項目の統計指標がある。専門年度報告は環境管理状況に関する指標として489項目がある。2種類の報告表を合わせると指標は683項目に達する。総合年度報告の内容は主に，汚染物質排出と処理状況である。その内，廃水の汚染物質排出指標は主に，水銀，カドミウム，六価クロム，鉛，砒素などの重金属で，揮発フェノール，シアン化物，COD（化学的酸素要求量），石油類，アンモニア窒素なども含まれる。廃水処理の指標は主に廃水処理施設の数，施設の処理能力，施設の運転費用などが含まれる。排ガス汚染物質の排出指標は，主にSO_2，ばいじん，粉じんなどが含まれる。排ガス処理の指標は，主に排ガス処理施設の数，施設の処理能力，施設の運転費用などが含まれる。工業固形廃棄物の主要統計指標は，工業有害廃棄物及び各種工業固形廃棄物の発生量，総合利用，保管，処分，排出量などの指標が含まれる。専門年度報告の内容には，環境保護系統における各業務部門の環境管理活動の執行状況と自身の能力強化状況が含まれる。

3-3 中国の環境統計管理機構と管理方法

(1) 機構・職責・職員

「環境統計管理の暫定方法」の規定に基づき，環境統計活動は統一管理，級別責任制を実行する。国家環境保護総局は，国家統計局の業務指導の下で，全国の環境統計活動に対し統一的な管理と組織化，調整を行う。県級以上の地方各級の環境保護局は，同級統計局の業務指導の下で，管轄区の環境統計活動を統一的に管理し調整する。中央と地方の関係行政管理部門，企業事業部門は，各級環境保護部門の業務（統計）指導の下で，本部門

---

[4] 中国環境監測総站「全国環境統計数据審核方法（討論稿）」(2005年3月3日アクセス；http://www.cnemc.cn/)。

の環境統計活動を所掌する。

　県以上の地方各級環境保護部門は，統計活動の必要に応じて担当する総合的な統計機能の機構を確定し，専任あるいは固定した兼職の環境統計職員を配置する必要がある。また，総合的な統計部門は，中央と地方政府の環境統計職員による環境統計調査を指導し支援しなければならない。

(2) 環境統計過程と報告の期間

　環境統計総合報告表は，各区及び県の環境保護局が管轄区内の汚染排出部門に責任を持って配布し，汚染排出部門が記入した後，所属する主管部門が審査して捺印し，区，県の環境保護局に戻して審査決定を行う。審査決定した統計報告表は，区，県の環境保護局がコンピュータに入力し，確認した後，市の環境保護局に報告する。各種専門報告書の統計資料の収集，記入，審査確認，取りまとめ作業は業務担当処及び室が所掌し，各業務担当処は専任のスタッフを指定して完成させる。報告表は担当の局長が認可捺印した後，上級政府に報告する。各業務担当処・室の責任者は報告表のデータの質に対し責任を負う。総合処は報告表の管理を一本化し，国家環境保護総局計画財務司に報告する。

　また年度報告表の報告年度はその年の1月から12月で，上部機関への報告の提出期限は次の年の3月末以前，年度速報表の報告提出期限は2月20日までである。半年報告表の報告年度はその年の1月から6月で，報告提出期限はその年の7月末までとなっている。

4 中国の環境統計活動の主要な課題

　20数年来，国家環境保護部門，統計部門と関連部門は，環境統計活動を重視し，中国の環境統計は現在の段階まで発展してきた。各級政府の関係部門と環境統計に従事する関係者の努力の下で環境統計制度は絶えず完備され，環境統計活動は，指標体系・方法・範囲・手段・報告期間など諸方面で絶えず改善された。環境統計ネットワークが基本的に形成され，情

報公表のルートが広がり，情報公表頻度も高められ，コンピュータ管理が実現されるなど顕著な実績が得られた。環境統計データは環境状況を総合的に反映し，環境管理と科学的政策策定などの面で重要な役割を発揮した。しかし，経済の急速な成長に伴って環境問題が日増しに深刻になり，情報の需要が増大するにつれて，環境統計には多くの不備が表れた。

4-1 中国の環境統計枠組みと指標体系に存在する問題

現在 SEPA が担う環境統計は，汚染物質の排出と処理に集中しており，生態保護の指標はほんの一部しかない。自然資源の統計は，異なる資源部門で分散して収集されている。部門間の統一した環境統計の枠組みや規範化された環境統計基準，科学的な環境指標体系がなく，指標体系の構築と環境の政策決定の間の連携が欠けている。これらの問題は，環境統計のマクロ政策決定への情報提供機能を弱めている。

4-2 中国の環境統計データの質問題の分析

データの質は環境統計活動の根本で，その価値を左右する。客観性と正確性は環境統計の最も重要な目標である。現在の環境統計データの一部は質が高くなく，質を保証する体系等を欠いている。データの質に影響する主要な要因は以下の通りである。

(1) データの出所

第1に，一部の企業の申告データは信頼性に欠ける。一部の企業は自社の利益に固執するあまり，真実のデータを報告しない。時には異なる報告表に対し，異なるデータを提供してさえいる。

第2に，一部の企業は元の記録を残していない。調査対象部門が末端部門の年度報告表を記入する時，本来はデータの出所と計算方法の説明が必要である。しかし一部の企業は環境モニタリング記録・環境保護施設の運転記録・運転効率などの記録を残しておらず，統計担当者は上級政府に報告するデータの真偽を確かめることができない。

第3に，モニタリング能力が不足している。一部の企業はモニタリング能力が低く，モニタリング手段が立ち遅れ，モニタリング頻度が低い。このことは，データの正確さをある程度制約してしまう。

(2) 技術的要因

同一の汚染物質に対し，異なる部門は具体的状況に基づき異なる方法でデータを取っているため，一部の指標はデータの出所からすでに誤差が存在する。例えば，「環境統計報告表制度」の中の「指標解釈及び記入の説明」では，燃料燃焼過程の SO_2 除去量と排出量，生産プロセスの SO_2 除去量などは，いずれも実測値法，物質収支法あるいは経験式法の計算に基づいて求めると規定されている。しかし当面使用される汚染排出係数は，上限と下限の差が大きく，直接推計との誤差を作り出している。

(3) 管理要因

現在中国では完備した環境統計データの質を保証する体系が構築されていない。このため，データの発生・収集・分析・公表の全過程で，質の管理体系と監督メカニズムの完備が急務となっている。同時に，環境統計従事者の質と安定性，環境保護部門のデータに対する審査確認能力はすべてデータの質に影響を与えている。

(4) 法律法規

現在の法的根拠は「環境統計管理暫定方法」しかなく，その内環境統計機構とスタッフの賞罰及び工業企業に対する要求が充分な拘束力に欠け，質の保証措置も監督メカニズムに欠ける。したがって環境統計に関わる法律法規を健全化し，管理方法を改革する必要がある。

4-3　SO_2 と COD データの質

(1) SO_2 データの質

まず工業 SO_2 排出データの出所については，重点調査の工業企業に対

し，各部門は実情に基づき実測値法，物質収支法と経験式法を採用して報告を作成することができる。その内，自動連続オンラインモニタリング設備を取り付け，地元の環境保護局のモニタリング・ステーションとネットワークで結んでいる部門は，リアルタイムのモニタリングデータを排出量のデータ (実測値法) とする。自動連続オンラインモニタリング設備を取り付けていない部門が実測値法を用いて汚染排出データを計算する場合は，データが確実に実情を反映することを保証するため，何度もサンプルを収集・測定し，地元の環境保護局のモニタリング・ステーションの認定を取る必要がある。自動連続オンラインモニタリング設備を取り付けていない部門が実測値法を用いて計算した排出データは，同時に燃料の硫黄含有量で計算した排出データ (物質収支法) に照らし合わせて検証する必要がある。計算結果の誤差が大きい場合，調査して確かめなければならない。

しかし，どの方法もデータ審査が不十分なため，正確さに欠ける。実測値法は，人員・予算・設備などの制約を受け，企業の記入データの審査能力に限度がある。しかも企業の元の記録が不完全であるため，データの正確性に影響を及ぼしている。経験式法は，異なる生産プロセスや生産規模に対して正確な単位製品の排出係数を取得することが鍵となるが，詳細な調査研究が不足しているため現存の係数は比較的古く，しかも上限値と下限値の差が大きいため，計算結果に無視できない誤差が生じる。物質収支法は，経験式法と同様，異なるプロセスに対して計算する必要がある。しかも全面的かつ正確な石炭消費総量と各種石炭の消費量及び硫黄含有量などのデータを必要とする。ところが現時点では一部のデータがないため，計算結果の正確さを損ねている。

この点は生活 SO_2 の排出データの質にも当てはまる。生活 SO_2 の排出データは，生活用石炭の消費量に基づいて計算される。自動連続オンラインモニタリング設備で測定されたデータは信頼性が比較的高いが，他の3種類の記入法はどれもデータが必ずしも正確でなく，最終的にまとめたデータには当然誤差が存在する。同時に，各部門はそれぞれの重点が異なり，調査範囲と記入部門が異なるため，取得したデータにも誤差が生じ

る。このため，生活 SO_2 の排出データの信頼性が低くなる。

(2) COD データの質

COD データの質の問題は SO_2 データの状況と類似している。重点工業企業の COD 排出量は工業企業が報告表に記入する。しかし一部企業はモニタリング能力に限度があり，その上企業自身の経済的利益を考慮するので，強力な監督と審査に欠ければ，記入した報告データの質は保証されがたい。重点調査工業企業のデータの質は，これを基礎に推計する非重点調査工業企業のデータの質にも影響する。

都市汚水中の COD の発生量は，環境統計報告表制度の規定によれば，1 人あたり平均係数法で計算する。その係数は，全国平均値が 75g/ 人・日，北方都市の平均値が 65g/ 人・日，北方の特大都市が 70g/ 人・日，北方のその他の都市が 60g/ 人・日，南方都市の平均値が 90g/ 人・日である。本地区の実測値を使用しても良いが，その場合南北の都市の間で明確な区分がないため，計算結果と実際の状況に一定の誤差が生じることは避けられない。

(3) 環境モニタリング能力の不足

現在中国の環境保護システムには，総計 2,389 の環境モニタリング・ステーションが存在する。その内訳は，総ステーションが 1 つ，省級のステーションが 41，地市級のステーションが 401，区県級のステーションが 1,914，核と放射能のステーションが 32 で，総計 4 万人がモニタリング活動に従事している。各級のステーションは定常的な環境汚染源のモニタリングと環境質のモニタリングのほか，環境影響評価及びその他技術サービス的なモニタリング活動も実施している。また各業種や企業も約 2,000 を超える環境モニタリング・ステーションを設置しており，従業員数は数万人である。

中国では，まず国家級のネットワークモニタリング・ステーションを中核とする環境モニタリング・ネットワークシステムを構築した。そして全

国的範囲で表流水，大気，生態，水生生物，土壌，騒音，海洋，放射線などのモニタリングを展開してきた[5]。大都市及び中規模都市の中には，環境モニタリング技術が高く，優れた設備を持つものも存在する。しかし多くのステーションの設備は老朽化が進んでいる。しかも多くの地方政府は依然として人手による現場サンプリングと実験室での分析を主要な手段とする汚染源モニタリングを実施している。この方法では，モニタリング頻度も低く，サンプル採取の誤差が大きく，データの信頼性が低く，汚染排出状況が適時に反映されない。このような技術・予算・設備・人員などの制約の下で，全国23万社の主要工業汚染企業，70数万社の「第3次産業」企業，数万の建築現場，全国的範囲の環境質モニタリングに対処しなければならない。モニタリング能力の不足は明らかである（呉，2005）。

(4) データ審査の強化に対する政府の認識

中国環境モニタリング総ステーションは，2005年に「全国環境統計データの審査方法（草案）」を発表し，企業の基礎データと環境保護局の取りまとめたデータの2種類のデータから環境統計データの正確性を審査するよう要求し，詳しい審査方法を提供した。このことは，中国環境保護系統が環境統計に対する管理を強化し，データの正確性の向上に務めていることを表している。

4-4　環境統計の効率性の低さ

現行の環境統計制度はこれまでずっと年度報告制度であり，半年報告制度は2002年に試行したばかりで，依然として下級政府から上級政府へ階層ごとに報告し，審査する方式を取っている。その年のデータは次の年の5月にやっと取りまとめ，審査が終了し，7-8月に最終的に公表される。データが適時に公表されないので，政府と市民は環境状況を適時に把握できない。また，統計分析も前の年のデータをもとに事後の論評とトレンド

---

[5] 中国環境監測総站，「環境監測概況」，2006年3月7日（http://www.cnemc.cn）。

分析を行っているため，適時に国のマクロ経済分析と規制に参加できず，マクロ政策の策定と管理のニーズを満たすことができない。

4-5 不十分な部門間調整

環境統計は多くの部門に関わり，各部門は自らの業務管理のニーズに基づいて環境統計活動を展開している。しかし，各部門の統計業務に大きな差異があるため，範囲・指標・規格・方法など多くの面で統一されていない。環境統計活動は SEPA が所管することになっているが，この問題は，環境と資源統計自身の複雑さ，部門間の相互調整の問題がいまだ解決されていないことを示している。

この問題は，特に表に記入する企業の汚染物質排出データに現れ，それも環境統計機構の弱い地方政府に見られる。各級環境保護局が直接掌握し公表する自動連続モニタリング設備の環境質のデータはまだ信頼できるものである。経済の成長と社会の進歩に伴い，政府と市民の環境情報に対する一層高い要求をいかに満たすべきか，また，環境統計のマクロ政策にサービスする機能をいかに発揮すべきか，これは何よりも重要な課題である。

5 米国の環境統計との比較

5-1 環境統計機構の比較

(1) 米国：環境保護庁環境情報局 (OEI)

1999 年に米国環境保護庁は環境情報局 (Office of Environmental Information; OEI) を設立した。環境情報局はデータ管理に主な責任を負い，その確立と運用は環境保護庁内外の関連部門，機構と市民の広範な参加に依拠している。高い質のデータに対する日増しに高まるニーズに対応すべく，環境情報局は環境データの収集，分析と発布などの過程を絶えず改善する義務がある (OEI, 2006)。

環境情報局は環境保護庁の環境保全と市民の健康を保証する責任および義務を負う。そのためには，環境データが情報政策の決定，管理の改善，

第10章
中国の環境統計

行動の評価などが要求する基準を満たす必要がある。環境情報局は世界と外部のステークホルダー及び協力者と共にデータと関連する政策とプロセスを確立し，監督管理を実施する。そこで環境情報局には主に8つの職能が割り当てられている (OEI, 2006)。(a) データシステム全体の中枢として環境保護庁の協力者にデータ情報を提供し，彼等に協力して情報とサービスを獲得する。(b) 環境保護庁のデータや情報の質の向上に主な役割を発揮し，地理情報，マルチメディア及び部門をまたぐ協力など多種の方式を通じて，よりよいデータ情報システムを確立する。(c) 現在の要求を満たすだけでなく将来の需要も予測する。(d) データ収集のコストを減らす。(e) 最も実用的で費用対効果の最も高い技術の採用を確保し，環境保護庁の現在と未来の情報のニーズを満たす。(f) 製品の開発，サービスと政策の提供，トレンドの分析，顧客のニーズへの満足等を通じて，環境データの取りまとめ，分析と解釈の面で主要な役割を発揮する。(g) 市民に信頼できる有用な環境質・状態・トレンド情報を提供し，データの使用者がデータ情報の獲得を通じて自らの健康と地域社会の環境を保護することを保証する。(h) 環境保護庁は協力者と市民が環境データと情報を共有するのを確保し，情報の矛盾と衝突をできる限り避け，関連の情報と評価手段を提供し，使用者のデータ情報に対する理解を促進する。

なお，環境情報局の機構図を図10-1に示す。

(2) 中国：国家環境保護総局計画財務司統計総合処

国家環境保護総局は国家統計局の業務指導の下で，全国の環境統計活動の統合的な管理と調整を担当している。SEPAの関係規定に基づき，計画財務司が環境統計活動を所掌し，具体的活動は統計総合処が担当する[6]。各級の環境保護部門は相応に環境統計職能を所掌する機構を確定し，専任の責任者を置き，総合処が管理職責を一本化し，環境統計の具体的，技術的，事務的作業は各級の環境モニタリング・ステーションが統一して担当

---

[6] 2005年3月，環境統計の職能は計画統計処から総合処に移され，総合処は統計総合処と改名した。

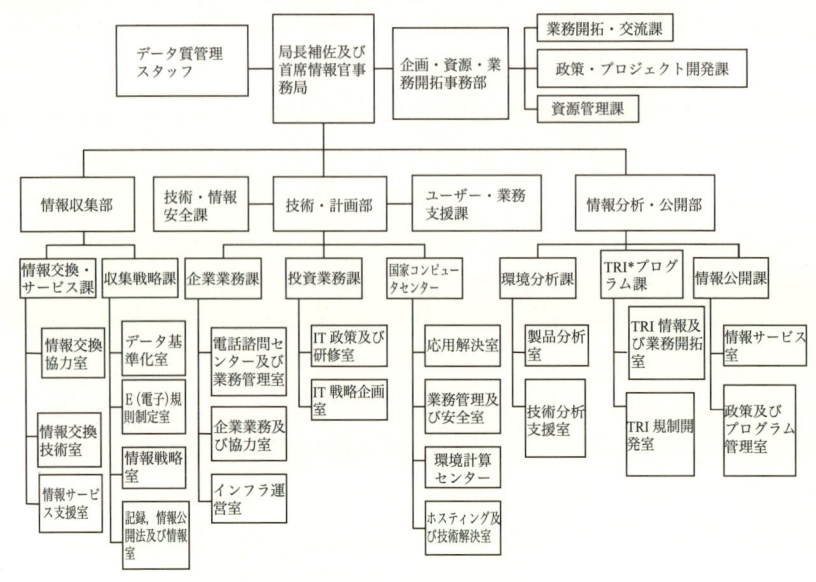

第 II 部
中国の環境統計と環境政策の定量的評価

図 10-1 ●米国環境庁環境情報局 (OEI) 組織機構図
註：TRI は「毒性物質排出目録」を指す。
出所：OEI, *Organization Chart as of April 17, 2005* (http://www.epa.gov)．

する。1998 年に中国環境モニタリング総ステーションに統計室が設置され，全国の環境統計データの受信，取りまとめ及び統計分析活動を主に担当することになった。通常の活動は，『環境統計速報』，『環境統計公報』，『環境統計年報』及び『半年報』が含まれる。

5-2 環境統計データの収集・分析・公表の比較

(1) 米国

データ収集に関しては，環境情報局がデータ情報の獲得と管理を含む環境保護庁の環境データの収集業務を所掌している。環境情報局は関連の協力パートナー，ステークホルダーとその他の連邦機構と密接に協力し，データの収集業務を担当している。環境情報局は電子報告と非電子報告の2種類の方式を通じて環境データを収集し，集中的に確認を行う。これら全て1つの大きな登録システムの下で完成され，環境保護庁のデータ基準プロ

ジェクトに使用される。その他中央データ交換処理システムがあり，報告された電子データを管理する。

収集した環境データの整理・分析は，環境保護庁が環境情報局等関連部門を指定し，主な作業は環境分析グループが行う。最初に異なる類型に対し一級データと二級データの2種類に分け，全てのデータに対し質分析を行い，その信憑性と有用性を審査し，異なる用途に適用する各種等級に区分する。データの質の保証体系の大きな枠組みの下で，環境分析グループは新たなデータ分析政策とプロセスを逐次開発し，コンピュータを応用して収集した環境データを分析処理する。この過程もステークホルダーの監督を受ける。

環境統計データの市民への公表は，環境保護庁が義務を負っている。これは市民の社会状況，特に生態環境状態を知る権利を保証するものであり，同時にステークホルダーによる監督の必要性からも行っている。環境情報局のデータ公表グループが環境データ公表の全過程に責任を負い，環境保護庁が公表する環境データの信頼性・有用性・完全性を確保し，データの質は各種相応のニーズを満たしている。

データ共有を拡大し，できるだけ多くのステークホルダーが各種ルートで適時に有効なデータ情報の獲得を確保するため，環境保護庁は下記の方法で環境情報を公表している。(a) 環境保護庁の公式ウェブサイト。これは市民に発表する環境データ情報の主要なルートである。環境保護庁ウェブサイトには多種類のデータベースがあり，そこから大気質，大気汚染物質の排出，飲料水の水質，水質汚濁物質の排出，流域及び近海海域の水質，有害廃棄物，有害物質の排出などの関連データを調べることができる。このデータベースは，図表や環境地図など簡潔明瞭な形式でユーザーの必要な情報を提供している。環境地図は一種のネットワークを基礎にした双方向の製図道具で，1つの動態方法を提供し，環境データ情報を一種のロジカルな，規範的な方式で表現する。(b) 責任者連絡リストと環境保護庁のメールアドレスリスト。全ての関係者の電話，メールを環境保護庁ウェブサイトで公開する。ネットワークで探せない情報は，環境保護庁の

責任者と連絡して調べるか、関係資料を手に入れることができる。(c) 連邦登録システム。環境保護庁あるいはその他連邦機構から収集した環境に関連する情報は完全に対外的に開放されている。(d) 環境保護庁の図書館ネットワーク。環境保護庁の本部及び全国に分布する地区支部・実験室・研究センターの図書館から構成され、主にオンライン検索システムを通じて収集した環境データを提供する。(e) 国と地方の環境情報ネットワーク。関連の許可情報、団体情報、環境テーマ、ツール、関係機関とのリンク、原住民向けのリンクもある (宋ほか、2005)。

(2) 中国の環境データの収集、分析と公表

中国の環境汚染物質の排出と処理データは主に重点調査工業企業が記入する環境統計報告表から取得し、その後階層ごとに審査、総括し、上級政府に報告する。環境質データは主に環境モニタリング部門がモニタリングによって取得したもので、月ごと、四半期ごと、年度ごとあるいは定期的に階層順に報告し、取りまとめる[7]。

環境統計データのとりまとめと分析活動は、主に環境モニタリング総ステーションが担当する。主に環境汚染と環境質の趨勢予測や経年比較などの分析を行う。

環境統計データの公表は、主に『環境状況公報』『環境統計公報』と『環境統計年報』の方式で行われている。2002年には、『環境統計半年報』の出版も始まった。これら出版物は同時に国家環境保護総局と地方環境保護局の関連ウェブサイトでも公表されている。省・市・自治区・直轄市および各地方の環境保護部門も管轄区内の『環境状況公報』、『環境統計公報』などを通して公表している。環境質に関しては、180の地区級以上の都市で環境大気質日間報告を実現した。その内90の地区級の都市で、環境大気予報を実現した[8]。重点流域の82の自動モニタリング地点で、水質自

---

[7] 中国環境監測総站「環境監測報告制度 (国家環保局環監〔1996〕914号)、監測管理規章制度 (下)」、2006年3月7日、(http://www.cnemc.cn)。

[8] 中国環境監測総站「重点城市環境空気質量日報和予報」2006年3月15日 (http://www.cnemc.cn)。

動モニタリング週間報告が実現され[9]，重点水系における213本の河川の418の国家規制地点と28の重点湖沼・ダムの264地点で「地表水水質月間報告」が実現された。これらの情報は国と地方のテレビ局，ラジオ局，新聞，環境保護部門のウェブサイト及びその他関連のウェブサイトを通して社会に公表されている[10]。

同時に，環境情報ネットワークの研究と開発も進められた。例えば，第9次5ヵ年計画国家科学技術攻略「中国の持続可能な発展情報共有モデルプロジェクト」の特別サブテーマの1つの「中国環境統計情報網」には，1989-98年の比較的網羅的な環境統計データが含まれている[11]。国家環境保護局は1991年に，厳密な選別を経て200の観測所から構成される「国家環境質モニタリング網」（「国控網」）を構築した。これには，大気・表流水・騒音・酸性雨・放射性物質と生態モニタリング網が含まれる。また1992年には27部門と共同で，54の国と省，部クラスの環境モニタリング・ステーションから構成される「国家環境モニタリング網」を整備した。1994年以降には，流域環境の管理を強化するために，国家環境保護局はそれぞれ「長江及び三峡生態環境モニタリング網」，「淮河流域環境モニタリング網」，「太湖流域環境モニタリング網」と「沿岸海域環境モニタリング網」を構築した[12]。

5-3 環境データの品質管理の比較

(1) 米国の環境データの質の管理

環境統計データの質を規制し管理するため，環境保護庁は1979年に質保証プロジェクトを開発した。その後プロジェクトの範囲を分析精度の向上より広い質体系へと拡大し，現在では環境データと情報の計画，収集と

---

[9] 中国環境監測総站「水室 - 水質自動監測週報簡介」2006年3月15日 (http://www.cnemc.cn)。
[10] 中国環境観測総站「月報情況説明」2006年3月15日 (http://www.cnemc.cn)。
[11] 国家環境保護総局南京環境科学研究所「中国環境統計信息網」2006年3月13日 (http://www.sdinfo.net.cn/hjinfo/hjinfo/default.htm)。
[12] 中国環境質量観測網絡，2006年3月13日 (http://www.earth365.com/kio06/earthhuanbao/zhishi/z45.htm)。

利用なども含まれている。

　環境保護庁のデータの質体系の目標は，環境データの類型と質が，環境保護庁が環境プロジェクトや政策を決定するのに必要な要件を満たし，環境技術と施設の政策決定を支援することである。環境保護庁データの質体系をうまく執行すれば，科学的に完備したデータが得られるだけでなく，資源消費の低減または合理化，内部と外部の活動に対する適切な評価，政策決定の合理性と正確性，負担削減を確保することが可能になる。

　環境保護庁のデータの質体系は，環境保護庁内部だけでなく，環境保護庁の資金援助を受ける外部機関にも適用される。環境保護庁は5360.1号文書の中で，環境保護庁のデータの質体系範囲内の全ての環境保護庁機関に対し，下記11項目の質管理要求を提出した。

(1) NSI/ASQC E4-1994 マニュアルの最低要求
(2) 質保証担当者の1名の確定と，管理担当者の環境データに対する独立管理の権限の確保
(3) 質管理計画の策定と，批准された計画の執行
(4) 質体系を実施するための充分な資源の提供
(5) 毎年少なくとも1回の質体系の効果の評価と，評価の結果に基づいた調整措置の実施
(6) 機関の質管理年度報告と活動計画の公表，前年度の活動の総括，次年度の活動要綱の提出
(7) 環境保護庁の資金援助を受けるすべての機関による質体系の要求に基づいた実施
(8) 各政府レベルの管理者と従業員への適当な研修の機会の提供，プロジェクト実施中の各段階における質保証と精度管理の責任とニーズに対する理解の深化
(9) 系統だった方法の採用と，環境保護庁のデータの質体系に関わる諸般の活動のための検収基準と評価基準の開発
(10) 質体系管理に適用する全ての環境データに関わるプロジェクトと任務に

対する，批准を経た質保証プロジェクトあるいは同様の性質を持った文献の取得
(11) データを機関の政策決定あるいはその他の目的に使用する場合，現存のデータに対する評価と十分な数と質の確保による使用目的の充足

環境保護庁が資金援助する環境保護庁以外の機関に対しても，質体系を開発し，その環境プロジェクトを支援しなければならない。

環境保護庁のデータの質体系の執行状況は複数の機関によって評価されている。環境情報局に設置した質管理グループのプロジェクトの1つは，環境保護庁データの質管理プロジェクトの執行を評価することにある。科学顧問委員会と監査事務所も，質管理グループの活動とその他環境保護庁関連部門の活動を含む質プロジェクトの執行を評価する (OEI, 2001)。

(2) 中国の環境データの質管理

中国では，環境統計報告表制度で環境統計調査に関係する指標・計算方法・分類目録・調査表様式と統計規定を定め，環境統計資料の調査・申告・審査・管理・照会と公表制度を確立した。この制度は主に申告，審査，上級政府への報告など諸段階におけるデータの質を規制することにある。

前述したように，中国における環境データの質管理の主要方式はデータを階層ごとに報告する過程で，各級政府が逐次審査するという方式である。

6 中国の環境統計の改革が直面する主な困難

6-1 環境統計枠組みと指標体系の確立

国外の状況から見て，一般に環境統計の枠組み体系の開発から始め，環境統計枠組みを利用して環境資料を集め，環境指標を設計，編成し，それを踏まえてさらに総合評価 (たとえば環境指数) または関連する勘定 (例えば環境・経済統合勘定) を運用して総合的な環境統計を作り出すことは，比較的法則に合致した漸進的な研究過程である。科学的な枠組みの下で人々は

はじめてどのような情報が必要で、どのように原データを組織し、指標を設計し、指標を編成すべきかを知り、指標があれば、環境統計の総合指標を求めることが可能となり、政策決定に有効なサービスを提供することが可能となる(曽・張、2001)。

現在、中国の環境統計は革新と経験蓄積の段階にあり、完備した環境統計の枠組みと指標体系は確立されていない。各国の環境問題には共通性があるが、同時に大きな差異も存在し、他国の環境統計の体系を鵜呑みにするわけにはいかない。しかも、各国の環境統計は発展段階にあり、国際的に公認された基準はまだ確立されていない。したがって、中国の環境統計枠組み体系の研究と開発は、科学を先導とし、実践を基礎とし、国際的経験に鑑み、中国の国情にかなったものでなければならない。この過程は政府の重視と支持を必要とし、研究者と統計人員の長期的努力及び市民の広範な参加を必要とする。この研究と改革活動は一朝一夕に完成できるものではない。環境統計の枠組みと指標体系の提出から正式に確立するまで、実践を検証しつつ漸次的に完備していくプロセスを経なければならない。環境統計枠組み体系の科学性と実行可能性の確保は何よりも重要なことである。

6-2 環境統計データの質管理体系の確立

前述したように、中国の現在の環境統計の質管理は非常に貧弱で、環境データの質は直ちに向上されなければならない。したがって、一方では環境統計の機構・人員・資金・技術など面での合理的なニーズを適切に満たし、他方では質管理体系の基準、指針及び統計基準に関係する文献の研究と制定を急ぎ、その後確実に執行しなければならない。同時に、国外の経験を参考とし、有効な監督メカニズムを確立する必要がある。

6-3 環境統計方法の改革

中国の現行の調査記入と取りまとめ審査の方法はデータの質に悪影響を及ぼしている。多年来、人々は絶え間なくこの問題を提起し、SEPAもかつて何度も改善したが、あまり効果がなかった。依然として現在の認識レ

ベルに留まっていたならば，問題の根本的な解決は不可能であろう。現存の型にはまった考え方を突き抜け，新しい科学的な環境統計方法を開発・設計することが急務である。

6-4 環境統計における能力強化の必要性

環境統計は，技術性と専門性の非常に高い仕事で，統計人員は相当な技術知識と専門知識を必要とする。同時に，環境モニタリング機構のモニタリング能力とデータの審査能力を強化する必要がある。これも重要な内容である。環境統計の能力強化と改革に必要な資金，技術，設備などの資源を保証することは現在直面している大きな課題である。

7 中国の環境統計改革に関する枠組みの提案

7-1 環境統計改革の目標

環境統計の基本目標は「全面的に，科学的に，適時に，正確に」環境状況を反映し，国のマクロ政策の決定に重要な情報を提供し，市民に環境状況を知らせ，市民の環境意識を高め，市民の環境保全活動の参加に必要な情報を提供することである。

環境統計改革の重点は，経済社会発展の必要性を考慮し，国際社会の環境統計体系を参考にし，中国に適応した完備した近代的な環境統計システムと強力な保証制度を確立することである。この体系には，国際的な比較可能性を持たせると同時に，国のマクロ調整と環境管理の政策決定のニーズを満たさなければならない。

7-2 環境統計改革の任務

中国の環境統計改革の内容として，以下9点を指摘する。

第1点は，環境統計の需要に焦点を合わせて，環境統計の枠組みと指標体系を開発設計すること。

第2点は，環境統計の質管理体系を確立すること。

第3点は，環境統計の科学的な調査方法と勘定を開発すること。

第4点は，環境統計の科学研究を強化し，環境統計に関する技術ガイドラインと統一した環境統計基準を開発すること。

第5点は，環境情報システムを開発確立し，データの伝送・保存・公表の方法とルートを改善し，効率性を高めること。

第6点は，環境統計の分析と応用を強化し，環境統計のマクロ政策決定に資する機能を確実に発揮すること。

第7点は，環境情報の普及ルートを広げ，環境統計を通した国民参加と社会監督メカニズムを確立すること。

第8点は，関連部門間の調整と各級政府の環境統計機構の能力を強化すること。

第9点は，「環境統計管理方法」を改訂・完備し，環境統計の法規を確立・完備し，賞罰措置を強化すること。

参考文献

［中国語文献］
高　敏雪（2000）『環境統計与環境経済核算』，北京：中国統計出版社。
呉　曉青，「大力推進汚染源自動監控工作　全面提高環境執法効能―在全国汚染源自動監控工作現場会議上的講話」2005 年 11 月 29 日 (http://www.sepa.gov.cn)。
宋　国君・呉　舜澤・付　徳黔・劉　子剛・劉　舒生・田　仁生・周　勁松等（2005）国家"十五"科技攻関課題《若干重要環境政策及環境科技発展戦略研究》専題六「中国環境統計指標体系研究」報告，2005 年 12 月 29 日。
曾　五一・張建華（2001）「国外環境統計研究状況及其対我国的啓示」『東南学術』第 4 期，23 頁。
張　坤民等（1997）『可持続発展論』北京：中国環境科学出版社。
李　鎖強（2003）「対我国現行環境統計的思考」『中国統計』2003 年 8 月，20-22 頁。

［英語文献］
Office of Environmental Information. *Staff Strategic Plan*, September 27, 2001, (http://www.epa.gov).
Office of Environmental Information, *About OEI*, Feb. 3, 2006, (http://www.epa.gov).
Shah, Reena, 2000. "International Frameworks of Environmental Statistics and Indicators," *Inception Workshop on the Institutional Strengthening and Collection of Environment Statistics,* Samarkand, Uzbekistan.
United Nations (1984) *A Framework for the Development of Environment Statistics*, 1984. (http://www.un.org)

第III部
日本の対中環境円借款の評価

重慶発電所の発電ユニットと排煙脱硫装置
2004年5月撮影
撮影者：森　晶寿

第11章
対中環境円借款の特徴と環境汚染削減効果

森　晶寿

1 はじめに

　中国に対して日本が環境分野の円借款（以降，環境円借款）がはじめて供与したのは，1988年度のことであった。しかし，1995年度まではあまり件数は多くなく，その内容も上水道整備が中心であった。

　ところが，1996年度から始まる第4次円借款以降，環境円借款は件数・供与額とも飛躍的に増加した[1]。1996-2004年度までに72事業，270件のサブプロジェクトに，総額7208億円の環境円借款が供与された[2]。そして2001-2004年度の供与額累計では，環境円借款が対中円借款に占める割合は60.5％に達している。

　この背景には，日本政府が1992年に開催された国連環境開発会議において，1992-96年度の5年間で環境ODAを9,000億円から1兆円を目途に大幅に拡充することを表明したこと，そして同年に閣議決定された「政府開発援助大綱（ODA大綱）」でも基本理念の1つとして，環境の保全を掲げたことが挙げられる。これを踏まえて，日本政府は，1994年前後に行

---

[1] 対中円借款は，2000年度までは，複数年度ごとに供与目処額及び対象事業の大枠を事前に合意する多年度供与方式（ラウンド方式）が採用されてきた。これは，中国の各5ヵ年計画における国家重点事業（経済社会インフラ）を中心とする資金ニーズに対応するものであった。

[2] これらの数値は，本章第2節の環境円借款の定義に基づいて算出した。ただしこれは，計画段階のものである。

われた第4次円借款に関わる日中間の協議においても、軍事費抑制、内陸部重視とともに環境対策を重視する方針を中国政府に伝えた。この時の内陸部重視・環境対策重視の方針は、2001年に外務省が公表した「対中国経済協力計画」に反映され、基本的には2001年以降の円借款にも受け継がれ、また強化されてきた[3]。

本章では、まずこれまで中国に対して行われてきた環境円借款の全体像と特徴を明らかにする。そして分析対象を明らかにした上で、環境円借款がもたらした効果を、環境汚染の削減と都市環境インフラサービスの裨益の2つの側面から定量的に明らかにする。同時に、それらの効果が持続するための要件がどのように担保されているかを明らかにする。

2 | 対中環境円借款の特徴

2-1 本章の環境円借款の定義

環境円借款の範囲は定義によって変わりうるが、本章では、1989年以降にOECDの開発援助委員会（DAC）に環境事業として報告されたものを環境円借款事業として定義した[4]。ただし、DACが統計作業を開始する以前の事業、及びDACに未報告の都市ガス事業については環境円借款に含めた[5]。具体的には次のとおりである。

---

[3]「対中国経済協力計画」では次のように記述されている。「今後の対中ODAの実施に当たっては以下の重点分野・課題を中心として具体的事業の審査・採択を行う。これにより、我が国の対中ODAは従来型の沿海部中心のインフラの整備から、汚染や破壊が深刻になっている環境や生態系の保全、内陸部の民生向上や社会開発、人材育成、制度作り、技術移転などを中心とする分野をより重視する。また日中間の相互理解促進に資するよう一層の努力を払う。」ここで重点分野・課題とは、①環境問題など地球的規模の問題に対処するための協力、②改革・開放支援、③相互理解の増進、④貧困克服のための支援、⑤民間活動への支援、⑥多国間協力の推進、の6点である。

[4] 環境円借款事業として認定された事業の多くは、円借款環境金利が適用されている（事業コンポーネントの一部に環境金利が適用されている場合を含む）。ただし、2002年7月以降に事前通報が行われた事業については、供与条件の改定により、上水道等は環境円借款事業であっても優遇金利の適用外となっている。なお、第4次円借款の道路等環境配慮を必要とする事業で、コンサルタント部分に対する特別環境金利が適用されているものもあるが、DAC報告対象とはなっておらず、本調査対象外としている。

[5] 都市ガス供給は、少なくとも1994年度以前は、DACに対して環境事業としては報告されて

①都市環境基盤整備：下水道，地域熱供給（熱電併給を含む），都市ガス，ごみ処理
②工業汚染対策：大気汚染対策，火力発電所排煙脱硫装置設置，水質汚染対策，総合対策（工業廃棄物対策含む），環境モニタリング[6]
③生態環境保全：植林・植草
④上水道
⑤その他環境：都市交通システム，小規模水力発電，揚水発電，火力発電所（排煙脱硫装置設置を除く），送配電網の拡充・整備，洪水対策の中で環境効果が明確に把握されているもの

2-2　環境円借款の分野別・地域別の特徴

(1) 第8次5ヵ年計画期間の環境円借款事業（第2・3次円借款）

この時期の環境円借款事業は，事業実施機関が主に都市建設を担当する建設部であり，環境保全というよりも，主に上水道をはじめとする都市インフラのボトルネック解消の観点から事業が実施されたといってよい。分野別の内訳は，上水道整備がサブプロジェクトベースで14件，承諾額ベースで同時期の環境円借款事業の70.1％を占める。ガス供給事業は5件（承諾額ベースで25.8％），下水道整備は2件（承諾額ベースで4.1％）となっている。地域別では，承諾額ベースで東部が65.0％を占める。

(2) 第9次5ヵ年計画期間の環境円借款事業（第4次円借款）

第9次5ヵ年計画期間中の環境円借款事業（1996-2000年度承諾）の総事業費は264億元[7]であり，これは環境9・5計画の環境投資総額4,500億元（計画値，生態環境投資は含まない）[8]の5.9％，実際の投資額3,600億元の7.3％を占める。また，同計画の外国資金調達目途40億米ドルのうち環境

いなかった。
[6] 環境モニタリングに対する投資は，中国の環境投資統計は都市環境インフラには含まれないため，便宜的に工業汚染対策に含める。
[7] 本調査対象16事業に限る。同期間の年平均為替レート1円＝13.9元で計算。
[8] 国家環境保護総局規劃与財務司編（2002）14ページ。

円借款は13億ドルで約30%を占めている。

　分野別の特徴は，都市交通や揚水発電などその他に分類されている事業の割合が，件数ベースでは11.1%ながら，承諾額ベースで42.3%を占めること，そしてそれ以外の環境円借款事業は，ほぼ工業汚染防止と都市環境インフラ整備に配分されたことである。具体的には，工業汚染対策事業は件数で最多の70件，全体の37.0%を占め，次いで下水道整備の32件，16.9%（承諾額ベースで11.4%），都市ガス・地域熱供給は22件，11.6%（承諾額ベースで8.0%）となっている。都市廃棄物処理，環境モニタリング事業への支援もこの時期より開始された。上水道は31件あり，下水道とほぼ同様の件数であるが，承諾額ベースでは下水道整備の約2倍となっている。また，生態環境保全（植林）事業が第9次5ヵ年計画期間の最終段階で3件実施された（件数ベースで1.6%，承諾額ベースで2.6%）。

　地域別には，「国家環境保護第9次5ヵ年計画及び2010年長期目標」（以下「環境9・5計画」）及びそのプロジェクトリストである「世紀を跨ぐグリーンプロジェクト」で重点に指定された地域，特に「三河三湖」（淮河，海河，遼河，太湖，滇池，巢湖）を含む7大河川流域と3大湖沼，重点沿岸都市及び沿岸域，並びに「2つの抑制区」（酸性雨抑制区及び二酸化硫黄抑制区）の環境改善プロジェクトに対して重点的に配分されてきた[9]。具体的には，流域の水質汚濁対策では，河南省（淮河流域），天津市（海河流域），黒龍江省（松花江流域），吉林省（松花江流域，遼河流域），湖南省（長江の支流である湘江流域），蘇州市及び浙江省（太湖流域），大連市（重点沿岸都市）がこれに相当する。また大気汚染対策では，湖南省，柳州市，貴陽市，重慶市（酸性雨抑制区）及びフフホト・包頭市，本渓市，瀋陽市，蘭州市，大連市（二酸化硫黄抑制区）がこれに相当する。また，3件の植林事業（山西省，陝西省，内蒙古自治区）は「全国生態環境建設計画」の重点地域で実施された。

　なお，中部と西部を合わせた内陸部における承諾件数，承諾額の割合が

---

[9] ただし，サブプロジェクト件数の多寡は，単に重点汚染地域に含まれているかだけでなく，地方政府が環境改善や費用効果性の観点から，サブプロジェクトの選定・形成・検討・準備・管理を十分に行ってきたかどうか，十分に行う能力を持っていたかどうかにも依存していた。

それぞれ57.1%，67.8%とともに半数を超えている。

(3) 第10次5ヵ年計画期間の環境円借款事業

第10次5ヵ年計画期間中に承諾された環境円借款事業（2001-04年度承諾分）では，工業汚染対策と上水道が著しく減少する一方で，砂漠化防止や長江流域の生態環境保全に力点が置かれるようになった点に特徴がある。具体的には，工業汚染対策は大原市の事業1件のみ，サブプロジェクト数でも6件（件数ベースで7.3％，承諾額ベースで4.9％）で，上水道の割合も第9次5ヵ年計画期間に比べ承諾額ベースで半減した。この背景には，国有企業改革が進展する中で工業汚染対策を検討していた国有企業が民間企業に買収され，あるいは業績不振になって融資返済能力がなくなるなどの外部環境の変化があった。他方，生態環境保全事業は第9次5ヵ年計画期間と比べて，件数でも承諾額ベースでも増加した（件数ベースで8.5％，承諾額ベースで20.9％）。

ただし分野別配分で最も高い割合を占めたのは，下水道であった。サブプロジェクト数で最多の28件を占め，件数，承諾額とも9・5計画期間に比べ増加した（件数ベースで34.1％，承諾額ベースで33.5％）。これは，環境10・5計画で，都市部の生活排水処理率を45％まで向上することが目標として掲げられたことが背景にある。そして都市ガス・地域熱供給の割合も，承諾額ベースで8.0％から22.0％と大幅に増えている。

地域的には，河南省，安徽省，包頭市，鞍山市，太原市の大気環境改善事業は「2つの抑制区」にあたり，北京市の環境改善事業も「33211」地域のひとつである北京市，重慶市の水質環境改善事業は三峡ダム地域の水質改善を目的としており，これらは5ヵ年計画重点地域に分布している。また，河南省，安徽省，包頭，北京市の事業は，「西気東輸」事業等の天然ガスを都市部に供給する石炭代替事業である。寧夏回族自治区，内蒙古自治区，甘粛省，河南省，江西省の植林・植草事業や四川省の生態環境保全事業は，「全国生態環境建設計画」の重点地域で実施された。

なお地域別分布を見ると，件数ベースで西部59.3％，中部34.6％，承

諾額ベースで西部48.7％，中部43.0％と，件数，金額ともに90％以上が内陸部に集中している。

3 | 分析対象

第11章と第12章では，第9次5ヵ年計画期間中に承諾された環境円借款49事業のうち都市環境インフラ整備と工業汚染対策を対象とした16事業（以下，「16事業」）に限定して分析を行う。これは，この2つの分野への環境円借款が環境汚染対策を主目的として供与されたこと，そして承諾からプロジェクトによる環境汚染削減の成果が発現するまでに期間を要し，第9次5ヵ年計画期間中に承諾された事業の成果がようやく発現してきている状況にあるためである。なお16事業の承諾額合計は1,598億円で，同期間の円借款総額の16.2％，環境円借款総額の34.6％を占める（図11-1）。事業概要は表11-1のとおりである。

分析対象とするサブプロジェクトは，2004年末時点で完成した94件及び建設中のものを含めた132件とする。計画段階では，16事業全体で139件のサブプロジェクトが予定されていたものの，20件がキャンセルされ[10]，12件のサブプロジェクトが差し替え，あるいは追加されたためである。キャンセルされたのは，市場経済化や国有企業改革の中で，環境円借款を受けた国有企業が製品の市場競争力を失い，工場の存続・雇用の確保と環境改善を両立させることができなくなったこと，「西気東輸」事業[11]の進展によって，大気汚染対策として実施されたLPGガス供給事業が競争力を失った[12]こと，技術の不適切さと市場開拓の失敗により，石

---

[10] この中には，他のサブプロジェクトがキャンセルされた後に差し替えられ，さらにキャンセルになったサブプロジェクト2件が含まれる。サブプロジェクト名は，巻末資料2を参照されたい。
[11] 「西気東輸」事業は，狭義には新疆から上海まで天然ガスを輸送する幹線パイプラインの敷設プロジェクトを指す。しかし広義には，忠武ガスパイプライン，すなわち重慶市忠県から湖北省武漢市までの幹線パイプラインや，長呼ガスパイプライン，即ち陝西省長慶油田の天然ガスを内モンゴル自治区フフホト市に輸送するパイプライン敷設プロジェクトも含まれる。
[12] ただし配送システムは，天然ガス供給にも用いることができるため，円借款で投資された設備が今後全く使われなくなってしまうというわけではない。

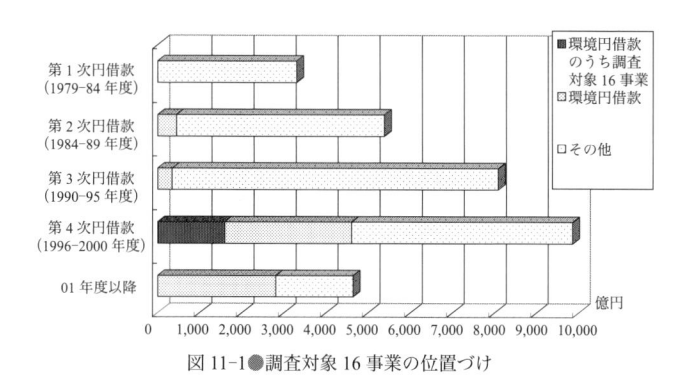

第11章
対中環境円借款の特徴と環境汚染削減効果

図11-1●調査対象16事業の位置づけ

炭灰の回収・再利用事業が市場性を持ち得なかったこと，交渉開始から資金供与までに数年を要したために，中国側が自己資金で実施したことが原因であった。そして事業の差し替えや事業サイトの変更などに伴って，2004年末の時点では30以上のサブプロジェクトが建設中であった。そこで，可能な範囲で，既に完成して効果を発現しているものと，今後効果の発現が期待されるものに分けて分析を行う。

効果としては，環境汚染物質の削減効果と都市環境インフラサービスの裨益者人口の増加を取り上げる。対象とする環境汚染物質は，二酸化硫黄（SO_2）と化学的酸素要求量（COD）に限定する。環境円借款では，工場汚染対策や都市環境インフラの整備・拡張事業を支援してきたため，実際には煤塵・粉塵や様々な重金属類などを削減してきた。またサブプロジェクトの中には，事業実施以前に計画削減量が設定されたものもある。しかし，全てのサブプロジェクトの環境効果として入手可能な汚染物質は，SO_2とCODに限定される。また，都市環境基盤整備への支援の主要目的は大気汚染改善（地域熱供給，都市ガス），水質改善（下水道），都市衛生・美観改善（固形廃棄物処理施設）といった環境目的であるが，それに伴ってインフラサービスの裨益人口が増えれば，住環境の改善や燃料購入などに要する時間の節約を通じた都市住民の生活の質が改善する，すなわち「持続可能な発展効果」（Sustainable Development Impact）が期待できる。ただし，具体的にどのように生活の質が改善されたかに関しては，別途検討される必

第 III 部
日本の対中環境円借款の評価

表 11-1 ● 分析対象 16 事業の概況

	事業名	事業目的	実施機関	借款契約数	円借款借款承諾額 (A)	事業総額 (B)	円借款比率 (A)/(B)
1	浙江省汚水対策事業	近年の工業化，都市化の進展に伴い，水質汚染が著しい浙江省 3 都市（杭州市，紹興市，嘉興市）において，水質改善・汚染防止のため汚水処理施設を建設するもの	浙江省人民政府	1	11,256	33,076	34.00%
2	天津市汚水対策事業	天津市市街地の未処理汚水による海河・渤海の汚染に対処するため，天津市において下水道施設を建設するもの	天津市人民政府	1	7,142	28,592	25.00%
3	大連都市上下水道整備事業	慢性的な生活用水・産業用水不足及び河川汚染に対処するため，遼寧省大連市において上水道施設及び下水道施設を建設するもの	大連市人民政府	1	3,309	9,234	35.80%
4	蘭州環境整備事業	甘粛省蘭州市にて民生用都市ガス・熱供給施設を整備による大気汚染の改善，下水処理場建設・上水道拡張による水質改善を図ろうとするもの	蘭州市人民政府	1	7,700	19,880	38.70%
5	瀋陽環境整備事業	遼寧省瀋陽市にて，市内の銅精練工場等の改造，移転や熱供給事業の拡充により，深刻な問題となっている大気汚染の緩和を図ろうとするもの	瀋陽市人民政府	2	11,196	24,305	46.10%
6	フフホト・包頭環境改善事業	石炭消費による大気汚染が深刻となっている内蒙古自治区のフフホト・包頭市にて都市ガス供給事業・熱集中供給事業の拡充を行うことにより石炭消費の効率化を図り，大気汚染の改善を図ろうとするもの	内蒙古自治区人民政府	2	15,629	32,070	48.70%
7	柳州酸性雨及び環境汚染総合整備事業	広西壮族自治区柳州市にて都市ガス事業拡充及び固形廃棄物処理場建設を行うことにより，同市の環境を総合的に改善するもの	柳州市人民政府	3	10,738	14,489	74.10%
8	本渓環境汚染対策事業	大気，水質等の総合的環境改善を図るため，遼寧省本渓市で上水取水場，環境観測センター，工場の設備更新および汚染防止設備の設置等を行うもの	本渓市人民政府	3	8,507	21,845	38.90%
9	河南省淮河流域水質汚染総合対策事業	淮河の水質を改善するため，河南省内 3 都市に下水道を整備し，工場排水処理設備（1 件）を設置するもの	河南省人民政府	2	12,175	32,176	37.80%

10	湖南省湘江流域環境汚染対策事業	湖南省の都市・工業汚水による湘江水質悪化を改善するとともに,大気汚染の改善,ゴミ処理を行なうために下水道,排水処理設備,ガス供給,ゴミ処理場を建設し,モニタリング機器の導入(更新)を行うもの	湖南省人民政府	2	11,853	25,008	47.40%
11	黒龍江省松花江流域環境汚染対策事業	黒龍江省において,松花江流域の水質・大気汚染の環境改善を図るため,工場廃水処理,下水道整備,集中熱供給等の事業を行うもの	黒龍江省人民政府	1	10,541	19,725	53.40%
12	吉林省松花江遼河流域環境汚染対策事業	吉林省において,松花江,遼河の水質汚染の環境改善を図るため,工場廃水処理,下水道整備等の事業を行うもの	吉林省人民政府	1	12,800	28,176	45.40%
13	環境モデル都市事業(貴陽)	貴陽市において深刻化しつつある大気汚染の対策として専門家委員会で推薦された主要汚染源施設改良等のサブプロジェクトを行うもの(環境モデル都市構想の一環)	貴州市人民政府	2	14,435	28,639	50.40%
14	環境モデル都市事業(大連)	大連市において深刻化しつつある大気汚染の対策として専門家委員会で推薦された主要汚染源施設改良等のサブプロジェクトを行うもの(環境モデル都市構想の一環)	大連市人民政府	2	8,517	14,684	58.00%
15	環境モデル都市事業(重慶)	重慶市において深刻化しつつある大気汚染の対策として専門家委員会で推薦された主要汚染源施設改良等のサブプロジェクトを行うもの(環境モデル都市構想の一環)	重慶市人民政府	2	7,701	18,971	40.60%
16	蘇州市水質環境総合対策事業	近年の工業化,都市化の進展に伴い,水質汚染が著しい江蘇省蘇州市において,水質の総合的環境改善を図るため汚水処理施設,導水施設等を建設するもの	蘇州市人民政府	1	6,261	16,578	37.80%
	合計			27	159,760	367,448	43.50%

要がある。

なお分析対象とした16事業,131件のサブプロジェクトは,分野別には,工業汚染対策が最も多く,60件と全体の過半数を占めている。次いで下水道(36件),都市ガス供給(11件),地域熱供給(9件)の順で多い(表11-2)。

第 III 部
日本の対中環境円借款の評価

表 11-2 ●分析対象事業のサブプロジェクトの分野別構成（件）

事業名	地域熱供給（含熱電併給）	都市ガス供給	上水道	下水道	都市廃棄物処理	工業汚染対策	環境モニタリング	合計
蘭州環境整備	1	1	1	1				4
瀋陽環境整備	2 (3)					1 (2)		3 (5)
フフホト・包頭環境改善	2	2 (3)		1		14 (14)	1	20 (21)
柳州酸性雨及び環境汚染総合整備		1			1	4		6
本渓環境汚染対策		1	2			14 (16)	1	18 (20)
河南省淮河流域水質汚染総合対策				5 (4)		6 (7)		11 (11)
湖南省湘江流域環境汚染対策		3		9 (7)	2	7 (9)	1	22 (22)
黒龍江省松花江流域環境汚染対策	3 (2)			3 (2)		4 (6)	1	11 (11)
吉林省松花江遼河流域環境汚染対策				5		2 (3)	1	8 (9)
環境モデル都市（貴陽）		1				4 (5)	1	6 (7)
環境モデル都市（大連）	1 (2)					3		4 (5)
環境モデル都市（重慶）		2				1	1	4
蘇州市水質環境総合対策				4				4
浙江省汚水対策				3				3
天津市汚水対策				3				3
大連都市上下水道整備			2	2				4
合計	9 (10)	11 (12)	5	36 (32)	3	60 (70)	7	131 (139)

註：カッコ内の数字が示されているところは、円借款承諾時と実施段階でサブプロジェクト数が異なる場合で、括弧内は承諾時のサブプロジェクト数。括弧内の数字が大きい場合は、承諾時には含まれていたサブプロジェクトが実施段階で取り止めとなったこと、また、括弧内の数字が小さい場合は、承諾時には含まれていなかったが実施段階でサブプロジェクトが追加されたことを示唆している（両者が相殺しているケースもある）。ツーステップローンの対象候補サブプロジェクトも括弧内に計上してある。
出所：JBIC 提供資料により作成。

4 環境汚染物質の削減効果

4-1 都市別の SO_2 排出量削減

2003年時点で完成した円借款事業による SO_2 削減量を見ると，重慶市（76,000t）で最も削減量が多く，次いで包頭市（32,278t），貴陽市（22,139t），蘭州市（16,900t）の順となっている（表11-3）。このうち重慶市・貴陽市・蘭州市での削減は，天然ガス供給システムによる高硫黄分の石炭や練炭の燃料代替によるところが大きい。包頭市での削減は，国有製鉄所の転炉排ガス回収による大きく起因する。

当該都市の SO_2 排出量の削減に対する完成した円借款事業の寄与度は，平均で11.2％であった。ただし，都市によって大きく異なる。本渓市（22.4％），蘭州市（22.2％），フフホト市（19.4％）では比較的高いものの，大連市（0.1％），柳州市（0.7％），貴陽市（5.7％）では非常に低い。寄与度が低い理由の1つは，未完成の事業が多いことである。貴陽市では，全ての事業が完成し適切に稼働されると，寄与度は平均値より高い15.7％に上昇すると期待される。しかし柳州市と大連市では，円借款事業が実施される以前，あるいは実施中に大幅な削減を見込むことのできるプロジェクトが他の資金源で実施されたことが，大きな要因であった。特に柳州市は，円借款の供与までの長期間を要したことから，最も大きな SO_2 削減を見込んでいた発電所への脱硫装置設置プロジェクトを自己資金で実施した。

他方，瀋陽市，フフホト市，包頭市，重慶市では，生活部門からの SO_2 が10,000t以上削減されている。これらの都市では共通して，地域熱供給施設や都市ガス供給施設が完成し，生活部門へのガス供給が行われるようになっており，このことが生活部門起源の SO_2 排出量の削減に寄与したものと考えられる。そして4都市とも共通して円借款で地域熱供給施設，都市ガス供給施設やパイプラインなどの建設を支援してきた。

総括すると，環境円借款事業の中で，最も大きく SO_2 削減に貢献したのは，地域熱供給や都市ガス供給施設の整備，及び国有の発電所や製鉄所での排ガス対策であった。そしてこれらの事業の主要部分を環境円借款で

第 III 部
日本の対中環境円借款の評価

表 11-3 ● 都市別の二酸化硫黄排出削減量と環境円借款の効果 (t/年)

都市名[1]	排出源	当該都市全体における SO_2 総排出量 (2002年) (A)	当該都市全体における SO_2 総排出量 (2003年) (B)	当該都市全体における SO_2 削減量 (2003年) (C) 生活分については (B) − (A) と仮定[2]	当該都市全体における SO_2 総排出量 (削減量も含む, 2003年) (D) = (B) + (C)	完成した円借款事業による SO_2 削減量 (E)	未完成分も含む円借款事業による SO_2 削減量見込 (F)	完成した円借款事業による SO_2 削減割合 (%) (E)/(D)	未完成分も含む円借款事業による SO_2 削減量割合見込 (%) (F)/(D)
蘭州市	合計 工業 生活	72,707 59,910 12,797	71,447 59,933 11,514	4,575 3,292 1,283	76,022 63,225 12,797	16,900	16,900	22.2	22.2
瀋陽市	合計 工業 生活	105,849 31,535 74,314	93,886 36,908 56,978	33,753 16,417 17,336	127,639 53,325 74,314	10,341	10,399	8.1	8.1
フフホト市	合計 工業 生活	44,685 24,383 20,302	45,848 36,505 9,343	13,144 2,185 10,959	58,992 38,690 20,302	11,466	11,466	19.4	19.4
包頭市	合計 工業 生活	157,484 117,205 40,279	150,972 120,732 30,240	68,344 58,305 10,039	219,316 179,037 40,279	32,278	32,278	14.7	14.7
柳州市	合計 工業 生活	66,301 64,381 1,920	117,089 111,219 5,870	161,904 165,854 −3,950	278,993 277,073 1,920	1,863	15,088	0.7	5.4
本渓市	合計 工業 生活	48,833 46,913 1,920	48,111 46,191 1,920	4,766 4,766 0	52,877 50,957 1,920	11,790	12,341	22.3	23.3
貴陽市	合計 工業 生活	310,031 210,000 100,031	303,667 205,840 97,827	84,162 81,958 2,204	387,829 287,798 100,031	22,139	60,946	5.7	15.7
大連市	合計 工業 生活	105,200 62,295 42,905	101,911 69,522 32,389	169,125 158,609 10,516	271,036 228,131 42,905	230	4,178	0.1	1.5
重慶市	合計 工業 生活	699,359 551,820 147,539	748,478 613,139 135,339	306,113 293,913 12,200	1,054,591 907,052 147,539	76,000	114,000	7.2	10.8
長沙市	合計 工業 生活	699,359 55,002 7,646	748,478 54,465 2,646	30,310 25,310 5,000	778,788 79,775 7,646	3,219	8,146	0.4	1

註:1) 大気汚染対策を主体とした円借款事業が実施された都市のみを対象。
  2) 生活部門からの削減量 (C) を 2003 年の総排出量と 2002 年の総排出量の差と仮定しているのは,1 年間では人口や生活環境の急激な変化は起こりにくいと考えられるためである。
  3) 本表は中国環境統計年報のデータと円借款サブプロジェクトの個別データをベースに作成したものであり,両者は必ずしも整合性がとれていないことに注意する必要がある。例えば本渓市に関しては,円借款事業による SO_2 削減量が当該都市における SO_2 削減量よりも大幅に大きいのは,削減量の推計方法の違いによるものと推察される。
出所:『中国環境統計年報』2002,2003 年版及び JBIC 提供資料をもとに計算。

行った都市では寄与度が高く，そうでなかった都市では相対的に寄与度が低かった。

4-2 都市別のCOD排出量削減

2003年時点で完成した円借款事業によるCOD削減量は，浙江省紹興市（111,367t）で最も削減量が多く，次いで杭州市（83,767t），河南省鄭州市（33,242t），浙江省嘉興市（24,531t）の順となっている（表11-4）。

当該都市のCOD削減量に対する完成した円借款事業の寄与度は，平均で34％であった。この寄与度に関しても都市によって大きく異なる。長沙市（59.5％），包頭市（62.9％），紹興市（64.8％），鄭州市（61.5％）など50％を超える都市がある一方で，湖南省岳陽市（7.4％），嘉興市（18.4％），河南省平頂山市（12.8％），ハルビン市（19.8％），黒龍江省大慶市（7.6％）など20％を下回るものも存在する。また環境円借款事業によるCOD削減量の都市全体の総排出量に対する大きさ[13]に関しても，紹興（47.5％），鄭州市（29.0％），包頭市（26.5％）で高い。しかもこれら3都市とも下水処理場の稼働率は今後さらに高まる見込みであることから，寄与度もさらに大きくなることが期待される。

この中で，紹興市と鄭州市が削減量も寄与度も高いのは，小規模汚染源からの排水が多く，個別排出源での対策が難しい地域で実施されたことによるものと考えられる。つまり，生活排水と工場廃水の両方を処理できる大規模な都市下水道を整備した結果，削減量も寄与度も高くなったと考えられる。今後嘉興市も建設中の部分が完成すれば，削減量も寄与度もより高くなると考えられる。

ただし，同じ条件の都市で削減量や寄与度が高くなるとは限らない。もともと計画段階では，削減量が同等あるいは高くなるように設計されたプロジェクトが複数存在していた。しかし，その多くは遅延のために建設中

---

[13] 『中国環境統計年報』に記述されている「都市全体のCOD排出削減量」とは，過去の排出削減量の累積値を示す。従って，2003年のCOD排出削減量は，過去から2003年までに削減されたCOD負荷量を意味する。

第 III 部
日本の対中環境円借款の評価

表 11-4 ● 都市別の COD 排出削減量と環境円借款の効果 (t/年)

都市名 (註1)	排出源	当該都市全体における COD 排出量 (削減量を含まない)	当該都市全体における COD 排出量 (削減量を含まない、2003年)	当該都市全体における COD 削減量 (2003年)	当該都市全体における COD 総排出量 (2003年)	完成した円借款事業による COD 削減量 (2003年)	未完成のものを含む円借款事業による COD 削減見込量 (稼働率100%)	都市全体の COD 除去率 (%)	都市全体における完成した円借款事業による削減割合 (%)	完成した円借款事業による削減割合 (%)	未完成のものを含む円借款事業による COD 削減割合 (稼働率100%)
			(A)	(B)	(C)=(A)+(B)	(D)	(E)	(B)/(C)	(D)/(C)	(D)/(B)	(E)/[(B)+(E)−(D)]
湖南省株州市	合計	—	63,534	11,076	74,610	3,837	15,570	14.8	5.1	34.6	68.3
	工業		21,258	10,067	31,325	2,828	8,621	32.1	9.0	28.1	54.4
	生活	—	42,276	1,009	43,285	1,009	6,949	2.3	2.3	100.0	100.0
湖南省長沙市	合計	—	60,472	16,652	77,124	9,914	24,822	21.6	12.9	59.5	78.6
	工業	5,625	5,108	5,303	10,411	642	9,304	50.9	6.2	12.1	66.6
	生活		55,364	11,350	66,714	9,272	15,518	17.0	13.9	81.7	88.2
湖南省岳陽市	合計	—	95,566	35,083	130,649	2,582	10,144	26.9	2.0	7.4	23.8
	工業		36,947	30,191	67,138		3,370	45.0			10.0
	生活	—	58,619	4,892	63,511	2,582	6,774	7.7	4.1	52.8	74.6
湖南省常徳市	合計	—	101,339	11,357	112,696	2,782	5,858	10.1	2.5	24.5	40.6
	工業		57,315	8,853	66,168	278	586	13.4	0.4	3.1	6.4
	生活	—	44,024	2,504	46,528	2,504	5,272	5.4	5.4	100.0	100.0
湖南省張家界市	合計		13,336		13,635		1,840	2.2			86.0
	工業		1,971	299	2,270			13.2			0.0
	生活		11,365	299	11,365		1,840	0.0			100.0
甘粛省蘭州市	合計		45,807	38,573	84,380		29,000	45.7			42.9
	工業	8,496	4,438	20,173	24,611		7,481	82.0			27.1
	生活		41,369	18,400	59,769		21,519	30.8			53.9
内蒙古自治区包頭市	合計	—	35,608	25,839	61,447	16,254	21,414	42.1	26.5	62.9	69.1
	工業		11,721	8,645	20,366	8,074	8,074	42.4	39.6	93.4	93.4
	生活		23,887	17,194	41,081	8,180	13,340	41.9	19.7	47.6	59.7
江蘇省蘇州市	合計		91,694	267,800	359,494		9,384	74.5			3.4
	工業	40,902	56,595	223,077	279,672		3,158	79.8			1.4
	生活		35,099	44,723	79,822		6,226	56.0			12.2
浙江省杭州市	合計		126,885	404,161	531,046	83,767	170,619	76.1	15.8	20.7	34.7
	工業	54,911	80,935	292,688	373,623	18,727	38,144	78.3	5.0	6.4	12.2
	生活		45,950	111,473	157,423	65,040	132,475	70.8	41.3	58.3	74.0
浙江省紹興市	合計	—	62,338	171,962	234,300	111,367	162,379	73.4	47.5	64.8	72.8
	工業		43,910	143,787	187,697	90,572	132,059	76.6	48.3	43.0	71.3
	生活		18,428	28,175	46,603	20,795	30,321	60.5	44.6	58.3	80.4

第 11 章
対中環境円借款の特徴と環境汚染削減効果

都市	区分										
浙江省嘉興市	合計	—	42,487	133,328	175,815	24,531	106,298	75.8	14.0	18.4	49.4
	工業		18,964	124,722	143,686	18,029	78,122	86.8	12.5	14.5	42.3
	生活	—	23,523	8,606	32,129	6,502	28,176	26.8	20.2	75.6	93.1
天津市	合計		130,438	164,637	295,075		40,300	55.8			19.7
	工業		40,995	112,736	153,731		18,606	73.3			14.2
	生活	61,487	89,443	51,901	141,344		21,694	36.7			29.5
遼寧省大連市	合計	—	56,575	29,367	85,942		7,562	34.2			20.5
	工業		16,615	10,582	27,197		530	38.9			4.8
	生活	20,618	39,960	18,785	58,745		7,032	32.0			27.2
河南省鄭州市	合計		60,394	54,038	114,432	33,242	43,783	47.2	29.0	61.5	67.8
	工業		15,640	21,956	37,596	2,126	2,800	58.4	5.7	9.7	12.4
	生活		44,754	32,082	76,836	31,116	40,983	41.8	40.5	97.0	97.7
河南省平頂山市	合計		31,347	59,824	91,171	7,665	7,665	65.6	8.4	12.8	12.8
	工業		10,841	55,165	66,006	3,006	3,006	83.6	4.6	5.4	5.4
	生活		20,506	4,659	25,165	4,659	4,659	18.5	18.5	100.0	100.0
吉林省吉林市	合計		56,271	43,137	99,408		41,955	43.4			49.3
	工業		17,251	34,528	51,779		32,568	66.7			48.5
	生活		39,020	8,609	47,629		9,387	18.1			52.2
吉林省長春市	合計		61,489	46,396	107,885	13,682	20,818	43.0	12.7	29.5	38.9
	工業		6,825	30,471	37,296	1,495	2,275	81.7	4.0	4.9	7.3
	生活		54,664	15,925	70,589	12,187	18,543	22.6	17.3	76.5	83.2
黒龍江省ハルビン市	合計		113,943	38,494	152,437	7,640	7,991	25.3			20.6
	工業		9,993	35,824	45,817	7,640	7,427	78.2	5.0	19.8	20.9
	生活		103,950	2,670	106,620		564	2.5			17.4
黒龍江省牡丹江市	合計		38,645	15,145	53,790	2,720	12,410	28.2	5.1	18.0	50.0
	工業		9,157	12,425	21,582			57.6			0.0
	生活		29,488	2,720	32,208	2,720	12,410	8.4	8.4	100.0	100.0
黒龍江省大慶市	合計		37,791	57,650	95,441	4,365	5,076	60.4	4.6	7.6	8.7
	工業		17,685	51,916	69,601	400	465	74.6	0.6	0.8	0.9
	生活		20,106	5,734	25,840	3,965	4,610	22.2	15.3	69.2	72.3

註：1）各都市のデータは省に次ぐ行政区画である地区級市のもので，中心市街区だけでなく，郊外の県級市も含んでいるとして作成した（瀏陽市及び長沙開発区（長沙県）は長沙市，臨湘市は岳陽市，延寿県はハルビン市，瓦房店市は大連市にそれぞれ属する）。従って，蘇州市のように環境円借款が中心市街区しかカバーしていない場合には寄与度は相対的に低めに出る可能性がある。
2）下水処理場における工場廃水起源のCOD削減量は，工業に計上してある。
3）中国環境統計年報のデータと円借款サブプロジェクトの個別データの整合性がとれないケースにおいては，中国環境統計年報のデータを基準として個別データを適宜調整してある。
出所：表11-3に同じ。

であるか，外部環境の変化や企業の生産技術の変更などによりCOD排出量が計画値よりも少なくなった。このため，期待された効果は発現されていない。

4-3 調査対象16事業全体の環境汚染物質削減

次に、調査対象16事業全体のSO_2及びCODの削減効果を推計する。表11-3、表11-4に示された都市別の削減効果に、これらの表ではカバーされていない市や県のサブプロジェクトのSO_2及びCODの削減量を加えると、調査対象16事業全体の削減量を求めることができる。表11-5に推計結果を示す。SO_2については、2003年時点で年間19万t削減されており、全てのサブプロジェクトが完成すれば、30万tの削減が期待できる。CODについては、2003年時点で、工業系で16万t、生活系で18万t、合計34万tが削減され、全てのサブプロジェクトが完成すれば、合計78万tの削減が期待できる。

なお、同様の手法で、2001年度以降に承諾された環境円借款の汚染物質削減効果を推計すると、SO_2については15万t、CODについても15万tの削減が期待できる。但し、事業効果の指標にSO_2やCODの削減量が含まれていないものも少なくなく、低めの推計値になっていることに注意する必要がある。また、今回調査対象にはなっていないが、SO_2削減効果が期待できる事業として、エネルギー効率を高める配電網改善事業、再生可能エネルギーとしての揚水発電所、自動車を代替できる都市内鉄道、また環境円借款対象外であるが燃焼効率の高い火力発電所なども存在する。

4-4 都市大気中のSO_2濃度の変化

では、排出量の削減は、物的・健康影響を起こす都市の環境汚染濃度にどの程度の影響を及ぼしたのであろうか。ここでは都市別の濃度データの存在するSO_2に限定して検討する。

表11-6を見ると、瀋陽市、フフホト市、本渓市、大連市では国家2級基準、即ち住居地域・一般工業地域等において達成すべき大気環境基準である年平均$0.06mg/m^3$を達成している。他方、蘭州市、包頭市、柳州市、貴陽市、重慶市では、近年再び悪化した蘭州市以外は大幅な改善が見られるものの、国家3級基準、即ち特定の工業地域において達成すべき大気環境基準である年平均$0.1mg/m^3$を達成したにすぎない。しかも重慶市は、環境円借款

第 11 章
対中環境円借款の特徴と環境汚染削減効果

表 11-5●調査対象 16 事業の汚染物質削減効果（万 t/ 年）

		環境円借款による効果		1995 年以降の中国の環境政策の実施による効果	環境円借款が占める割合＝(A)/(C)
		2003 年時点 (A)	完成後見込（稼働率 100％）(B)	2003 年時点 (C)	（％）
SO_2		19	30	390	4.87
COD	工業系	16	36	3620	0.44
	生活系	18	42	170	10.59
	合計	34	78	3790	0.90

出所：第 8 章・第 9 章の推計結果及び JBIC 提供資料に基づき計算。

表 11-6●環境円借款事業実施都市の SO_2 濃度の推移（mg/m^3）

	1993	1994	1995	1997	1998	1999	2000	2001	2002	2003
蘭州市	0.084	—	0.102	—	—	—	0.06	—	0.093	0.086
瀋陽市	—	0.114	0.105	—	—	—	0.062	0.071	0.064	0.052
フフホト市	0.11	—	0.093	—	—	—	0.034	0.037	0.036	0.039
包頭市	0.136	—	0.11	—	—	—	0.087	0.073	0.067	0.081
柳州市	0.217	—	—	0.164	—	—	—	—	—	0.07
本渓市	0.19	—	—	—	0.15	—	—	—	—	0.06
貴陽市	—	—	0.424	—	—	0.14	0.161	0.122	0.098	0.089
大連市	—	—	0.061	—	—	0.038	0.017	0.031	0.035	0.039
重慶市	—	—	0.338	—	—	0.171	0.12	0.108	0.091	0.115

註：大気汚染対策を主体とした円借款事業が実施された都市のみを対象。濃度は年平均値。
出所：『中国環境年鑑』各年版および JBIC 提供資料。

で支援した都市の中で最も多くの SO_2 を削減したにもかかわらず，2003 年の SO_2 濃度は 0.115mg/m^3 と国家 3 級基準すら達成できていない。

このことから，環境円借款事業は，既に完成し稼働された事業が多い都市では，SO_2 濃度の改善に一定の役割を果たしてきたものと推察される。そして今後さらに多くのサブプロジェクトが完成して稼働されるようになると，その大気環境改善効果も大きくなるものと期待される。しかし，その効果は，全ての対象都市で国家 2 級基準を達成するほどには大きくなかったと評価することができる[14]。

---

[14] 環境円借款対象都市で，SO_2，TSP を含む総合指標で国家 2 級基準を達成しているのは，大連市，瀋陽市（2003 年に達成），フフホト市（2004 年に達成）の 3 つであった。

なお，国家2級基準が達成されても，環境への悪影響がなくなるわけではないことに留意する必要がある。国家2級基準で設定されている基準は，年平均値であり，1日平均値や1時間平均値で設定されているわけではない。例えば冬季の午前中など，SO_2の排出量が最も多くなる時間帯に基準値が達成されていなくても，それ以外の季節に基準を大幅に下回っていれば，年平均では基準を達成できる。このことは，国家2級基準を達成した都市でも，環境汚染による人間や生態系への悪影響を回避するためには，さらに厳しい目標を設定して実現するための施策を実施する必要があることを意味する。

5 都市環境インフラサービスの潜在的裨益人口

まず汚水処理サービスに関しては，環境円借款による支援事業により，環境9・5計画で目標に掲げられた新規汚水処理能力1,000万m³/日の約半分に相当する493.7万m³/日の処理能力が追加される見込みである。この結果，環境円借款事業によって新たに1,300万人以上，ないし環境円借款で下水道整備事業が実施された都市の市街区人口[15]の33％が汚水処理サービスを受けられるようになる見込みである（表11-7）。そして環境10・5計画で目標とされている2005年までの都市生活排水処理率の45％以上への引き上げは，環境円借款で下水道整備事業を実施した28都市のうち少なくとも10都市で，2003年末までに達成した[16]。

[15]『中国城市統計年鑑』の「市轄区人口」のことを指す。以下同様。
[16] 都市汚水処理率は，国家環境保護総局が『中国環境統計年報』で公表している「城鎮生活汚水処理率」（都市生活排水処理率）と，建設部が『中国城市建設統計年報』で公表している「城市汚水処理率」（都市汚水処理率）とがある。前者は，下水処理場で処理される生活排水量の都市全体の生活排水量に占める割合で，下水処理場で処理される工業廃水量は含まない。後者は，下水処理場及びその他の廃水処理施設（工業団地の廃水処理施設等）で処理される汚水処理量の都市全体の工業廃水も含めた汚水排水量に占める割合である。さらに建設部統計では，「汚水処理場集中処理率」（下水処理場で処理される汚水処理量の都市全体の工業廃水も含めた汚水排水量に占める割合）も公表している。2003年の全国レベルの処理率は，「城鎮生活汚水処理率」が25.8％，「城市汚水処理率」が42.1％，「汚水処理場集中処理率」が27.5％となっており，前者の方が後者よりも処理率が高くなる傾向がある。本章では，COD排出量統計との整合性に鑑み「城鎮生活汚水処理率」を採用した。

第 11 章
対中環境円借款の特徴と環境汚染削減効果

表 11-7● 下水道整備によるサービス供給人口の増加

	下水道整備サブプロジェクト件数[1]	処理能力の合計(万 m³/日)	環境円借款によるサービス供給人口増加分(万人)	当該都市市街区人口(万人)[2]	サービス供給人口比率(％)	(参考)都市生活排水処理率(2003年)(％)[3]
蘭州市	1	20	49	195	25	33
包頭市	1 (3)	12	48	178	27	51
河南省	5	83	184	429	43	
鄭州市	1	40	100	240	42	49
許昌市	1	8	25	38	66	―
平頂山市	1	15	44	93	47	37
駐馬店市	1	10	15	58	26	―
信陽市	1	10	―	―	―	―
湖南省	9 (11)	87.2	179.6	687	26	
永州市	1	10	25	108	23	―
株州市	1	10	25	80	31	7
長沙市[4]	2	26	39.5	196	20	45
瀏陽市	1	8	15	15	100	―
岳陽市	1	10	17.5	94	19	31
臨湘市	1	6	7.6	10	76	―
常徳市	1	15	34	137	25	24
張家界市	1 (3)	2.2	16	47	34	―
黒龍江省	3	17	84.7	201	42	
牡丹江市	1	10	53	77	69	15
大慶市	1	5	25.7	118	22	56
延寿県	1	2	6	6	100	
吉林省	5	62.5	238	587	41	
吉林市	1	30	130	180	72	17
長春市	2	17.5	40	310	13	65
松原市	1	5	31	52	60	―
遼源市	1	10	37	45	82	―
蘇州市	1 (2)	14	64	217	30	49
浙江省	3	90	249.6	537	47	
杭州市	1	30	80	393	20	68
紹興市[5]	1	30	130	64	203	50
嘉興市	1	30	39.6	80	50	34
天津市[6]	2	99	206	759	27	53
大連市	2	9	33	304	11	67
大連市	1	3	9	275	3	―
瓦房店市	1	6	24	29	83	―
合計	32 (38)	493.7	1,335.90	4,094	33	

註：1) 括弧内は，サブプロジェクトが複数の下水処理場を含んでいる場合の下水処理場数を表す。
2)『中国城市統計年鑑2004』における2003年末の「市轄区人口」。延寿県については，日中友好環境保全センターの実施機関へのヒアリングに基づく。
3) 生活排水処理率は『中国環境統計年報2003』に基づく。
4) 2ヵ所のサイトのうち，長沙市星沙経済開発区は長沙県に属しており，厳密に言うと長沙市の市街区には属さないが，同開発区は市街区と一体化しつつあることから長沙市の下水処理場として位置づけてある。
5) 紹興市の下水道整備事業でサービス人口が市街区人口を上回っているのは，市街区に含まれない郊外で発生した汚水も下水処理場で処理していることが要因と考えられる。
6) 環境円借款事業のスコープには一部既存施設の拡張が含まれており，便宜的に拡張後の全施設のサービス人口を計上してある。

出所：JBIC提供資料および『中国城市統計年鑑2004』，『中国環境統計年報2003』に基づき作成。

表 11-8 ● 地域熱供給事業によるサービス供給人口の増加 (註 1)

	環境円借款によるサービス供給人口増加分 (万人) (註 2)	当該都市市街区人口 (万人) (註 3)	比率 (％)
蘭州市	17.5	195	9
フフホト市	30	109	28
包頭市	28	178	16
黒龍江省	18.9	105	18
鶏東県	3.6	10	36
密山県	8	11	73
伊春市	7.3	84	9
合計	94.4	587	16

註 1：瀋陽市と大連市においても熱供給事業があるが，サービス人口に関する情報が不足しているため除外した。
註 2：1 戸あたり 3.5 人で算出。完成したサブプロジェクトは実績値，未完成のものは計画値。
註 3：『中国城市統計年鑑 2004』における「市轄区人口」。鶏東県については，日中友好環境保全センターによる実施機関へのヒアリングに基づく。
出所：表 11-6 に同じ。

　次に地域熱供給サービスに関しては，環境円借款事業は寒冷地における住民 90 万人以上，環境円借款で地域熱供給設備が建設された都市の市街区人口の約 16％に熱供給サービスを提供することが可能となる見込みである (表 11-8)。

　都市ガス供給サービスに関しては，環境円借款事業で，環境 9・5 計画で目標に掲げられた新規ガス供給量 800 万 m^3/ 日の 60％以上に相当する約 440 万 m^3/ 日の供給を可能にする配送設備を設置し，約 395 万人，環境円借款で都市ガス供給事業が実施された都市の市街区人口の約 18％が新たに都市ガス供給サービスを受けられるようになる見込みである。種類別では，石炭ガスが 164 万 m^3/ 日 (8 都市)，LPG 空気混成燃焼ガスが 19 万 m^3/ 日 (3 都市)，天然ガスが 257 万 m^3/ 日 (1 都市) である。環境円借款事業の結果新たにサービスを享受できる人口の割合は，石炭ガスでは当該都市の利用者全体の 56％，LPG では 84％ (平均) となる見込みである (表 11-9)。なお，蘭州市，フフホト市，包頭市，長沙市では，石炭ガスや LPG ガスを「西気東輸」事業で供給される天然ガスで代替することとなってい

第 11 章
対中環境円借款の特徴と環境汚染削減効果

表 11-9●都市ガス供給事業によるサービス供給人口の増加

都市名	環境円借款で追加されたガス供給設備の種類と規模（万 m³/日）（註 1）	円借款による都市ガスサービス供給人口増加分（万人）(A)（註 2）	当該都市における石炭ガス/LPG 使用人口（万人）(B)（註 3）	都市ガスサービス供給人口増加分の割合（註 4）(A)/(B)（%）	当該都市市街区人口 (D)（註 5）	都市ガス利用人口の比率 (A)/(D)（%）
蘭州市	石炭ガス：54.0 →天然ガス	87.5	82	107%	195	45
フフホト市	石炭ガス：16.4 →天然ガス	28	48	58%	109	26
包頭市	石炭ガス：14.6 LPG ガス：5.0 合計：19.6 →天然ガス	5 30 35	51.1 34	10% 88%	178	20
柳州市	石炭ガス：4.8 LPG ガス：6.9 合計：11.7	9.1 35 44.1	19.1 55.2	48% 63%	96	46
本渓市	石炭ガス：21.6	22.8	48	48%	96	24
湖南省 珠州市 長沙市 邵陽市	29.8 石炭ガス：12 LPG ガス：6.8 →天然ガス 石炭ガス：11	64.8 15.8 35 14	27.2 29.3 10	58% 119% 140%	339 80 196 63	19 20 18 22
貴陽市	石炭ガス：30.0	24.5	86	29%	200	12
重慶市	天然ガス：257.0	87.5	—	—	1,010	9
合計	440.1 石炭ガス：164.4 LPG ガス：18.7 天然ガス：257.0	394.2 206.7 100 87.5	371.4 118.5	56% 84%	2,223	18

註 1：蘭州市，フフホト市，包頭市，長沙市では，石炭ガス/LPG を天然ガスで代替しているが，データ不足により，表には反映されていない。
註 2：JBIC 提供資料により作成。1 戸あたり 3.5 人で算出。完成したサブプロジェクトは実績値，未完成のものは計画値。
註 3：中国都市統計年鑑 2004 年版における「石炭ガス，LPG ガス使用人口」。
註 4：長沙市，邵陽市で 100％を超えているのは，環境円借款事業による都市ガスサービス供給人口増加分 (A) がサブプロジェクト建設中のため計画値であるのに対し，ガスパイプライン等の設置の遅れにより，実際の利用人口 (B) は増加していないためと推測される。
註 5：中国都市統計年鑑 2004 年版における「市轄区人口」。
出所：表 11-6 に同じ。

る。天然ガスの方が石炭ガスやLPGガスよりもカロリーが高いことを考慮すると，同じ都市ガス供給施設であってもサービス供給人口はさらに増える可能性がある。

6 実現した効果の持続性

6-1 整備された都市環境インフラの利用

たとえ費用効果的に環境負荷を削減できる都市環境インフラが整備され，サービスの供給体制が確立したとしても，多くの市民にそれを実際に利用しなければ，期待された環境改善効果は実現しない。特にインフラサービスの利用のために追加的な設備や費用負担が必要となる場合には，潜在的な裨益人口が増加しても，実際の裨益人口は増加するとは限らない。

下水道では，管渠の建設が進展しなければ，汚染物質の処理量は増加しない。この点に関して，大連市（瓦房店），河南省の平頂山市，湖南省の長沙市（第1（金霞））の各下水道整備事業では，管渠の建設が優先的に実施された。このため設計容量に比した処理率が高くなっている。他方，吉林省長春市（双陽区），河南省許昌市，駐馬店市，湖南省岳陽市，常徳市（江北区）では，地方政府の資金調達の遅れから管渠の建設が遅れているために，処理率が低くなっている。

都市ガスでは，配管網の建設に加えて，家庭や商業施設が新たにガス器具を購入しなければ，インフラサービスの利用と石炭・練炭からの燃料転換は進展しない。特に貧しい地域や既存の石炭・練炭の利便性が高く費用が低い地域では，追加的な費用負担から都市ガスに転換する誘因が弱く，普及までに長期間を要することになる。そこで湖南省や柳州市では，新たな開発地域での都市ガス使用を義務づけることで，都市ガス転換を促進しようとしてきた。しかしこの措置は，家庭や商業施設に追加的な費用を負担させることになるため，必ずしも順調には執行されてこなかった。そこで，既存の開発地域の家庭や商業施設に補助金や低利融資を供与することで，都市ガスの使用を義務化していこうとしている。他方フフホト市で

は，一定の汚染排出要件を満たせば，都市ガス使用の義務を免除することとした。

6-2 都市環境インフラの財務的持続性

都市ガス供給，地域熱供給，下水処理，固形廃棄物処理などの都市環境インフラ事業が持続的にサービスを提供し，環境を改善していくためには，施設の運営維持管理に関する技術面での強化，サービス供給の質の向上，運転費・建設費の回収や新規設備投資のための資金の確保といった財務面の持続性の確保が重要となる。

ところが，一部の設備を除くと，財務的持続性は必ずしも確保されているわけではない。料金水準は市政府が省政府に申請し，省の議会（「人民代表大会」）の承認を得て決定されることになっている[17]。しかし所得水準の低い地域では，住民の支払い能力が低いと見なされており，多くの省では，維持管理・運転費の全てを賄うほどの高い料金水準を承認していない。このため，運転赤字が拡大する事業も現れている。

下水道に関しては，1996年に改正された「水汚染対策法」で，汚水排出者に対して汚水処理費の徴収が可能になった。しかし，実際には，設定した通りの額が徴収されているわけではない。これは，「水汚染対策法」で規定された下水道使用料金が，汚水処理料金というよりはむしろ下水処理場への接続料と認識されてきたためである。例えば湖南省の規定では，下水処理場の受入基準を満たしていない工場からは，設定された水準通りの処理料金を徴収するが，受入基準を満たした工場に対しては，接続料のみの支払いで十分として，半額に免除している。さらに小規模工場や一部の国営企業からは，料金支払い能力の欠如を理由に，超過排汚費だけでなく汚水処理料金も徴収できないでいる。さらに貧困層に対しては，月4tまでは料金徴収を免除している。

しかも下水道料金は，水道メーターで測定された水供給量に基づいて決

---

[17] 都市の汚水処理費の料金水準を承認する権限は，省の議会が保有している。中央政府（建設部）は指導価格を提示するだけであるため，実際の水準は全国一律ではなく，省によって異なる。

められたことから，汚水処理料金は水道会社（「自来水公司」）が水道料金と一緒に徴収し，市政府の財政に組み入れられていた。市政府は，下水道部門の資金ニーズに応じて資金を交付してきたが，必ずしも下水道の維持管理や運転に要する資金を十分に配分したわけではなかった。このため，予算不足のために運転を停止せざるを得ない下水処理場も存在した。

しかし2000年に「都市水供給・節水・水汚染対策強化に関する国務院の通達」で「保本微利」（フルコストリカバリー）原則が打ち出され，さらに2002年に「都市水道料金改革を促進することに関する国家計画委員会，財政部，建設部，水利部，国家環境保護総局の通達」が出されて，2003年末までに全ての都市に対して汚水処理費の徴収と，既に汚水処理費を徴収している都市でのフルコストリカバリー水準への料金水準引き上げが求められた。さらに，2003年の排汚費徴収制度の改革の際に，汚水処理料金収入をほぼ自動的に下水道管理公社に配分するようになった。これらの改革を通じて下水道管理公社は，下水道料金収入を安定的な財源として確保することができるようになった。

環境円借款で下水道整備を行った地方政府の中には，蘇州市の福星・婁江処理場などのように，料金水準を1.15元/m^{3}と比較的高めに設定して維持管理費や運転費だけでなく，建設費（減価償却費）も料金で回収している市政府もある[18]。ところが，それ以外の多くの都市では，建設費用はおろか，維持管理や運転費用を回収できる水準に設定されているわけではない（表11-10）。そこで2004年度の環境円借款で支援を行う貴陽市の下水道整備事業では，建設費と運転費の全てを料金で回収できるように，料金を現在の0.4元/m^{3}から1.3元/m^{3}に引き上げつつ，料金水準があまり高くならないように水道サービス供給地域内の住民に対して，下水処理サービスが供給されていなくても下水道料金を水道料金と一括して徴収することが検討されている（橋本，2005）。

---

[18] 蘇州市では，下水処理場建設と別立てで市街区の下水管渠の建設事業が円借款事業として実施されている。このため，管渠の建設費用を含めた投資費用を回収できているかどうかはわからない。

表 11-10 ● 下水処理場の維持管理・運転費と料金水準（2004 年，元 /m^3）

地域	経常及び投資費用		料金水準		
	維持管理・運転費	減価償却費	生活	工業	商業
包頭市	0.95-1.2	N.A.	0.25	0.45	0.45
河南省	0.6-0.8	0.173-0.304	0.6	0.7	0.8
湖南省	0.6-0.8	0.098-0.28	0.4	0.4	0.4
吉林省	0.6-1.3	0.28-0.52	0.15-0.4	0.5-0.9	0.5-1.6
浙江省	0.7-1.5	0.27-0.72	0.5-1.0	0.7-2.2	0.7-1.5
蘇州市	0.9 前後	0.235-0.323	1.15	1.15	1.15

出所：JBIC 提供資料に基づき作成。

表 11-11 ● ガス供給事業の維持管理・運転費と料金水準（元 /m^3）

地域	維持管理・運転費	料金水準
包頭石炭ガス	0.65	0.8
フフホト石炭ガス	1.24	0.8-1.4
柳州 LPG ガス	9	4
長沙 LPG ガス	4.9	3.8
重慶天然ガス	1.06	1.1

出所：表 11-10 に同じ。

　都市ガス供給に関しては，天然ガス供給では，原材料費が相対的に安価でかつ単位当たり熱供給量が大きいことから，運転費用は相対的に低い。このため，重慶市のように料金を 1.11 元 /m^3 と低水準に設定しても，運転費用を回収できている地域もある。また石炭ガス供給でも，包頭市やフフホト市のようにコークス工場の余剰ガスを活用している都市では，追加的費用をあまり要しない。しかし実際には，住民の所得水準の低さを考慮して料金を低水準に設定していることが多い。このため，運転費用を賄えずにいる。

　他方 LPG 空気混合燃料ガス供給のように，外部からの原材料の購入が必要な場合には，料金水準は高水準に設定されている。例えば，長沙市では 2.8 元 /m^3 に，包頭市では 2 元 /m^3，柳州市では 4 元 /m^3 に設定している。しかしこのような高い水準であっても，運転費を回収できているわけではない（表 11-11）。そして，2004 年以降原料となる原油価格が世界的に高

騰する中でも，料金水準の引き上げは迅速には行えず，運営赤字は拡大していった。そこで前述のように，天然ガスのパイプラインが敷設された長沙市では，価格競争力を失ったことから，パイプラインを通じたLPG供給は停止された。

地域熱供給に関しては，環境円借款による支援で導入された包頭市，フフホト市，黒龍江省では，料金水準は運転費用と比べて低く設定されている。このため，維持管理・運転費用を賄えているわけではない（表11-12）。

都市廃棄物の収集・処理では，管理システムを整備した地方政府がまだ少ないこともあって，料金徴収に関する規定はほとんど策定されていない。長沙市では，円借款で整備された都市廃棄物の収集・処理事業の費用を回収するために，「都市廃棄物料金徴収に関する規定」が作成され，1家庭当たり1月3～5元の料金徴収が計画されている。しかし2005年6月時点では，議会（人民代表大会）で審議されており，まだ実施には至っていない。また実施されたとしても，貧困層を含め全ての家庭から徴収することは困難と見られている[19]。

このように，環境円借款による支援で整備された都市環境インフラは，ごくわずかな市政府でしか料金収入で維持管理・運営費を賄えていない。そこで現在のところ，料金収入で賄えていない費用は，市政府の財政収入の中から補填している。それはまだ都市環境インフラ施設が相対的に少なく，市政府による財政補填額も比較的少ないからである。しかも現在の急速な経済成長は，地方政府の財政収入も大幅に増大させていることから，市政府も財政補填が大きな負担になっているとの認識は持っていない[20]。また都市ガス供給に関しては，今後「西気東輸」事業がさらに進展して多くの地域で天然ガスの利用が可能になれば，その生産・運送費用の低さから，財政補填の必要性は小さくなる可能性もある。

---

[19] 長沙市城市固定廃棄物処理有限公司への聞き取り調査（2005年6月13日）による。
[20] 湖南省発展改革委員会・財政庁・環境局，及び環境専門家への聞き取り調査（2005年6月13日）による。

表11-12●熱供給事業の維持管理・運転費と料金水準（元/m^2・月）

地域	維持管理・運転費	料金水準
包頭市	4-4.2	2.6
フフホト市	3.45	2.67
黒龍江省	3.4-4.8	3.3-4.0

出所：表11-10に同じ。

しかし，将来経済成長の速度が鈍化し，財政収入の伸びが少なくなると，財政補填は大きな負担となるかもしれない。このため，都市環境インフラサービス供給の財政面での持続柱を確保するには，市政府からの財政補填を正当化する理論の構築と，それに対する住民の納得が不可欠となる。

6-3 工場汚染対策の持続性

発電所の排煙脱硫装置への投資に関しては，中国政府は2003年に新規石炭火力発電所への設置を義務づけた。このことから，環境対策の相違によって競争力が低下するリスクは減少した。同時に自動連続オンラインモニタリング設備の設置を義務づけられたことから，排煙脱硫装置を設置しても経費節約のために運転しないことが少なくなるものと考えられる。この結果，SO_2の排出削減も持続することが期待される。

また環境改善及び生産効率改善の効果が証明されたクリーナープロダクション技術を導入した大規模工場，特に製鉄所などでは，その経済効果ゆえに投資したクリーナープロダクション技術を運転し続ける誘因を持つ。このため，環境円借款事業による環境改善効果も持続するものと考えられる。ところが，化学工場，特に小規模の化学工場の汚染対策に関しては，必ずしも汚染物質の排出削減が持続されるとは限らない。特に末端処理施設の投資のみを行った企業では，市場競争の激化の中で製品競争力が低下すると，地方政府の環境保護局のモニタリングの有無にかかわらず，処理施設の稼働を停止する可能性がある。

最後に，資源の循環利用を目的とした環境事業は，必ずしも収益を上げているわけではない。水不足が深刻な地域での下水道事業では，下水処理

場からの処理水を再利用する設備も併設されるようになってきている。また，汚泥の資源化も試みられている。しかし再利用事業の財務的持続性は，汚水処理料金水準に依存しており，多くの場合，料金水準が低いために財務的持続性を確保できていない。

また石炭灰の再生利用は，リサイクル製品として生産された煉瓦の品質が悪かったことから，多くの事業では市場性を持たなかった。ただし，フフホト市の熱供給施設での事業のように，石炭灰の質を向上させることで市場性を持たせ，財務的持続性を確保しようとする動きも出始めている[21]。

7 結論

本章で明らかにした点は，以下の通りである。

環境円借款は，1996年から始まる中国の第9次5ヵ年計画期間以降，著しく増大した。2000年度までは，上水道や工場汚染対策，都市交通・揚水発電などの案件も多かったが，2001年以降は，下水道と生態環境保全への比重が高くなってきた。そしてその多くは，「世紀を跨ぐグリーンプロジェクト計画」で重点に指定された地域での環境プロジェクトに配分された。

分析対象の16事業全体では，SO_2は19万t，CODは34万tが削減されたと推計された。これは，中国が環境政策を実施したことによって実現した削減量のそれぞれ4.9%，0.9%に相当する。しかもCOD削減量のうち生活起源のものに限定すると，この比率は0.9%から10.6%に上昇する。都市環境インフラサービスの潜在的裨益人口は，下水道で1,300万人以上，地域熱供給で90万人以上，都市ガスで395万人となる見込みである。ただし，これらの効果の一部は市政府からの財政補填の上に成り立ってい

---

[21] フフホト市熱供給会社での聞き取り調査（2005年7月24日）による。なお，その後煉瓦生産の原材料として使われてきた粘土の採取が法律で禁止されたことで，石炭灰の原材料としての活用が再度注目されるようになった。

る。このため,効果が発現され続けるためには,財政補填を少なくするか,補填を納税者に納得してもらう必要がある。

都市別には,地域熱供給や都市ガス供給施設の整備や,国有の発電所や製鉄所での排ガス対策の主要部分を環境円借款で行った都市ほど SO_2 削減への寄与度が高く,また小規模汚染源からの排水が多く,個別排出源での対策が難しい地域で生活排水と工場廃水の両方を処理できる大規模な都市下水道を環境円借款で整備した都市ほど,COD 削減への寄与度が高かった。ただし,住居地域・一般工業地域等において達成すべき基準まで SO_2 濃度を改善した都市は必ずしも多くはなかった。

このことは,環境円借款は SO_2 や COD の排出削減や都市環境インフラサービスの供給拡大に一定の役割を果たしたものの,主要な部分は中国政府の政策の強化によるものであることを意味する。そして今なお環境汚染が抜本的には削減されていないことに鑑みると,中国政府がさらに踏み込んだ政策や制度を構築することが必要である。では,環境円借款の案件形成がこうした政策や制度構築に向けていかに政治的な主体性や能力強化を促してきたのか。第 12 章では,この点についての検討を試みる。

参考文献

[日本語文献]

橋本和司 (2005)「水セクターにおける日中協力」『中国城鎮水務発展戦略国際検討会論文集:日本水管理,新技術以及中日合作検討会』。

[中国語文献]

国家環境保護総局規劃与財務司 (編) (2002)『国家環境保護「十五」計画読本』北京:中国環境科学出版社。

第12章
環境円借款の中国の環境政策・制度発展へのインパクト

森　晶寿

1 はじめに

　対中環境協力の国際比較分析を行ったMorton (2005) によれば，環境円借款は基本的に環境技術重視の工学的アプローチであり，国際機関の支援と比較すると，クリーナープロダクションや経済インセンティブ，市民参加の促進を重視してこなかったとされる。この結果，環境協力が目標とすべき環境能力の強化の中で，資金調達・動員能力を向上させられず，また政府内の部門間協調や住民参加を通じた環境保全への支援を強化することができなかったとする。

　日本の国際援助では，途上国が問題の解決に主たる責任を持つべきであり，援助はその自助努力を支援するものと考えられてきた。そして，途上国からの援助要請を受けて初めて援助の是非を検討するという要請主義を採用してきた。このため，資金協力を中心とする円借款では，能力強化の要素が含まれることは稀で，能力強化の観点から評価されることもほとんどなかった。

　しかし環境分野への支援は，従来まで円借款で主に資金支援を行ってきた経済インフラ分野とは事情が異なる。途上国の多くは経済成長を優先してきたため，環境保全にはあまり関心を持っていなかった。特に環境プロジェクトからは収益が得られないと考えられていたために，円借款を含め

融資による資金調達は敬遠されてきた。さらに環境プロジェクトの提案を行う際にも，経験不足から，適切な企画・運営計画を作成することはできなかった。このため，途上国からの要請を待つだけでは，適切な環境プロジェクトが要請され，実施・運営される保証はなかった。そこで，環境円借款への特別な優遇条件の設定に加えて，環境円借款の案件形成の促進や，完成後の案件の適切な管理運営を担保するための支援が行われてきた。これは中国でも例外ではない。

また1998年以降に実施されたサブプロジェクトでは，企業のクリーナープロダクションの促進や都市環境基盤整備など，汚染削減と企業の利益ないし都市開発の両方を実現しようとするものが増えてきている。Morton (2005) の分析は，この点を踏まえた上で，再度検討される必要がある。

そこで本章では，第11章で分析対象と設定した「16事業」がどの程度中国の中央・地方政府や企業の環境に対するコミットを引き出し，環境能力の向上に寄与したのかの検討を試みる。

2 分析枠組み

環境援助に対する受取国の政治的コミットと環境能力を分析する視角を提示したものとして，Keohane (1996) が挙げられる。これによれば，環境援助が長期的な環境改善の効果を持つ要件として，受取国と供給国の環境問題解決への一致した関心 (concern)，供与国の環境援助供与と受取国の政策改革の確保 (contracting)，及び環境問題対処能力 (environmental capacity) の3つが重要とされる。環境援助を通じて受取国の国内で環境問題解決への関心が高まれば，環境保全を行おうとする組織の政治的発言力が高まり，環境保全に向けての組織や制度の改革が推進されることが期待される。次に，受取国が政策変更など大きな改革を通じて環境保全にコミットするには大きな政治的・経済的費用を要することから，約束していた供与国からの支援が実施されなければ，政策変更の推進力を失ってしまう。そうする

と，供与国も環境援助を受取国の環境保全努力を支援するために用いる誘因を失い，自国の利益のために用いようとする。供与国・受取国の双方がこのような機会主義的行動を取るようになると，環境援助の有効性が著しく損なわれることになる。最後に，環境保全のための政策を実施し持続性を担保するための受取国の環境問題対処能力の存在は，受取国が長期的に環境保全を行うための基礎的条件である。

能力強化 (capacity building) とは，伝統的には，政府が社会状況の改善のための政策・戦略・プログラムを企画・実施・管理・評価するための行政官の能力と定義されてきた。しかし，1990年代後半以降の環境問題対処能力強化の議論の中で，個人やNGO，インフォーマルな組織の能力も含まれるようになった (Keohane, 1996；松岡ほか，2004)。また環境問題対処能力の構成要素も，従来の人材・情報・資金・技術などの資源に加えて，組織間のネットワーク化や協調，分権化と住民参加，政策統合[1] なども強調されるようになった (OECD, 1995; Jänicke, 1997)。

Morton (2005) によると，これらの構成要素は4つの側面に分類することができる。1つめは，資金効率性，ないし資金の動員及び利用能力である。特に資金動員能力は，環境技術の維持管理・運転費など長期的かつ恒常的に必要となる経費の負担に不可欠なものである。2つめは，制度結束 (institutional cohesion)，ないし異なる利害関係主体とのパートナーシップの構築である。ここには，政府の部門間協調の強化，情報交換や参加型協議を通じた公開度の向上，環境保全の支持者の政治的基盤の拡大などが含まれる。3つめは，技術能力である。技術革新は環境保全を強化する上で費用効果的な方法となりうる。またモニタリング手続きと技術監査の専門家が改善されれば，技術能力の強化に必要な知見の創出・取得が容易となる。4つめは，関係する全ての主体が環境保全の責任を共有するという意識 (shared responsibility) である。これは，環境担当部局以外の政府部局，企業，

---

[1] ここでの政策統合には，様々なレベルでの環境政策間での統合化，環境政策と他部門の政策（雇用政策，エネルギー政策，運輸政策，農業政策など）との統合化，環境政策機関と非政府アクターとの統合化の3つが含まれる (Jänicke, 1997)。

農民，住民などの関係する主体との対話を通じた情報共有と参加を通じて強化される。

Morton (2005) によれば，これらの中で，中国の環境能力の強化にとって最も重要な構成要素は，環境保護責任を共有しているとの認識である。中国では，計画経済体制の下で，汚染排出者を含む全ての主体が環境保護の責任は政府，その中でも環境担当部門にあると認識してきた。しかし，環境担当部局が環境汚染対策を実施しようとしても，政府の他部門は環境保護計画を立案し環境保全に予算を配分することはなかった。また企業，特に国有企業は，企業自体が明確に確定された所有権がなかった。このため，汚染者負担原則を適用することは困難で，汚染防止投資費用を負担させることができなかった。結果的に，企業の汚染防止投資資金の90％以上は地方政府及び中央政府が調達してきた (Mao, 1997)。また企業が汚染防止投資資金を融資で調達しても，多くの場合は資金が返済されなかった[2]。さらに，農民や住民などのその他の主体は，自らが環境汚染の原因者となっているとの認識を持っておらず，彼らを対象とした汚染防止対策の実施に反対してきた。

環境保全に対する責任共有の意識が高まれば，3つの面からこうした状況の改善が期待される。まず環境保護投資が増加し，環境インフラサービスへの支払意思額が上昇することで，資金面での能力が向上する。次に企業は汚染防止投資のための資金を自ら調達し返済する義務をより強く感じるようになるため，技術革新や費用効果的な技術の導入の誘因が高まる。さらに，他の政府部局が環境保護のための計画立案や予算配分を行うことで，制度の結合が強化される。

そこで本章では，中国での環境保護に対する責任共有の意識の進展を踏まえつつ，環境円借款を Keohane (1996) の3つの要件を用いて評価を試みる。

---

[2] 排汚費を支払っている企業は，排汚費収入をベースに設立された環境基金から汚染防止投資のための融資を受けることができた。しかし第6章で検討したように，当該企業が排出基準を遵守するようになれば資金返済を免除する地方政府も少なくなかった。

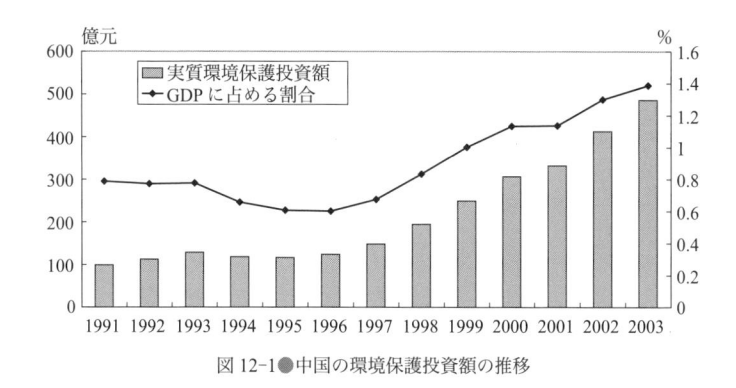

第 12 章
環境円借款の中国の環境政策・制度発展へのインパクト

図 12-1 ● 中国の環境保護投資額の推移

3 中国政府の環境問題へのコミットへのインパクト

3-1　日中両国の中国の環境保全へのコミットの強化

　第4次円借款（1996-2000年）に関する政府間の交渉が行われていた1994-95年は，中国の中央政府が財政収入の増加の目途が立たない中で，国家環境保護局が安定的な環境投資のための資金源の確保を模索している時期であった。環境保護投資額は，名目額ベースでは毎年増えてきたものの，GDPに占める割合は，1991年をピークに1996年まで下がり続け，また実質額ベースでも1993-95年には減少していた（図12-1）。つまり，国家環境保護局が環境政策や環境計画を立案しても，それを実現するのに十分な財政資金を確保する見込みは立っていなかった。そこで，国家環境保護局以外の中央政府部門・地方政府・企業に環境保護の責任があるとの認識を持たせるためには，外国資金などを導入して実際に環境プロジェクトを実施することが不可欠と認識されていた。

　他方日本政府は，第4次円借款を供与するに当たり，中国政府に軍事費抑制や環境対策の重視を要求し，その環境対策と内陸部への重点的な配分を強く要望してきた[3]。これを受けて1994年の年初までに，中国政府（国家計画委員会）は第4次円借款にかかる9件，136億元の環境案件候補を正

---
[3] 『日本経済新聞』1994年2月24日朝刊1面。

式に決定し，非公式に日本政府に伝達した[4]。その後日本政府による事前調査団の派遣などを経て，1994年12月に，環境案件15件（大気汚染・水質汚濁対策9件，上水道整備6件）を含む第4次円借款の前3年分40件，5,800億円の供与が決定された[5]。この方式は，これまでの5年間の一括方式からは離脱するものの，中国の環境保護が進展しないことを理由に途中で援助を打ち切ることを想定していたわけではなかった。実際にも，1996-2000年度の環境円借款は，都市ガス，地域熱供給，下水道，都市廃棄物処理，環境モニタリング，工業汚染対策といった中国の環境投資統計の定義に含まれる事業の承諾額に限ると16事業1,598億円が供与され，1995年度までの4事業の承諾額259億円の6.2倍に増加した。また同定義の環境円借款の円借款総額に占める比率も16.2%と，それまでの1.9%と比較すると，飛躍的に上昇した[6]。

　実際に環境円借款が供与された後も，国家環境保護局は資金を転用することはなかった。国家環境保護局にとっては，予算不足のために「国家環境保全第8次5ヵ年計画」では積み残しとなった課題を実現するための確実な財源が確保できたためである。

　このように，1996-2000年度の対中環境円借款では，供与国・受取国双方の機会主義的行動は見られず，そのことによる援助効果の低下はほぼなかったものと考えられる。

3-2　中央政府の環境保全へのコミットの向上

　国家環境保護局は，環境円借款事業の内容をあらかじめ環境9・5計画の目標や内容，プログラムに反映させることで，国家計画委員会をはじめとする他の中央政府部局にも，環境保護計画が資金の裏付けのある実現可

---

[4] 『中国環境年鑑 1995』，87頁；『東京読売新聞』1994年3月20日朝刊9面。
[5] 『日本経済新聞』1994年12月23日朝刊5面。
[6] 上水道を含む。もっとも中国の環境保護投資金額に占める割合からすると，環境円借款の承認額は必ずしも大きな割合を占めたわけではない。第9次5ヵ年計画期間中の環境円借款16事業の総事業費は264億元であり，これは環境9・5計画の環境投資総額4,500億元（計画値，生態環境投資は含まない）の5.9%，実際の投資額3,600億元の7.3%を占めたにすぎない（国家環境保護総局規劃与財務司編，2002：14）。

能なものであることを認識させようとした。そこで，環境9・5計画の作成と並行して「世紀を跨ぐグリーンプロジェクト計画」案を作成することで，国家環境保護局は外国資金及び国内資金を具体的にどの環境プロジェクトに配分するかを決めていった。国家環境保護局が1995年7月に環境9・5計画案及び「世紀を跨ぐグリーンプロジェクト」案を党中央及び国務院に提出した際には，50件の環境改善事業計画に約30億ドルの外国借款の配分が確保されていた[7]。この外国資金確保額も含めて，国家環境保護局は環境9・5計画で，期間中の環境投資の計画総額を4,500億元に設定した。こうしたプロセスを経て，環境9・5計画は1996年9月に国務院で正式に批准され，国家の第9次5ヵ年計画(「国民経済と社会発展第9次5ヵ年計画」)の中に組み込まれた。

そして同時に財政資金からの支出も増加させることで，より環境汚染が深刻な地域での環境プロジェクトを着実に実施していった。この結果，環境9・5計画で提示された大気汚染及び水質汚濁に関する2000年の目標値は，都市汚水処理率を除けば達成された(国家環境保護総局規劃与財務司編2002：5)。

そこで第10次5ヵ年計画以降，経済発展計画に環境保護を組み込むことが，通常の慣行となっていったものと考えることができる。中国の環境保護投資額も経済成長率以上の伸びを示し，対GDP比でも，第9次5ヵ年計画期以降，順調に上昇し，2004年にははじめて1.4％に達した(図12-1)。

こうした外国資金を背景とした環境プロジェクトの推進により，国家環境保護局は，少なくとも一時的には，政治的発言力を強化できたものと考えることができる。しかし，このことは同様に，環境保護目的であれば，外国資金が得られやすいとの認識を中央政府の他部門，特に国家計画委員会(現国家発展改革委員会)に与えた。そこで2001年度以降は，環境円借款を受けるプロジェクトの決定は国家計画委員会が行うようになり，国家環境保護総局は環境円借款プロジェクトにコミットできなくなった。この結

---

[7] 『中国環境年鑑1996』，111頁。

果，国家環境保護総局は，環境10・5計画を実施するための重要な資金源を失い，かつ環境円借款プロジェクトの環境保護効果を担保できなくなった[8]。つまり，長期的には，国家環境保護総局の政治的発言力が強化されたことにはならなかった。

3-3　地方政府の環境投資のコミットの向上

中央政府は，第9次5ヵ年計画の策定プロセス以降，地方政府及び国有企業に環境保全の責任意識を持たせようとしてきた。まず国家環境保護局と国家計画委員会は1995年9月に，省政府，計画単列市（通常の市よりも権限を多く委譲された都市）の計画委員会及び環境保護局を招集して，「全国環境保護計画工作会議」を開催した。そこでは，以下の点が結論として提示された[9]。

①中央政府の第9次5ヵ年計画に地方政府の計画を整合させる
②各レベルで環境9・5計画を「国民経済と社会発展計画」に組み入れるべく積極的に取り組む
③地方政府の「環境9・5計画」に環境保護目標と指標だけでなく，環境改善事業と資金についても組み込む
④環境改善事業と資金計画を5ヵ年計画だけでなく年度計画にも組み込む総量規制計画案を早急に検討する

その上で，環境保護投資のための資金調達の原則として，汚染者負担原則の強化による企業自身の調達，都市環境インフラの建設のための地方政府の資金調達，及び中央政府の国内銀行融資と外資利用による支援という役割分担が提示された。同時に事業実施の原則として，地方政府と企業に

---

[8]「中国環境円借款のインパクト調査に関わる評価」北京フィードバックセミナー（2005年7月25日）での発言に基づく。なお，世界銀行の融資事業に関しても，国家発展計画委員会が強い影響力を行使し，地方政府が世界銀行と直接的な協力関係の構築を妨害してために，より貧困な地域への世界銀行の環境融資を困難にしているとの指摘もある（Economy, 2004: 191）。
[9]『中国環境年鑑1996』，111頁。

第 12 章
環境円借款の中国の環境政策・制度発展へのインパクト

よる実施が主であり，中央政府による支援はあくまでも従であることが打ち出された。

次に「第9次5ヵ年計画期間における全国の主な汚染物質排出総量規制計画」を承認し，主な汚染物質の排出削減目標を提示した[10]。さらに「世紀を跨ぐグリーンプロジェクト」の中に1993年に実施された「全国環境状況報告」で汚染が顕著なことが明らかになった地域での環境プロジェクトをリストアップし，プロジェクトの実施責任の所在(中央政府，地方政府ないし企業)を明記した。その上で外国資金の配分が決定されたプロジェクトについては，外国資金でカバーできない事業費を地方政府や企業が自己資金，あるいは銀行融資を通じて調達することにした[11]。

環境円借款は，日本政府と国家環境保護局との協議の結果，中央政府の環境投資ではなく，地方政府や国有企業の環境保護投資を支援するものとして使われることになった。しかも地方政府は外国資金の返済に責任を負うことになっている。そこで，環境プロジェクトのうち，地域熱供給や都市ガス供給施設の拡張や整備，配送管の整備といった大気汚染の改善と同時に都市の経済発展や人々の経済面での生活の質の向上が期待できるものに関しては，地方政府も円借款でカバーされない部分の事業費を財政負担してきた。一部の沿岸部の都市を除くと，第9次5ヵ年計画の開始時には地方政府の予算は限られており，単独での資金調達は困難だったためである。

その一方で，必ずしも全ての環境プロジェクトに対して地方政府が環境保護へのコミットを高めたわけではなかった。1990年代後半以降の中国の流域水汚染防止対策，特に「三河三湖」汚染防止対策のモデルとなった淮河流域の汚染対策では，まず国務院が1995年に「淮河流域水質汚染対策暫行条例」を公布し，中国で初めて大河川流域を単位にしたCOD(化学的酸素要求量)排出量の総量規制を導入した。次に流域水系に水質に大きな

---

[10] ただし，総量規制の各単位への配分方法が策定されなかったことから，総量規制の実施には法的根拠がなかったとの見解もある。
[11] 本章で対象とした環境円借款16事業では，総事業費に占める円借款の比率は43.5%であった。

影響を及ぼしていた麦わらを原料とした化学パルプ工場からの廃水に対する規制を強化し，期限付きで深刻な汚染を引き起こし処理の見込みのない年間生産量5,000t以下の小型製紙工場のパルプ生産設備を全て強制的に閉鎖ないし生産停止することを決定した。さらに条例公布を受けて，流域全体のCOD総量規制を実現するための「淮河流域水質汚染対策計画及び第9次5ヵ年計画」を策定し，河南・安徽・江蘇・山東省における工業汚染対策や下水処理場の建設など，総事業費166億元の環境保護投資を計画した（大塚，2005）。このうち環境円借款では，淮河の最上流部にあたる河南省を対象に工業廃水と生活排水の両方を受け入れる下水処理場の建設を含む11件（実施時点），総事業費23億元（うち環境円借款121.75億円＝8.8億元，承認時点）[12]のプロジェクトを支援してきた[13]。環境円借款で支援を行った5つの下水処理場に関しては，全て地方政府が自己負担分を財政負担して完成させ，稼働させている。しかし，他のプロジェクトでは地方政府の資金調達が遅れたことから，河南，安徽，江蘇，山東の4省全体では，2003年時点で完成したのは，59件の建設計画のうち31件でしかなかった。このため，国家環境保護総局は，中央政府からの資金供与比率を引き上げざるを得なくなった。

4 地方政府の環境能力発展へのインパクト

4-1　政府内部局及び企業との間の結束度の強化

(1) 企業との間の結束

中国政府は，環境9・5計画及び「世紀を跨ぐグリーンプロジェクト計画」を作成するプロセスで，国家環境保護総局は地方政府から汚染排出の著しい企業に関する情報を入手して，それらを重点汚染企業に指定した。そして重点汚染地域に立地している重点汚染企業の多くを「世紀を跨ぐグ

---

[12] 1元＝13.9円で計算。
[13] 内訳は，4件がパルプ製紙工場排水対策，2件が化学肥料工場排水対策，そして5件が工業廃水と生活排水の両方を受け入れる下水処理場の建設であった。

リーンプロジェクト」にリストアップし，その環境プロジェクトへ優先的に外国資金を配分することで，企業に環境投資の誘因を与えようとしてきた。

ところが企業は，環境保護投資が利益をもたらすと認識しない限り，投資を行おうとはしなかった。特に円借款や世界銀行からの資金は，無償ではなく，低利とはいえ融資であった。このため，生産規模の拡大や生産性の向上をもたらさない環境保全型技術は，積極的には導入されなかった。

そこで特に1998年以降の環境円借款では，末端処理技術への投資だけでなく，クリーナープロダクション技術，省エネルギー・省資源技術，及び廃棄物中に含まれていた有価物の回収・再利用を可能にする技術への投資に対しても支援を行ってきた（表12-1）。また，案件形成調査などの技術支援を行うことで，利用可能なクリーナープロダクション技術に関する情報を提供し，企業にクリーナープロダクション技術の採用を促した[14]。この結果，工業汚染対策を目的とする70件のサブプロジェクトのうち，約半数の37件がクリーナープロダクション投資への支援を含むものとなった。

例えば豊富な鉄鉱石と石炭を産出し，鉄鋼業を中心とした重工業都市である本渓市は，『衛星から見えない都市』と言われたほど深刻な大気汚染に苦しんできた。そこで1989年に，中央政府が主導して「本渓環境改善7ヵ年計画」を立案し，地方政府からの財政資金等を用いて，環境改善対策が行われてきた。しかし，資金のほとんどが企業の末端処理技術への投資のために供与されたこと，そして排出源モニタリングが十分になされていなかったことから，設置された汚染防止設備が稼働されないことが多く，環境も改善されなかった[15]。

この状況を踏まえて本渓市政府は，「本渓市環境保護第9次5ヵ年計画および2010年長期目標」を1995年12月に作成し，2000年の年平均二酸

---

[14] JBICに対する聞き取り調査（2005年6月3日）による。
[15] 筆者と日中友好環境保全センター合同の本渓市財政局・環境保護局・クリーナープロダクションセンターへの聞き取り調査（2005年6月16日）による。

第 III 部
日本の対中環境円借款の評価

表 12-1 ● 環境円借款によるクリーナープロダクションの導入事例とその効果

業種	環境円借款事業の対象工場（生産工程改造内容）	主要削減汚染物質（ばいじん，SO_2，COD，BOD，SS 以外）	省エネ効果＝年間石炭換算節約量 t，	その他効果
製鉄	包頭製鉄所（転炉，排水システム改造）	排気中のフッ化物，排水中の石油類，鉛等	7.6	水循環 95％ 排水削減 5,500 万 t/年
	本渓北台製鉄所（コークス炉，転炉改造）	排気中のコールタール煙，排水中のシアン化合物等	14	水循環 92％ 節水 200 万 t/年以上 水循環 95％以上
	湖南省湘潭鉄鋼所（転炉等改造）	排水中のシアン化合物，鉛等	5	排水削減 7,800 万 t/年 廃棄物再利用 50 万 t/年
	貴陽特殊鉄鋼所（加熱炉等改造）	粉塵	2.8	節水 41 万 t/年
非鉄	包頭アルミ工場（電解システム改造）	排気中のフッ化物，アスファルト煙等	2	
化学	フフホト化学工場（カーバイド炉改造）	粉塵，残渣	1.6	
	フフホト苛性ソーダ工場（電解システム改造）	排水中のアスベスト，アスファルト，ばいじん等	1	水循環 92％ 節水 40 万 t/年
	本渓ゴム工場（全面改造）	二硫化炭素等	2.7	
	本渓プラスチック工場（電解システム改造）	排水中の鉛，アスファルト等	1.5	水循環 92％
	貴州有機化学工場（酢酸合成工程改造）	水銀		原料リサイクル 40％以上
紙・パルプ	河南省銀鳩パルプ工場（パルプ生産改造）	有機塩素化合物		節水 1,500 万 t/年
	黒龍江省製紙工場（水回収システム改造）			節水 800 万 t/年 繊維 1,700t/年回収
セメント	貴州セメント工場（全面改造）	粉塵	3.2	水循環 99％ 節水 13 万 t/年 固形廃棄物約 20 万 t/年の再利用

註：効果は計画値。
出所：表 12-1 に同じ。

化硫黄濃度，二酸化硫黄排出量，排出削減量を設定するとともに，それを満たすために必要な大気，水質分野などの環境保護投資として71件，総事業費28.7億元の事業を列挙した。このうち環境円借款で支援された本渓環境汚染対策事業では，計画に列挙された中の件数では25％，金額では53.6％の事業を対象として支援を行った[16]。このうち16件が汚染排出の著しい重点企業の汚染排出対策に向けられたが，その中には，生産工程の変更を伴うクリーナープロダクション技術や，廃棄物中の有価物の回収・再利用を可能にする技術への投資を支援するものが含まれていた。

このようなクリーナープロダクションや廃棄物の回収・再利用技術への投資を支援したことで，企業は環境保護投資が生産効率の改善・省エネ・省資源によって利益を生み出すことを理解し，さらなる環境保護投資を企画する誘因を持つようになった。また市政府も，重点汚染企業への対応が，工場閉鎖か汚染を排出しながら操業を続けるかの二者択一ではなく，「経済成長しながら環境改善」を行うことが可能であることを認識し，そして「生産プロセスの上流からの汚染防止」の重要性を理解するようになった[17]。

ただし，クリーナープロダクション投資を通じた企業の環境保護意識の変化は，必ずしも環境円借款のみで実現されたわけではなかった。国連開発計画（UNDP）がクリーナープロダクションセンターを設立し，1996-2001年に企業のクリーナープロダクション診断（cleaner production audit）や，診断士（cleaner production auditor）の育成のための支援を行ってきた。また市政府に，ISO14001認証を取得するための支援と「環境保護目標責任制度」に類似した目標責任制度の導入を促してきた。こうした努力の結果，市政府やいくつかの企業はクリーナープロダクションが環境汚染の削減と同時に企業に利益をもたらすことを認識していった（Morton, 2005）。この点，環境円借款による支援プロジェクトが，クリーナープロダクション投資を含む環境プロジェクトを推進する基盤を構築したとも評価することができる。

---

[16] 円借款承諾年の年平均為替レート1元＝14.2円で換算。
[17] 筆者と日中友好環境保全センター合同の本渓市財政局・環境保護局・クリーナープロダクションセンターへの聞き取り調査（2005年6月16日）による。

(2) 地方政府の環境保全に向けた部局間連携

省の中には，環境円借款プロジェクトを，環境保護局単独ではなく，計画委員会や財政庁を含めた体制を構築して運営してきたものもあった。その代表例が，円借款担当部門（円借款弁公室）が省計画委員会に設置された湖南省と河南省である。このうち湖南省では，環境保護局・計画委員会・財政庁が密接な協力関係を構築したことで，都市環境インフラの用地選定・取得や住民との合意形成などが容易になり，環境円借款プロジェクトの円滑な運営に寄与した。さらに既に環境汚染が著しい地域のみでなく，新たな都市開発計画地域での環境汚染の防止を目的とした都市環境インフラへの先行投資も容易となった。

ただしこのことは，発展改革委員会に円借款弁公室が置かれた地方政府の全てに当てはまるわけではない。地方政府の中では，依然として環境保護局の権限や能力が弱いところが多い。このため，省政府や市政府の政策決定プロセスで環境保全の観点から意見を述べ，反映させることができるとは限らない。

他方，環境円借款を受けてクリーナープロダクションを促進してきた地方政府の中には，貴陽市のように，それを発展させて循環経済政策を推進するものも現れるようになった。しかし，これは必ずしも環境保護局以外の部門と連携を強化して実施されてきたわけではなかった。貴陽市では，循環経済の推進のために環境保護局の下に循環経済弁公室が新設された。そして国家環境保護総局や中国環境科学院，清華大学，日中環境保全センターなどの外部機関と連携し，マスタープランの作成や条例制定を行ってきた。しかし，これらの策定プロセスに，市政府の他部門はほとんど関与しなかった。

4-2 資金の動員及び利用能力の強化

(1) 都市環境インフラの整備・運営に関わる資金

第11章で検討したように，公共サービス料金は，省政府が各県・市政府からの申請を受けた後，他の物価水準や低所得者層への影響等を勘案し

て承認することとなっている。そこで都市ガス及び地域熱供給のサービス料金は，供給会社が直接利用者から徴収する方式が取られ，供給会社の収入となることが制度的に保証されてきた[18]。しかし汚水処理料金に関しては，そもそも下水道が整備された都市が少なかったため，徴収されてこなかった。その後下水道が整備された北京市や上海市などでは，汚水処理料金を水道メーターで測定された水供給量に基づいて決めるようになり，水道会社（「自来水公司」）が水道料金と一緒に徴収していた。ところが料金水準は維持管理や運転費を賄える水準よりもはるかに低かった。しかも2003年以前は，徴収された料金はそのまま下水道の維持管理や運転費に充当されたわけではなかった。徴収された料金はまず市政府の財政に組み入れられ，そして下水道部門の資金ニーズに応じて市の財政局が資金を交付してきた。このため，市政府は必ずしも下水道の維持管理や運転に要する資金を十分に配分したわけではなく，予算不足のために運転を停止せざるを得ない下水処理場も存在した。

　こうした中で，環境円借款による都市環境インフラ整備への支援は，環境円借款を受けた地方政府に借款返済の責任を持たせることで，料金徴収による費用回収の必要性に関する認識を向上させた可能性はある。しかし，料金制度の導入や水準の引き上げ，財政的に自立的な供給企業の設立に向けた支援を積極的に展開してきたのは，世界銀行であった。世界銀行の要求と支援を受けて，中国政府は，徐々に下水道料金の導入，料金水準引き上げ，下水道料金収入の運営公社への直接配分の順で制度を整備してきた（第11章参照）。こうした制度の整備の結果，次第に経済的にはあまり豊かではない省・市政府も下水道料金の徴収と料金水準を引き上げてきた。このことが結果的に，湖南省長沙市のように，BOT（民間企業が建設・運転を行い，一定期間の後政府に所有権を移転する）方式での下水道整備を検討する際の基盤を構築した[19]。

---

[18] 料金は，利用者が供給会社の銀行口座への振込，ないしプリペイドカードの購入を通じて支払うことが多い。

[19] 湖南省経済発展改革委員会・財務局・環境保護局・環境専門家への聞き取り調査（2005年6月13日）による。湖南省では，2003年に「都市汚水処理費徴収使用管理を強化し都市汚水処理施設建設を促進することに関する湖南省人民政府弁公庁の通達」が出されていた。

この意味で，料金制度の導入と水準の引き上げが下水道に関わる資金調達能力を強化してきたことは否定できない。しかし，環境円借款はこの側面では必ずしも直接的かつ重要な寄与をしたわけではなかった。

(2) 企業の環境汚染対策に関わる資金

環境円借款は，基本的にアンタイド，すなわち日本の環境技術の購入を義務づけない方法で行われた。そこで，国内市場でのリサーチや国際入札などを通じてプロジェクトの目的を達成するのに最も適切でかつ費用効果的な技術を導入しようと努力した。このプロセスを通じて，地方政府や企業は環境技術に関する知見を高めてきた。また計画段階での事業費よりも低い費用で調達できたことで，環境モニタリング設備を追加的に導入した地方政府もあった[20]。

他方で，環境円借款は，外国資金供与後に工業汚染対策を継続するための資金メカニズムを構築することができなかった。フフホト市・包頭市・柳州市の工業汚染対策プロジェクトでは，計画段階では，金融機関を通じた環境低利融資で資金を供与することとなっていた。しかし，融資案件ごとに国家計画委員会と国家環境保護局の審査が必要とされ，かつたとえ収益性が低くても，国家計画委員会と国家環境保護局が承認した案件は，金融機関の判断で中止することはできなかった。このため，他の環境円借款プロジェクトと同様の地方政府に返済責任を持たせる形態に変更せざるを得なくなった[21]。この結果，支援対象は必然的に国有企業に限定されることとなった。

支援対象が国有企業に限定されたことで，都市の経済の中核を担っている少数の大規模工場，及び地域的に非常に深刻な汚染の被害を及ぼしている工場の環境汚染対策に対して集中的に資金支援が行われることになった。その反面，環境汚染が著しく，地域にとって優先度の高い民間企業の

---

[20] 重慶市環境保護局での聞き取り調査（2005年3月24日）及びその後の国際協力銀行への聞き取り調査による。
[21] 国際協力銀行北京駐在員事務所での聞き取り調査（2003年11月24日）による。

工業汚染対策に対して資金を供給することにはならなかった[22]。しかも市場経済化に向けた改革が進展している地域では，市場競争圧力の中で，支援を行った（ないし行う準備をしていた）企業の業績悪化や倒産にしばしば直面し，汚染の削減が困難になった。特に深刻だったのが，瀋陽環境整備事業と河南省淮河流域水質汚染総合対策事業である。瀋陽環境整備事業では，計画していた2件の工業汚染対策事業の両方ともキャンセルされ，河南省淮河流域水質汚染総合対策事業では，8件の工業汚染対策プロジェクトのうち4件がキャンセルされ，2件が生産を停止した。

4-3 技術能力の強化
(1) 都市下水処理に関わる技術と知見の蓄積・普及

中国では円借款で下水処理場が建設され始めた1980年代後半には，大規模な下水処理場の設計，施工，運営の経験はほとんどなかった。このため，環境円借款で下水道プロジェクトを支援した際には，適切な処理技術の選択や設計が行われず，円借款承認後に立地や処理技術を変更せざるを得ないものもあった。また多くの下水処理場では，運転・維持管理技術や経営管理方法に関する知見もほとんどなく，適切な運営ができない状況にあった。

そこで円借款では，事業のコンポーネントとして，もしくは事業終了後に，施工や運営に関する技術協力を行ってきた。この結果，地方政府の下水処理公社の中には，関係者の間で適切な運営に必要な技術や知見が共有され，さらに他の地方政府の下水処理公社に普及していく事例も見られた。特に1988年に円借款が供与され1993年より運転を開始した北京市高碑店下水処理場[23]は，東京都下水道局による汚水処理技術や管理技術，

---

[22] こうした状況に鑑みて，環境と開発のための国際協力に関する中国委員会（CCICED）では，民間企業を含めた中小企業の汚染対策のための資金供給メカニズムの確立を目的とした「環境資金メカニズム」タスクフォースを設置し，2003年に提言が提出された。
[23] 北京市高碑店下水処理場は，標準活性汚泥法を用いた1日当たり処理能力50万 m^3 の当時中国最大の下水処理場であった。その後スウェーデン政府の借款で第2期工事が行われた結果，現在の処理能力は1日当たり100万 m^3 となり，現在でも中国最大の下水処理場である。

処理場の初期の運転に関する研修が行われたことで,順調な施工と運転が確保された。そしてこの研修や実際の運転管理で得られた技術や知見は,研修を受けた人材が事業実施機関である北京排水集団のトップになり,中間管理職や鍵となる技術者を北京排水集団が北京に新設した他の下水処理場への配置などを通じて移転されてきた。さらに経験豊富な技術者を派遣して青海省海東地区の6県の下水処理場のフィージビリティ調査 (F/S) 実施を支援するなど,他省の下水道関係者への技術や知見を積極的に移転している (Beijing Drainage Group Co. Ltd, 2005)。そして処理場内に研修施設を新設して全国から研修生を受け入れるなど,中国の汚水処理・管理技術の普及基地となっている[24]。

円借款事業で処理能力が拡張された長沙市第1 (金霞) 下水処理場でも,事業実施プロセスで,事業実施者責任制度,公開入札,工程管理,予算・決算の審査制度などが導入された。下水道を管轄する長沙市公用事業管理局は,第1下水処理場の技術者や管理者を市内の新規に建設された下水処理場に派遣し,これら新たに得た技術や管理方法を普及させようとしている。

(2) 地域熱供給施設の技術と費用に関する情報の普及

フフホト市は 5.1km² の市街地に地域熱供給サービスを提供することを目的として,1996年に円借款を用いて大規模な地域熱供給施設の建設を開始した。このプロジェクトでは,東北工場に 29MW の循環流動床ボイラー4基を,東南工場に 58MW の循環流動床ボイラー5基を設置した。

このことは,小規模汚染源からの大気汚染に直面してきた他の都市にも影響を及ぼした[25]。まず内モンゴル自治区の他の都市で地域熱供給事業が実施されるようになった。包頭市をはじめ自治区内の8つの都市で,環境円借款やアジア開発銀行等から資金を調達して,地域熱供給事業を実施

---

[24] 北京市高碑店下水処理場発行のパンフレット及びウェブサイト (www.chinasewage.com) を参照されたい。
[25] 以下の記述は,「中国環境円借款のインパクト調査に関わる評価」フフホト市フィードバックセミナー (2005年7月24日) でのフフホト市熱供給公社の発言に基づく。

してきた。この結果，各市では，SO_2 や TSP の大気中濃度が国家 2 級水準を満たす日数が多くなってきている。

そして 58MW の循環流動床ボイラーという地域熱供給の技術が自治区を越えて他の都市にも拡がった。フフホト市が流動床ボイラーへの投資を決定した 1996 年には，国産可能な流動床ボイラーの最大容量は 58MW であった[26]。その後フフホト市での設計・設置・運転がうまくいったことから，その技術設計が天津市から表彰された。そこで「熱供給能力が証明された都市環境インフラ技術」として中国全土に情報が普及し，天津市，瀋陽市，ウルムチ市で 58MW かそれ以上の能力を持つ循環流動床ボイラーが導入されていった。

(3) 工業汚染対策技術や費用効果性に関する情報の普及

環境円借款で実施された工業汚染対策には，クリーナープロダクションや資源の回収・再利用が含まれていたものも少なくない。円借款で環境改善事業を実施した国有企業の中には，採用した技術やその管理方法，効果などに関する経験や情報を同業他社と無償で共有している事例が見られた。例えばフフホト市の国有化学工場（その後上場）は，円借款で環境改善事業を実施するに当たり，生産技術だけでなく環境保全型技術に関しても，中央政府の化学工業部（当時）から技術や価格に関する情報を入手することができた。それによって同工場は，既存の生産工程に適合し，かつ効果が証明済みのクリーナープロダクション技術を導入して，製品の品質向上とエネルギーと水使用量の削減，排水による環境負荷の削減を実現することができた。同工場は，この経験を，業界団体である中国石油和化学工業協会[27] を通じて，団体加盟の他企業に無償で普及している[28]。また遼寧省の国有製鉄所でも，新たに導入した生産技術や環境保全型技術やその管理

---

[26] 2004 年までには，70MW の容量を持つ流動床ボイラーが国産技術で設計・設置できるようになっている。

[27] 前身は化学工業部。詳しくは http://www.cpcia.org.cn/xhdt/xhdt_xhjs.jsp を参照されたい。

[28] 内蒙古三聯化工股份有限公司への聞き取り調査（2005 年 7 月 23 日）による。なお化学協会は，化学工業部の解体の後に設立された業界団体である。

方法，効果に関する経験と情報を，省内の他の製鉄所と共有しているという。

しかし，こうした技術や経験に関する情報がどれだけ他企業に普及し，その環境保護投資に対する意思決定に影響を及ぼしたのかは，必ずしも明らかではない。本渓市では，環境円借款事業を通じて導入されたクリーナープロダクション技術を，市内の他の企業が自己資金で導入した事例は見られなかった[29]。

(4) 環境モニタリング能力の強化

環境円借款事業のうち，一部の省や市では環境モニタリング能力を強化するためのサブプロジェクトが含まれている。その多くは，一般環境のモニタリングや，発生源の定期・不定期のサンプリング調査と分析を行う能力を向上させることに主眼がおかれてきた。この支援によって，汚染事故が発生した際に汚染源を確定してその後の対応を行えるようになった。そして機械化によって分析精度が向上したことで，モニタリング結果に基づいた法的措置を取ることが可能になった。

また2003年には，大規模発電所など一部の大規模汚染源に対しては，自動連続オンラインモニタリング設備の設置が法的に義務づけられた。このことにより，市の環境保護局の規制執行能力が強化されることが期待されていた。しかし多くの自動連続モニタリング設備は発生源を直接監視するものではなかった。このため，著しい汚染が大量に排出された場合でも，住民からの通報で環境保護局の職員が汚染排出源に駆けつけた時には既に排出された汚染物質を検出できないなど，政策を実施する上で十分な根拠を提供できるものとはならなかった。

そこで，環境モデル都市事業（重慶）と環境モデル都市事業（貴陽）では，円借款を用いて汚染源と環境保護局をオンラインで結ぶリアルタイムの自動連続モニタリング設備を導入した。重慶市では，重点汚染源として火力

---

[29] 本渓市の環境円借款対象企業に対する聞き取り調査（2005年6月16-17日）による。

発電所を含む企業50社,排水の排出口75ヵ所,排ガス排出口50ヵ所の合計125ヵ所に,また貴陽市でも7企業に対し,オンラインで接続された大気汚染の連続自動モニタリング設備を設置した。

自動連続オンラインモニタリングシステムは,重慶市では2005年3月時点ではまだ設置されたばかりで試運転の段階でしかない。しかし,設置したこと自体が既に効果をもたらしている。まず,排汚費の徴収を客観的なデータに基づいて行えるようになった[30]。これまでは,排汚費徴収額の決定は,企業の自己申告データと市政府の定期排出源モニタリングのデータに依存していたため,必ずしも汚染排出の実態を反映したものではなく,汚染事故が発生した場合などの緊急時対応も迅速ではなかった[31]。リアルタイムで観測された汚染物質排出量や環境質データが活用できるようになったことで,工場自身が緊急時対応を迅速に行えるようになった。同時に市政府が汚染事故による環境への悪影響を拡散モデル等で予測することで,住民に避難勧告を出すなどの対応を行えるようになった。これらの効果は,本格運転されるようになると,いっそう高まるものと期待することができる。

こうした重点汚染源に対する自動連続オンラインモニタリングシステムの整備は,2006年から始まる環境保護第11次5ヵ年計画でも明記されている。天津市や上海市,広東省などの沿岸部を中心にオンラインモニタリングに関する地方法規や通達が出されるようになった。この点で,環境円借款で支援されたプロジェクトがオンラインモニタリングを全国的に整備する1つの契機となったと言えなくはない。しかし,貴陽市では,2008年2月時点でもまだ汚染源との間のネットワークは運用されていない。このことが何を示唆するのかは,今後十分に検討する必要がある。

---

[30] 重慶市環境保護局環境モニタリングセンターでの聞き取り調査(2005年3月25日)による。ただしこの効果は貴陽市ではまだ実現していない。
[31] 本渓市環境保護局環境モニタリングセンターでの聞き取り調査(2005年6月18日)による。

第 III 部
日本の対中環境円借款の評価

5 結論

　本章での検討から得られた環境円借款のインパクトは，以下の通りである。

　まず1996-2000年度の円借款は，5年一括方式から前3年・後2年方式に切り替えられたものの，日本が中国の環境汚染対策を5年間継続的に支援していくことを事前に表明し，実際にも支援を行ってきた。このことで，深刻な財政資金不足に直面していた中国の国家環境保護局は，「世紀を跨ぐグリーンプロジェクト計画」にリストアップした深刻な環境汚染問題に着実に取り組むための資金的裏付けを得ることができた。そして資金的裏付けを背景に，国家環境保護局は，国内の財政資金による環境保護投資を増やし，政府部局内での政治的地位や発言力を少なくとも一時的には強化してきた。同時に，環境円借款を地方政府や国有企業に配分して都市環境インフラ整備や企業の利益をもたらすような環境プロジェクトを推進することで，環境保護に対する責任を持つとの意識を一定程度向上させることができたと考えることができる。

　また，技術能力については，環境円借款による支援プロジェクトによって導入された下水道や地域熱供給，工場汚染防止技術に関する情報の中には，中国国内のネットワークを通じて普及されているものも見られる。同様に，下水道に関わる維持管理・運転技術も，円借款による技術移転プログラムと中国国内のネットワークを通じて普及されている。そして環境モニタリング能力の強化への支援は，地方政府の環境行政を洗練することに一定の寄与をしている。この点に鑑みると，環境円借款は，中国の環境技術能力の向上にある程度の寄与をしたといえそうである。

　他方で，環境保全の支持者の拡大や発言力の強化，及び環境保全のための資金動員・利用能力といった環境能力の向上に関しては，環境円借款は必ずしも積極的な貢献をしてきたわけではなかった。企業との間の連携の強化に関しては，本渓市のようにクリーナープロダクション技術の導入を支援した都市では，企業に環境保全に向けた取り組みを促し，環境保護に

対する責任の認識を高めた事例もある。ただし，本渓市の事例で見たように，これが環境円借款単独の寄与であったかは，より厳密な検討が必要である。

また地方政府の他部局との環境保全に向けた連携は，環境円借款の運営管理を通じて強化された地方政府も見られた。しかし，必ずしも環境保護に向けた連携を他部局との間で構築するまでには至っていない。

資金の動員及び利用能力については，都市環境インフラを持続的に維持管理・運営するための財政基盤としての料金徴収は制度化されてきたものの，これは必ずしも環境円借款によってもたらされたわけではなかった。また工業汚染対策資金に関しては，アンタイド化によって地方政府や企業に事業目的により適切でかつ費用効果的な技術を選択する誘因を与え，技術に関する知見を蓄積させたとは言えそうである。しかし，金融仲介機関を通じた環境低利融資を行えなかったために，工業汚染対策に継続的に資金を供給するメカニズムを構築することはできなかった。

本章では，Morton (2005) が分析対象とした事業の範囲を，クリーナープロダクションを含む工業汚染対策や都市環境インフラ整備に拡げることで，環境円借款が地方政府及び国有企業に環境プロジェクト実施の経済的誘因を一定程度与えてきたことを明らかにした。しかし，環境円借款がどの程度市民参加を促進し，農民や住民，非政府組織の中の環境対策の支持者を拡大したかは，十分に検討していない。Morton (2005) の比較研究では，環境円借款，UNDP，世界銀行ともこの点に関しては必ずしも十分な成果をもたらしてこなかったとされている。この点は，今後の検討課題としたい。

参考文献

［日本語文献］

大塚健司 (2005)「再評価を迫られる中国淮河流域の水汚染対策」『アジ研ワールド・トレンド』112 号，36-39 頁。

松岡俊二・本田直子・岡田紗更 (2004)「途上国の社会的環境管理能力の形成と日本の国際協力」井村秀文・松岡俊二・下村恭民（編）『環境と開発』日本評論社，167-195 頁。

日本の対中環境円借款の評価

［中国語文献］
国家環境保護総局規劃与財務司編（2002）『国家環境保護"十五"計画読本』北京：中国環境科学出版社。
曹　東他（2003）「中国環境保護的投融資状況分析」王　金南他（編）『環境投融資戦略』中国環境科学出版社，35-59頁。

［英語文献］
Beijing Drainage Group Co. Ltd (2005) "Industrial effect of Beijing Wastewater treatment plant: Evaluating Datum for Xieli Bank of Japan."
Economy, Elizabeth C. (2004) *The River Runs Black: The Environmental Challenge to China's Future*. Ithaca: Cornell University Press. （片岡夏美訳（2005）『中国環境リポート』築地書館）
Janicke, Martin (1997) "The Political System's Capacity for Environmental Policy," in Janicke, Martin and Helmut Weidner (eds.), *National Environmental Policies: A Comparative Study of Capacity-Building*. Berlin: Springer. pp. 1-24.
Keohane, Robert O. (1996) "Analyzing the Effectiveness of International Environmental Institutions," in Keohane, Robert O. and Marc A. Lavy (eds.), *Institutions for Environmental Aid*. Cambridge, MIT Press. pp. 3-27.
OECD (1995) *Developing Environmental Capacity: A Framework for Donor Involvement*. Paris: OECD.
Mao, Yu-shi (1997) "China," in Janicke, Martin and Helmut Weidner (eds.), *National Environmental Policies: A Comparative Study of Capacity-Building*. Berlin: Springer. pp. 237-255.
Morton, Katherine (2005) *International Aid and China's Environment: Taming the Yellow Dragon*. London: Routledge.

第IV部
中国の環境政策と環境ガバナンス

北台製鉄所が導入した CP のクリーン技術（遼寧省）
銑鉄工程から排出される鉄粉の回収・リサイクル設備（左）
余剰ガスの回収タンク（右）

第13章
中国における政府主導型環境ガバナンスの特徴と問題点
── 「開発主義体制」の葛藤 ──

陳　雲

1 はじめに

　中国では，現在さまざまな民生問題が噴出している。都市住民にとって，住宅，医療，教育問題は3つの難題と化している。三農問題も1つの時代的課題となっている。1994年の権威主導型分税制の実施が，財政権を上位政府に集中させる代わりに，事務権（公共サービス提供の責任）を下位政府へ押し付ける傾向にある。そして財政逼迫状況に置かれる地方政府，特に基層政府は自己利益の最大化を求め，このような責任を市場に放り出すことが普遍化した。不健全な政府体系に対して，市場体系も不健全な存在に過ぎず，市場に託して解決されるはずがない。新公共管理（NPM）の理論が欧米から中国に入ってきたこの時期に，このような無責任な行動は都市経営や教育産業化，住宅市場化，医療市場化などの名で実行されてきた。

　これらの問題が発生した根本的原因は，地方政府に国民に対する責任を植えつける制度が欠けているためである。中国では，環境悪化のメカニズムも同じ原理が働いている。

　中国では，近年持続可能な発展と環境問題をテーマにする研究が増えているが，発展と環境問題の協調に重点を置き，産業優先論が根強く存在している。公害国会前の1960年代の日本に類似している。研究者の間でさ

え，環境優先論を唱える者はまれである。

　制度上，中国では，日本のような憲法に明文化された地方自治制度が確立していない。民族自治制度や，香港・マカオ特別行政区制度を設けているものの，地方分権の域から出ておらず，憲法的意味での地方自治権が確立されていない。そのため，社会全般において，産業優先に基づく開発主義を抑える手立て，即ち地方の長や議員に対する直接選挙権と直接請求権を中心とするボトムアップ式意志決定メカニズムが存在していない。中国の地方長官は形式上地域住民が選んだ地方人民代表からなる議会に選ばれるが，実際には上位政府および党組織が決めるため，地方官僚は御上に対して責任をもつこととなる。産業化の推進を国の主要な発展目的にしている現段階では，GDPの成長率や財政収入増加率こそが地方官僚の業績を現す指標で，実質上地方行政がGDP万能主義に陥っている。環境問題が深刻化する中，最近中国でもグリーンGDPをGDPの代替指標にする動きが活発化している。しかし，グリーンGDPの測定方法を精緻化させる課題が残されていて，本格化することは難しい。より根本的には，直接選挙権や直接申請権を持たない地元住民の無力化状態が変わらないままでは，地域の環境に積極的に取り組む地方政府は現れないであろう。

　環境問題は具体的な地域の現場で発生するもので，現場（地域住民および行政の末端組織）から上層部へ伝えていくメカニズムの存在が問題の解決に欠かせない。環境問題は2つの側面に分けることができる。1つは生活面の環境問題で，住民の健康被害や生活の質の低下で表す。もう1つは生産面の環境問題で，資源・エネルギーのボトルネックで表す。開発主義体制のもとでは，政府が重視する環境問題は往々にして後者のほうである。しかし，前者を放置しながらの環境が本当に功を奏するだろうか。結論はおそらく否である。

　日本の環境問題に取り組んできた歴史的道筋からみて明らかなように，住民に身近な環境問題（国民健康被害や，生活の質の低下）の悪化が住民運動の起爆剤となり，それらの問題を解決するために，生産方式や開発方式の改善が強く求められた。そして最終的には，法律の改善にもつながった。

第 13 章
中国における政府主導型環境ガバナンスの特徴と問題点

日本の環境保護運動の過程には，制度的な前提条件がある。いわゆる地方自治制度の蓄積である。これに対して常に訊かれる質問がある。つまり「戦後確立されたこの地方自治制度は，なぜ公害問題の発生を阻止できなかったのか」である。答えは，人間の知識と理性が完全なものではないからである。生活水準が低い段階（産業化以前）の人々はおそらく雇用機会の増加や所得の増加を最優先に考え，公害問題の深刻さに対する十分な認識を事前に持っていないはずである。しかしいったん環境問題や公害問題が発生し，深刻化するにつれ，国民の意識が変わる。「環境を犠牲にする経済成長は望ましくない」と考えるようになる。このときには地方自治制度のような下から上への意志決定メカニズムが機能し始め，国際社会と呼応しながら政策の転換を促した。

環境保全と雇用拡充は本当に両立できない矛盾なのか。必ずしもそうではない。人体に動脈と静脈が揃わなければならないのと同じように，静脈システムを設計しなかった産業革命のメカニズムには問題があった。静脈産業が加えられてからの社会はむしろより健全化し，雇用機会の増加にも繋がる。環境問題に対処するには，意識改革も肝心である。

中国では，エネルギー・資源のボトルネックに直面している中，循環経済，省エネ，節約型社会のスローガンを掲げているものの，生産方式の改善に重点を置くばかりで効果が薄い。環境権ならびに下から上への参加メカニズムの確立は中国の環境問題解決の切り口となる。具体的ルートはいわゆる立憲地方自治制度という制度改革にほかならない。

総じて，制度の問題を抜きにして，中国の環境改善を望むことは無理であろう。環境問題において，現制度の下で理性的に動く中国の地方政府に対して，比較的超然とした地位にある中央政府は，なすすべがないと言わざるを得ない。しかも，中央政府や上位政府の対下位政府の成績評価指標はあくまでも GDP 成長率や財政収入増加率であり，本当に環境改善に精力的に取り組む意欲があるか，疑わしい。中央政府というと，あたかも 1 つのまとまりのある組織のようであるが，実際には各々具体的な政府部門からなる。中央政府の各部門には部門利益（省益）が存在しており，部門

利益を追求する中央政府の各機構は，地方政府同様に，中国の環境問題の攪乱要因となっている。

住民不在の環境行政を変革する制度改革，すなわち立憲地方自治制度の導入は，中国の環境問題にかかわる構造改革を引き起こす。

本章は，中国における政府主導型環境ガバナンスの現状と問題点を明らかにする。環境問題の噴出は，①開発主義（産業優先）という発展段階及び②権威主義体制に深くかかわる。開発主義がもたらす環境問題は避けられなくても，地方自治制度のような民主的体制によって克服される。東アジアにおける日本の経験はこの法則を物語っている。同じく後発国の立場からキャッチアップ型（工業化）戦略を展開した日本は，むしろ中国にとって示唆的なものが多い（陳，2007）。一方，中国の場合，権威主義体制が維持されているため，民生問題に対処するインセンティブが欠如し，問題が先送りされがちである。

第2節で政府主導型環境ガバナンス・モデルの問題点として，環境立法と環境行政に焦点を当て分析する。第3節では，環境問題の直接的発生原因とも言える地方政府の開発衝動の論理を解析する。具体的には，①政府予算に対するソフトな抑制，②GDP万能主義的政府業績観，③権威主導型分税制の問題，特に財政権と事務権の非対称性問題の3点を中心に論じる。最後は結論に代えて，権威主義体制と民生問題のジレンマを論じる。

2 政府主導型環境ガバナンスの特徴と問題点

中国の環境問題の生成原因として，①歴史的な負の遺産の累積（例えば，1950年代の大躍進，1966-76年の文化大革命および計画経済体制期のずさんな環境管理体制など），②工業化初期段階がゆえに，低コスト依存型産業構造が生じた問題点，③政府主導型環境ガバナンスの欠陥，などがあげられる。環境問題は普遍性，累積性と地域性という性格を有しているゆえに，基層地方政府と現場住民の参加が特に重要である。本節では，主に政府主導型環境ガバナンスの特徴と問題点を，環境立法と環境行政に焦点を当てて論じた

い。

2-1 環境立法方面の特徴と問題点

(1) 環境立法の段階

中国の環境立法は，国連人間環境会議など国外からの刺激（外圧）と国内の経済，社会事情の変化（内圧）の相互作用によって進められてきた。

しかし，いくつか課題が残されている。第1に，法律体系として，相当な立法空白が存在する。環境汚染防治における有毒化学品管理，放射性物質汚染防止，自然災害防止における砂漠化，洪水，地質災害と気象災害などの分野は立法空白状態にある。手続法の欠如も目立つ。例えば環境訴訟の展開は主に民事，刑事，行政訴訟法の規定によって行われ，環境訴訟における訴訟権，証拠提示責任および因果関係推定などの問題に関して法律の空白状態が続いてきた。第2に，現行法律間には交錯ないし矛盾する箇所が多い。例えば，水法，水汚染防治法，水土保護法などにはこのような現象が顕著に存在する。第3に，立法の遅滞である。中国の環境立法は計画経済体制期および移行体制の性格が強く，日々進行する市場経済に対応しきれていない。

(2) 環境立法における環境行政の規定

環境立法は環境行政機構の設立と機能の健全化を支えてきたが，問題点も存在している。

第1は，環境行政機構の設立と撤廃に関する規定である。中国では行政組織法が存在しておらず，関連する各種規定は各種環境法規に分散しており，しかも全体として抽象的にすぎる。その結果，環境行政機構の設置について不安定な状況が続いてきた。一部の地方は専門の環境保護局を作ったが，ほかの機構に代理させるやり方を取っているところもある。しかも，毎回の行政機構改革の際に，多くの地方（特に市と県レベル）では真っ先に機構簡素化の対象に晒される。機構と機能の重複現象も目立つ。例えば，国家環境保護総局では自然保護司を設けたが，国家林業局にも野生動物保

護局が存在する。また，環境部門は上から下まで四段階の環境監察ネットワークを作ったが，その他の例えば農業部門，水利部門も独自の環境監察ネットワークを設置した。しかし情報の共有システムなどができていないため，それぞれのデータは互いに矛盾することが多い（王，2002）。

　第2は，環境行政機構の機能に関する規定である。まず，機能規定の曖昧さが目立つ。それぞれの環境汚染の個別法にはよく，「○○行政主管部門は○○事項に対して統一監督・管理を行う」，「○○，○○……部門は各自の責務と結合し，○○事項に対して監督・管理を行う」のような抽象的規定が書いてある。例えば，固体廃棄物汚染防治法第10条は，「国務院環境保護行政主管部門は，全国固体廃棄物汚染の防治工作に対して，統一の監督管理を実施する」と規定している。しかしこのような抽象規定だけでは効果がなく，結局環境行政の効率性を損ない，部門間で利益のある仕事だけを奪い合い，利益にならない仕事をなすりつけあう事態を招いている。

　また，環境保護機能に関する規定が交錯しており，役割分担あるいは協力体制に関する規定もまた曖昧さを払拭できない。例えば，上述した資源保護に関する国家環境保護総局と国家林業局の機構設置から生じた機能の交錯である。

　機能を付与する対象にも問題がある。①産業部門に環境監督の機能を付与することは適切ではない。例えば，大気汚染防治法は建設現場の煤塵問題の監督権を建設管理部門に付与した。しかし建設管理部門と建設業界は深い利害関係にあるため，監督の効果が薄い。②総合的な政策を決定しそれを実施するために，より高い次元の組織が必要である。例えば，現在の国家環境保護総局は流域環境問題などに関して一部総合的政策決定機能を有しているが，それに必要な財源，優遇政策などの配分権を持っていないし，政策執行に抵抗する地方や部門に対しても強制手段を持っていないため，有効な政策執行が期待しにくい。

　第3は，環境行政人員に対する監督についての規定である。総じて，環境立法は環境行政人員の不作為と市民社会による環境行政機構の法律執行

に対する監督に関する規定が乏しい。環境保護法第45条は,「環境保護の監督管理人員の権力濫用,背任行為に対して,所在の機構あるいは上位機構により行政処分を下す。犯罪に及んだ場合,刑事責任を追及する」と規定した。しかし不作為に対して,処罰の規定が存在しない。一部の地方では,この問題に気づき,地方立法を行った。例えば,北京市環境保護局と監察局は,2001年8月に環境保護法律規定違反者の行政責任追及に関する暫定規定,江蘇省環境保護庁は2002年8月に江蘇省環境管理責任追及に関する若干規定,山西省監察委員会と環境保護局は2002年7月に環境保護法律規定違反行為に関する行政処分方法をそれぞれ発布した。

政府部門間での行政機能に関する紛争や対立,そして官民対立は他の国にもよく見られる現象である。中国では特に問題が大きい。根本的原因は,法治体制の不備にあると言わざるを得ない。法治体制の健全化のためには,いくつかの条件が必要である。紙面上で法律が存在するだけではなく,詳細な手続きに関する規定があり,しかも司法独立の体制を確立しなければならない。政府主導の開発体制をとる現在の中国では,フランスのような行政法廷[1]を作ることがよい方策かもしれない。

(3) 市民社会の参加メカニズムに関する規定

中国の憲法,環境保護基本法および各個別法と行政規定(水汚染防治法と騒音汚染防治法の第13条,環境影響評価法第5条と第21条,建設項目環境保護管理条例第15条,国務院が環境保護に関する若干問題の決定第10条)には,いずれも国民参加に関する規定が存在する。しかし,以下のような問題点がある。

第1に,原則的,抽象的規定が中心で,細かい手順を設けていない。

第2に,環境政策の全過程への参加が保障されていない。呂(2000)は市民参加を立案前の予備参加,立案後の過程参加,環境問題発生後の末

---

[1] フランスの裁判所体制は普通裁判所と行政裁判所という二つの系統に分けられる。うち行政裁判所系統の機能は行政と司法の両面に跨る。即ち(1)行政機構に対して,現行法律と行政法令に関する解釈をおこない,アドバイスを提示するなど行政面の機能を,(2)行政機構間の紛糾と国民対行政機構の告訴を審理するという司法面の機能をもつ。具体的には,行政裁判所は最高行政裁判所と各省で設立された行政法廷からなる。

端参加(検挙,告訴,救済など)と市民一人一人から行動を取る行動参加の4つの段階に分けた。法的規定の現状では,予備参加(例えば,環境保護法と国務院が環境保護に関する若干問題の決定)と末端参加(水汚染防治法と騒音汚染防治法)だけは関係規定がある。

　第3に,市民参加に対する情報提供の規定が欠如している。国務院が環境保護に関する若干問題の決定において,メディアは環境保護の先進例を紹介し,称え,環境汚染の違法事例を批判すべきことを記載している。現実には,「テレビやラジオ,新聞,インターネットなどのメディアは環境の動態および環境立法を報道しているものの,国民の健康に深くかかわる環境情報については開示が不足している」(趙,2005)。開示している環境情報においても,大気が重点で,水,土壌など同じく国民の健康に密接に関係する情報の開示は基本的にまだ空白のままである。メディアの報道内容の偏在は政府関係部門の情報開示不足に起因すると考えられる。

　第4に,市民による監督メカニズムに対する規定が薄い。建設予定のプロジェクトに対する環境影響評価の際に,公聴会などを通じて地元住民の意見を聞きいれるべきだと規定したが,一旦申請書が提出され,つまりプロジェクトが申請の段階に入ると,住民が更に意見を述べ,監督を行えるような規定がされていない。また環境行政部門(環境保護局)が企業に対して許認可の審査を行う場合も,住民が意見を述べる機会を設けていない。

　総じて,環境立法自身は市民社会の参加についての規定が薄弱である。政府主導型環境ガバナンスを立て直す際には,環境立法にまず力を入れなければならない。

2-2 環境行政の特徴と問題点

(1) 環境行政の原則と体系

　環境行政は中国で環境監督管理体制とも言われ,主に環境監督管理機構の設置,行政所属関係と管理権限の区分などにかかわる組織体系と制度を指す(呂,1996:47)。中国の環境行政は「統一管理」「責任分担」の原則で行われている。国務院の環境行政主管部門(国家環境保護総局)は全国の環

境保護に統一的監督管理の責任を持ち，その他の部門は管轄範囲内の環境問題に責任を分担する。この多元参加型環境行政システムは，横と縦の2つの系統に分けられる。

横の関係は，同じ行政レベルの環境主管部門と以下の部門，つまり①海洋行政主管部門，港湾業務監督，漁業・漁港監督，軍隊の環境保護部門および公安，交通，鉄道，航空管理部門，②土地，鉱山，林業，農業，水利などの行政主管部門との関係などが重要である。

縦の関係とは，主に国家環境保護総局と，県レベル以上人民政府の環境保護局との関係を指すが，環境監督管理権限のある部門間にも縦の関係が存在する。環境行政の実践から言うと，横の関係は一番の難問である。と言うのは，人治（行政府主導の権威主義体制）の特徴が強い現在，環境行政部門にとっては，法律的根拠があっても，法律に従い環境問題を処理するのは困難である。また，環境行政部門の人事権や財政権は同レベルの行政首長に握られているため，環境行政部門が結局首を絞められる状態にあることは明白である。

(2) 環境行政機構の発展過程

中国の環境問題は，建国後の1950年代からすでに存在し，累積的環境問題は経済の高度成長により更に悪化した。問題に対処するために，専門的環境保護部門が誕生し，重要視されつつある。その間，国際社会による刺激も大きい。

第1段階：初期段階（1971-77年）。1971年に国家計画委員会により三廃（廃気，廃水，廃棄物）利用指導グループが発足した。1973年に，「第一回全国環境保護工作会議」が開かれた。1974年12月には，国務院環境保護指導グループが設立され，三廃問題に本格的に取り組む姿勢を見せた。この時期に国務院は環境保護と改善に関する若干規定を出し，環境保護32文字方針を立てた[2]。しかしこの時期に提出された三同時や廃棄物総合利用

---

[2] 「環境保護32文字方針」については，本書182頁を参照のこと。

奨励などはまだ法律化しておらず，設立した指導機構国務院環境保護指導グループもまだ法律上の環境行政主体ではない。

第2段階：発展段階（1978-92年）。1982年に城郷建設部の傘下で環境保護局が作られ，1984年に国家環境保護委員会の事務機構として国家環境保護局が発足した。これで中国の環境保護の行政主体がようやく確立されるようになった。

第3段階，変革の段階（1992年以降）。1992年国連主催のリオ・サミットは持続可能な発展の概念を提出し，各国の環境保護に対して管理目標を提案した。この国際的動向は中国にも大きく作用した。1993年の国務院機構改革の際に，国家環境保護局は副部級（副大臣級）機構として保留されたが，1998年4月，国家環境保護局は，国務院の直属機構としての国家環境保護総局に昇格され（正部級），廃止された国務院環境保護委員会の機能を受け継いだ。1998年の国務院機構改革後，国家環境保護総局は環境政策執行の監督を基本機能にし，環境汚染防止と自然生態保護という二つの分野に対する管理機能を強化した（国家環境保護総局行政体制・人事司，1999）。

縦の関係から見ると，1979年に環境保護法（試行）が発布した後，各レベル地方政府は，次第に環境保護局あるいは専門的政府環境管理機構を整えた。現在，中国の地方環境保護部門は省，市，県という三つのレベルに分けられるが，一部の発展した地域の市・県の下位にある郷・鎮政府でも，専門的環境行政機構が作られている。総じて，中央から地方行政の末端まで環境行政のネットワークの整備が進んでいる。

1998年の機構改革後（1999年9月の時点で），全国31省・自治区・直轄市のうち，26は一級局編制の環境保護局で，吉林，江西，寧夏，青海など四つの省（自治区）は二級局編制の環境保護局になったが，チベット自治区では環境保護局はまだ独立していなかった（城郷建設庁所管の環境保護局となった）。全国94％以上の地区レベルの市では環境保護機構が作られ，うち88％は独立した環境保護局となっている。一方，全国84％の県では環境保護機構が作られ，うち70％は独立機構である。

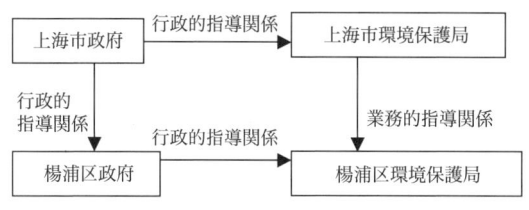

第 13 章
中国における政府主導型環境ガバナンスの特徴と問題点

図 13-1 ● 楊浦区環境行政の指導体制（二重構造体制）
出所：筆者作成

(3) 環境行政の仕組み

図 13-1 は楊浦区環境行政の指導体制（縦と横の関係）である。局長は 3 つの課を直接指導するが，3 名の副局長はそれぞれ一定数の課を指導する。二重構造の特徴が鮮明であるが，うち所在区政府の指導が中心的存在で，縦関係にある市の環境保護局の業務指導よりも重要視されている。その原因は財政権と人事権にある（後述する鉄本事件を参照）。

(4) 環境行政の問題点

企業の違法な汚染物質の排出は後を絶たず，企業は罰金を払っても汚染処理設備を導入したがらない。環境問題の取り締まりに対する暴力的抵抗事件の発生数は増加しており，環境基準の導入が困難など，さまざまな問題がある。この原因をいくつかの側面から分析する。

第 1 に，環境行政機構内部における問題点として，機構の人的，物的資源の配備が弱い。「全国合わせて 4 万名あまりの環境行政人員，3,000 個余りの環境行政機構，平均にして 1 機構当りは車 1.4 台，証拠調べ設備 2.7 台しか持っていないが，監督管理範囲は全国で 23 万の工業企業，70 万余りの第 3 次産業に属する企業，数万個の建築現場および，毎年処理する汚染事故は 6 万件を上回る。現在，全国まだ 300 にのぼる県では環境行政機構ができておらず，200 あまりの県の環境行政機構には必要な車両や証拠調べに必要な設備を持っていない（曹，2005）」。

経済先進地域でも，環境行政機構の人的，物的資源の配備は弱い。例え

ば，前述した上海市楊浦区環境保護局の場合，環境監察チームの職員は15名，車両は4台しかないが，監察範囲は区内1,000余りの企業と3,000余りの飲食店となっている。人的にも物的にも，配備資源の不足が明らかである。楊浦区環境保護局の年次総括（内部資料）によると，「昨年（2003年）来，区環境保護局は区財政局と交渉しつつ，人員経費と設備投資面の支持を得た。区財政は年度中あわせて170万元を支出した。これらの資金は，機構所在の建物の内装，環境行政に関するウェブサイトの立ち上げ，監察チームの職員に1台ずつのノートパソコンの支給，証拠調べに必要な設備投資などに投下した。現在ハード面での装備はかなりレベルアップした[3]」。それにしても，4,000を超える監察対象企業を前にして任務がかなり重いことが分かる。規模の小さい企業に対する監察を緩めてしまうことも発生している。

　同時に，環境問題に対する住民の苦情も環境監察チームが担当している。人員が限られているため，いつも対応に追われ，疲れ果てた職員は心身ともに重圧がかかっている。このような状況が長く続き，仕事にも影響が出た。例えば，楊浦区環境保護局2004年年次総括の中で，ある夜間当番の職員は仕事の圧力に耐えがたく，苦情を言いに来る住民への対応が杜撰になり，住民の不評を買った事例を紹介した。

　第2に，行政処罰権が弱い。環境保護行政処罰方法は，環境部門に違法企業に対する警告，罰金，改正を命じる権限を付与したが，工商部門のような操業停止の権限はない。もしそのような処理が必要な場合，同レベル人民政府へ申請し，批准を得なければならない。警告，罰金，改正命令などにおいても限度があり，企業の環境汚染行為が阻止できない。

　例えば，罰金に関する権限では，環境行政部門のレベルによって罰金の限度が決まっている。県レベルは1万元まで，市レベルは5万元まで，省レベルは20万元までと定められている。このような微々たる罰金では，汚染企業に有効な懲罰を与え，汚染行為を阻止できないのは言うまでもな

---

[3] 「新鴻染整有限公司が黄浦江へひそかに汚水排出し，処罰を受けた」『解放日報』2004年12月29日。

い。企業からみれば，罰金を払うほうが経済的に合理的だと判断するためである。2004年上海新鴻染整有限公司は汚水処理設備を使わずに，未処理の高濃度アルカリ性廃水をこっそり黄浦江へ排出しつづけた。市民の検挙を受け，上海市環境保護局と環境監察総隊は企業の違法行為を確認し，2004年12月28日に，汚染行為の即時停止と10万元の罰金を支払う処罰を下した。企業は汚染行為を行う目的は高額な汚水処理費用を節約するためと認めた。しかし，10万元の罰金は企業が一年間に必要とする汚水処理費に比べると小さい額にすぎず，企業の違法行為を根本から改めるには全く不充分である。

違法コストが法律遵守コストよりずっと小さければ，企業は当然汚染排出行為の継続を選択する。制度改正が急務である。なぜこのような明白な事実を各レベルの政府が見ない振りをしているのか。環境問題への厳しい監督管理は，企業を追い出してしまうことに繋がり，地方財政収入減や，GDP成長率が低下するのではないかと地方政府は心配し，結局環境問題の取り締まりを放置する選択をした。これが根本的な理由であろう。

第3に，部門間協調体制が欠けている。例えば，上海市楊浦区の環境行政協力体制では，区政府弁公室（事務局）は元々あった常設機構で，その中で環境行政聯合執行協力会議が設置されている。しかし他の政府機構と横並びに作られた協力会議は環境問題の対処に十分ではない。従来の産業優先論に対抗するには，よりハイレベルの組織を作る必要がある。現体制では，地方政府は環境問題に本腰を入れて取り組む意向が感じとりにくい。

建築現場の煤塵問題を例に紹介する。楊浦区は区内工事が多く，かつ従来企業の環境保護意識が弱いために，2004年に煤塵問題で上海市の区の最下位となった（上海は18の区と1の県を持つ）。2005年，区政府は楊浦区2005年度煤塵汚染取り締まり工作草案を作り，区政府トップ指導者を組長にし，建設委員会，環境保護局，不動産開発局，都市景観局，緑化局，都市管理大隊，市政管理署，交通警察支隊という八部門の主管責任者を組員とする共同チームを作り，煤塵問題に取り組んだ。その結果，2005年楊浦区の建設プロジェクトの合格率は100％に達し，うち55％は優良基

準に達した。つまり，環境問題は解決できないわけではなく，重視するかどうかが問題である。地方政府にとって，環境問題へ真剣に取り組む誘因の欠如という問題が浮上する。

さらに地域にまたがる環境問題に対処するには，地域間の協力体制も必要である。環境保護法の第2章環境監督管理の第15条は，「行政区にまたがる環境汚染と環境破壊の防治工作について，関係地方政府の協力で解決を図る。あるいは，上位政府が協調者として決定する」ことを規定している。中国の経済規模が拡大するにつれ，環境汚染事件の発生ケースには，行政区を跨る流域汚染問題や大気汚染問題が多くなっている[4]。しかし環境に配慮し，利益と責任を誘導する制度が作られていない現実の中で，各地方政府は結局それぞれの利益判断から行動を取る。このため，環境問題が発生しても，誰も責任を取らないことが多かった。

(5) 開発主義志向の地方政府：鉄本事件の示唆

中国の地方環境行政における法律違反は2種類ある。1つは企業による法律違反で，もう1つは地方政府による法律違反である。後者の発生原因は，地方政府の強い開発衝動にある。一部の地方政府は，企業閑静の日（企業に迷惑をかけない日）のような土着のルールを作り，環境行政機構による企業への監察を妨げる。また一部の地方では環境基準を低い水準に設定し，懸命な姿勢で資本誘致をする。

2002年初頭に計画された江蘇省の鉄本鉄鋼プロジェクトは，当時の国家産業政策では明白に制限されたものであった。しかし地方政府（常州市・揚中市）の協力で進められたため，数千畝の耕地を占用し，6,000余りの農家の家屋を撤去した。多くの農民は家と仕事の両方を失った。2004年3月，事件が発覚した江蘇省政府は工事の全面停止を命令した。このような大規模な違法プロジェクトがここまで進められたのは，地方政府の深い関わりがあったためであった。鉄本鉄鋼プロジェクトの投資総額は100億を超え，

---

[4] 例えば，2005年11月の黒竜江省松花江流域の化学工場爆発による汚染事件。

高い GDP 成長と財政収入増加をもたらすため，地方政府にとって夢のような話であろう。環境汚染の懸念があっても，経済利益を優先する地方政府は，プロジェクトを 22 の部分に分け，違法に各種の批准手続き（土地使用権など）を手伝った。鉄本鉄鋼プロジェクトは環境影響評価書の批准を待たず，建設を始めた。地元常州市，揚中市の環境保護局は，両者とも当該プロジェクトの環境保護予備審査に参加し，パスさせた。建設が始まった後，揚中市環境保護局は工事停止の通知を出したが，企業の違法行為を阻止できなかった（陳・牛，2004）。

地方環境保護局の加担行為には理由がある。前述したように，地方環境保護機構は二重構造的な指導下に置かれている。しかも同レベル地方政府からの指導はより重要である。1994 年分税制の実施は，収支を 2 つのラインにするという原則を強調した。これで地方環境保護部門は経費面では前よりも地方政府の財政制約を受けるようになった。人事任命と免職においても，99％の幹部の職務は地方政府によって左右されている。このように，財政権にしても，人事権にしても，地方行政長官が優位にあるため，地方環境保護局は上位環境保護部門へ報告する際に，地方政府を批判できないのが現状である。鉄本事件はまさにこのような部門間の利害関係を物語っていた。

3│地方政府の開発衝動の論理：立憲的地方自治制度の勧め

地方政府を主役とする開発主義体制は，中国の環境問題を惹起する要因である。中国での開発区ブームは 1980 年代だけではなく，1993 年，1998 年，2003 年にも現れた。つまり，地方政府の投資衝動は，1994 年の分税制実行によって克服されたわけではなく，むしろ刺激された。では，地方政府の土地財政（土地使用権の譲渡による財政収入「予算外収入」に帰するため，地方政府にとって使い勝手がいい）依存の論理は何であろうか。

GDP 成長率や財政収入などに代表される業績観が制度的に規定されている以上，地方政府はこれらを求める一種の利益団体と化している。共産

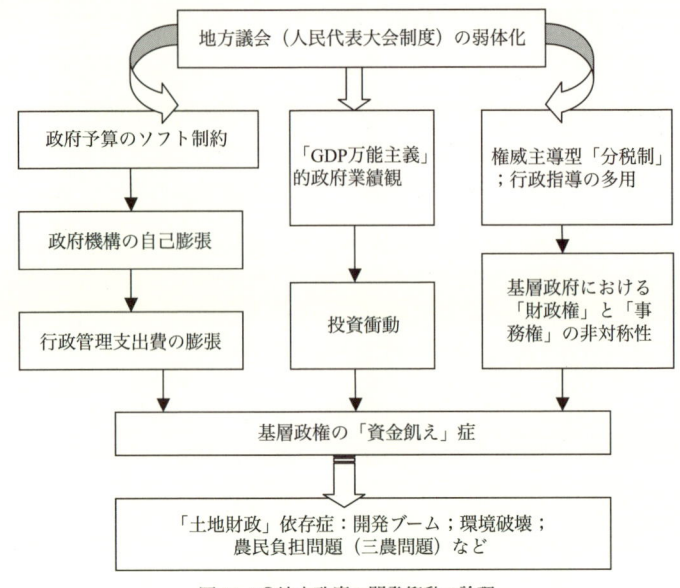

第 IV 部
中国の環境政策と環境ガバナンス

```
                    地方議会（人民代表大会制度）の弱体化
        ┌──────────────────┼──────────────────┐
        ↓                  ↓                  ↓
┌──────────────┐   ┌──────────────┐   ┌──────────────┐
│政府予算のソフト制約│   │「GDP万能主義」 │   │権威主導型「分税制」│
│              │   │的政府業績観    │   │；行政指導の多用 │
└──────┬───────┘   └──────┬───────┘   └──────┬───────┘
       ↓                  │                  ↓
┌──────────────┐          │          ┌──────────────┐
│政府機構の自己膨張│          │          │基層政府における│
└──────┬───────┘          │          │「財政権」と「事│
       ↓                  ↓          │務権」の非対称性│
┌──────────────┐   ┌──────────────┐   └──────┬───────┘
│行政管理支出費の膨張│  │   投資衝動   │          │
└──────┬───────┘   └──────┬───────┘          │
       └──────────────────┼──────────────────┘
                          ↓
              ┌──────────────────────┐
              │  基層政権の「資金飢え」症  │
              └──────────┬───────────┘
                         ↓
         ┌───────────────────────────────┐
         │「土地財政」依存症：開発ブーム；環境破壊；│
         │ 農民負担問題（三農問題）など          │
         └───────────────────────────────┘
```

図 13-2 ● 地方政府の開発衝動の論理
出所：筆者作成

　党政権は権力の一本化を実現したものの，1978年から始まった改革開放路線のもとで市場化が進んだことで，地方分権を余儀なくされた。中央地方間の従来の指導－服従関係も大きく変わり，地方政府の自己主張が強くなった。現在の中央政府にとって，世界4番目の規模を誇る経済を運営，発展させるうえで，有効なマクロ経済管理政策の高度化が課題として強いられる一方，地方政府の暴走とも言える乱開発行為にどうやって歯止めをかけられるかに悩まされている。

　普遍的な社会的・経済的・政治的現象の背後には，必ず制度的要因が存在する。国土開発や地域開発において，地方政府に絡んで，土地財政や不動産開発ブームが起きたことにも，制度的要因が存在する。開発優先志向は環境問題を惹起し，大きな経済，社会問題と化した。場合によっては，群発事件として現れ，社会安定を揺るがし，政治問題へ発展していくことも考えられる。地方政府の論理は図13-2のように概括できる。地方議会

(人民代表大会)の弱体化が根本的な制度的原因で,これによって,3つの地方行政の特徴が生まれる。①政府予算に対するソフトな制約,② GDP 万能主義的政府業績観,③権威主導型分税制。本節では,地方政府の開発衝動の論理を整理し,中国における基層政権の弱体化,農村の貧困,更に環境問題などを解決するためにも,制度の建て直しが必要であることを主張する。

中国の改革開放は地方分権から始まったプロセスであり,地方政府は市場経済の新しいプレーヤーとして中国経済に活気を与えた。しかし移行体制であるため,地方が考えた利益が必ずしも全国的利益にならないケースが多数起きた。社会全体の厚生最大化を目的に,制度の漸進的移行が求められている。では,これからの望ましい中央地方関係は何であろうか。マクロ経済の健全化および国民の福祉を促進するために,中央地方関係を再構築する必要がある。筆者は,漸進的な立憲的地方自治制度の導入を勧めたい。

3-1　人民代表大会制度(議会)の弱体化:財政予算決定権,徴税権問題

第6回全国人民代表大会常務委員会は 1984 年に,次のような委託立法条例を発布した。「……国務院の提案によって,国営企業に対する「利改税」(利潤を税収に改める)改革および工商税制改革のプロセスの中,国務院に関連する税収条例を草案の形で発布・試行する権限を授与する。草案は実行状況に鑑みて修訂を施してから,全国人民代表大会常務委員会に提出される。国務院が制定する上述した税収条例は中外合弁企業および外資企業に適用しない」。結果,税収に関連する国内法のうち 80％は,国務院が条例や暫定規定などの形で発布した(国務院は更に具体的規定の制定権を財政部などの部局に授与する)。全国人民代表大会が発布した税制に関する法律は3部しかない。

憲法上,中国各レベル政府の財政予算と決算は人民代表大会で審査と批准を受けなければならない(憲法第 62 条)。しかし,徴税権が全人代に属する規定がない。従って新しい税目の決定,既存税目と税率の調整などは人

民代表大会の許可が必要でない。人民代表大会の財政予算決定権が不完全なため，議会としての主体性も当然確立できない。

議会の未発達は私有財産権の未確立と緊密な関係にある。逆に，中国での私有財産権の確立はいずれ議会にその責務を果たせるように要求する（17世紀イギリスの名誉革命の事例を想起していただきたい）。一方，現状を分析してみると，未発達な議会は以下の3つの重要な問題を引き起こしたと言えよう。

3-2　政府予算に対するソフトな抑制と政府機構の自己膨張

第1の問題は，従来の国有企業に代わって，議会制の未発達が政府の予算に対するソフトな制約を経済規模の成長に伴い顕著にしたことである。これで政府機構の自己膨張が可能になり，財政支出に占める行政管理支出費の膨張が大きな問題となっている。

1993年と1998年の2回にわたり，中国は行政機構改革を行ったが，政府機構の自己膨張傾向は一向に改善しなかった。1990年代以降，行政管理支出費が予算内財政支出に占めるシェアは1991年の12.2％から2004年の19.4％へと上昇した（その後やや低下）。行政管理支出費総額はGDP成長率を遥かに超えるスピードで推移した。成長率のピークは1993年の36.9％と2000年の37％であった（表13-1）。

一方，予算外財政支出に占める行政管理支出費（事業費という項目で，基本的に人件費などに使われる。予算外財政支出の中で最も大きい項目）を見てみると，状況は一層深刻である。絶対額は1996年の1,254.36億元から2005年の3866.1億元に増えたと同時に，同期予算外財政支出に占める比重も32.68％から73.75％に拡大した。予算外財政資金の中の郷鎮統一調達資金などをも考慮すれば，行政管理支出費はさらに膨らむ。

予算内と予算外の行政管理支出費の合計が財政総支出の占める比重は1996年の20.72％から2005年の26.49％へ上昇の一途を辿った。国際比較の視点で見れば，アメリカの10％，フランスの8.6％を遥かに凌ぐのは

第 13 章
中国における政府主導型環境ガバナンスの特徴と問題点

表 13-1 ●国家財政に占める行政管理費比重の推移

年別	予算内支出合計(億元)	予算内行政管理費(億元)	年間成長率(%)	比重(%)	予算外支出合計(億元)	予算外行政管理費(億元)	年間成長率(%)	比重(%)	予算内外行政管理費合計比重(%)
1978	1,122.09	52.9		4.71					
1980	1,228.83	75.53	42.78	6.15					
1985	2,004.25	171.06	126.48	8.53					
1990	3,083.59	414.56	142.35	13.44					
1991	3,386.62	414.01	−0.13	12.22					
1992	3,742.2	463.41	11.93	12.38					
1993	4,642.3	634.26	36.87	13.66					
1994	5,792.62	847.68	33.65	14.63					
1995	6,823.72	996.54	17.56	14.60					
1996	7,937.55	1,185.28	18.94	14.93	3,838.32	1,254.36		32.68	20.72
1997	9,233.56	1,358.85	14.64	14.72	2,685.54	1,280.19	2.06	47.67	22.14
1998	10,798.18	1,600.27	17.77	14.82	2,918.31	1,588.28	24.07	54.42	23.25
1999	13,187.67	2,020.6	26.27	15.32	3,139.14	1,816.13	14.35	57.85	23.50
2000	15,886.5	2,768.22	37.00	17.42	3,529.01	2,225.09	22.52	63.05	25.72
2001	18,902.58	3,512.49	26.89	18.58	3,850	2,500	12.36	64.94	26.43
2002	22,053.15	4,101.32	16.76	18.60	3,831	2,655	6.20	69.30	26.10
2003	24,649.95	4,691.26	14.38	19.03	4,156.36	2,836.55	6.84	68.25	26.13
2004	28,486.89	5,521.98	17.71	19.38	4,351.73	3,133.8	10.48	72.01	26.36
2005	33,930.28	6,512.34	17.93	19.19	5,242.48	3,866.1	23.37	73.75	26.49
2006	40,422.73	7,571.05	16.26	18.73					

出所：『中国統計年鑑』2007 年版より計算。

もちろんのこと，インドネシアの 29％に近い水準にある[5]。

　もともと予算外資金は予算内資金と同じ性質のものだが，予算外がゆえに，資金使用に対する監督がいっそう弱くなる。中国の地方政府，特に基層政府の行政管理費のかなりの部分は予算外資金で賄われている。1990

---

[5] 中国以外の国の数値は 1994 年のもの。出所：*Government Finance Statistics Yearbook 1997*, 中国の数値は筆者の計算による。

表 13-2 ● 全国予算外資金と予算内資金の比重推移

年別	財政総収入（億元）	予算内収入		予算外収入	
		実績（億元）	比重（%）	実績（億元）	比重（%）
1978	1,479.37	1,132.26	76.5	347.11	23.5
1980	1,717.33	1,159.93	67.5	557.4	32.5
1985	3,534.85	2,004.82	56.7	1,530.03	43.3
1990	5,645.74	2,937.1	52.0	2,708.64	48.0
1991	6,392.78	3,149.48	49.3	3,243.3	50.7
1992	7,338.29	3,483.37	47.5	3,854.92	52.5
1993	5,781.49	4,348.95	75.2	1,432.54	24.8
1994	7,080.63	5,218.1	73.7	1,862.53	26.3
1995	8,648.7	6,242.2	72.2	2,406.5	27.8
1996	11,301.33	7,407.99	65.5	3,893.34	34.5
1997	11,477.14	8,651.14	75.4	2,826	24.6
1998	12,958.24	9,875.95	76.2	3,082.29	23.8
1999	14,829.25	11,444.08	77.2	3,385.17	22.8
2000	17,221.66	13,395.23	77.8	3,826.43	22.2
2001	20,686.04	16,386.04	79.2	4,300	20.8
2002	23,382.64	18,903.64	80.8	4,479	19.2
2003	26,282.05	21,715.25	82.6	4,566.8	17.4
2004	31,095.65	26,396.47	84.9	4,699.18	15.1
2005	37,193.45	31,649.29	85.1	5,544.16	14.9
2006		38,760.2			

出所：『中国統計年鑑』2007 年版より計算。

　年代半ば以降，予算外資金を予算内資金の枠に収める改革が続き，財政総収入（予算内と予算外資金の合計）に占める予算内資金の比重は 1992 年の 47.5％から 2005 年の 85.1％へ高まった（表 13-2）。

　他方，基礎的地方政府の予算外資金の規模はなかなか減少しない。特に土地譲渡金による財政収入は大きなシェアを占めている。上述した行政管理支出費の膨張は地方政府の「土地財政」依存の重要な一因とも言える。

第 13 章
中国における政府主導型環境ガバナンスの特徴と問題点

表 13-3 ●経済建設支出が財政総支出に占める比重と成長率

年別	予算内外支出総額（億元、A＋B）	経済建設総支出（億元、C＋D）	経済建設総支出成長率（％）	経済建設総支出比重（％）	予算内支出合計（A）	経済建設費 実績（億元）(C)	成長率（％）	比重（％）	予算外支出合計（B）	基本建設支出 実績（億元）(D)	成長率（％）	比重（％）
1978					1,122.09	718.98		64.1				
1980					1,228.83	715.46	－0.5	58.2				
1985					2,004.25	1,127.55	57.6	56.3				
1990					3,083.59	1,368.01	21.3	44.4				
1991					3,386.62	1,428.47	4.4	42.2				
1992					3,742.2	1,612.81	12.9	43.1				
1993					4,642.3	1,834.79	13.8	39.5				
1994					5,792.62	2,393.69	30.5	41.3				
1995					6,823.72	2,855.78	19.3	41.9				
1996	11,775.87	4,724.01		60.1	7,937.55	3,233.78	13.2	40.7	3,838.32	1,490.23		38.8
1997	11,919.1	4,149.36	－12.2	53.1	9,233.56	3,647.33	12.8	39.5	2,685.54	502.03	－66.3	18.7
1998	13,716.49	4,573.49	10.2	51.7	10,798.18	4,179.51	14.6	38.7	2,918.31	393.98	－21.5	13.5
1999	16,326.81	5,601.28	22.5	50.2	13,187.67	5,061.46	21.1	38.4	3,139.14	539.82	37.0	17.2
2000	19,415.51	6,174.56	10.2	47.8	15,886.5	5,748.36	13.6	36.2	3,529.01	426.2	－21.0	12.1
2001	22,752.58	6,822.56	10.5	45.4	18,902.58	6,472.56	12.6	34.2	3,850	350	－17.9	9.1
2002	25,884.15	6,933.7	1.6	40.6	22,053.15	6,673.7	3.1	30.3	3,831	260	－25.7	6.8
2003	28,806.31	7,181.91	3.6	38.42	24,649.95	6,912.05	3.6	28.0	4,156.36	269.86	3.8	6.49
2004	32,838.62	8,220.53	14.5	37.41	28,486.89	7,933.25	14.8	27.8	4,351.73	287.28	6.5	6.60
2005	39,172.76	9,663.7	17.6	37.17	33,930.28	9,316.95	17.4	27.5	5,242.48	346.74	20.7	6.61
2006					40,422.73	10,734.63	15.2	26.6				

出所：『中国統計年鑑』2007 年版より計算。

3-3　GDP 万能主義的政府業績観と政府の投資衝動

　第 2 の問題は，GDP 万能主義的政府業績観である。科学的発展観およびグリーン GDP 理念を打ち出した中国では，GDP 万能主義的政府業績観のあやまちを認識しているが，それでもこれをあらためる手立てがない。基本的には依然として，GDP 成長率や財政収入および資本誘致などが地方政府業績の評価基準となっている。

　表 13-3 は，「経済建設支出」が財政総支出に占める比重と成長率を表している。総財政支出に占める比重は 1996 年の 60.1％から 2005 年の 37.17％に低下し，成長率は 2001 年までは 10％台を維持したがその後 2002 年の 1.6％，2003 年の 3.6％へ急低下し，2004，2005 年には再び二

桁に台頭し，不安定な状況が続いてきた。また，財政支出の4割を経済建設に向けさせることは，政府が本来機能しなければならない社会福祉や教育などへの支出は相対的に少なくなることを意味する。政府機能の転換は依然として重大な課題である一方，市場が発達しなければ，政府機能の転換も難しいことを理解する必要がある。

　予算内資金の面においても，総じて似たような傾向にあるが，2004年の成長率は再び14.8％へ上昇した。予算外資金の場合，1999年に基本建設支出は37％の成長率を記録したが，その他の年はほぼマイナス成長にある。2003年には3.8％のプラス成長に転じ2005年には更に20.7％増となった。

3-4　権力主導型分税制の問題

　第3の問題は，権力主導型分税制の問題である。地方分権は地方に活気を吹き込むために行った（80年代の中心地域は華南地域だが，1990年代は上海に移った）ものの，「放―収」という妙な循環（中国語で「一放就乱，一乱就収，一収就死，一死再放」からなる循環）が続き，中央地方間の安定的な関係が望めないのが現状である。

　税制度は中央地方関係上重要な決め手で，中央地方関係の安定化を図るために，中国では1994年より分税制を導入した。1994年の分税制は，80年代の「諸侯経済」（後述）に歯止めをかけ，新しい中央地方関係作りに貢献する重要な税制度として注目を浴びた。

(1) 1980年代の「財政請負制」の問題点

　移行期の中国では，財政請負制の実施は必然性がある。従来の各分野にわたる「大釜の飯」体制が破られ，1980年代に積極的な役割を果たしたと評価できる。地方財政自主権の拡大は地域経済の発展に資した。多労多得が大きな誘因となった。しかし財政請負制は従来の行政的縦割り・横割り体制と結合させ，国民経済および地域経済に大きな歪みを与えたことも事実である。

第1に，地方政府の投資衝動がゆえに，過剰投資と経済の過熱を招いた。国有企業の管轄は縦（条々；各レベルの政府）と横（塊々；各業種の主管部門）に分けられ，それぞれの条々塊々は自己利益を形成した。実質上包盈不包損(経営成功の場合,分け前を取るが,経営失敗の場合責任を負わない)体制のもとで，条々塊々とも自己拡張に一所懸命であった。政府主導型の投資ブームの下で，結局1993年のマクロ経済の過熱を招いた。

第2に，生産・流通分野での地域封鎖や地方保護主義が誕生し，全国的統一市場の形成を阻害した。1993年当時，地域間の羊毛大戦，綿花大戦，桑蚕大戦などが熾烈に展開され，後には諸侯経済と称された。これも多労多得式の財政請負制と関連性があるとみられる。

第3に，各種の請負制の中，収支の基数や上納額あるいは補助額などが中央と地方の一対一の交渉によって決められるもので，透明性が低く，取引コストがかなり高い。交渉はいろいろな場合とルートを通じて年中行われ，毎年の中期と年末の全国財政会議で頂点に達した。

第4に，地域的に財政制度のばらつきが大きすぎて，公平性問題も浮上した。1980年代末期，上海の財政上納率は70％であったのに対して，広東省のそれは僅か30％に止まった。

(2)「分税制」実施の目的，経緯および制度的枠組み

分税制は19世紀のヨーロッパに端を発すると言われ，中国の清王朝末期には分税制の初期的な実験が行われた。現在，先進国ではほとんどが分税制を導入している。

中国における分税制実施の目的には，上述した種々の弊害を取り除き，全国の税制を統一し，膨大な取引コストを生じる省ごとの駆け引きに終止符を打とうとする狙いと，非均衡的開発路線に伴って発生した経済格差の軽減のために中央政府の再分配機能を強化するなどの狙いがあった。

1994年1月1日より実施を始めた分税制の具体的内容は，以下の5つである。すなわち，

(a) 分権：中央と地方の間に，事務権と支出範囲を区分する。
(b) 分税:中央と地方の収入区分。具体的には24の税目（その後28に増えた）を中央税（主には三種類：①増値税（付加価値税），②企業所得税，③消費税），地方税（営業税，都市建設税，教育費付加税，個人所得税，文化事業建設税，印税など）および中央地方共有税[6]（増値税，証券取引税，営業税，資源税など）の3つに分ける。
(c) 規範性のある政府間の財政移転制度を作る。元来の定額補助，「特定項目の補助」および地方上解など以外，中央の財政収入増加分に応じて地方へ1：0.3の弾力係数で一定の額を返還する制度も設ける。
(d) 新しい予算編成制度と資金調達規則を実施する。一級政府・一級予算制度を通じて，予算にハードな制約を課す。
(e) 国税と地方税に対する分離管轄体制を作る。国税と地方税の徴収機構をそれぞれ作る。共有税については国税機関が一旦徴収し，その後地方の分を返還する。

(3) 問題点：省以下地方政府における財務権と事務権の非対称性問題

現行の分税制は実施から14年目に入った。これは中国建国以来最も長く続いた財政制度である。1994-2003年の間，財政収入の年平均成長率は17.4％であり，うち中央財政の成長率は16.1％，地方財政の成長率は19.3％であった。GDPに占める財政収入の比率と財政総収入に占める中央財政収入の比率はともに高まった。全国財政収入対GDPの比率は，1993年の12.6％から2004年の19.3％に高まり，そして中央政府財政収入対財政総収入の比率も1993年の22.02％から2004年の54.94％へ急上昇した。

しかし，当初の諸目的に照らせば，現行の分税制にはまだ問題点も多数残っている。1994年の分税制は財政権と事務権について中央と省の間の分税・分権を行ったが，省と省以下の地方政府間はその枠組みが決められ

---

[6] 例えば1994年当初，増値税（付加価値税）は中央対地方75％：25％，証券取引税は50％：50％の比率で分配すると規定したが，その後変化があった。

なかった。そして，上から下までの権威主義のもとで決められた分税体系は，結局権威のある上位政府が下位政府の財政権を掠奪する結果となった。中央から地方に渡り，低いレベルの政府ほど財政権と事務権の非対称性問題が深刻である。つまり，財政権が上へ集中するのに対して，事務権は下へ転嫁する傾向が顕在化している。

①税目の区分に関する変動と基層政府の財政悪化問題

現在，各レベル（特に省以下）政府間の財政関係について，法的根拠が出来ていないため，従来の中央対地方の垂直型権威主義構造が変わらない。これは地方（特に基層政府）財政状況悪化の根本的原因である。具体的には以下のような経緯があった。

第1に，分税制実施以来，本来地方財政収入であった一部の税目，例えば，固定資産投資方向調節税，農業・牧畜業税が取り消された。一方，分税制のもとでは，数の上では地方税は13種類あったが，実際には土地増殖（付加価値）税，家畜解体税，宴会税，遺産税などはまだ検討の段階であり，地方税になる主な税目は，営業税（鉄道，銀行本社，保険会社総括納税部分を含まない），不動産税および契税（不動産など所有権移転の際に移転先側に徴収する）などしかない。

第2に，多くの地方税は，中央地方共有税へ変わる傾向にある。例えば，所得税は，本来地方税であったが，2002年に中央地方共有税へ変わった。1994年には共有税は増値税，資源税，証券取引税の3種類しかなかったが，2006年現在には12種類に拡大された。共有税が全国税収総額に占める比重も1994年の55％から2003年の70％に上昇した。しかし地域間格差が大きいため，税目別の地域差も大きい。従って，より多くの税目を共有税にすることは止むを得ない結果かもしれないが，副作用として共有税拡大は分税制の基本的な枠組みを揺るがす危険性もあり，地方政府は安定的な税収予測がたてにくい。

第3に，証券取引税の事例に見られるように，共有税の配分が中央へ厚くなる趨勢も明らかである。証券取引税は本来5：5で分割していたが，

1997年より中央80％、地方20％へ、2003年には中央98％、地方2％へと変わった。

第4に、税目の区分にそもそも問題がある。地方の主要税目は企業所得税と流転税（営業税や生産型付加価値税）であるため、地方政府は増収を図るために開発区を設立し、資本を誘致することに一所懸命になることも当然な帰結である。企業誘致競争は結局企業を場所Aから場所Bへ誘致するだけで、大量の資源浪費（特に都市周辺の良質な耕地資源）を招き、地方税収の増加に繋がるかどうかも疑問である（過度競争により各種の「上乗せ」優遇措置は往々にして地方政府の肩代わりで実現する）。

第5に、中央と省の間の関係はまだある程度の規範性があるといえども、省あるいは市とその下位政府間の分税体制はいまだに不明確なままで、いくつかのパターンが存在する。市対県も同じ状況である。

以上の各種要因の作用で、地方、特に基礎的地方政府の財政悪化が深刻になっている。表13-4によると、中央財政が予算内総収入に占める比率が高くなる一方、支出比率が低くなる傾向にある。つまり、中央政府の財政集権の目的は達成したといえる。反面、地方政府が財政支出を行う際には、中央政府の財政移転に頼らざるを得なくなった。表13-5が示す中央と地方の財政自給率（＝財政収入／財政支出）は、この傾向をさらに明確にしている。

中央財政が全国財政に占める割合は、1993年の22％から2002年の54.9％に上昇したが、省も権力主導を発揮し、比重を1994年16.8％から2000年の28.8％へ上昇した。同時期に省以下（省を含まない）地方政府の全国財政での比重は60％から17％へと急低下した。

垂直型の財政権掠奪の結果、基層農村地域の県や郷鎮政府の財政自給率はますます悪化する一方である。省、市、県、郷レベルの自給率が1989-93年までには高まってきたものの、1994年以降はだんだん低下していった（劉漢屏、2002：122）。

王振宇（2006）は、財政自給能力を計算した結果、1987年以降地方政府の財政自給能力は次第に低下し、特に分税制実施以後、低下幅が顕著であ

第 13 章
中国における政府主導型環境ガバナンスの特徴と問題点

表 13-4●中央と地方政府の財政収入及び支出状況

年別	予算内財政収入			予算内財政支出			予算外財政収入			予算外財政支出		
	総額(億元)	中央比重(%)	地方比重(%)	総額(億元)	中央比重(%)	地方比重(%)	総額(億元)	中央比重(%)	地方比重(%)	総額(億元)	中央比重(%)	地方比重(%)
1982	1,212.3	28.6	71.4	1,230	53	47	802.7	33.7	66.3	734.5	30.9	69.1
1985	2,002.8	38.4	61.6	2,004.3	39.7	60.3	1,530	41.6	58.4	1,375	40.9	59.1
1986	2,122.01	36.7	63.3	2,204.91	37.9	62.1	1,737.31	41.2	58.8	1,578.37	40.6	59.4
1987	2,199.35	33.5	66.5	2,262.18	37.4	62.6	2,028.8	40.8	59.2	1,840.75	40.3	59.7
1988	2,357.24	32.9	67.1	2,491.21	33.9	66.1	2,360.77	38.4	61.6	2,145.27	39.3	60.7
1989	2,664.9	30.9	69.1	2,823.78	31.5	68.5	2,658.83	40.3	59.7	2,503.1	39.0	61.0
1990	2,937.1	33.8	66.2	3,083.6	32.6	67.4	2,708.64	39.6	60.4	2,707.06	38.3	61.7
1991	3,149.48	29.8	70.2	3,386.62	32.2	67.8	3,243.3	42.6	57.4	3,092.26	40.9	59.1
1992	3,483.37	28.1	71.9	3,742.2	31.3	68.7	3,854.92	44.3	55.7	3,649.9	43.6	56.4
1993	4,349	22	78	4,642.3	28.3	61.7	1,432.5	17.2	82.8	1,314.3	15.1	84.9
1994	5,218.1	55.7	44.3	5,792.6	30.3	67.7	1,862.5	15.2	84.8	1,710.4	13.2	86.8
1995	6,242.2	52.2	47.8	6,823.7	29.2	70.8	2,406.5	13.2	86.8	2,331.3	15.1	84.9
2000	13,39523	52.2	47.8	15,886.5	34.7	65.3	3,826.43	6.5	93.5	3,529.01	6	94.03
2001	16,38604	52.4	47.6	18,902.58	30.5	69.5	4,300	8.1	91.93	3,850	6.7	93.3
2002	18,903.64	55	45	22,053.15	30.7	69.3	4,479	9.82	90.18	3,831	6.8	93.2
2003	21,715.25	54.6	45.4	24,649.95	30.1	69.9	4,566.8	8.31	91.69	4,156.36	7.92	92.08
2004	26,396.47	54.9	45.1	28,486.89	27.7	72.3	4,699.18	7.5	92.5	4,351.73	9	91
2005	31,649.29	52.3	47.7	33,930.28	25.9	74.1	5,544.16	7.3	92.7	5,242.48	8.7	91.3
2006	38,760.2	52.8	47.2	40,422.73	24.7	75.3						

註：1）予算内財政収入について，①財政収入には財政移転を含まない。②財政収入には国内外の債務収入を含まない。③2000年以前は国内外債務返却及び利息支出，そして国外借款による基本建設支出などを含まない；2000年以降は国内外債務の利息支払いを含む。
　2）予算外財政収入について，①1993-1995年と1996年の予算外資金収支範囲に調整が行われ，以前各年と異なる。②1997年から，予算外資金には政府型基金を含まない，以前の年とも単純比較できない。
出所：『中国統計年鑑』各年版により作成。

る。地方政府の財政自給能力は1987年の1.03から2004年の0.59へ，年間4％の速度で低下の道を辿った。うち，省の年間低下率は1.6％，地級市（下位に県をもつ大きい市）は5.1％，県は3.4％，郷は4％であった。

　県以下の基層政府の財政状況の悪化を，河北省のある県を例に見てみよう。当該県の県財政体制調整に関する測定説明という内部文書で以下のようなことが書かれた。「2002年に所得税は地方税から中央地方共有税に変わったと同時に，省や市でもそれに応じて，4税目（増殖税，企業所得税，個

第 IV 部
中国の環境政策と環境ガバナンス

表 13-5 ● 中央と地方の財政自給率推移

年別	中央自給率	地方自給率	省レベル	市レベル	県レベル	郷レベル
1982	0.53	1.50				
1985	0.97	1.02				
1986	0.93	0.98				
1987	0.87	1.03				
1988	0.92	0.96				
1989	0.93	0.95				
1990	0.99	0.94				
1991	0.86	0.96	0.61	1.32	0.71	1.35
1992	0.84	0.97				
1993	0.73	1.18	0.68	1.36	0.78	1.4
1994	1.66	0.59				
1995	1.64	0.62	0.48	0.72	0.48	0.95
1996	1.70	0.65	0.54	0.73	0.49	1
1997	1.67	0.66	0.54	0.73	0.5	1
1998	1.57	0.65				
1999	1.41	0.62				
2000	1.27	0.62				
2001	1.49	0.59				
2002	1.54	0.56				
2003	1.60	0.57				
2004	1.84	0.58				
2005	1.88	0.60				
2006	2.05	0.60				

註：財政自給率＝本級財政収入／本級財政支出。
出所：中央と地方の自給率は『中国統計年鑑』各年版などにより作成。省，市，県，郷レベルの自給率は劉漢屏『地方政府財政能力問題研究』（中国財経出版社 2002 年）122 頁より転引。

人所得税，営業税）の配分比率を調整した。2002 年以前は，4 税目の増加分が県郷に残る比率は，増殖税 25％，所得税 100％，営業税 100％であったが，2002 年以後は，増殖税が 10％，企業所得税が 15％，個人所得税が 20％，営業税が 80％へとそれぞれ低下した。増殖税と所得税は県財政

収入の86％を占めるから，今後税収増加が極めて困難になると予測する。県郷財政は2002年の水準に止まるか，増加しても，3％の成長率を超えられないだろう。しかし経済発展のための事務権が要求する財政力は今の財政力を大いに超えるものと予想される (湯, 2004)」。

②法的枠組みの欠如：責任の下方転嫁

　中央と各レベル地方政府間には，事務権と財政支出範囲をはっきり決める法律が出来ていない。結果財政権と公共サービス提供責任がすれ違う現象が発生した。つまり財政権の上方移動と反対に，政府が提供すべき公共サービスは下方へ押し付けられる。1990年代後半以降，赤字経営の国有企業が各レベル政府の重荷になり，多くの企業の管轄権は下位地方政府に委ねられた。これは一種の責任転嫁でもあろう。そして中央より財政的支援が付いていないあるいは十分ではない政策 (例えば，公務員の給与引き上げ政策) が打ち出され，結局地方政府の財政負担を高める結果となる。

(4) まとめ

　毛沢東体制に比べて，経済成長をもたらした鄧小平体制を賢明権威主義体制と称することができる。しかし権威主義体制である以上，現行の分税制もおのずから権威主義的特徴が根強く存在する。現行の1994年分税制は地域経済の成長とどのような関係にあるのか。1994年当時，中国は1980年代の財政請負制度から脱却し，分税制を実施する理由が内生的に存在した。また分税制は財政請負制より制度的には前進したことも否定できない。しかし，1994年の分税制はそれまでの制度的弊害を一応克服したとはいえ，自らも新しい問題点を生み出した。憲法意味上の地方自治制度に照らして，現在の分税制は部分的かつ表面的な制度に過ぎない。分税制の当初の目標の実現には，まだ道半ばである。

　従って，分税制のような税財政制度は，いずれ，より大きくかつ基本的な制度 (地方自治制度) とリンクしない限り，効果を発揮することが難しいと考える。

4 権威主義体制と環境問題のジレンマ：結論に代えて

　1980年代以降現在にかけて中国政府は環境問題にさまざまな措置を講じてきたが，基本的には，立憲主義体制が十分に組み込まれておらず地方自治体制もまた曖昧な現状では，政策的措置が満足には働かない。この意味で，同じ政府主導の開発モデルと言っても，日本と中国は体制の面で大きな相違が認められる。民主主義体制が確立された戦後の日本では，普通選挙制度や，三権分立および地方自治制度が確立され，民生に関わる諸問題（例えば，住宅，交通，環境，教育等）は選挙キャンペーンにおいて常に焦点となり，有効な政策の構築に繋がってきた。それに対して，共産党指導下の多党協力体制を実行している中国では，権力に対する本格的かつ有効な監督体制がまだ出来ていない。そのために，さまざまな民生に関わる諸問題が経済成長とともに次第に浮き彫りになってきている。

　環境問題に関して言えば，中国と日本との間にはむろんさまざまな相違が存在している。例えば，日本は1960年代の四大公害事件に代表される公害問題が発生したが，1970年の公害国会で十数の法律の改正が行われ，独立した司法（裁判所）は開発主義姿勢の政府に対して厳しい判決を下した。それに対して，中国では，住民の投票権ないし独立司法による政府への牽制が働かない。止まることのない開発衝動の駆動のもとで，環境問題は沿海部や大都市に限定されず，いまや内陸部や中小都市にまで蔓延していく勢いである。政府内部も全体のバランスを考える中央政府と地方利益に走る地方政府がいて，地方政府の開発衝動には，制度的誘因も重要であろう。1994年分税制実施後，財政収入の比率が中央政府に傾斜していく中で，土地財政は地方政府の増収の重要な手段となったのである。地方自治制度は国民と政府間の権力―責務関係を規定するだけではなく，政府間関係（例えば縦関係にある中央と地方，横関係にある立法，行政，司法の三権）にも規範性を与える。企業に対して財産権関係の明確化が重要であることと同様に，地方自治制度もまた似たような役割を果たす。根幹から言うと，中国ではこのような立憲体制作りが著しく遅れたため，環境問題はいまのよ

うな臨界状態に達したのであろう。

　環境問題をきっかけにする群発事件の多発は，権威主義体制と関連すると言わざるを得ない。更に悪化していくと，1980年代末の天安門事件のように，社会的および政治的不安定も連動して起こりかねない。とは言え，改革・開放の初期的な成功を収めたからこそ，指導部としての党組織はこのような試練（複雑な社会構造，民生問題の浮上）を迎えたのだろう。国家能力が問われる正念場はこれからである。

　上記諸問題に関連して，最近の中国では，官僚組織に対する換血の趨勢，人材登用政策の変化が見られる。重要なポストに対する人事の任命には党員か否かを問わず，また学者型官僚が抜擢されている。このような趨勢が続けば，バランスの崩れが極力回避される。興味深いことに，高度経済成長の負の遺産とも言える民生諸問題の解決過程は，中国の権威主義体制からの移行過程でもあると考えられる。この体制移行の過程は理念先導ではなく，現実追随型体制移行の色彩が濃厚である（Chen, 2008）。

　東アジア諸国で観察された，経済体制の近代化が政治体制の民主化を促す移行の論理は，これからの中国にも現れるだろうか。超大規模国家中国の実践はまさに危険を伴う飛躍と言えよう。

謝辞　本研究は，中国教育部哲学社会科学重点プロジェクト「省エネと汚染排出削減に関するマクロ政策の研究」（2008-2010）の助成を受けた。ここで厚く御礼を申し上げたい。

参考文献

王　振宇（2006）「分税制財政体制欠陥性研究」遼寧省財政科学研究所。
王　燦発（2002）「わが国環境管理体制に存在する立法問題および健全化の路」，『政法論壇』2003年第4期。
曹　文婷（2005）「基層環境行政の障害および対策」武漢大学環境法研究所ウェブサイト，2005年7月1日。
陳　雲（2007）「統治と自治：東京都循環型社会構築の制度的分析」，蘇智良編『上海と東京の都市文化』辞書出版社，58-87頁。
陳　芳・牛　紀偉（2004）「江蘇鉄本の違法鉄鋼建設プロジェクトは「集団背任」問題を表明」新浪ネット，2004年5月8日。

中国環境 NGO「自然の友」編 (2005)『2005 年：中国の環境危機と脱出』社会科学文献出版社.
趙　俊 (2005)「わが国環境法における市民参加制度の欠陥および改善策」『環境科学と技術』, 第 28 巻第 2 期 58-59 及び 91, 121 頁.
国家環境保護総局行政体制・人事司 (1999)「環境管理体制が次第に健全化し, 環境行政人員の素質が不断に高まる」『中国環境報』1999 年 9 月 21 日.
湯　安中 (2004)「分税制の反省」『中国経済時報』2004 年 9 月 24 日.
劉　漢屏 (2002)『地方政府財政能力問題研究』北京：中国財経出版社.
呂　忠梅 (1996)『環境法教程』北京：中国政法大学出版社.
呂　忠梅 (2000)『環境法新視野』北京：中国政法大学出版社.
Chen, Yun (2008) *Transition and Development in China: Towards Shared Growth,* Aldershot, Ashgate, forthcoming.

終　章
結論と展望

森　　晶寿

1│本書での検討から得られた知見

本書での検討から得られた知見は，以下の3点に要約することができる。

1-1　中国の環境政策の特徴
第1に，中国の環境政策の特徴として，以下の4つが挙げられることを確認した。

第1に，環境政策を，行政命令とキャンペーンを中心としたものから，先進国と同様の法規制と経済的手段のポリシー・ミックス主体とするものへと変化させつつあることである。中国では1980年代に策定された8大政策だけでなく，環境9・5計画（環境保護第9次5ヵ年計画）を策定して以降の環境政策の多くも行政命令を中心とするものであった。環境9・5計画では，二酸化硫黄（SO_2）やCODなどの主要な環境汚染物質の排出に対して総量規制を設定した。これに基づいて，大気汚染対策では，1998年に酸性雨被害の著しい地域とSO_2の排出の著しい地域をそれぞれ酸性雨抑制区と二酸化硫黄抑制区の「両抑制区域」に設定し，2003年以降，「両抑制区域」で大気汚染の主要な発生源である石炭火力発電所の新設・改築・拡張には排煙脱硫装置の建設を義務付けた（第1章）。また水質汚濁対策では，淮河流域などで著しい汚染を排出する小規模工場に対して閉鎖ないし

生産停止命令を出した (第7章)。森林政策では，長江大洪水を契機に政策を生産優先から生態保護優先へと大幅に転換し，天然林伐採の禁止と保護，そして退耕還林を進めてきた (第4章)。こうした中央政府の行政命令主導の直接規制に基づいた環境政策は，対策資金を調達できなければ，経済を悪化させるか，執行されずに計画倒れに終わることになる。そこで1984年に8項目の資金源を環境保護投資の正式な資金源として規定し，環境保護投資の財源を確保した (第5章)。同時に第8次5ヵ年計画期間には世界銀行やアジア開発銀行からの融資を，第9次5ヵ年計画期間には日本からの環境円借款を導入することで，環境保護投資額をGDP成長率以上に大幅に増額し，行政命令とパッケージ化させることで政策の実効性を高めてきた (第12章)。同時に，生活排水及び工場廃水の処理を目的とした都市下水道の整備が，具体的な数値目標を設定した上で進められてきた (第2章)。

　しかし急速な経済成長を継続する中で，こうした行政命令主導の環境政策のみでは環境負荷の削減に限界があることが次第に明らかになった。そこで，市場経済化や国有企業改革の進展とあいまって，経済的手段が導入・強化されてきた。具体的には，一部の資源価格への補助が撤廃され，課徴金改革が行われ (第1章，第6章)，クリーナープロダクションが推進されてきた。排汚費徴収制度は，1982年には導入されていたが，料率の低さや徴収した資金の配分をめぐって非効率性が指摘されてきた。そこで2003年の改革では，汚染物質別の料金制度を導入し，課徴金を排出量に応じて徴収するようになり，料率も徐々に引き上げて，排出削減の誘因を高めようとした。同時に，地方環境保護局の職員の給与を財政支出から賄うようにすることで，「汚染を防止すれば，排汚費の徴収額が減るため，汚染の防止に積極的でない」との批判に応えようとした (第7章)。また都市下水道の整備においても，次第に費用回収や汚染者負担が強調されるようになり，料金制度が導入され，その水準も引き上げられつつある (第2章，第12章)。さらにクリーナープロダクションの広範な普及が困難なことが明らかになると，資源節約や企業間の副産物利用，廃棄物のリサイクルを

含めた循環経済政策が導入され，生態工業園区など地域レベルでの副産物の有効利用のモデル事業が展開されるようになっている (第3章)。

2つめの特徴は，市民やメディアからの批判や反対運動を環境政策の執行の強化手段として用いるようになったことである (第7章)。中国は，市民の政治活動やメディアの報道を厳しく制限しており，市民が環境保護運動を自由に行えるわけではない。その反面，環境政策の実効性を高める範囲で，国家環境保護総局は市民が環境保護運動を行うことのできる社会的空間を広げ，マスメディアによる環境汚染の摘発を奨励するようになっている。

3つめの特徴は，市場経済への移行が環境政策の形成にも大きな影響を及ぼした点である。中国の環境政策は，1972年の国連人間環境会議への参加を契機として始まり，環境行政管理機構の強化と環境法規制の整備を優先的に行い，1980年代には8大政策を導入した。これは計画経済を前提として国有企業を制御対象とした政策体系であったため，計画経済の下では一定の汚染削減効果を発揮しうるものであったかもしれない。しかし，市場経済への移行と国有企業改革は，郷鎮企業などの著しい成長と環境汚染を引き起こし，1980年代に確立された環境政策体系での対応を困難にした。そこで，環境政策体系を汚染者の排出責任をより重視するものに組み替えることが必要となった。この結果，課徴金が改革され，政府の環境財政支出の重点も工場汚染源対策から都市環境基盤整備へとシフトしていった (第5章)。

4つめの特徴は，土地所有権や林業所有権が不完全で不確定なことである。憲法や法律上では権利は保障されているものの，実際に行使する際には，不確定の度合いが高い。このことは，農民に長期の視点に立った持続的な森林経営を行い，天然林伐採の禁止を遵守し，退耕還林などの森林保全事業に参加する誘因を失わせている (第4章)。

そして，私有財産権が未確立であることが，議会 (人民代表大会) はその保護の責務を負わず，徴税権や予算決定権を持ちにくくしている。特に1994年に分税制が実施され，地方政府は歳入が減少する一方で事務配分が増大したことで，土地からの収益は地方政府の財政収入増加の重要な手

段となった。このことが，地方政府の開発指向を強化して農民からの土地収奪を促すとともに，法律に詳細な規定がないこととあいまって，環境保護局に様々な圧力をかけて環境法規制の執行を弱めている (第13章)。

　もっとも，安定的な私有財産権の確立は，環境保全を促進する面と環境汚染を悪化させる面の両面を持つことに留意すべきではある。しかし重要なのは，従来の議論で主張されてきた地方政府の環境保護局の執行の弱さは，単に資金や人材が乏しいという能力不足や，地方政府内部での権限や発言力が小さいという政治力の欠如だけでなく，地方政府を開発指向に駆り立てている中央政府の経済成長優先政策とそれを支える行財政制度が原因なのであり，その根本にある成長志向こそが問題なのである。この見解に立てば，経済成長路線の転換と立憲議会制地方自治制度の確立なくして，執行の弱さを抜本的に解決することは非常に困難ということになる。

1-2　大気汚染政策・水質汚濁対策の定量評価

　第2に，これらの環境政策の進展がもたらした成果と課題を，定量的及び定性的に明らかにした。2000年には環境9・5計画で設定された総量規制目標を達成したものの，2005年には環境10・5計画で設定された総量規制目標のうち，硫黄酸化物やCODなど主要な汚染物質で達成できなかった。定量分析の結果，この要因として，硫黄酸化物に関しては，石炭中の硫黄分除去対策があまり効果をあげてこなかったことが重要であることが明らかになった (第8章)。このことは，地域での硫黄酸化物排出量の総量規制の導入や排煙脱硫装置の設置の義務化，硫黄酸化物のみを対象とした課徴金の導入とその強化などより厳しい環境政策の導入の必要性と，再生可能エネルギー発電の促進などのエネルギー源の転換を促すためのエネルギー・電力政策と環境政策との統合化の必要性を示唆する。また越境大気汚染の影響に関する定量分析の文献レビューからは，日本海側の地域の硫黄沈降量は，冬季には中国起源の割合が非常に高くなるとの結論を得た。

　COD負荷量に関しては，工業系では生産段階での発生抑制が負荷量を大幅に削減し，排水処理施設の設置が追加的な削減効果をもたらしたもの

の，著しい経済成長が継続し，生活系の負荷量が急激に増加しその多くが未処理のまま排出されていることが，工業系での削減効果を相殺していることが明らかになった(第9章)。このことは，都市の開発計画を立案する段階で下水道などの環境インフラの整備を組み込み，生活排水に起因する水質汚濁を防止することが不可欠となることを示唆する。

この分析結果と政策への含意は，中国の環境統計に基づいた推計に依存している。ところが，中国の環境統計は必ずしも正確ではなく，整合性のあるものではない。また類似の統計を複数の省庁が収集し，省庁間での調整が行われないまま，整合性の取れていない統計が別々に公表されている。環境政策の実効性を高めるためには，客観的な数値に基づいた政策を立案することが不可欠である。このためには，環境統計に関する技術ガイドラインと統一した環境統計基準の開発，環境情報システムの確立，環境統計に関する法規制の確立と罰則規定の強化などが不可欠となることを指摘した(第10章)。

1-3 対中環境円借款の果たした役割

第3に，対中環境円借款が中国の環境政策の進展と実効性の向上に果たした役割を，定量的及び定性的に明らかにした。直接的な環境改善効果としては，1996-2000年に環境円借款で支援が行われた16事業全体で，SO_2の削減量が19万トン，CODの削減量が34万トンと推計された。これは，中国が環境政策を実施したことによって実現した削減量のそれぞれ4.9%，0.9%(生活排水のみでは10.6%)であった。この間の環境円借款供与額が中国の環境保護投資額の約5%であったことに鑑みると，環境円借款は金額相応のSO_2やCODの排出削減効果をもたらしたと見ることができる。また都市ガス供給や地域集中熱供給，下水道などの都市環境インフラの整備を支援し，その裨益者人口を増加させてきた。しかし主要な削減は中国政府の環境政策の強化によるものであった。

中国政府の環境政策の強化の観点からは，環境円借款は，第9次環境5ヵ年計画の開始当初は環境保護プロジェクトの実施を後押しする効果を

もたらし，またその後もクリーナープロダクション技術の導入や下水道管理技術の移転で一定の役割を果たしてきた。他方で，環境保全の支持者の拡大や発言力の強化，環境保全のための資金動員・利用能力といった環境能力の向上や地方政府内の環境保護局と他部局との間の連携の強化には，必ずしも積極的な貢献をしてきたわけではなかった。

2 今後の課題

　以上の検討を踏まえて，今後検討されるべき課題を2点に絞って指摘したい。
　1点目は，中国で持続可能な発展を実現するための政策や制度に関するさらなる検討である。近年の経済成長や世界貿易機構（WTO）への加盟に伴い，中国は国際社会と経済面での相互依存を深めてきた。同時に，第8章で検討した越境大気汚染をはじめ，温室効果ガスの排出，再生可能資源の輸入，鉱物資源の大量輸入といった環境・資源面での相互依存も深まってきている。この背景には，国内に依然として残る貧困を克服するためには，経済成長の持続が不可欠との認識がある。他方で環境破壊が経済成長だけでなく政治体制の危機を招くことも認識している。そこで，粗放型の工業化や経済成長ではなく，環境保全を考慮に入れた経済成長への転換を図ってきている。第11次5ヵ年計画（2006-2010年）期間に入ってからもこの転換は続けられ，循環経済政策の法制化，省エネ法の改正と省エネ基準の設定，グリーンGDPによる考査制度の導入などが行われてきた。しかし，こうした政策や制度も，経済成長に伴う環境悪化に十分な歯止めをかけられないでいる。このことは，国際社会との相互依存を通じて，東アジア地域，ひいてはグローバルな悪影響を及ぼしうる。これを未然に防止するためには，環境政策のさらなる強化と効果的な執行，そして政府の環境担当部局以外の多様な主体が環境保全の責任を負う仕組みの構築が不可欠となる。
　他方で，所得や経済力においても，環境政策の執行においても，中国国内には大きな格差が生じており，この格差は経済成長の中でますます増幅してきている。このことは，これまでの経済成長を継続させ，これまでの

ような環境政策を執行するだけでは，貧困や格差の問題は克服できないことを示唆する。問題の克服のためには，貧しい人々の福祉水準の向上にも焦点を当てた政策や制度の構築が必要となるが，これをどのように環境政策と統合させていくか。この点が，今後の中国の持続可能な発展を実現する上で検討すべき1つの重要な検討課題となる。

　第2に，円借款終了後の日中環境協力の在り方に関する検討である。対中円借款が2008年で終了するのに伴い，対中環境円借款も2008年度以降は供与されなくなる。ところが，本書の検討からは，日本を含め東アジアが持続可能な発展を実現するためには，中国がより持続可能な発展に向けての政策を導入し，制度を改革することが不可欠であることが明らかになった。このことを敷衍すれば，何らかの形で日中環境協力を継続し，中国の環境政策の進展を支援することが望ましいことになる。

　円借款終了後の協力形態としては，さしあたり2つのものが考えられる。1つは，円借款の還流資金を，ODAではなく別の形態の環境協力のための政府資金として活用することである。対中円借款は1990年度以降大幅に増額され，特に1996年度以降は環境円借款も含めて多額の資金が供与された (図11-1) が，今後は据置期間が徐々に終了し，資金の返済期間に入っていく。中国は世界でも有数の外貨準備を持つようになったため，円借款資金を返済する能力は十分に持っており，現在も滞りなく返済されている。そこで，この返済資金をそのまま日本国内に還流させるのではなく，東アジアの持続可能な発展を実現するための資金として活用すれば，円借款終了後も日中環境協力の有力な資金源となりうるであろう。そしてこの資金を活用して行われる環境保全事業に，中国政府や政府系金融機関も資金を供給するようにすれば，中国政府や金融機関，企業が実施される環境保全事業により主体性を持つようになり，事業の効果を向上させるのに必要な政策の改革や制度の構築，措置の改善もより積極的に行うようになることが期待される[1]。

---

[1] この構想は，国際協力銀行がみずほコーポレート銀行や中国輸出入銀行などが設立する温暖化ファンドに出資し，中国での省エネ事業を推進することを決めるなど，既に実現に向けた動

2つめは，中国の持続可能な発展の実現に資するような日中共同，あるいは東アジア共同での学術レベルの環境科学・政策研究を推進し，その成果を政府間の環境政策対話や環境ODA，そして様々な主体を対象とした教育・研修に反映させるためのプログラムを，環境円借款以外の資金を組み合わせて実施することである。中国が環境政策を進展させる上で抱える固有の制約を克服し，持続可能な発展を実現するには，中国の人々自身が持続可能な発展を実現することの重要性を認識し，実現するのに必要な政策や手段を構想して政策に反映させ，実効的な効果を持つような制度を構想して執行し，技術を創出して普及させていくことが何よりも重要である。第13章で提案された立憲議会制地方自治制度の確立は，たとえ国際社会の協力や圧力があったとしても，中国の人々がそれを真に必要と認識し，その実現に向けた行動を取らない限り，実現するのは非常に困難であろう。

　そこで，日本や中国，そして韓国や台湾を含めた東アジアでの経験や先駆的な取り組みから引き出される知見を共有し，比較検討を行った上で，中国が抱える課題を実現するための条件や文脈を共同で明らかにしていくことが重要となる。その上で，共同研究から得られた知見を国際環境協力の理論的・実践的な基礎とし，環境保全事業やプログラムの形成に反映させることができれば，これまでの環境円借款の中では十分に発現することができなかった（第12章）政策や制度の構築へのインパクトを向上させることができると考えられる。

　そして，共同研究から得られた知見を国際環境協力に反映させ，中国の持続可能な発展に寄与するようにするためには，同時に中国の内部にそれに賛同し積極的に活用する主体が多く存在する必要がある。そうした主体を増やすためには，共同研究から得られた知見を基盤としつつ，深刻な環境破壊を抱える地域で環境改善や持続可能な発展に寄与する事業を実践的に担うことのできる人材を育成していく必要がある。

きも出始めている。

巻末資料

資料1　国連および中国の環境保護に対する重大な意思決定と行動

年	重大な意思決定と行動
1972	・国連人間環境会議（UNCRE）がストックホルムで開催 ・国務院が「官庁ダムの汚染状況に関する報告」を認可，官庁ダム水資源保護指導グループを成立
1973	・国務院が第1回全国環境保護会議を開催 ・国務院が国家計画委員会の「環境の保護と改善に関する若干の規定」を認可転送 ・国家計画委員会，国家建設委員会，衛生部が中国最初の環境基準—「工業三廃排出試行基準」を批准公布
1974	・国務院環境保護指導グループを成立
1975	・国務院環境保護指導グループは「環境保護の10年計画に関する意見」と具体的要求を印刷して各省，市，自治区と国務院各部門に配布し，遵守するよう期待した。
1979	・「中華人民共和国環境保護法（試行）」を公布
1981	・国務院が「国民経済の調整期における環境保護活動を強化することに関する決定」を公布
1982	・「国は生活環境と生態環境を保護し改善し，汚染とその他公害を防止」，「国は自然資源の合理的利用を保護し，希少動植物を保護し，如何なる組織或は個人の如何なる理由による自然資源に対する不法占拠あるいは破壊を禁止」と「中華人民共和国憲法」に初めて明確に規定 ・「中華人民共和国海洋環境保護法」を公布 ・「中華人民共和国文化財保護法」を公布 ・都市と農村建設環境保護部の下に，環境保護局を設立 ・国務院が「排汚費（汚染物質排出費）の徴収についての暫定方法」を公布 ・「国民経済と社会発展第6次五ヵ年計画」は「環境保護の強化，環境汚染を防止し，重点地区の環境状況を改善」を基本任務十項目の1つとし，環境保護について専門に1章を設けた。
1983	・国務院第2回全国環境保護会議を開催し，「環境保護は中国の基本的国策である」と宣言 ・国務院が「技術改造と結び付け工業汚染を防除する事に関する幾つかの規定」を公布 ・国務院が「貴重な野生動物を厳格に保護することに関する通知」を公布
1984	・国務院が「環境保護活動に関する決定」を公布し，国務院環境保護委員会を設立し，各省市県でも相応の機関を設立 ・「中華人民共和国水汚染防止法」を公布 ・「中華人民共和国森林法」を公布 ・国務院が「郷鎮企業・街道企業の環境管理を強化することに関する決定」を公布 ・環境保護局を設立し，都市建設環境保護部の指導下に置き，国務院環境保護委員会

371

	の事務機構とした。
1986	・「中華人民共和国鉱産資源法」を公布 ・「中華人民共和国土地管理法」を公布 ・国家環境保護局が最初の環境統計データ —— 1985年環境統計コミュニケを公布し，今後毎年一回公布する事を決定
1987	・「中華人民共和国大気汚染防止法」を公布
1988	・「中華人民共和国野生動物保護法」を公布 ・「中華人民共和国都市と農村の計画法」を公布 ・国家環境保護局（NEPA）が国務院の直属機構に昇格
1989	・**国務院が第3回全国環境保護会議を開催し，環境管理を強化し，「旧3項目」「新5項目」政策措置を推進** ・「中華人民共和国環境保護法」を，10年間の試行後改正して新たに公布
1990	・国務院が「環境保護活動を一段と強化することに関する決定」を公布
1991	・「中華人民共和国水土保持法」を公布
1992	・国連環境開発会議（UNCED）がリオデジャネイロで開催 ・「中国環境と発展の十大対策」の中で，中国は持続可能な発展戦略の実施を宣言し，10の方面の重大政策を確定
1993	・第2回全国工業汚染防治会議で，「3つの転換」（「末端整備」から全過程制御への転換，単純濃度規制から濃度と総量規制結合への転換，分散整備から分散と集中整備の結合への転換） ・国務院が「原子力発電所事故の応急管理条例」を発布
1994	・「中国アジェンダ21」を公布 ・国務院が「中華人民共和国自然保護区条例」を公布
1995	・「中共中央の提案」が二つの根本的転換の実施を提出（経済体制の計画経済から社会主義市場経済への転換，経済成長方式の粗放型から集約型への転換） ・国務院が「淮河流域の水汚染防止暫定条例」を公布 ・「中華人民共和国固形廃棄物環境汚染防止法」を公布 ・「中華人民共和国草原法」を公布 ・国家保護局と農業部が共同で「全国郷鎮企業汚染状況の調査」を実施
1996	・国務院が第4次全国環境保全会議を開催し，「環境保全の若干問題に関する決定」を公布し，汚染排出企業に期限付きで国家基準に達成し，更に「総量規制」と「グリーンプロジェクト」の2大措置の実施を要求 ・「中華人民共和国環境騒音汚染防止法」を公布 ・「中華人民共和国鉱産資源法」を改訂し新たに公布 ・国務院が「野生動物保護条例」を公布 ・国家環境保護局，中共中央宣伝部，国家教育委員会が共同で，「全国環境宣伝教育行動要綱（1996年〜2010年）」を公布
1997	・中共中央が基本国策座談会を開催し，中央と地方の指導者と人口，資源・環境問題を討論し，これを制度化した。 ・国務院が「土地管理を確実に強化し，耕地を切実に保護することに関する通知」を公布

	・「中華人民共和国省エネルギー法」を公布 ・国務院が「全国の草地整備計画」を公布
1998	・国家環境保護局が省級の国家環境保護総局に昇格（SEPA） ・国務院が「全国酸雨制御区と二酸化硫黄制御区の区分方案」の公布を批准 ・「中華人民共和国森林法」を改訂し新たに公布 ・「中華人民共和国土地管理法」を改訂し公布 ・国務院が「全国生態建設計画」を公布 ・国務院が「自然保護区の管理を強化することに関する通知」を公布 ・国務院が「森林の保護，湿地の開墾と林地占用を禁止することに関する通知」を公布 ・国務院が「鉛を含むガソリンの生産と販売を禁止することに関する通知」を公布 　国務院が「建設プロジェクトの環境保全管理条例」を公布
1999	・「中華人民共和国海洋環境保護法」を改訂し新たに公布 ・「国家生態安全大綱」 ・「国家土地利用ガイドライン 1997-2010」 ・「全国野生動植物とその生息環境の保護計画」 ・「排汚費徴収を強化し，都市下水排出と集中処理の良性運行メカニズムを増強することに関する通知」
2000	・「中華人民共和国大気汚染防止法」を2度目の改訂を終え公布 ・「中華人民共和国漁業法」を公布 ・国務院が「都市の給水節水と水質汚濁防除活動に関する通知」を公布 ・国務院が「全国生態環境保護要綱」を公布 ・国務院が「ファツァイの採集と販売を禁止し，甘草，麻黄草の過度な採集を規制することに関する通知」を公布 ・「当面国家奨励の環境保全産業設備（製品）目録」（第一回）を公布 ・「国家湿地保護行動計画」 ・「国家林業資源保護計画」 ・西部大開発において，インフラ整備と生態保護の強化を強調
2001	・「中華人民共和国海域使用管理法」を公布 ・国務院が「農業遺伝子組み替え生物の安全管理条例」を公布 ・国務院の関係部門が「廃棄自動車の回収管理方法」を公布 ・国家環境保護総局が「家畜家禽飼育における汚染防除管理方法」を公布 ・国家環境保護総局が「建設プロジェクト竣工後の環境保全検収管理方法」を公布 ・国家環境保護総局が「淮河と太湖の流域に排出する重点水質汚濁物の許可証書管理方法」を公布
2002	・持続可能な開発に関する世界首脳会議（WSSD）がヨハネスブルクで開催 ・国務院が第5回全国環境保全会議を招集 ・「中華人民共和国砂漠化防止法」を公布 ・「中華人民共和国草原法」を改訂し新たに公布 ・「中華人民共和国水法」を改訂し新たに公布 ・「中華人民共和国文化財保護法」を改訂し新たに公布 ・国務院が「排汚費の徴収と使用の管理条例」を公布 ・国務院が「有害化学品の安全管理条例」を公布

	・国務院が「退耕還林（耕地を林地に返す）条例」を公布 ・「中西部地区生態環境状況の調査」
2003	・「中華人民共和国クリーナープロダクション促進法」を公布 ・「中華人民共和国環境影響評価法」を公布 ・「中華人民共和国放射性汚染防止法」を公布 ・国務院が「排汚費の徴収と使用の管理条例」を公布 ・国務院が「医療廃棄物管理条例」を公布 ・国家環境保護総局が「特別計画に対する環境影響報告書の審査方法」を公布
2004	・「中華人民共和国行政許可法」を公布 ・「中華人民共和国種子法」を公布 ・「中華人民共和国固形廃棄物環境汚染防止法」を改訂新たに公布 ・「中華人民共和国漁業法」を改訂新たに公布 ・「中華人民共和国土地管理法」を改訂新たに公布 ・「中華人民共和国野生動物保護法」を改訂新たに公布 ・「国家生態機能区区画」 ・「国家生態遺伝子源の保護と開発計画」 ・国務院の関係部門が共同で，「危険廃棄物経営許可証管理方法」を発布 ・国家環境保護総局が「環境保全行政許可公聴の暫定方法」を公布 ・国家環境保護総局と国家統計局共同で「グリーン GDP に関する研究」を展開
2005	・「中華人民共和国再生可能エネルギー法」を公布 ・**国務院が「科学発展観を実行し環境保全を強化することに関する決定」を発布** ・国家環境保護総局が「廃棄有害化学品環境汚染の防止方法」を発布 ・国家発展改革委員会，国家エネルギー指導グループ弁公室と国家統計局が共同で，「単位 GDP あたりのエネルギー消費指標の公表制度確立に関する通知」を公布
2006	・国家環境保護総局が「環境影響評価の市民参与の暫定方法」を公布 ・監察部と国家環境保護総局が共同で「環境保護に関する違法・紀律違反行為に対する処分の暫定規定」を公布 ・国家統計局が「単位 GDP のエネルギー消費に関する指標の報告制度とエネルギー統計報告表改定制度の確立に関する通知」を公布

出所：『中国環境保護行政二十年』，『中国環境年鑑』(各年版) と中国政府ホームページの資料に基づいて張坤民が整理。

資料2　環境円借款関連サブプロジェクト一覧（承諾時）

供与時期	事業名	サブプロジェクト名	円借款供与額（百万円）
第2次	北京市上水道整備	北京市上水道整備	15,480
	北京市下水処理場建設	北京市下水処理場建設	2,640
	四都市ガス整備	ハルビン	14,990
		福州	
		寧波	
		貴陽	
	四都市上水道整備	南京	12,580
		成都	
		徐州	
		鄭州	
第3次	三都市上水道整備	天津上水道	8,866
		合肥上水道	
		鞍山上水道	
	三都市上水道整備	アモイ上水道	10,403
		重慶上水道	
		昆明上水道	
	青島開発計画	上水道施設	2,513
		下水道施設	
	西安市上水道整備	フェーズ1	7,139
		フェーズ2	
	天津第三ガス整備	天津第三ガス整備	5,722
第4次前3年	フフホト市上水道整備	フフホト市上水道整備	5,446
	北京第9浄水場第3期建設	北京第9浄水場第3期建設	14,680
	貴陽市西郊浄水場建設	貴陽市西郊浄水場建設	5,500
	湛江市上水道整備	湛江市上水道整備	5,519
	蘭州環境整備	都市ガス供給	7,700
		熱供給	
		汚水処理	
		上水道拡張	

供与時期	事業名	サブプロジェクト名	円借款供与額(百万円)
	瀋陽環境整備	冶煉廠改善	11,196
		熱供給	
		合金公司環境処理	
		太原街集中熱供給	
		金山熱電拡張	
	フフホト・包頭環境改善	フフホト市都市ガス供給	15,629
		フフホト市熱供給	
		包頭都市ガス供給	
		包頭熱供給	
		包頭モニタリング	
		フフホト市炭酸カルシウム製造工場排気処理*	
		フフホト市化繊工場排水処理*	
		フフホト市ゴム化学工場ボイラー更新*	
		フフホト市製糖工場排水処理*	
		包頭アルミ工場フッ素含有排気処理*	
		包頭レアアースメタル工場移転*	
		包頭第一発電所石炭灰利用*	
		包頭製鉄所COガス回収*	
		包頭下水処理場建設	
		包頭製鉄所コークス炉ガス精製	
		包頭製鉄所総合排水処理	
		フフホト市製鉄所排ガス発電	
		フフホト市化学工場苛性ソーダ製造工程改善	
		フフホト市都市ガス供給拡張	
		フフホト市石炭灰総合利用	
		フフホト市清水河県セメント工場粉塵対策	
	柳州酸性雨及び環境汚染総合整備	ガス供給	10,738

供与時期	事業名	サブプロジェクト名	円借款供与額(百万円)
		ゴミ処理場建設	
		柳州化学肥料工場排気対策	
		柳州製鉄所コークス燃焼ガス脱硫	
		柳州亜鉛工場移転	
		柳州発電所脱硫装置設置	
	本渓環境汚染対策	本渓電気機器工場排ガス排水処理	8,507
		本渓製鉄所第二工場転炉排気対策	
		本渓ゴム化学工場DMSOプラント移転改善	
		本渓セメント工場防塵	
		本渓合金工場W・Mo製造工程排気排水処理	
		本渓鉱物化学工場カーバイト製造工程排気対策	
		環境観測センター拡充	
		北台製鉄所高炉排気利用	
		上水取水場建設	
		石炭灰総合利用	
		本渓銅加工工場排気排水処理	
		本渓製薬工場排水処理	
		本渓プラスチック化学工場苛性ソーダ製造工程改善	
		飲料水汚染対策	
		第五期都市ガス化	
		北台製鉄転炉排気対策	
		化学工場汚染対策	
		溶剤工場汚染対策	
		潤滑油工場汚染対策	
		北台製鉄コークス炉環境汚染対策	
	河南省淮河流域水質汚染総合対策	鄭州市下水道	12,175
		平頂山市下水道	
		許昌市下水道	

供与時期	事業名	サブプロジェクト名	円借款供与額（百万円）
		開封化学肥料廃水処理	
		漯河パルプ	
		遂平パルプ	
		汝州パルプ	
		周口パルプ	
		駐馬店下水	
		駐馬店化学	
		舞陽パルプ	
	湖南省湘江流域環境汚染対策	永州市下水道	11,853
		岳陽市下水道	
		常徳市下水道	
		株州精錬廃水処理	
		株州化学廃水処理	
		クロム廃滓処理	
		湘江肥料廃水処理等	
		湘潭製紙水質対策	
		鉱山水質対策	
		邵陽市ガス供給	
		株州市ガス供給	
		衡陽市ゴミ処分	
		モニタリング	
		湘鋼排水排ガス	
		瀏陽パルプ排水	
		株州下水	
		臨湘長安河下水対策	
		長沙開発区下水対策	
		長沙市ゴミ衛生処分	
		長沙市都市ガス供給	
		瀏陽窒素肥料工場	
		張家界自然区対策	

供与時期	事業名	サブプロジェクト名	円借款供与額（百万円）
	大連上水道整備	大連上水道整備	5,500
	黒龍江省松花江流域環境汚染対策	黒龍江モニタリング	10,541
		牡丹江都市下水	
		延寿県都市下水	
		黒龍江製紙工場対策	
		通河製紙工場対策	
		ハルビン製薬工場対策	
		大慶石油化学工場対策	
		林源精油工場対策	
		鶏東県熱電併給	
		伊春市熱電併給	
		ビール工場対策	
	吉林省松花江遼河流域環境汚染対策	吉林都市下水	12,800
		松原都市下水	
		長春都市下水	
		長春双陽区都市下水	
		吉林鉄合金対策	
		吉林ニッケル対策	
		吉林製紙対策	
		松花江モニタリング	
		遼源都市下水	
	山東省煙台市上水道・治水施設整備	門楼ダム上水道整備	6,008
		王屋ダム上水道整備	
		城子ダム上水道整備	
		王河地下ダム上水道整備	
		防潮堤	
	陝西省韓城第2火力発電所建設	韓城第2火力発電所脱硫装置	1,383
	河南省磐石頭ダム建設	河南省磐石頭ダム建設	6,734
	湖南省・水流域水力発電	洪江ダム	17,664
		碗米坡ダム	

供与時期	事業名	サブプロジェクト名	円借款供与額（百万円）
	配電網効率改善（重慶）	配電網効率改善（重慶）	13,754
第4次後2年	環境モデル都市（貴陽）	貴陽ガス増設	14,435
		貴陽製鉄工場大気汚染対策	
		貴州セメント工場粉塵処理	
		貴州有機化学（猫跳河水質改善）	
		貴陽発電所大気汚染対策	
		モニタリング	
		林東クリーン炭工場建設	
	環境モデル都市（大連）	大連製薬工場環境保護対策	8,517
		塩島化学工業区熱電工場建設	
		春海熱電工場増設	
		大連セメント粉塵処理	
		大連鋼鉄電炉汚染対策	
	環境モデル都市（重慶）	天然ガス供給システム拡張	7,701
		天然ガススタンド建設	
		重点汚染源自動モニタリングシステム整備	
		重慶発電所西工場排煙脱硫装置設置	
	蘇州市水質環境総合対策	下水処理場	6,261
		下水管網	
		水路整備	
		導水	
	浙江省汚水対策	杭州市	11,356
		嘉興市	
		紹興市	
	広西自治区都市上水道整備	南寧上水道整備	3,641
		桂林上水道整備	
	昆明市上水道整備	昆明市上水道整備	20,903
	成都市上水道整備	成都市上水道整備	7,293

供与時期	事業名	サブプロジェクト名	円借款供与額(百万円)
	重慶市上水道整備	重慶市上水道整備	6,244
	江西省都市上水道整備	景徳鎮上水道整備	4,147
		赣州上水道整備	
		吉安上水道整備	
		南康上水道整備	
	湖南省都市洪水対策	湖南省都市洪水対策	24,000
	湖北省都市洪水対策	湖北省都市洪水対策	13,000
	江西省都市洪水対策	江西省都市洪水対策	11,000
	天津市汚水対策	紀庄子処理場	7,142
		咸陽路処理場	
		東南郊処理場	
	大連都市上下水道整備	瓦房店上水道	3,309
		庄河上水施設	
		瓦房店下水施設	
		旅順口下水施設	
	長沙市上水道整備	長沙市第8浄水場	4,850
	営口市上水道整備	営口市上水道整備	2,504
	唐山市上水道整備	古冶区	2,841
		灤南	
		遷西県	
		遷安県	
		唐海県	
		豊南県	
	陝西省黄土高原植林	陝西省黄土高原植林	4,200
	山西省黄土高原植林	山西省黄土高原植林	4,200
	内蒙古自治区黄土高原植林	内蒙古自治区黄土高原植林	3,600
	四川省紫坪鋪水資源開発	発電部分等	8,648
	甘粛省水資源管理・砂漠化防止	甘粛省水資源管理・砂漠化防止	6,000
	新疆自治区水資源管理・砂漠化防止	新疆自治区水資源管理・砂漠化防止	14,400
	重慶モノレール建設	重慶モノレール建設	27,108

供与時期	事業名	サブプロジェクト名	円借款供与額(百万円)
01年度	山東省泰安揚水発電所建設	山東省泰安揚水発電所建設	18,000
	湖北省小水力発電所建設	長陽	9,152
		恩施	
		保康	
	甘粛省小水力発電所建設	竜首	6,543
		漢坪咀	
	武漢都市鉄道建設	武漢都市鉄道建設	2,894
	北京都市鉄道建設	北京都市鉄道建設	14,111
	西安市環境整備	第3下水処理場建設	9,764
		第4下水処理場建設	
		下水管網整備	
	鞍山市総合環境整備	地域熱供給	14,525
		都市鉄道改良	
		上水道整備	
		下水処理	
	太原市総合環境整備	コークス乾式消火	14,144
		コークス炉ガス処理	
		コンバインドサイクル発電	
		炉頂圧発電	
		電炉環境改善	
		スラグ処理	
		下水処理	
	重慶市環境整備	唐家沱下水処理場	9,017
		鶏冠石下水処理場	
	北京市環境整備	熱電併給	8,963
	寧夏自治区植林植草	寧夏自治区植林植草	7,977
	山西省西龍池揚水発電所	山西省西龍池揚水発電所	23,241
02年度	河南省大気環境改善	焦作市天然ガス供給施設	19,295
		漯河市天然ガス供給施設	
		平頂山市天然ガス供給施設	
		信陽市天然ガス供給施設	

供与時期	事業名	サブプロジェクト名	円借款供与額（百万円）
	安徽省大気環境改善	駐馬店市天然ガス供給施設	18,558
		巣湖市天然ガス供給施設	
		滁州市天然ガス供給施設	
		阜陽市天然ガス供給施設	
		合肥市天然ガス供給施設	
		淮南市天然ガス供給施設	
		馬鞍山市天然ガス供給施設	
		銅陵市天然ガス供給施設	
		蕪湖市天然ガス供給施設	
	宜昌市水環境整備	下水道整備	8,460
		上水道整備	
	南寧市水環境整備	竹排水路環境総合整備	12,115
		琅東下水処理場2期	
		江北地区下水管網	
	甘粛省植林植草	甘粛省植林植草	12,400
	内蒙古自治区植林植草	内蒙古自治区植林植草	15,000
	湖南省環境整備・生活改善	上水道整備	2,190
03年度	江西省植林	江西省植林	7,507
	湖北省植林	湖北省植林	7,536
	フフホト市水環境整備	公主府下水道	9,747
		辛辛板下水道	
		如意白塔下水道	
		章蓋営下水道	
		雨水管網	
04年度	陝西省水環境整備	西安都市排水管網整備	27,264
		西安袁楽村下水処理場建設	
		西安都市給水整備	
		西安西郊配水路整備	
		西安西南郊地区下水処理場建設	
		西安北郊下水処理場建設	
		咸陽市上水	

供与時期	事業名	サブプロジェクト名	円借款供与額（百万円）
		銅川市上水	
		楡林市上水	
		藍田県上水	
		鳳翔県上水	
		隴県上水	
		宝鶏県上水	
		扶風県上水	
		千陽県上水	
		華県上水	
		合陽県上水	
		富平県上水	
		白水県上水	
	長沙市導水及び水質環境	導水及び浄水場	19,964
		新開鋪下水処理場	
		花橋下水処理場	
	新疆自治区伊寧市環境総合整備	上水道整備	6,462
		下水道整備	
		廃棄物処理施設整備	
		集中型熱供給施設整備	
		天然ガス供給施設整備	
		植林	
	包頭市大気環境改善	包頭市大気環境改善	8,469
	四川省長江上流地区生態環境総合整備	長江上流地区生態環境総合整備	6,503
	貴陽市水環境整備	新庄下水道	12,140
		小河下水道2期	
		後午片区下水道	
		站街下水道	
		百花湖下水道	

供与時期	事業名	サブプロジェクト名	円借款供与額（百万円）
	合計		822,801

註1：DAC報告には含まれていないが，表中環境事業として含めている事業は次のとおり。
　　1988年度：北京上水道整備・四都市上水道整備（2年度にわたって円借款を供与，1989年度はOECDに報告），北京下水処理場建設，四都市ガス整備（2年度にわたって円借款を供与），1989年度：四都市ガス整備，1994年度：天津第三ガス整備。

註2：＊は，審査当初ツー・ステップ・ローンの対象候補だったサブプロジェクト。

出所：国際協力銀行『中国円借款の概要』，2001年，及びJBIC提供資料に基づき作成。

あとがき

　本書の企画の誕生は，我々が組織する京大チームが2005年1月に国際協力銀行から「対中環境円借款事後評価プロジェクト」を受託したことから始まる。このプロジェクトチームは，山本裕美経済学研究科教授（中国経済・開発経済学），植田和弘経済学研究科教授兼地球環境学堂教授（財政学・環境経済学），森晶寿地球環境学堂助教授（環境経済学），山本浩平エネルギー科学研究科助手（大気環境学・環境影響評価学），永禮英明工学研究科専任講師（現北見工業大学工学部准教授）（水環境工学・上下水道工学）の5人で組織され，私が団長を務めることになった。このプロジェクトの調査研究期間は11ヵ月に及び，中国への現地調査も数回行い，湖南省長沙市，内モンゴル自治区フフホト市，北京市において円借款が供与された施設等を調査すると同時に，中央政府の国家発展改革委員会，国家環境保護総局，財政部，国家林業局，地方政府の発展改革委員会，環境保護局，水利局，林業局，財政局等関連官庁と討論会を開催し，大いに得るところがあった。

　調査研究成果は2005年11月に報告書『中国環境円借款貢献度評価に係わる調査―中国環境改善への支援（大気・水）―』として提出され，高い評価を受けている。現在国際協力銀行のホームページの中のODAの項目の中の大学との連携のページで連携事例の1つとして公開されている。

　このプロジェクトは月に何回も開催された中国SD（持続可能な発展）研究会を中心に運営された。この研究会に各教員が自ら指導している大学院博士課程後期の学生を参加させて共に研究報告をして共に討論するという過程を繰り返した。この研究討論が中国の環境問題に対する共通の認識を培養するのに大いに貢献した。これらの院生諸君が，本書に執筆している経済学研究科の劉春發氏（開発経済学・環境経済学），金紅実氏（環境経済学），何彦旻氏（環境経済学），地球環境学堂博士後期課程の孫頴氏（環境経済学）である。彼等にとってこの研究会は博士論文作成にも役立ったのではない

あとがき

かと推測する。

　この中国環境問題研究会はまた京大内部のみならず外部から専門家を招聘してセミナーを開催した。このセミナーで，張坤民立命館アジア太平洋大学教授（清華大学名誉教授，中国国家環境保護総局元副局長）には中国の環境政策を，小島麗逸大東文化大学名誉教授（中国経済）には中国産業と環境問題についてそれぞれ詳しい講義をして頂き，我々も大いに裨益するところがあった。張先生に至っては我々のプロジェクトに参加していただくということになったのである。

　このプロジェクトの我々の報告書における政策提言は以下の如くである。関心のある方は国際協力銀行のホームページから全文ダウンロードできるので御覧いただきたい。

① 抜本的な環境負荷削減のためには，環境問題の現状の正確な把握のために環境統計の整備や，予防的な観点から環境目標の設定が必要である。
② 中国の市場経済化政策が環境問題や環境政策に及ぼす影響を分析し，企業に環境対策を促進するインセンティブを与える政策・制度の設計の検討，中央及び地方の環境保護局の実施能力向上による執行体制の強化等，環境政策におけるインセンティブ・執行体制の強化が重要である。
③ 都市の成長・環境管理計画と都市環境インフラの整備・運営の整合性をとるなど，急速に進む都市化に対応するために「持続可能な都市」実現の課題と解決を明確にすることが必要である。

　さて我々のプロジェクトはこのような報告書を提出して完了したが，我々としては中国SD研究会を通じて「自由な学風の伝統」を誇る京都大学においてこのプロジェクトチームのチームワークは予想外に良く，このまま解散するには惜しいということになり，プロジェクトとは別の学者本来のアカデミックな視点から中国の環境問題の専門書を出版しようということになり，出版は京都大学学術出版会が引き受けてくれることになったのである。

あとがき

　また復旦大学日本研究中心と京都大学の KSI（Kyoto Sustainability Initiative）及び経済学研究科付属上海センターの共催で 2006 年 11 月に復旦大学において国際セミナー「経済発展における環境保護の経験：日中比較」，を開催した。これには日本側は，京都大学の山本裕美教授，植田和弘教授，森晶寿助教授，博士課程院生の劉春發氏，金紅実氏，北海道大学の吉田文和教授，桃山学院大学の竹歳一紀教授，東京大学の城山英明教授が参加した。中国側は樊勇明復旦大日本研究中心主任，張坤民教授，馬中中国人民大学教授，清華大学の馬永亮副教授，上海環境科学院の陳長虹研究員，復旦大学の陳雲副教授等が参加した。この会議を契機に陳雲副教授は本書に論文を寄稿して頂くことになったのである。

　最後に，国際協力銀行委託プロジェクト及び我々のプロジェクトで以下の方々にお世話になった。厚く御礼を申し上げる次第である。

　準備段階でお世話になった方々は以下の方々である。国家環境保護総局の規画財務司の劉啓風副司長，国際司の岳瑞山副司長，陳燕平日中環保中心主任，日中合作弁公室の趙峰処長，朱銘主任，環境経済政策研究中心の夏光主任，任勇副主任，過孝民顧問，湖南省環保局の曾北危元総工程師，中国環境科学院の王金南副院長，中国工程院の劉鴻亮院士，清華大学の陳吉寧副学長，清華大学環境科学工程系の郝吉明院士，中国人民大学環境学院環境経済・管理系の宋国君副教授，北京城市排水集団の涂兆林元董事長，社会科学院の持続可能な発展研究中心の潘家華副主任，国電科技環保集団有限公司の徐風剛総経理，国家発展改革委員会国土開発・地区経済研究所の王青云副所長及び馬曉民主任，国家発展改革委員会能源研究所の姜克雋研究員，許世国貴陽市環境保護局副局長，国務院発展研究中心の林家彬副部長，財政部金融司の于貞生副司長，劉智勇助理調研員，同部金融司政府貸款一処の劉志勇副処長，国家発展改革委員会の劉霞処長，駐日本中華人民共和国大使館の王洪貴一等書記官。

　バックグラウンドペーパー執筆をお願いした方々は以下の通りである。中国人民大学環境学院常務副院長の馬中教授，国家発展改革委員会能源研究所の胡秀蓮研究員，北京林業大学経済管理学院の高嵐教授，国家林業局

あとがき

植樹造林司の王春峰処長，北京城市排水公司，中国環境規画院環境規画部の葛察忠主任，清華大学環境科学工程系の馬永亮副教授及び温宗国博士。

中国SD研究会関係では以下の方々に御参加頂いた。小島麗逸大東文化大学名誉教授，谷口真人奈良教育大学助教授。日本の関係機関としては財団法人地球環境戦略研究機関（IGES）北京事務所の小柳秀明所長にお世話になった。

フィードバックセミナーでは以下の方々に御協力頂いた。京都大学経済研究所の一方井誠治教授，立命館大学大学院政策科学研究科の佐和隆光教授，財団法人日中経済協会の十川美香次長，環境省地球環境局の染野憲治室長，広野良吉成蹊大学名誉教授，国際協力銀行の鴨谷哲氏，野田邦雄氏，三竹英一郎氏，中部大学総合工学研究所の笠原三紀夫教授，京都大学大学院工学研究科の津野洋教授，吉本崇史氏（京都大学大学院経済学研究科修士課程）。

以上の方々に感謝する次第である。それと同時に今年3月に開催された第11期全国人民代表大会において国家環境保護総局の環境保護部への昇格が決定されたことに留意しなければならない。温家宝首相の「政府工作報告」にもあるように環境保護が大きな政策目標として掲げられているのである。中国経済の持続可能な発展のために環境保護部の力が高まることはおおいなる朗報であろう。

2008年6月

著者を代表して　山本裕美

索　引

●数字・アルファベット

CCICED　→中国環境と開発に関する国際協力委員会
COD　→化学的酸素要求量
GDP 万能主義　332, 351
ISO14001 認証　75
SO_2　→二酸化硫黄
SO_2 抑制区域　→二酸化硫黄抑制区域

●あ行

（硫黄酸化物・窒素酸化物の）シミュレーション　215
アジェンダ 21　98, 184
圧縮型工業化　1
硫黄含有率　211
移行期経済体制　122
（下水）維持管理の外部委託　63
違法コスト　343
上からの指令　39
エネルギー源代替　219
エネルギー消費量　218
汚水処理費　153
汚水費　153
汚染者負担原則　10, 38, 140, 143, 308, 312
汚染対策費用
　経常支出　123
　資本支出　123

●か行

開発主義　334
化学的酸素要求量　44, 47-49, 232, 287-289, 313
科学的発展観　11, 41, 76, 201, 351

家庭経営請負責任制　98
環境円借款　275, 276, 280
環境ガバナンス　16, 194
　政府主導型 ——　334
環境行政機構　23, 335
環境行政経費　32
環境行政能力
　地方政府の ——　38
環境権　333
環境統計　24
環境統計体系　121
環境統計報告表　250
環境投融資　181
環境保護 5 ヵ年計画　122
環境保護投資　9, 121, 309, 326
　算定方式の過小性の問題　133
　—— の算定方式　125
　—— 総額　168
環境保護法　340
環境モニタリング・ステーション　260
環境問題対処能力　306
（円借款）還流資金の活用　369
基準超過排汚費　153, 174
既存汚染源対策費　124　→資本支出
行政管理能力　124
行政法廷　337
クリーナープロダクション　8, 75, 84, 168, 190, 206, 301, 305, 306, 317, 323, 364
グリーン GDP　189, 332
経済体制改革　38, 158
経済的インセンティブ　32
下水処理率
　市制都市の ——　57
　鎮制都市の ——　57
権威主義の体制　17, 334

391

索　引

権威主導型分税制　334
健康被害　24
公害国会　360
公害対策費用　123
工業汚染源対策　122
工業系負荷　233
工場廃水のモニタリングと規制　63
郷鎮企業　165
高碑店下水処理場　57
国際環境協力　370
国有企業　165
国有企業改革　364
国家環境保護局　309
国家環境保護総局　220

●さ行

財源調達手段　32
財政請負制　352
財政権と事務権の非対称性　334
財政自給率　356
砂漠化防止戦略　114
さらに退耕還林還草政策措置を改善することについての若干の意見　106
三河三湖　10, 47, 48, 59, 194, 278, 313
産業優先論　331
酸性雨抑制区域　24, 278
三同時建設項目　138
三同時制度　10, 124, 131, 187
三廃　184
三表合一　249
「三北」防護林プロジェクト　116
資源・エネルギー浪費型の経済構造　41
四荒　104
市場経済化　136, 321, 364
市制都市　51
持続可能な発展　7, 37, 68, 192
自動連続オンラインモニタリング設備　35, 259, 301

司法独立　337
従量的排汚費　174
循環経済　72, 190, 206
小康社会　72, 201
消費部門別排出量　226
静脈システム　333
自留山　102
新規汚染源対策費　124　→資本支出
森林に関する原則声明　98
森林法　101
森林保護条例　100
森林を保護し・林業を発展することに関する若干問題の決定　102
水土保持法　65
水法　65, 66
生活系負荷　233
「政企分離」改革　136　→移行期経済体制
世紀を跨ぐグリーンプロジェクト　47, 134, 184, 194, 278, 311, 313
生態環境保全　277
生態工業園区　78, 79, 365
政府予算に対するソフトな抑制　334
石炭依存型エネルギー供給　39
ゼロ・エミッション　78
全国生態環境建設規劃　96
総量規制　184, 194
　総量規制実施プラン　65
　総量規制目標　3

●た行

淮河流域水汚染防治暫定条例　68
大気汚染対策
　電力セクターの ——　34
大気質　211
大気輸送モデル　215
退耕還林　9, 364
　退耕還林還草プロジェクト　105
　退耕還林条例　106

多元的発展　122
脱硫設備　13, 219
単位GDPあたりの排出量　223
単一汚染源徴収問題　161
地域間経済格差　37
地域別の排出量　223
畜産系負荷　234
地方環境政策　39
地方環境保護局　169
地方自治制度　333
地方政治の民主化度合　39
地方政府　37, 173
中央政府　171
中国環境統計　121
『中国環境統計年報』　218
中国環境と開発に関する国際協力委員会　191
『中国能源統計年鑑』　218
調和社会　201
鎮制都市　51
通恵河　57
天然林保護　110
ドイツ排水課徴金　164
「統一調達・配分」制度　94
投資主体の多様化　140
都市インフラ整備投資　53, 55
都市環境基盤整備　53, 122, 133, 277, 306, 365
都市水道料金管理弁法　60
土地財政　345

●な行

南方集団林　110
二酸化硫黄（SO_2）　211, 252, 285
農業系負荷　234
濃度基準　161
二酸化硫黄抑制区域　24, 278

●は行

排煙脱硫装置　32, 35, 221, 277, 301, 363
排汚収費制度　→排汚費徴収制度
　排汚収費制度改革　181
排汚費　30, 132, 188
　排汚費収入の使途　177
　排汚費徴収基準　148
　排汚費徴収戸数　166
　排汚費徴収制度　10, 30, 129, 143
　排汚費の徴収方法　177
　排汚費の料率　161
廃棄物最小化クラブ（天津市）　88　→生態工業園区
排出係数　218
排出量推計　212
罰金的排汚費　174
発生源解析　215
富栄養化　46
不可逆的な損失　28
物流流通　94
分税制　345, 352, 365
「保本微利」原則　59-61, 298

●ま行

水汚染対策法　64, 297
水環境効能区　68

●や行

要因分解モデル　223
予算原理　174
四項目収入（四小塊）　156

●ら行

リオ宣言　98
「利改税」改革　347

索　引

立憲的地方自治制度　17, 347
両抑制区域　34, 35, 194, 363
リン化学工業生態工業地域（貴州省貴陽市）　84
　　→生態工業園区
林業経済体制改革総体綱要　104

林業産業　95
林業政策　94
6大林業プロジェクト　105
六包・三掛鉤　103

［執筆者紹介］（執筆順）

森　晶寿（もり　あきひさ）［序章・第 3・11・12 章・終章］

1997 年京都大学大学院経済学研究科博士課程単位取得退学，博士（経済学）。現在，京都大学地球環境学堂准教授。主な著作に，『環境経済学講義』（共著，有斐閣，2008 年），「途上国の都市の環境ガバナンスと環境援助：タイの LA21 プロジェクトを素材として」松下和夫編著『環境ガバナンス論』（礪波亜希と共著，京都大学学術出版会，2007 年，pp. 253-272）など。専攻：環境経済学，地球益経済論。

植田和弘（うえた　かずひろ）［第 1 章・第 6 章］

1975 年京都大学工学部卒業。大阪大学大学院を経て，1981 年京都大学経済研究所助手。1984 年京都大学経済学部助教授，1994 年同教授。現在，京都大学大学院経済学研究科および同地球環境学堂教授。主な著作に，『リーディングス環境（全 5 巻）』（共編著，有斐閣，2005-2006 年），『環境経済学』（岩波書店，1996 年），『環境ガバナンス論』（共著，京都大学学術出版会，2007 年）など。専攻：環境経済学，財政学。

北野尚宏（きたの　なおひろ）［第 2 章］

1983 年早稲田大学理工学部土木工学科卒業，1997 年コーネル大学大学院博士課程修了 (Ph. D.(都市地域計画))。現在，国際協力銀行　開発第 2 部　部長（中国，モンゴル，ベトナム，ラオス，カンボジア，バングラデシュ，スリランカに対する円借款業務を担当）。主な著作に，「中国の都市化と下水道整備」『環境情報科学』第 34 巻第 3 号 2005 年，"Analysis of Spatial Organization and Transportation Demand in an Expanding Urban Area: Sendai, Japan, 1972-92." In Simon J. Evenett, Weiping Wu, and Shahid Yusuf eds. *Facets of Globalization: International and Local Dimensions of Development*, Washington, DC: World Bank; October (2001).「中国 1980 年代初頭の都市屎尿の農村還元」大野盛雄，小島麗逸編著『アジア厠（かわや）考』勁草書房 1994 年 1 月など。

孫　穎（そん　えい）［第 3 章］

2008 年京都大学大学院地球環境学舎博士課程修了，博士（地球環境学）。現在，国立環境研究所ポスドクフェロー。主な著作に，「産業構造転換と環境負荷の関係 ── 北九州市と大連市の比較研究を中心に」『福祉社会研究』第 4・5 号合併号（京都府立大学，2005 年，pp. 67-94）など。専攻：環境経済学，地球益経済論。

執筆者紹介

山本裕美（やまもと　ひろみ）［第4章］

1974年京都大学大学院農学研究科博士課程中退，同年アジア経済研究所に入所。同開発研修室長を経て，1997年より京都大学大学院経済学研究科教授，博士（農学）。2002年より京都大学大学院経済学研究科付属上海センター長を兼任。主な著作に，『改革開放期中国の農業政策：制度と組織の経済分析』（京都大学学術出版会，1999年），「中国の近代化と経済思想—経済学における西学東漸」八木紀一郎編『経済思想—非西欧圏の経済学』（日本経済評論社，2007年）など。専攻：中国経済論（香港・台湾を含む），開発経済学。

劉　春發（りゅう　しゅんはつ）［第4章］

京都大学大学院経済学研究科博士後期課程在学中。主な著作に，「日本の森林環境税」『世界林業研究』Vol. 20, No. 5（2007年10月），「日本環境税の現状」『中国財経信息資料』Vol. 7（2007年8月）など。専攻：開発経済学，環境経済学。

金　紅実（きん　こうじつ）［第5章］

2002年京都大学大学院経済学研究科修士課程修了。現在，京都大学大学院経済学研究科博士後期課程在学中。主な著作に，共同執筆（金紅実・植田和弘）「中国の環境政策と汚染者負担原則」，『上海センター研究年報　東アジア経済研究2006』（京都大学大学院経済学研究科　付属上海センター，2006年）など。

何　彦旻（か　えんみん）［第6章］

2007年京都大学大学院経済学研究科修士課程修了。現在，京都大学大学院経済学研究科博士後期課程在学中。

山本浩平（やまもと　こうへい）［第8章］

1994年京都大学大学院工学研究科修士課程修了，博士（工学）。現在，京都大学大学院エネルギー科学研究科助教。主な著作に，「環境影響・負荷評価手法とデータベース」吉川暹編『新エネルギー最前線　環境調和型エネルギーシステムの構築を目指して』（化学同人，2006年，pp. 158-164），「エアロゾル全球化学輸送モデル（AGCTM）の開発と応用」（第12回土木学会地球環境シンポジウム講演論文集，2004年，pp. 265-272）など。専攻：大気環境学，環境影響評価学。

永禮英明（ながれ　ひであき）［第9章］

2001年京都大学大学院工学研究科博士後期課程修了，博士（工学）。現在，北見工業大学工学部准教授。専攻：水環境工学，上下水道工学。

張　坤民（つぁん　くんみん）［第10章］

1965年中国精華大学土木学部大学院修了。中国精華大学環境学部副学部長，中国環境管理幹部学院常務副学長，国家環境保護総局第一副局長，中国環境與展国際協力委員会秘書長，日本立命館アジア太平洋大学専任教授を経て，現在，中国精華大学・中国人民大学博士課程指導教官。主な著作に，『持続可能発展論』(中国環境科学出版社，1997年)，『中国持続可能発展の政策と行動』(中国環境科学出版社，2004年）など，専攻：環境政策論。

彭　立頴（ぽん　りいん）［第10章］

1994年7月中国吉林大学環境科学学部卒業．中国環境管理幹部学院助教・講師を経て，2008年中国人民大学環境学院博士課程修了。主な著作に，Zhang Kunmin, Peng Liying, "Introduction to Sustainable Development and Measurement of its Progress," *Ritsumeikan Journal of Asia Pacific Studies* 19, (2005年)，彭立頴・賈金虎，「中国環境統計の歴史と展望」『環境保護』(2008年2月号) など。専攻：環境経済学。

陳　雲（ちぇん　ゆん）［第13章］

2001年，広島大学大学院国際協力研究科博士課程修了。2002年より，復旦大学国際関係與公共事務学院副教授。専門は開発経済学，移行体制論，公共政策論。政治経済学的視点から開発の中の公共政策問題を実証分析すると同時に，その背後にある制度的原因を探ることに研究の重点をおく。主な著作に，「中国の体制移行における開発モデルの変遷と所得格差」『広島大学経済論叢』(2006年第29巻第2号)，単著書 *Transition and Development in China: towards Shared Growth*（Ashgate Publishing Group, UK, forthcoming）など。

中国の環境政策――現状分析・定量評価・環境円借款		ⓒ A. Mori, K. Ueta, H. Yamamoto 2008		

2008年8月20日　初版第一刷発行

編著者	森		晶	寿
	植	田	和	弘
	山	本	裕	美
発行人	加	藤	重	樹

発行所　京都大学学術出版会

京都市左京区吉田河原町15-9
京大会館内（〒606-8305）
電話（075）761-6182
FAX（075）761-6190
URL http://www.kyoto-up.or.jp
振替 01000-8-64677

ISBN 978-4-87698-738-2　　　印刷・製本　㈱クイックス東京
Printed in Japan　　　　　　定価はカバーに表示してあります